Crowdwork – zurück in die Zukunft?

Perspektiven digitaler Arbeit

herausgegeben von Christiane Benner

Vorwort

Christiane Benner

Ein Freund schickt mir einen Link zu dem Artikel »Crowdsourcing grows up as online workers unite«. Es folgt die kesse Frage, ob die IG Metall inzwischen alle Ingenieure und Ingenieurinnen organisiert habe und nun nicht auch die Crowdworker ins Visier nehmen wolle. Mit Crowdsourcing hatten wir uns in der Tat bereits länger beschäftigt. Spätestens seitdem die enormen Einsparpotenziale durch das Programm Liquid bei IBM durch das Nachrichtenmagazin Spiegel öffentlich wurden. Aber nun gab es im IT-Mekka eine Art Gegenbewegung, in der sich Crowdsourcees gegen die Auftraggeber zu organisieren begannen. Damit war die Idee für das Buch geboren: Die vielfältigen Facetten des Themas aufzuzeigen, in einer optisch ambitionierten Darstellung, die die Sehgewohnheiten des Internets mit dem vertrauten Medium Buch verbindet. Die unterschiedlichen, auch internationalen Beiträge aus Wissenschaft, Technik und Forschung, Politik, von spamgirl, von Betriebsräten, Gewerkschaftern, Gewerkschafterinnen und aus dem Arbeitsrecht laden zu einem Perspektivwechsel ein. Wir wollen verstehen, warum Menschen in der Crowd arbeiten. Wir wollen beleuchten, wer die Treiber hinter den technischen Lösungen für die Plattformen sind. Wir wollen ergründen, was genau Crowdsourcing ist. Wir sind technikbegeisterten Menschen aus Wissenschaft und Informatik begegnet, die mit bester Absicht technische Lösungen entwickeln, ohne aber die Implikationen für Mensch, Gesellschaft und Arbeitswelt zu bedenken. Deshalb ist ein Dialog zwischen Arbeitswelt und Wissenschaft nötig. Wir wollen ein dynamisches Bild einer Gewerkschaft abbilden und entwerfen, die die digitale Arbeitswelt gestaltet. Crowdsourcing ist stilbildend für die Zukunft digitaler Arbeit. Nur wird nichts von allein gut. Einige Artikel sind desillusionierend, was die positiven Potenziale des Crowdsourcings betrifft. Es

geht um die Auseinandersetzung, ob Crowdsourcing zu einer Amazonisierung oder Demokratisierung der Arbeitswelt führen wird.

Dieses Buch ist ein Plädoyer für die Demokratisierung digitaler Arbeit. Seine einzelnen Beiträge markieren in ihrer Gesamtheit eher der Anfang einer Debatte, als dass sie abschließende Antworten geben. Die Autorinnen und Autoren zeigen Möglichkeiten auf, wie digitale Arbeit menschlich und zukunftsfähig gestaltet, wie Mitbestimmung und Selbstbestimmung von Beschäftigten in die digitale Arbeitswelt übertragen werden kann. Neue Zeiten bringen neue Fragen hervor, die wir nur unter Beteiligung der Beschäftigten werden beantworten können.

Das Buch konnte nur durch das Engagement vieler entstehen. Eigentlich ist es im wahrsten Sinne des Wortes ein Crowdsourcing-Buch. Besonders bedanken möchte ich mich bei Vanessa Barth, Thomas Klebe, Irene Nießen und Florian Schmidt. Alle vier haben mit großen Ausdauer und einer fast endlosen Geduld die Beiträge zusammengetragen und überarbeitet. Viele spannende Erkenntnisse beim Lesen!

Wissenschaft

Politik

Juristische Fragen & Auseinandersetzungen

Überblick

Erfahrung

Gewerkschaft

Crowdwork – digitale Wertschöpfung in der Wolke

Grundlagen, Formen und aktueller Forschungsstand

Jan Marco Leimeister, Shkodran Zogaj und Ivo Blohm

Crowdsourcing und Crowdwork sind zurzeit noch relativ unerforscht, sodass entsprechend wenig belastbare Aussagen über mittel- oder langfristige Implikationen getroffen werden können. Vor diesem Hintergrund setzen sich Jan Marco Leimeister, Shkodran Zogaj und Ivo Blohm mit den grundlegenden Eigenschaften und Gegebenheiten von Crowdsourcing und Crowdwork auseinander.

Professor Dr. Jan Marco Leimeister
ist Inhaber des Lehrstuhls für Wirtschaftsinformatik und Direktor des Forschungszentrums für IT-Gestaltung an der Universität Kassel. Er ist außerdem Ordinarius für Wirtschaftsinformatik und Direktor des Instituts für Wirtschaftsinformatik an der Universität St. Gallen (IWI HSG). Jan Marco Leimeister forscht insbesondere über Gestaltung, Einführung und Management von IT-gestützten Organisationsformen und Innovationen.
leimeister@uni-kassel.de

Dipl. Ök. Shkodran Zogaj
ist wissenschaftlicher Mitarbeiter am Fachgebiet Wirtschaftsinformatik an der Universität Kassel. Seine Forschungsschwerpunkte liegen in den Bereichen Crowdsourcing, Digitale Arbeit, Open Innovation sowie IT Innovation Management.
zogaj@uni-kassel.de

Dr. Ivo Blohm,
Leiter des Competence Center Crowdsourcing des Instituts für Wirtschaftsinformatik an der Universität St. Gallen (Schweiz). Er leitet verschiedene öffentlich- und industriefinanzierte Forschungsprojekte in den Bereichen Crowdsourcing, Digitale Arbeit, Crowdfunding, Open Innovation und Internetökonomie.«
ivo.blohm@unisg.ch

1
Howe, J. 2006. »The Rise of
Crowdsourcing,« Wired Mag
(14:6), S. 1 f.

Crowdwork als innovatives Arbeitsmodell im Zeitalter der Digitalisierung

Neuartige Kommunikations- und Informationstechnologien haben alle erdenklichen Bereiche der Leistungserstellung verändert und nachhaltig geprägt. Vor allem das Internet als Speerspitze dieses technologischen Fortschritts ist Auslöser und Begleiter neuer Entwicklungen und teilweise radikaler Veränderungen sowohl auf betrieblicher als auch auf individueller Ebene. Unternehmen sind längst nicht mehr nur auf interne Arbeitsressourcen zur Leistungserstellung angewiesen – das Internet bietet ihnen einen großen Pool an potenziellen Arbeitskräften, auf den sie schnell und gezielt zugreifen können. Neuartige Internetplattformen ermöglichen es hierbei Unternehmen, sich mit einer umfangreichen Menge an Menschen beziehungsweise Internetnutzern – der sogenannten Crowd (dt. »Menge«; sinngemäß »Menge an Menschen«) – zu verbinden und Aufgaben an diese zu verteilen. Die Internetnutzer fungieren hierbei als Arbeitskräfte und erledigen die von Unternehmen ausgelagerten Tätigkeiten über ihre persönlichen Endgeräte. Hierdurch können Informationen, Ideen und Lösungen von Menschen aus der ganzen Welt mit geringem Aufwand gesammelt und im Leistungserstellungsprozess integriert werden. Dieses Konzept wird in der Literatur als *Crowdsourcing* bezeichnet und beschreibt im Allgemeinen die Auslagerung von Unternehmensaufgaben auf eine Vielzahl von Menschen über das Internet beziehungsweise über eine Internetplattform.[1] Beispiele für angewandtes Crowdsourcing aus der Praxis gibt es bereits viele: So rief das Fastfood-Unternehmen *McDonald's* 2012 zur Kampagne »Mein Burger 2012« auf. Im Laufe der Kampagne wurden über 150.000 Ideen eingereicht und 1,5 Millionen Stimmen zur Bewertung abgegeben. Crowdsourcing wird von vielen Unternehmen ähnlich genutzt. *VW* hat im Jahr 2010 einen

Crowdwork – digitale
Wertschöpfung in
der Wolke

Jan Marco Leimeister,
Shkodran Zogaj und
Ivo Blohm

Ideenwettbewerb gestartet, um Anregungen für neue und innovative Infotainment-Systeme zu generieren. Die Community reichte knapp 400 Ideen ein, aus denen 96 Apps entwickelt werden konnten. Tchibo und Starbucks betreiben ebenfalls eigene Crowdsourcing-Plattformen *(www. tchibo-ideas.de und www.mystarbucks-idea.com)*, auf denen die Mitglieder der Community Ideen zur Innovation einreichen oder weiterentwickeln können. Die Drogeriemarktkette *dm* rief die Crowd im Rahmen der Crowdsourcing-Kampagne »Seifen Sourcing« unter anderem dazu auf, einen Werbeslogan beziehungsweise ein Duschgelmotto zu erarbeiten. Softwareunternehmen wie Microsoft nutzen das Potenzial der Crowd für das Testen ihrer Softwareapplikationen. Querschnitts- und Unterstützungsaufgaben – wie zum Beispiel die Eingabe, Strukturierung und Bereinigung von Datensätzen – können über Plattformen wie *Amazon Mechanical Turk* und Microworkers an die Crowd ausgelagert werden. Einen regelrechten Hype verzeichnet zurzeit auch das sogenannte Crowdfunding, in dessen Rahmen die Crowd zur (Teil-)Finanzierung von Projekten genutzt wird. *Startnext Network, VR-Networld und T-Systems* haben im Auftrag der Volks- und Raiffeisenbanken eine mandantenfähige Plattform für Crowdfunding aufgesetzt, die dabei helfen soll, lokale Projekte zu fördern. Die Liste an Praxisbeispielen könnte durch weitere Beispiele aus diversen Branchen und für unterschiedlichste Aufgabenbereiche beliebig erweitert werden. Allesamt verdeutlichen diese aber vor allem eins: Crowdsourcing wird mittlerweile für die unterschiedlichsten Aktivitäten innerhalb von Leistungserstellungsprozessen eingesetzt (vgl. Abbildung 1). Dieses kann exemplarisch anhand der Porterschen Wertschöpfungskette veranschaulicht werden, wonach Crowdsourcing unter anderem für die primären Wertaktivitäten »Produktion«,

»Marketing und Vertrieb« sowie für die sekundären beziehungsweise unterstützenden Wertaktivitäten »Forschung und Entwicklung«, »Finanzierung« und »(Unternehmens-)Infrastruktur« herangezogen wird. Entsprechend ist Crowdsourcing für viele Unternehmen nicht nur eine temporäre sondern bereits vielmehr eine längerfristige und vor allem ernstzunehmende Alternative zur Aufgabenbearbeitung geworden.

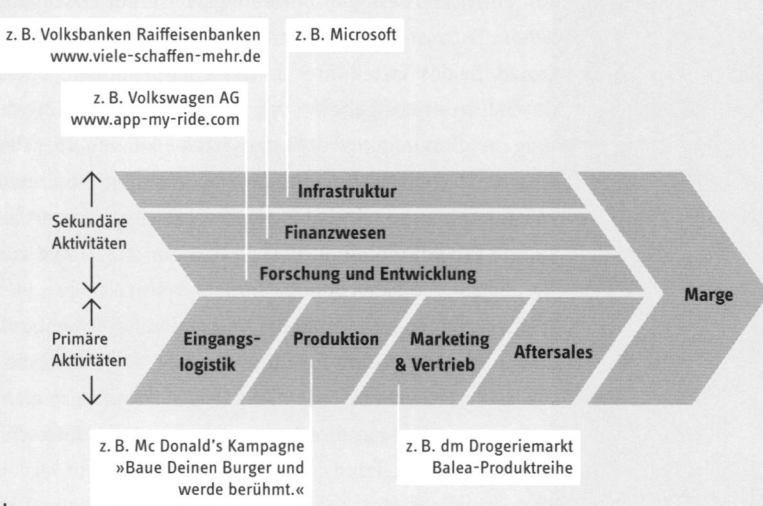

Crowdwork – digitale Wertschöpfung in der Wolke

Abb. 1 Crowdsourcing für unterschiedliche Wertaktivitäten.

Jan Marco Leimeister, Shkodran Zogaj und Ivo Blohm

2
Leimeister, J. M., und
Zogaj, S. 2013. Neue
Arbeitsorganisation
durch Crowdsourcing:
Eine Literaturstudie
Hans Böckler Stiftung,
Düsseldorf, S. 2f.

13 Auch wenn es auf den ersten Blick nicht ersichtlich ist, hat diese Tatsache weitreichende Folgen für die Art und Weise, wie sich die Arbeit im Zeitalter der Digitalisierung verändert beziehungsweise gestaltet – denn beim Crowdsourcing-Modell handelt es sich nicht einfach um ein innovatives Konzept zur Verteilung und Durchführung von Unternehmensaufgaben. Vielmehr impliziert Crowdsourcing eine gänzlich neue Art der Arbeitsform – *Crowdwork* genannt –, mit der teils radikale Veränderungen auf der Unternehmens- und vor allem auch auf der Arbeitnehmerseite einhergehen.[2] Die Mitglieder einer Crowd agieren hierbei als *Digital Worker* beziehungsweise *Crowdworker* und übernehmen kollektiv Aufgaben, die typischerweise von den Mitarbeitern innerhalb eines Unternehmens erledigt werden. Sie sind weltweit verteilt und zumeist nur über eine Internetplattform mit Kollegen und dem Arbeitgeber verbunden, sodass sich beispielsweise Kommunikations- und Koordinationsprozesse, aber auch im Wesentlichen die Art der Aufgabenbewältigung, die Arbeitsgestaltung und Arbeitsbedingungen grundlegend verändern. Crowdsourcing und Crowdwork sind zurzeit aber noch relativ unerforscht, sodass entsprechend wenig belastbare Aussagen über mittel- oder langfristige Implikationen getroffen werden können. Vor diesem Hintergrund erscheint es sinnvoll, sich zunächst mit den grundlegenden Eigenschaften und Gegebenheiten von Crowdsourcing und Crowdwork auseinanderzusetzen.

Im vorliegenden Beitrag sollen demzufolge basierend auf dem aktuellen Forschungs- und Wissensstand die folgende Fragen adressiert werden: Was genau verbirgt sich hinter Crowdsourcing und Crowdwork? Welche Formen existieren und welche Mechanismen stehen dahinter? Wie wird die Arbeit im Rahmen von Crowdwork organisiert? Welche Vor- und

3
Howe, J. 2006, S. 1

4
Leimeister, J. M. 2012.
»Crowdsourcing«
Zeitschrift für Controlling
und Management (ZFCM)
(56:6), S. 388

14

Nachteile ergeben sich jeweils für Crowdworker und Crowdsourcing betreibende Unternehmen? Wie ist der Stand der Forschung in Bezug auf Crowdwork? Vor allem die voranschreitende Digitalisierung hat zur Folge, dass neue Konzepte wie Crowdwork alte Arbeitsformen ersetzen. Demzufolge erscheint eine Auseinandersetzung mit diesen Fragestellungen vor dem Hintergrund der zunehmenden Bedeutung von Crowdwork unabdingbar. Bevor den aufgeführten Fragen nachgegangen wird, gilt es, im ersten Schritt zunächst die Konzepte Crowdsourcing und Crowdwork genauer zu definieren.

Grundlagen zu Crowdsourcing und Crowdwork

Der Begriff Crowdsourcing stellt eine Wortneuschöpfung aus den Wörtern *Crowd* und *Outsourcing* dar und wurde im Jahr 2006 zum ersten Mal von Jeff Howe, einem Redakteur des *Wired Magazine*, verwendet.[3] Durch diese Wortzusammensetzung wird ersichtlich, inwiefern sich der Begriff Crowdsourcing vom Begriff Outsourcing unterscheidet. Während unter Outsourcing eine Auslagerung einer definierten Aufgabe an ein Drittunternehmen oder eine bestimmte Institution beziehungsweise einen Akteur verstanden wird, adressiert die Auslagerung im Falle des Crowdsourcings eben die Crowd, also eine undefinierte Anzahl von Menschen.[4] Vor allem die Informatik und Wirtschaftsinformatik (Information Systems Research) widmen sich heute den Crowdsourcing-Phänomen aus unterschiedlichen Perspektiven. Im Rahmen der Forschungsbemühungen der letzten Jahre haben sich dabei zahlreiche unterschiedliche Ansätze für die Definition des Crowdsourcing-Phänomens herauskristallisiert. Bei einer genauen Analyse aller Definitionen lassen sich jedoch drei

Crowdwork – digitale
Wertschöpfung in
der Wolke

Jan Marco Leimeister,
Shkodran Zogaj und
Ivo Blohm

5
Alonso, O., Rose, D. E., und Stewart, B. 2008. »Crowdsourcing for relevance evaluation.« ACM SIGIR Forum. December 2008 (42:2), S. 10; Bederson, B. B., und Quinn, A. J. 2010. »Web Workers, Unite! Adressing Challenges of online labores.« in: CHI 2011 Extended Abstracts on Human Factors in Computing Systems S. 97. Burger-Helmchen, T., und Penin, J. 2010. »The limits of crowdsourcing inventive activities: What do transaction cost theory and the evolutionary theories of the firm teach us?,« in: Workshop on Open Source Innovation, Strasbourg, France

6
Fähling, J., Blohm, I., Leimeister, J. M., Krcmar, H., und Fischer, J. 2011. »Accelerating Customer Integration into Innovation Processes using Pico Jobs,« International Journal of Technology Marketing (6:2), pp. 130 f.

7
Kleeman, F., Voss, G. G., und Rieder, K. 2008. »Un(der) paid innovators: the commercial utilization of consumer work through crowdsourcing,« Science Tech & Innov Studies (4:1), S. 5 f.

8
Bretschneider, U. 2012. Die Ideen-Community zur Integration von Kunden in den Innovationsprozess: Empirische Analysen und Implikationen Gabler, Wiesbaden, S. 30 ff. Di Gangi, P. M., und Wasko, M. 2009. »Steal my idea! Organizational adoption of user innovations from a user innovation community: A case study of Dell IdeaStorm,« Decision Support Systems (48), S. 303 f.

15

Hauptbestandteile identifizieren: der Initiator beziehungsweise Auftraggeber, die Crowd und der Prozess.

Der Auftraggeber initiiert den Crowdsourcing-Prozess. Dies ist zumeist ein Unternehmen, das eine bestimmte Aufgabe nicht intern, sondern durch Zuhilfenahme mehrerer externer Individuen abwickeln möchte.[5] (Öffentliche) Institutionen, Non-Profit Organisationen oder auch einzelne Individuen können aber ebenfalls als Auftraggeber fungieren, der die Lösung eines bestimmten Problems an eine Menschenmenge auslagert. Die Crowd wird hingegen einheitlich als eine große Masse an Menschen definiert. Hierbei kann es sich allgemein um alle Internetnutzer handeln oder spezifischer um Kunden,[6] Konsumenten zum Beispiel eines bestimmten Produktes[7] oder Mitglieder einer Online-Community.[8] Im Hinblick auf den Prozess wird in der Literatur Bezug auf die Durchführung von Crowdsourcing-Projekten und damit auch auf die Art des Aufrufs genommen.

Unter Berücksichtigung existierender Ansätze für die Definition von Crowdsourcing und der identifizierten Kernkomponenten dieses Konzepts definieren wir Crowdsourcing wie folgt: Crowdsourcing bezeichnet somit die Auslagerung von bestimmten Aufgaben durch ein Unternehmen oder im Allgemeinen eine Institution an eine undefinierte Masse an Menschen mittels eines offenen Aufrufs, der zumeist über das Internet erfolgt. In einem Crowdsourcing-Modell gibt es immer die Rolle des Auftraggebers – der als Crowdsourcer bezeichnet wird – sowie die Rolle der undefinierten Auftragnehmer, also die Crowd oder in Analogie zum erstgenannten Begriff die Crowdsourcees beziehungsweise Crowdworker. Die Durchführung von Crowdsourcing-Initiativen erfolgt indessen über eine Crowdsourcing-Plattform, die intern aufgesetzt werden kann oder von einem

9
Leimeister, J. M. und Zogaj,
2013, S. 21

Principal (P)	Mediation			Agent(en) (A)
(I) Outsourcing	Outsourcer	←	P verhandelt mit A. P wählt A. →	Outscourcing Firma
(II) »Internes« Crowdsourcing	Crowd-sourcer	< P wählt A über die interne Crowdsourcing-Plattform. >	Plattform < A wird über interne Crowdsourcing-Plattform entlohnt. >	Crowd-worker
(III) »Externes« Crowdsourcing ohne Mediation	Crowd-sourcer	< P wählt A über die interne Crowdsourcing-Plattform. >	Plattform < A wird über interne Crowdsourcing-Plattform entlohnt. >	Crowd-worker
(IV) »Externes« Crowdsourcing mit Intermediär	Crowd-sourcer	< P wählt Crowdsourcing Intermediär. >	Plattform < A entscheidet selbst, ob die Aufgabe angenommen wird. >	Crowd-worker

Abb. 2 Rollen und Mediation im Crowdsourcing-Modell.[9]

Crowdsourcing-Intermediär bereitgestellt wird. Abbildung 2 stellt die unterschiedlichen Rollen zusammenfassend dar.

Es ist zunächst zwischen dem internen Crowdsourcing und dem externen Crowdsourcing zu unterscheiden. Im ersten Fall fungiert die unternehmensinterne Belegschaft als Crowd. Demzufolge ist jede Mitarbeiterin / jeder Mitarbeiter des betreffenden Unternehmens als Crowdworker zu bezeichnen. Hierbei dient eine unternehmensintern aufgesetzte Plattform (intranet- / internetbasierte Plattform) als Crowdsourcing-Plattform, über die die Crowd – also die interne Belegschaft – Beiträge erbringen kann. Beim externen Crowdsourcing hingegen besteht die Crowd aus beliebigen Individuen, die nicht in einem Zusammenhang mit dem

Crowdwork – digitale
Wertschöpfung in
der Wolke

Jan Marco Leimeister,
Shkodran Zogaj und
Ivo Blohm

Unternehmen beziehungsweise Crowdsourcer stehen müssen. Dies sind zumeist unternehmensexterne Personen – theoretisch kann hierbei also jede Person weltweit mit einem Internetanschluss als Crowdworker fungieren. Die Crowdsourcing-Plattform kann hierbei einerseits vom Unternehmen selbst aufgesetzt, verwaltet und gemanagt werden. Andererseits besteht die Möglichkeit, Crowdsourcing-Intermediäre heranzuziehen, die selbst eine aktive Crowd – bestehend aus Internetnutzern aus aller Welt – aufbauen und Crowdsourcing betreibenden Unternehmen die Möglichkeit bieten, ihre Aufgaben über die aufgesetzte Crowdsourcing-Plattform auszulagern. Die zwei aufgeführten Vorgehensweisen (internes und externes Crowdsourcing) schließen sich jedoch nicht automatisch gegenseitig aus, da ein Unternehmen, das internes Crowdsourcing betreibt, sich auch des externen Crowdsourcings bedienen kann. Crowdsourcing beschränkt sich somit keinesfalls auf die Verlagerung von Aufgaben in die Unternehmensumwelt, es kann auch unternehmensintern Aufbau- und Ablauforganisation verändern.

Sowohl beim internen als auch beim externen Crowdsourcing gilt stets: Die Arbeit wird nicht wie im klassischen Kontext rein funktions- / abteilungsintern beziehungsweise unternehmensintern abgewickelt, sondern es werden funktions- beziehungsweise unternehmensübergreifende und auch unternehmensexterne Individuen beziehungsweise Arbeiter im Wertschöpfungsprozess involviert. Die weit, zumeist sogar global verteilten Mitglieder einer Crowd agieren als Arbeitskräfte, die ihre Arbeitskraft – das heißt ihre Zeit, ihr Wissen und ihre Fähigkeiten – dem Crowdsourcer gegen eine Entlohnung zur Verfügung stellen. Diese neue Art der verteilten und internetbasierten Arbeitsorganisation bezeichnen wir als Crowdwork. Crowdwork ist nicht direkt mit vorhandenen Arbeitsorganisationsformen vereinbar – es erscheint vielmehr als Wertschöpfungs- und Koordinationsmodell zwischen Markt und Hierarchie. Dies ist im Wesentlichen durch die dahinterstehenden Prozesse und Mechanismen begründet. Im Rahmen von Crowdwork wird keine fertige Lösung vom Markt eingekauft. Auch wenn Crowdworker über einen Intermediär die Aufgaben lösen und hierbei eher als Freelancer agieren, so sind sowohl die damit verbundenen Arbeitsprozesse – zum Beispiel Auswahl der Arbeiter beziehungsweise Crowdworker, Art der Delegation, Art der Entlohnung, Abwicklung der Aufgaben – als auch die Art des Aufgaben-/Projektmanagements aus Unternehmenssicht nicht vergleichbar mit klassischen Ansätzen wie beispielsweise dem Outsourcing. Insofern sind bei der Betrachtung und Analyse von Crowdwork stets zwei unterschiedliche Perspektiven zu beachten: Aus der Perspektive des Crowdsourcing betreibenden Unternehmens, das alle Prozesse rund um Crowdwork organisieren muss, stellt sich die Frage, wie genau Crowdwork funktioniert und welches die dahinterstehenden Prozesse und Mechanismen sind. Daneben ist dann auch die Perspektive der Crowdworker, die im Vergleich zu klassischen Arbeitsformen veränderten Arbeitsbedingungen gegenüberstehen, zu berücksichtigen. In diesem Zusammenhang sind die möglichen Arbeitsformen und -bedingungen von Crowdworkern von Relevanz. Diese grundlegenden Fragestellungen in Bezug auf die unterschiedlichen Perspektiven sollen in den folgenden Abschnitten nacheinander adressiert werden.

Crowdwork – digitale
Wertschöpfung in
der Wolke

Jan Marco Leimeister,
Shkodran Zogaj und
Ivo Blohm

Management von Crowdwork: Perspektive der Crowdsourcer

Im Rahmen von Crowdwork wird eine große Anzahl an externen Arbeitskräften über das Internet kostengünstig, flexibel und schnell für die

10
Felstiner, A. 2011. »Working
the Crowd: Employment and
Labor Law in the
Crowdsourcing Industry,«
Berkeley Journal of
Employment and Labor
(31:2), S. 150

19

Aufgaben- beziehungsweise Projektbearbeitung eingebunden. Mit der Auslagerung von unternehmensinternen Aktivitäten an die Crowd gehen jedoch unterschiedliche Herausforderungen in Bezug auf das Management der Arbeitsprozesse einher, da sich hierdurch zunehmend die Grenzen einer Unternehmung auflösen und sich Unternehmen zur Leistungserstellung nicht nur der internen Belegschaft, sondern für nahezu jede Aktivität auch der externen Crowd bedienen können. Insofern stellt sich zunächst die Frage, welche Aufgaben an eine Crowd ausgelagert werden können. Darauf aufbauend ist dann zu erörtern, wie der Arbeitsprozess im Rahmen von Crowdwork erfolgt und wie hierbei Arbeitsaktivitäten gesteuert und kontrolliert werden können.

Auswahl und Eigenschaften von Aufgaben

Für Crowdsourcer stellt sich zunächst die Frage, ob Crowdsourcing eine strategisch sinnvolle Alternative ist im Vergleich zur internen Aufgabenabwicklung. Sofern dies der Fall ist, gilt es zu bestimmen, welche Aktivitäten ausgelagert und welche weiterhin intern abgewickelt werden. Mit dieser Fragestellung haben sich unterschiedliche Autoren – bisher zumeist nur theoretisch – auseinandergesetzt. Die Bestimmung der Aufgaben hängt von unterschiedlichen unternehmensspezifischen Faktoren ab, wie beispielsweise von strategischen Unternehmenszielen wie Förderung von Know-how, Konzentration auf Kernkompetenzen, Performancesteigerung, oder von geplanten Kosteneinsparungen wie Umwandlung von Fixkosten in variable Kosten, geringere Kapitalbindung, optimale Skalierbarkeit. Felstiner betrachtet unterschiedliche Beispiele aus der Praxis und unterscheidet darauf aufbauend und anhand der Kriterien Aufgabenvolumen, Kompensierungsgrad und

Automatisierungsgrad vier unterschiedliche Arten von Aufgaben im Rahmen von Crowdwork: Mikroaufgaben, Makroaufgaben, einfache Projekte und komplexe Projekte.[10] Mikroaufgaben sind zumeist sehr einfache, repetitive Aufgaben, die gering entlohnt werden und deren Abwicklung stark automatisiert beziehungsweise standardisiert ist. Beispiele hierfür sind: Beschriftung und Beschreibung von Bildern oder Fotos, Kategorisierung von Daten oder Produkten, Bewertung von Produkten und Dienstleistungen. Makroaufgaben sind hingegen weniger stark automatisiert beziehungsweise standardisiert, werden geringfügig besser entlohnt als Mikroaufgaben und sind auch vom Schwierigkeitsgrad her etwas anspruchsvoller. Das Verfassen von Produkt- oder Dienstleistungsrezensionen oder das Testen von Softwareprodukten – beispielsweise das Auffinden von Fehlern auf einer Webseite – können als Makroaufgaben bezeichnet werden. Einfach Projekte sind nicht automatisiert. Der Schwierigkeitsgrad ist höher, sodass auch mehr Zeit zur Erfüllung der Aufgabe benötigt wird. Sie werden von Crowdsourcern deutlich besser bezahlt. Das Erstellen von Softwarecodes bei Crowdsourcing-Intermediären wie *TopCoder* oder das Designen von Produkten gehören zu den typischen Aufgaben aus dieser Kategorie. Komplexe Projekte werden von Crowdsourcern nur selten ausgelagert, da der Aufwand für Unternehmen zumeist den Nutzen übersteigt. Komplexe Projekte erfordern einen hohen Arbeitsaufwand und werden entsprechend relativ gut vergütet. Zumeist werden die Aufgaben nicht nur von einem, sondern von mehreren Crowdworkern erledigt. Ein Beispiel für eine Crowdsourcing-Plattform, auf der komplexe Projekte ausgelagert werden, ist *InnoCentive: InnoCentive* organisiert Wettbewerbe für Unternehmen, in

Crowdwork – digitale Wertschöpfung in der Wolke

Jan Marco Leimeister, Shkodran Zogaj und Ivo Blohm

11
Malone, T. W., Laubacher, R. und Johns, T. 2011. »The Big Idea: The Age of Hyperspecialization,« Harvard Business Review, Juli 2011, S. 7; Schenk, E. und Guittard, C. 2009. »Crowdsourcing: What can be Outsourced to the Crowd, and Why?,« in: HAL: Sciences de l'Homme et de la Société, 2009, S. 13 ff.

12
Der Taylorismus beschreibt im Wesentlichen ein Prinzip zur Gestaltung und Steuerung von Arbeitsabläufen, welches vom US-Amerikaner Frederick Winslow Taylor Anfang des 20. Jahrhunderts begründet wurde. Hierbei wird die Arbeit in kleinste Arbeitseinheiten aufgeteilt, die dann an sich nur geringe Denkvorgänge erfordern (vgl. hierzu auch die Definition im Gabler Wirtschaftslexikon: Maier, G. W. 2014, http://wirtschaftslexikon.gabler.de/Definition/taylorismus.html, abgerufen am 12.06.2014)

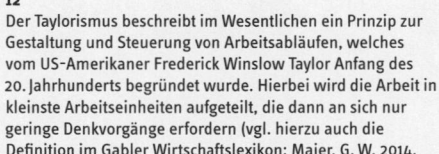

21

denen nach Lösungen in einem speziellen Bereich gesucht wird, zum Beispiel Produktentwicklung oder Wissenschaft.

Die Analyse existierender Publikationen verdeutlicht, dass unterschiedlichste Aufgaben (zum Beispiel marketingspezifische Aufgaben oder auch die Generierung von Ideen für die Innovationsentwicklung) ausgelagert werden können. Die Aufgaben müssen hierbei aber konkretisiert werden, damit Crowdworker in der Lage sind, diese zu lösen. In diesem Zusammenhang spielen die Granularität und eine detaillierte Beschreibung der auszulagernden Aufgaben eine wichtige Rolle. Unterschiedliche Studien haben gezeigt, dass es empfehlenswert ist, komplexe Aufgaben in kleinere, feingranulare Teilaufgaben aufzuteilen. [11]

Crowdsourcing betreibende Unternehmen stehen zunächst vor der Herausforderung zu entscheiden, welche internen Leistungserstellungsaktivitäten an die Crowd ausgelagert werden können. Die Literatur und die Praxis verdeutlichen, dass nahezu alle Wertschöpfungsaktivitäten vom Crowdsourcing betroffen sein können. Damit interne Arbeitspakete von Crowdworkern erfolgreich erledigt werden können, müssen sie konkretisiert, detailliert beschrieben und zumeist in kleine Einheiten zerlegt werden (Arbeits- beziehungsweise Aufgabendekomposition). Das für die Durchführung der Teilaufgaben benötigte Know-how ist entsprechend gering, sodass dadurch viele, auch nicht für eine bestimmte (größere) Aufgabe hoch qualifizierte Individuen an der Aufgabenbearbeitung mitwirken können. Diese Vorgehensweise ist mit den Prinzipien des Taylorismus [12] vergleichbar, zu dessen Zielen gehört, die Arbeitsproduktivität durch Standardisierung und Zerlegung komplexer Arbeitsvorgänge in kleinere Einzeltätigkeiten – und damit auch durch stärkere Arbeitsteilung – zu steigern. Diese kleineren und häufig auftretenden Einzeltätigkeiten können dann von möglicherweise auch weniger qualifizierten beziehungsweise leichter und schneller anlernbaren Arbeitskräften unter Ausnutzung von Lern-, Größen- und Verbundeffekten effektiver beziehungsweise effizienter bearbeitet und dadurch die Produktivität und Geschwindigkeit der Gesamtleistungserstellung gegebenenfalls gesteigert werden. Analog zur Industrialisierung von Produktionsprozessen entfällt ein Großteil des Aufwandes bei der Aufgabenbearbeitung auf die Arbeitsplanung, -steuerung und -koordination. Crowdsourcing- beziehungsweise Prozessmanager, die die disponierende Einteilung übernehmen und die Arbeitsprozesse im Rahmen von Crowdsourcing steuern und kontrollieren, haben andere Aufgaben zu bewerkstelligen als konventionelle Projekt- beziehungsweise Prozessmanager.

Management des Arbeitsprozesses

Eine zentrale Herausforderung im Rahmen von Crowdwork ist es, den Arbeitsprozess mit allen dazugehörigen Aktivitäten zu planen, zu implementieren, zu steuern und zu kontrollieren. Hierzu ist es dementsprechend auch notwendig, alle – mit den einzelnen Phasen verbundenen – Aktivitäten beziehungsweise Handlungsoptionen genau zu erörtern. Der Arbeitsprozess kann idealtypisch in fünf Phasen unterteilt werden: In der ersten Phase erfolgt die Zerlegung der Arbeitspakete in Teilaufgaben sowie die konkrete Beschreibung der Teilaufgaben. Ferner werden in diesem Schritt die Lösungs- beziehungsweise Aufgabenanforderungen bestimmt. In der zweiten Phase wird darüber entschieden, welche Crowdworker (alle oder nur eine Teilmenge der Crowd) dann im dritten Schritt wie die jeweiligen Aufgaben bewältigen sollen. Die Auswahl der Crowdworker erfolgt nach Geiger et al. (2011) qualifikationsbasiert

Crowdwork – digitale
Wertschöpfung in
der Wolke

Jan Marco Leimeister,
Shkodran Zogaj und
Ivo Blohm

13
Geiger, D., Seedorf, S.,
Schulze, T., Nickerson, R.,
und Schader, M. 2011.
»Managing the Crowd:
Towards a Taxonomy of
Crowdsourcing Processes,«
Proceed 7th AMCIS, Detroit,
Michigan, S. 6

14
Vgl. hierzu und zum
nachfolgenden: Geiger, D.
et al. 2011, S. 5-7; Schenk, E.
und Guittard, C. 2009,
S. 12-15; LaVecchia, G.
und Cisternino, A. 2010.
»Collaborative Workforce,
Business Process
Crowdsourcing as an
Alternative of BPO,« ICWE
2010 Proceedings of the 10th
international conference on
Current trends in web
engineering, S. 425 ff.

23

oder kontextspezifisch. Bei einer qualifikationsbasierten Selektion werden die Crowdworker auf Grundlage ihrer Fähig- beziehungsweise Fertigkeiten ausgewählt. So können beispielsweise nur Crowdworker eingeladen werden, die bereits an einer Mindestzahl an Crowdsourcing-Projekten teilgenommen haben, oder solche, die bereits einen Crowdsourcing-Wettbewerb gewonnen haben. Diese Möglichkeit bietet zum Beispiel der Crowdsourcing-Intermediär *99designs*. Der Intermediär akquiriert für bestimmte Projekte nur solche Crowdworker, die bereits einen Designwettbewerb auf der Plattform gewonnen haben.[13] Im Rahmen einer kontextspezifischen Selektion werden die Crowdworker auf Basis bestimmter persönlicher Eigenschaften ausgewählt. Zum Beispiel kann ein Crowdsourcer die Aufgaben lediglich von Crowdworkern aus einer bestimmten Altersgruppe gelöst haben wollen oder von solchen, die bereits Erfahrung mit Produkten des Crowdsourcers gemacht haben. Schließlich besteht im Rahmen eines Crowdsourcing-Projektes auch die Möglichkeit, sowohl eine qualifikations- als auch eine kontextbasierte Selektion durchzuführen.

In der vierten Phase werden die eingereichten Lösungen beziehungsweise Beiträge zu einer Gesamtlösung zusammengetragen und bewertet. Abhängig sowohl von der Beschaffenheit der ausgelagerten Aufgaben (Mikroaufgaben, Makroaufgaben, einfache Projekte oder komplexe Projekte) als auch von der Durchführung der Aufgaben (Zusammenarbeit der Crowdsourcees oder Lösung der Aufgaben unabhängig voneinander) gestaltet sich die Erfassung der generierten Lösungen:[14] Erstens besteht die Möglichkeit, die einzelnen Lösungen der Teilaufgaben in eine Gesamtlösung zu integrieren, falls im Vorfeld größere Projekte oder Aufgaben in Teilaufgaben unterteilt wurden. Dies ist zumeist bei

Mikro- und Makroaufgaben der Fall. Bei einfachen oder komplexen Projekten werden aus mehreren eingereichten Lösungen wenige oder auch nur eine Lösung selektiert, was der zweiten möglichen Vorgehensweise entspricht. In diesem Zusammenhang vergleicht der Crowdsourcer die eingereichten Lösungen miteinander und wählt diejenige aus, die den Lösungsanforderungen am ehesten entspricht.

Phase 1: Konkretisierung der Aufgabe	Phase 2: Auswahl der Crowdworker	Phase 3: Aufgaben-abwicklung	Phase 4: Auswahl und Aggregation der Lösungen	Phase 5: Vergütung
Granularität: komplexe Aufgaben zerlegen	Uneingeschränkter Aufruf (»alle« können teilnehmen)	Durchführung der Aufgabe(n): Entwicklung und Einreichung von Konzepten und Lösungen	Lösungen zusammentragen und auswählen	Angenommene Lösungen vergüten
Aufgaben detailliert beschreiben				Integrativ: Vergütung aller eingereichten Lösungen
Lösungsanforderungen festlegen	Auswahl auf Basis von Fähigkeiten und / oder von konkreten persönlichen Eigenschaften	Je nach Arbeitsform: Zusammenarbeit versus Wettbewerb	Integrativ: Lösungen miteinander verknüpfen	
Arbeitsform bestimmen			Selektiv: Auswahl der geeignetsten Lösungen	Selektiv: Vergütung nur der besten Lösungen

Abb. 3 Phasen und Maßnahmen im Crowdsourcing-Prozess.

Crowdwork – digitale
Wertschöpfung in
der Wolke

Jan Marco Leimeister,
Shkodran Zogaj und
Ivo Blohm

In der fünften und letzten Phase werden die Crowdworker für ihre Arbeit entlohnt. Abbildung 3 stellt die Phasen und Maßnahmen des Arbeitsprozesses im Rahmen von Crowdwork dar.

Mechanismen zur Steuerung und Kontrolle von Crowd-Aktivitäten
Die gezielte Steuerung und Kontrolle von Crowd-Aktivitäten (engl. *Crowd Governance*) wird als eine der wesentlichen Herausforderungen im Rahmen von Crowdsourcing betrachtet. Dies wird dadurch begründet, dass eine »unkontrollierte« Crowd vereinbarte Ziele nicht erreichen kann. Beispielsweise kann es dazu kommen, dass Crowdworker bestimmte Aufgaben nicht innerhalb einer vorgegebenen Zeit durchführen und der Crowdsourcing-Intermediär seinem Kunden, dem Crowdsourcer, die Lösungen nicht bereitstellen kann. Die Steuerung und Kontrolle im Rahmen von Crowdsourcing umfasst alle Maßnahmen und Vorgehensweisen zum effektiven Management der Crowd. Mikroaufgaben erfordern weniger Kontrollaufwand, wohingegen im Rahmen komplexerer Crowdsourcing-Projekte umfassende Kontroll- und Steuerungsmechanismen zu implementieren sind. In der Forschung mangelt es aber an Untersuchungen explizit zu Steuerungs- und Kontrollmechanismen. Tabelle 1 (S. 26) fasst die wesentlichen Steuerungs- und Kontrollmechanismen im Rahmen von Crowdsourcing zusammen.

Arbeitsformen und Arbeitsbedingungen im Rahmen von Crowdwork
Im Rahmen von Crowdwork initiiert der Crowdsourcer den Arbeitsprozess, definiert und konkretisiert die zu bearbeitenden Aufgaben, bestimmt die Anreizstrukturen und verwertet die Lösungen, während die Crowdworker die bereitgestellten Aufgaben auswählen und bearbeiten. Die

Aufgabengestaltung
Gestaltung geeigneter Strukturen, die Aufgabenbearbeitungsprozesse effektiv unterstützen. Hierbei geht es insbesondere um die Konkretisierung der Aufgaben bzw. um das Herunterbrechen der Aufgaben in Teilaufgaben und die entsprechende Aggregation der Teillösungen zu einer Gesamtlösung. Für Mikro- und Makroaufgaben wurden in diesem Zusammenhang unterschiedliche Programmier-Frameworks (z. B. CrowdLang, Crowd Forge) zur Automatisierung des Arbeitsprozesses entwickelt.

Feedbackmechanismus
Etablierung von Maßnahmen, mithilfe derer die Crowdworker Feedback vom Crowdsourcer oder vom Crowdsourcing-Intermediär erhalten können. Das Feedback kann sich sowohl auf die eigentliche Arbeit bzw. Arbeitsleistung, auf einzelne Aufgaben oder auf allgemeine Sachverhalte im Rahmen der Crowdsourcing Plattform beziehen. Feedback kann die Crowdworker motivieren und Vertrauen zwischen den Crowdworkern und dem Crowdsourcer bzw. Intermediär schaffen. Feedback kann sich zudem positiv auf die Produktivität bzw. Arbeitsleistung der Crowdworker auswirken.

Anreizstrukturen
Etablierung von Strukturen und Maßnahmen, die die Motive der Crowdworker adressieren und diese entsprechend dazu motivieren, auf der Crowdsourcing-Plattform aktiv zu sein. Die Anreizstrukturen orientieren sich an den Bedürfnissen und somit sowohl an extrinsischen als auch an intrinsischen Motiven. Da die Motivation der Crowdworker von Crowdsourcing-Initiative zu Crowdsourcing-Initiative variiert, unterscheiden sich Anreizstrukturen der unterschiedlichen Crowdsourcing-Plattformen. Im Rahmen von einfachen und komplexen Projekten spielt Wertschätzung von anderen Crowdworkern und des Crowdsourcers (beziehungsweise der Jury) eine wichtige Rolle, während bei Mikro- und Makroaufgaben die monetäre Entlohnung im Vordergrund steht.

Management der Lösungen und Qualitätssicherung
Etablierung von Mechanismen, mithilfe derer die Qualität eingereichter Lösungen bewertet werden kann. Die Bewertung der Lösungen anhand der zuvor definierten Lösungsanforderungen ist ein gängiger Ansatz, der jedoch von Crowdsourcing-Initiative zu Crowdsourcing-Initiative variiert. Neben diesem Vorgehen werden in der Literatur noch drei weitere Ansätze vorgestellt: (1) Bewertung der eingereichten Lösungen durch andere Crowdworker (z. B. anhand von 5-Star-Ratings); (2) Vermischung von tatsächlichen Aufgaben und Testaufgaben, um dadurch zu kontrollieren, ob die Crowdworker die Aufgaben auch tatsächlich lösen; (3) iterative Ansätze, im Rahmen derer mehrere Crowdworker dieselbe Aufgabe erledigen. Sofern zwei (oder mehr) Crowdworker zur selben oder zu einer ähnlichen Lösung kommen, kann angenommen werden, dass die betreffende Lösung geeignet ist.

Mitgliedermanagement
Etablierung von Mechanismen, mithilfe derer die Qualität der Arbeit und der Crowdworker innerhalb von Crowdsourcing-Plattformen sichergestellt werden kann. Hierzu zählen Einarbeitungsmaßnahmen und das Bereitstellen von Diskussionsforen in der Community. Diese Maßnahmen sollen die Crowdworker dazu befähigen, ihre Fähigkeiten in Bezug auf die Aufgabendurchführung zu stärken und zu erweitern. Hinzu kommen auch Maßnahmen und Strukturen, mithilfe derer Crowdworker Kontakt zu dem Plattformbetreiber beziehungsweise dem Crowdsourcer aufnehmen können.

Crowdwork – digitale
Wertschöpfung in
der Wolke

Jan Marco Leimeister,
Shkodran Zogaj und
Ivo Blohm

Tab. 1 Steuerungs- und Kontrollmechanismen für Crowdwork. [15]

15
Eigene Darstellung in
Anlehnung an Jain, R. 2010.
»Investigation of Governance
Mechanisms for
Crowdsourcing Initiatives,«
AMCIS 2010, S. 3 ff.

27

Bearbeitung der Aufgaben durch Crowdworker erfolgt in der dritten Phase eines idealtypischen Arbeitsprozesses. Hier stellt sich jedoch die Frage, wie genau die Arbeit auf Crowdsourcing-Plattformen erfolgt, da sich Arbeitsprozesse in Online-Umgebungen mit einer großen Zahl an Akteuren von klassischen unternehmensinternen Arbeitsprozessen strukturell unterscheiden können.

Grundsätzlich kann in Bezug auf Arbeitsformen zwischen zwei Ansätzen unterschieden werden: wettbewerbsbasierter Ansatz und zusammenarbeitsbasierter Ansatz. Im ersteren Fall stehen die Crowdworker entweder in einem zeitlichen oder einem ergebnisorientierten Wettbewerb zueinander. Im Rahmen des zeitorientierten Wettbewerbs wird nur der Crowdworker, der eine ausgeschriebene Aufgabe als Erster erfolgreich erfüllt, belohnt. Beim ergebnisorientierten Wettbewerb erhält nur der Crowdworker mit dem besten Ergebnis die zuvor definierte Prämie. In diesem Kontext arbeiten die Crowdworker unabhängig voneinander und generieren entsprechend Lösungen individuell.

Beim zusammenarbeitsbasierten Ansatz erarbeiten hingegen mehrere Crowdworker gemeinsam eine Lösung zu einer bestimmten Aufgabe. Hierbei reicht ein Crowdworker einen Beitrag ein. Andere Crowdworker, die mitwirken wollen, haben auf der Plattform die Möglichkeit, den eingereichten Beitrag zu verändern und auch zu erweitern. Dies geschieht zumeist mithilfe einer Kommentarfunktion, über die die Crowdworker miteinander über die Lösung diskutieren können. Der Output ist dann eine gemeinsam erarbeitete Lösung (vgl. Abbildung 4).

Im Vergleich zu klassischen Arbeitsvorgängen, im Rahmen derer Arbeitsaufgaben zumeist vorgegeben beziehungsweise von Vorgesetzten delegiert oder zugeordnet werden, bestimmen beim Crowdsourcing die

Arbeitsformen im Crowdsourcing	
Wettbewerbsbasierter Ansatz · Wettbewerbsprinzip · Crowdworker arbeitenunabhängig voneinander	**Zusammenarbeitsbasierter Ansatz** · Crowdworker arbeitenzusammen · Crowdworker reichen eine gemeinsame Lösung ein · Beispiele: Dell Idea Storm, SAPiens

Ergebnisorientiert	**Zeitorientiert**
· Nur das / die beste(n) Ergebnis(se) werden prämiert · Prämie wird im Vorfeld definiert · Anforderungen an Ergebnisdarstellung · Beispiele: TopCoder, Atizo	· Wettbewerb auf Zeit: »first-come-first-served« · Prämierung aller Lösungen, die die Qualitätsanforderungen erfüllen · Anforderungen an Ergebnisdarstellung · Beispiele: oDesk, testCloud

Abb. 4 Arbeitsformen im Crowdsourcing.

Crowdworker selbst, welche und auch wie viele der auf einer Crowd-sourcing-Plattform ausgeschriebenen Aufgaben sie entgegennehmen beziehungsweise erledigen. Aber was genau treibt Crowdworker dazu, an Crowdsourcing-Initiativen teilzunehmen?

Unterschiedliche Studien zeigen auf, dass intrinsische Motive wie der soziale Austausch, die Möglichkeit zur Erweiterung der individuellen Fähigkeiten und die Freude an der Crowd-Arbeit eine wesentliche Rolle spielen. Den primären Anreizfaktor stellen jedoch extrinsische Motive wie prämienbasierte und monetäre Entlohnungen für Crowdworker dar. Darüber hinaus wird eine hohe Eigenbestimmung bei der Wahl und Art der Tätigkeit als Crowdworker als positiv dargestellt. Entsprechend sind in der Praxis unterschiedliche Entlohnungs- beziehungsweise

Crowdwork – digitale Wertschöpfung in der Wolke

Jan Marco Leimeister, Shkodran Zogaj und Ivo Blohm

16
Felstiner, A. 2011, S. 148 ff.;
Cherry, M. (2009): Working
for (Virtually) Minimum
Wage: Applying the Fair
Labor Standards Act in
Cyberspace. Alabama Law
Review (60), S. 1033 ff.

29

Vergütungsmodelle vorzufinden. Die Prämien beziehungsweise Entgelte variieren stark, abhängig von der Arbeitsform und der Art der Aufgaben. Während Crowdworker für manche Aufgaben mit wenigen Eurocents entlohnt werden, gibt es auch mehrere Crowdsourcing-Initiativen, in deren Rahmen Preisgelder von bis zu 100.000 Euro oder Dollar vergeben werden. Die Entlohnung der Crowdworker liegt einigen Untersuchungen aus den USA zufolge meist unterhalb des amerikanischen Mindestlohnes. Diese niedrige Entlohnung kommt zum einen durch die Vielzahl potenzieller Crowdworker zustande, die fähig sind, einfache (Routine-) Aufgaben zu lösen. Momentan existieren nur wenige Studien, die die stündlichen und monatlichen Löhne der Crowdworker auf unterschiedlichen Crowdsourcing-Plattformen analysieren – die vorhandenen Studien beziehen sich aber alle auf den US-amerikanischen Markt.

Diesen Studien zufolge handelt es sich bei »relativ« sicher bezahlten Tätigkeiten wie bei *Amazon Mechanical Turk* meist gleichzeitig um schlecht vergütete Mikroaufgaben, die keine große kognitive Anstrengung erfordern. Mikroaufgaben stellen eher monotone Arbeitsabläufe dar, die schnell abzuarbeiten sind und nach »Stück« entlohnt werden. Damit können manche solcher Aufgaben mit Akkordarbeit gleichgesetzt werden.[16] Komplexere Projekte wie hoch dotierte Wettbewerbe stellen hingegen eine sehr unsichere Einnahmequelle dar, da nur eine(r) den Wettbewerb gewinnt (wie bei *InnoCentive*). In der Regel erfolgt die Vergütung der Crowdsourcees stets nach Projektabschluss und nachdem die betreffenden Aufgaben vom Crowdsourcer kontrolliert wurden. In der folgenden Tabelle (S. 30) werden einige Entlohnungsformen und ihre Besonderheiten vorgestellt.

Plattform	System	Anreizsystem/Entlohnung
Amazon Mechanical Turk	Crowdsourcer gibt Preis vor	Fixe Zahlung pro Aufgabe. Bezahlung erfolgt nur, wenn Lösung vom Crowdsourcer akzeptiert wird. Der durchschnittliche Stundenlohn liegt bei circa 1,25 $. Es gibt nur wenige Aufgaben, die spezielle/s Fähigkeiten/Wissen voraussetzen.
Spreadshirt	Crowdworker gibt Preis vor	Crowdworker bietet Unternehmen ein T-Shirt-Design zu einem selbst festgelegten Preis zum Kauf an und erhält bei jedem verkauften T-Shirt eine Gewinnbeteiligung.
InnoCentive	Wettbewerb	InnoCentive organisiert Wettbewerbe für Unternehmen, in denen nach Lösungen in einem speziellen Bereich gesucht wird, z. B. Produktentwicklung oder Wissenschaft. Die Entlohnung erfolgt über Auszeichnungen oder finanziellen Ausgleich. Die Bezahlung hängt dabei vom Schwierigkeitsgrad ab und kann bis zu 100.000 $ betragen.
IBM Liquid	Punktesystem	Crowdworker erhalten für ihre Teilnahme an der Ausschreibung so genannte »Liquid Points«. Diese belegen ihre Teilnahme an einem bestimmten Wettbewerb und dienen der Verbesserung der communityinternen Reputation. Auf Basis der Punkte wird eine unternehmensinterne Rangliste geführt. Ein höherer Rang kann die Chancen auf eine Auswahl bei anderen Ausschreibungen verbessern.

Tab. 2 Beispiele zur Entlohnung von Crowdworkern.

Crowdwork – digitale
Wertschöpfung in
der Wolke

Jan Marco Leimeister,
Shkodran Zogaj und
Ivo Blohm

Chancen und Risiken für Crowdsourcer und Crowdworker
Zahlreiche Forscher aus den Bereichen Wirtschaftsinformatik, Informatik sowie Marketing und Management messen der Öffnung interner Unternehmensprozesse für die Crowd ein hohes Potenzial für Unternehmen bei.

17
Howe, J. 2008. Crowd-
sourcing: Why the Power
of the Crowd is Driving the
Future of Business,
New York, S. 10 ff.

18
Hammon, L., und Hippner, H.
2012. »Crowdsourcing,«
Wirtschaftsinformatik (54:3),
S. 165

19
Zittrain, J. 2009. »Work the
New Digital Sweatshops,«
Newsweek

31 Manche beziehen sich in diesem Zusammenhang auf das enorme Wissenspotenzial der Crowd,[17] während andere von der »Erreichung einer neuen Evolutionsstufe hinsichtlich der (unternehmerischen) Wertschöpfung«[18] durch die Nutzung des Potenzials der Crowd sprechen. Zum Beispiel bietet Crowdwork Unternehmen die Möglichkeit, die Fähigkeiten und das Wissen von einer Vielzahl an externen Akteuren beziehungweise Arbeitern zu nutzen. Für Unternehmen erhöht sich zudem die Flexibilität: In Zeiten starker Nachfrage beispielsweise können mehr Aufgaben ausgeschrieben werden – und umgekehrt. Auf der anderen Seite ergeben sich auch für Crowdworker unterschiedliche Möglichkeiten und Chancen, die im Rahmen klassischer Arbeitsformen nur eingeschränkt realisierbar sind. So wird vermutet, dass Crowdsourcing beispielsweise zu einer Entlastung von internen Mitarbeitern eines Crowdsourcing betreibenden Unternehmens führen kann, da diese beispielsweise zeitaufwendige Routine- und Verwaltungsaufgaben auslagern und sich auf ihre Kernaufgaben konzentrieren können. Eine mit dem Crowdsourcing einhergehende höhere Flexibilität oder neue Beschäftigungsmöglichkeiten für Mitarbeiter eines Crowdsourcing betreibenden Unternehmens werden auch als positive Auswirkungen diskutiert.

Im Gegensatz dazu werden in einigen Publikationen auch insbesondere die Risiken, die mit Crowdwork sowohl für Crowdworker als auch für Unternehmen einhergehen kritisch diskutiert. So wird in einzelnen Beiträgen vor der Entstehung von »digitalen Ausbeuterbetrieben« (engl. *digital sweatshops*) gewarnt, da die Entlohnung für die Crowdworker zum Teil sehr gering ausfallen kann und zudem nicht sicher ist.[19] Dadurch würden zusätzlich Risiken an die Crowdworker ausgelagert werden, da diejenigen, die keinen Wettbewerb gewinnen oder

20
Ilg, P. 2012. »Crowdsourcing: Ingenieure an der virtuellen Ideenbörse«, http://ingenieur.de/Arbeit-Beruf/Arbeitsmarkt/Crowdsourcing-Ingenieure-an-virtuellen-Ideenboerse, 2012

21
Malone, T. W. et al. 2011, S. 10

22
Cherry, M. 2009, S. 1080 f.; Felstiner, A. 2011, S. 144 ff.; Horton, J. J. und Chilton, L. B. 2009. The Labor Economics of Paid Crowdsourcing. 10th Proceedings of the 11th ACM conference on Electronic Commerce, S. 209 ff.

23
Felstiner, A. 2011, S. 144 ff.; Felstiner, A. 2011 a. »Grappling With Online Work: Lessons From Cyberlaw,« St. Louis University School of Law (56), S. 209 ff.

24
Cherry, M. 2009, S. 1085 ff.; Cushing, E. 2013. »Amazon Mechanical Turk: The Digital Sweatshop,« UTNE http://utne.com/science-and-technology/amazon-mechanical-turk-zm0z13 jfzlin.aspx#axzz32oEuEAdY, J. 2009

32

Crowdwork – digitale Wertschöpfung in der Wolke

Jan Marco Leimeister, Shkodran Zogaj und Ivo Blohm

nicht ausreichend Ausschreibungen entgegennehmen können, entsprechend auch ein geringeres Entgelt bekommen. Es würde sich demzufolge stets um eine erfolgsabhängige Entlohnung handeln, was nach Ilg[20] und anderen Autoren auch als digitale Akkordarbeit bezeichnet werden kann. Die Crowdarbeit wird oftmals auch sehr eintönig dargestellt, bedingt durch den Umstand, dass Aufgaben hyperspezialisiert sind – das heißt, Aufgaben werden in sehr kleine Teilaufgaben zerlegt. Dies kann mit der Fließbandproduktion im Zeitalter des Taylorismus verglichen werden, als ein Arbeitsprozess derart stark heruntergebrochen beziehungsweise zerteilt wurde, dass ein einzelner Produktionsarbeiter im Extremfall nur noch eine simple Tätigkeit (zum Beispiel Schraube festdrehen) durchzuführen hatte. Ein weiterer Nachteil, der in diesem Zusammenhang diskutiert wird, ist die durch neue Technologien dargebotene Möglichkeit, digitale Arbeitsprozesse elektronisch zu überwachen.[21] Im Extremfall kann der Crowdsourcer beim internen Crowdsourcing alle Arbeitsschritte und -aktivitäten der einzelnen Crowdworker überwachen.

Weiterhin existieren bisher sehr wenige Erkenntnisse zu den arbeitsrechtlichen Bedingungen im Rahmen von Crowdsourcing. Auch in diesem Fall beziehen sich die wenigen existierenden Beiträge insbesondere auf die USA.[22] Felstiner[23] konstatiert beispielsweise, dass in den USA kein Schutz der Crowdarbeiter durch derzeitige arbeitsrechtliche Regelungen gegeben ist. Crowdsourcing bietet nach der Meinung unterschiedlicher Autoren vielen Unternehmen die Möglichkeit, Arbeitsgesetze und Mindestlöhne zu umgehen.[24] Doch eine einfache Anwendung von Arbeitsgesetzen ist aus verschiedenen Gründen nicht möglich. Erstens gibt es keinen traditionellen Arbeitsplatz, wo sich Arbeitgeber und -nehmer

25
Klebe, T., und Neugebauer, J. 2014. »Crowdsourcing: Für eine handvoll Dollar oder Workers of the crowd unite?,« Arbeit und Recht (1), S. 4–7

26
Däubler W., »Crowdworker – Schutz auch außerhalb des Arbeitsrechts?«

33

treffen und in Interaktion treten. Zweitens hat sich durch das Arbeiten im virtuellen Umfeld die Beziehung zum Arbeitgeber beziehungsweise hier Crowdsourcer verändert. Bezugnehmend auf den deutschsprachigen Raum beschäftigen sich Klebe und Neugebauer [25] in ihrem Artikel »Crowdsourcing: Für eine Handvoll Dollar oder Workers of the crowd unite?« erstmals mit arbeitsrechtlichen Fragen (siehe auch W. Däubler ab S. 243). [26]

Schlussendlich besteht für Unternehmen auch die Gefahr, dass unternehmensinternes Wissen durch Crowdsourcing nach außen fließt oder dass Schwierigkeiten in Bezug auf die Kontrolle der Arbeitsprozesse entstehen. Ebenfalls kann das »Not-invented-here-Syndrom« zum Vorschein kommen: Bei den betroffenen Mitarbeitern kann das Gefühl entstehen, dass einem die – zum Teil favorisierten – Aufgaben von Crowdworkern »weggenommen werden«, die von außerhalb kommen. Dadurch kann eine Ablehnung gegenüber diesen Beiträgen und Lösungen entstehen, was wiederum in einer geringen Arbeitsmotivation von internen Mitarbeitern münden kann. Nachfolgend sind die wesentlichen Chancen und auch Risiken, die sowohl für Crowdsourcing betreibende Unternehmen als auch für Crowdworker mit Crowdwork einhergehen, tabellarisch aufgeführt (S. 34).

Die Ausführung zeigt, dass dem Crowdsourcing-Konzept sowohl etliche Vorteile als auch diverse Nachteile auf unterschiedlichen Ebenen zugesprochen werden. Nichtsdestoweniger handelt es sich hierbei zumeist eher um Vermutungen als um fundierte Erkenntnisse. Welche Risiken und Potenziale sich jedoch mit der Implementierung von Crowdsourcing tatsächlich ergeben, welche Wirkprinzipien hier zugrunde liegen, welche

Crowdsourcer ⟵——————⟶ Crowdworker	
Chancen	
· Zugriff auf einen (immensen) Wissens- und Kompetenzpool · Akquisition innovativerer Lösungsansätze für interne Aufgaben · Schnellere Aufgabenabwicklung durch Zerlegung in (kleinste) Teilaufgaben · Kostensenkungspotenziale aufgrund geringerer Entlohnungen · Erhöhung der Flexibilität durch bedarfsorientierte Nutzung · Konzentration auf Kernkompetenzen durch Auslagerung von Randaufgaben · Erhöhung der Marktakzeptanz durch Mitwirkung von (potenziellen) Kunden bei Innovationsentwicklungen	· Entlastung interner Mitarbeiter durch Konzentration auf wesentliche Aufgaben · Neue Beschäftigungsmöglichkeiten durch Möglichkeit der Auswahl unterschiedlichster Aufgabentypen (mehr Abwechslung im Job) · Höhere Selbstbestimmung durch Selbstselektion in Bezug auf die ausgeschriebenen Aufgaben · Höhere Flexibilität durch Möglichkeit, selbst zu entscheiden, wann Aufgaben entgegengenommen werden · Verbesserte Kommunikation der Crowdworker untereinander über Crowdsourcing-Plattform
Risiken	
· Notwendigkeit der extrem präzisen und aufwendigen Aufgaben- / Projektdefinition · Schwer kalkulierbare (Gesamt-)Kosten für alle zur Implementierung von Crowdsourcing benötigten Maßnahmen · Gefahr des Kontrollverlustes über Crowdaktivitäten · Aufwendige Maßnahmen zur Schaffung passender Anreizstrukturen · Gefahr des Abflusses von unternehmensinternem Know-how · Gefahr von Widerständen durch interne Belegschaft	· Geringere Entlohnungen (»digitale Ausbeuterbetriebe«) · Intensivierung der Konkurrenz der Mitarbeiter untereinander (negative Einflüsse auf das »Miteinander«) · »Eintönige« beziehungsweise monotone Arbeitsvorgänge, da Aufgaben stark standardisiert sind (Prinzip des Taylorismus) · Gefahr der kontinuierlichen elektronischen Überwachung von Crowdworkern durch Crowdsourcer · Fehlende rechtliche Rahmenbedingungen in Bezug auf unter anderem Beschäftigungsdauer (befristet oder unbefristet), Mitbestimmungsrechte (beispielsweise über einen Betriebsrat), Urlaubsansprüche

Crowdwork – digitale Wertschöpfung in der Wolke

Jan Marco Leimeister, Shkodran Zogaj und Ivo Blohm

Abb. 5 Chancen und Risiken für Crowdsourcer und Crowdworker.

Quelle: eigene Darstellung.

Auswirkungen auf Menschen, Organisationen und Märkte sich hieraus unter welchen Rahmenbedingungen ergeben, kann mit den aktuellen Erkenntnissen zu diesem Themenbereich nicht fundiert bestimmt oder vorhergesagt werden.

Forschungsbedarf: Was müssen wir über Crowdwork noch wissen?

Die vorangegangenen Abschnitte liefern einen Überblick über die Kerninhalte, die wesentlichen Eigenschaften sowie die Vor- und Nachteile von Crowdwork. Diese Sachverhalte wurden auf Basis vorhandener Erkenntnisse aus der Forschung zu Crowdsourcing beziehungsweise Crowdwork vorgestellt und liefern erste Anhaltspunkte, wie Crowdwork funktioniert. Crowdwork ist aber noch relativ unerforscht. Die wissenschaftliche Literatur fokussiert momentan überwiegend die Perspektive der Crowdsourcer. Dies ist damit begründet, dass sich in der Praxis eher Unternehmen dem Themenfeld Crowdwork – wenn auch zumeist inkrementell – nähern und sich mit dessen Beschaffenheit und möglichen Implikationen vor dem Hintergrund der Unternehmensziele auseinanderzusetzen versuchen. Denn Crowdwork ist für viele Unternehmen eine ernstzunehmende Alternative für die Aufgabenbearbeitung geworden. Folglich ist auch das Interesse an Erkenntnissen zur optimalen Einführung und zum Einsatz beziehungsweise Management von Crowdwork gestiegen. Mit Bezug auf unterschiedliche Aspekte fehlen beispielsweise Erkenntnisse, welche unternehmensinternen Aufgaben wie ausgelagert werden können. Das in diesem Beitrag beschriebene Vorgehen – die Konkretisierung der Aufgaben – ist sinnvoll und laut einigen Forschern unabdingbar. Noch nicht geklärt aber ist, ob und inwieweit das Vorgehen auf unterschiedliche Aufgabentypen anwendbar ist: Ist ein Crowdsourcing-Projekt aus dem Marketingbereich genauso durchzuführen wie eine crowdbasierte Softwareentwicklung? Sollten die hierfür passenden Anreizstrukturen und Kontrollmechanismen ähnlich implementiert werden oder nicht? Dies sind nur einige von vielen Fragen, die in Bezug auf Crowdwork aus der Perspektive der Crowdsourcer zu klären sind. Mindestens genauso viele Fragen ergeben sich auch im Hinblick auf die Erforschung des Phänomens aus Sicht der Crowdworker. Forschungsbedarf besteht insbesondere in Bezug auf die Arbeitsformen und Arbeitsbedingungen im Rahmen von Crowdwork. Wie genau sind die Arbeitsbedingungen beim internen und beim externen Crowdsourcing? Inwieweit unterscheiden sich die Arbeitsbedingungen zwischen dem zeitorientierten (vor allem der Bereich Mikroaufgaben) und dem ergebnisorientierten Wettbewerbsansatz (vor allem Makroaufgaben und kleinere Projekte)? In diesem Zusammenhang ist somit zu klären, wie die Crowdworker im Rahmen unterschiedlicher Crowdsourcing-Initiativen die Aufgaben bewältigen – zum Beispiel kollaborativ oder wettbewerbsorientiert; und wie hierbei die Arbeitsbedingungen, zum Beispiel Entlohnung, Arbeitszeit und -aufwand, ausgeprägt sind. Bisher existieren keine Studien über die sich für Arbeitnehmer ergebenden Implikationen im Rahmen vom internen (der Crowdworker als Mitarbeiter) Crowdsourcing. Es liegen keine Erkenntnisse dahingehend vor, wie sich die Arbeit in der Crowd gestaltet und ob entsprechend mit der Umsetzung von Crowdsourcing beispielsweise eine Veränderung der Belastung und Selbstbestimmung von Mitarbeitern, eine Veränderung von internen und/oder kollegialen Kommunikationsprozessen oder allgemein der Unternehmenskultur einhergeht – und in welchem Ausmaß. Darüber hinaus sind insbesondere für den deutschen Arbeitsmarkt so gut wie keine verlässlichen Studien oder Fakten

Crowdwork – digitale Wertschöpfung in der Wolke

Jan Marco Leimeister, Shkodran Zogaj und Ivo Blohm

erhältlich. Ausgehend von dieser Form der Arbeit in der Wolke stellen sich auch substanzielle Fragen zur Zukunft der Mitarbeitervertretung, für die bisher ebenfalls keine Szenarien oder konzeptionellen Überlegungen anzutreffen sind.

In der folgenden Tabelle (S. 38) sind neben diesen noch weitere Sachverhalte aufgeführt, die durch zukünftige Forschungsarbeiten in Bezug auf beide Perspektiven, die der Crowdsourcer und die der Crowdworker, zu adressieren sind.

Fazit

Leben und Arbeiten sind ohne Digitalisierung nicht mehr vorstellbar. Die zunehmende Vernetzung durch neuartige Technologien verändert auch die Art, wie Unternehmen ihre Leistungserstellungsprozesse koordinieren beziehungsweise gestalten, und bilden entsprechend die Grundlage für neue Arbeitsorganisationsformen. Speerspitze dieser Entwicklungen ist Crowdwork, ein neuartiges Konzept für die global verteilte Zusammenarbeit im Rahmen der Leistungserstellung. Es ist davon auszugehen, dass immer mehr Unternehmen das Konzept heranziehen werden, um auf einen größeren Pool an Arbeitskräften schnell und gezielt zugreifen zu können. Eine steigende Anwendung von Crowdwork impliziert nicht nur vereinzelte, kurzfristige Änderungen einzelner Unternehmen oder einzelner Crowds – vielmehr kann aus der Durchdringung dieses innovativen Konzeptes mittel- bis langfristig ein Wandel von Organisations- und Arbeitsstrukturen resultieren. Dementsprechend gilt es, dieses Konzept und die damit verbundenen gesellschaftlichen und wirtschaftlichen Veränderungen auf Makro- (gesamtwirtschaftlich betrachtet), Meso- (bezogen auf eine einzelne Organisation und deren Prozesse) und Mikroebene

Untersuchungs-einheit	Forschungsimplikation
Theoretische Grundlagen von Crowd-work	Crowdwork gilt jetzt schon als Zukunftsmodell der Organisation IT-gestützter / digitaler Arbeit. Es bedarf insofern weiterer konzeptioneller und empirischer Arbeiten, die auf die Erörterung der Grundmechanismen und -prinzipien dieses Arbeitsmodells eingehen. Theoretische Konzeptionen können dann die Grundlage dafür bilden, welche Arten von Aufgaben für Crowdwork geeignet sind und welche nicht.
Gestaltung von Crowdwork-Prozessen	Im Rahmen dieses Beitrags wurden die Kernphasen eines Arbeitsprozesses dargestellt. Es ist jedoch ungeklärt, welche konkreten Aktivitäten in den einzelnen Phasen durchzuführen sind. Auch ist wenig über mögliche Rollen oder Entscheidungsbefugnisse im Rahmen von Crowdwork bekannt. Die Untersuchung dieser Aspekte sollte idealerweise projekt- beziehungsweise aufgabentypspezifisch erfolgen.
Arbeits-bedingungen	Bisher existieren keinerlei Erkenntnisse darüber, wie sich die Arbeit in einer Crowd gestaltet und wie Crowdworker ihre Arbeit beziehungsweise ihr Arbeitsergebnis wahrnehmen. Die zentralen Fragen in diesem Zusammenhang sind : Wie nehmen Menschen die Crowdwork und die Arbeitsbedingungen in der Crowd wahr? Was für Einstellungen haben sie in Bezug auf Crowdwork? Sind Crowdworker zufrieden mit beispielsweise den Arbeitsmitteln und den Arbeitsabläufen im Rahmen von Crowdwork? Diese Fragestellungen gilt es, in Bezug auf sowohl »externes« als auch »internes« Crowdsourcing zu untersuchen.
Gestaltung von Crowdworking-Plattformen	Bedingt durch den Umstand, dass Crowdwork im Wesentlichen online stattfindet, kommt der Gestaltung von Crowdsourcing-Plattformen eine wichtige Bedeutung zu. Hier bedarf es entsprechender Untersuchungen, die analysieren, welche Wirkungen einzelne Funktionen – jeweils auf den Profilen von Crowdworkern und Crowdsourcern – auf die jeweilige Zielgruppe haben. Es ist vor allem zu untersuchen, wie genau eine arbeitnehmerfreundliche Arbeitsumgebung gestaltet sein kann. Dies ist ein zentraler Aspekt, da eine ansprechende Arbeitsumgebung die Aktivität und das Engagement der Crowdworker positiv beeinflussen kann.

Crowdwork – digitale Wertschöpfung in der Wolke

Jan Marco Leimeister, Shkodran Zogaj und Ivo Blohm

Vergütungs- und Anreiz- modelle	Bisher existieren sehr wenige beziehungsweise keine fundierten Erkennt- nisse zu den Beweggründen von Crowdworkern und ihre Leistungsbereit- schaft im Rahmen der unterschiedlichen Ausprägungsformen. Die Entlohnung von Crowdworkern richtet sich zumeist nach den Motiven der Crowdworker. Entsprechend gilt es auch, existierende und potenziell mögliche Vergütungsmodelle genauer zu untersuchen.
Steuerungs- und Kontroll- mechanismen	Im vorliegenden Beitrag wurden unterschiedliche Steuerungs- und Kontroll- mechanismen grob vorgestellt. Zu der Wirkung dieser Mechanismen auf den Erfolg existieren jedoch keine Untersuchungen. Es stellt sich vor allem die Frage, ob und inwieweit die Crowdwork anhand der vorgestellten – oder weiterer – Mechanismen zielgerichtet gesteuert und kontrolliert werden kann. Zukünftige Studien könnten dementsprechend untersuchen, wie effektiv die einzelnen Mechanismen zur Steuerung und Kontrolle der Crowdaktivitäten sind.
Arbeitsrecht- liche Rahmen- bedingungen	Erkenntnisse zu den arbeitsrechtlichen Bedingungen im Rahmen von Crowdwork sind sehr spärlich – existierende Studien beziehen sich indes- sen nur auf die USA. Für den deutschsprachigen Raum wurde Bezug neh- mend auf diesen Sachverhalt keine Untersuchung gefunden. Entsprechend sollten zukünftige Forschungsarbeiten Crowdwork vor dem Hintergrund arbeitsrechtlicher Gegebenheiten in Deutschland analysieren. Auch ist sehr wenig darüber bekannt, ob und wie eine Interessenvertretung für Crowd- worker implementiert werden kann oder welche Möglichkeiten zur Mit- bestimmung im Rahmen von Crowdsourcing bestehen.

Tab. 3. Darstellung des zukünftigen Forschungsbedarfs.

(Beschäftigungs- und Arbeitsverhältnisse auf Individualebene) einge-
hend zu untersuchen.
Im vorliegenden Beitrag konnte ein Ausschnitt aus den durch bisherige Forschungsarbeiten eruierten Erkenntnissen zu den Kerneigenschaften von
Crowdwork vorgestellt werden. So wurden zunächst die definitorischen

Grundlagen, aber auch unterschiedliche Formen von Crowdsourcing vorgestellt. Daraufhin wurde erörtert, wie auf der einen Seite die Prozesse im Rahmen von Crowdwork gestaltet, kontrolliert und gesteuert werden können. Auf der anderen Seite wurde auch die Perspektive der Crowdworker eingenommen. In diesem Zusammenhang erfolgte eine Auseinandersetzung mit den Arbeitsbedingungen und -formen im Rahmen von Crowdwork. Bezug nehmend auf alle im Beitrag adressierten Aspekte handelt es sich jedoch derzeit noch um Halbwissen, da die Forschung im Bereich Crowdwork beziehungsweise Crowdsourcing noch in den Anfängen steckt. Es ist bei Weitem noch nicht eindeutig klar, wie Arbeitsprozesse, Steuerungs- und Kontrollmechanismen oder Anreizstrukturen in unterschiedlichen Kontexten und Branchen zu implementieren sind. Offen ist auch, welche Voraussetzungen Unternehmen erfüllen und beachten müssen, damit diese neue Arbeitsorganisationsform sich überhaupt wirtschaftlich trägt. Hierbei ist insbesondere die Perspektive der Beschäftigten zu beachten, da mit Crowdsourcing Umstellungen für Beschäftigte auf unterschiedlichen Ebenen einhergehen. Crowdsourcing kann zu einer höheren Flexibilität und Selbstbestimmung, aber auch zu erhöhtem Arbeitsaufwand und erhöhter Belastung führen. Insofern ist ein Zusammenwirken von Beschäftigten und Organisation unabdingbar, um eine reibungslose Implementierung und Einbettung dieser neuen, vielversprechenden Arbeitsorganisationsform in bestehende Prozesse eines Unternehmens zu gewährleisten. Crowdsourcing verändert Informations-, Kommunikations-, Koordinations- sowie Managementprozesse, die wiederum Einfluss auf die Arbeitsprozesse haben. Diesen Veränderungen stehen jedoch momentan noch sehr wenige belastbare Erkenntnisse gegenüber.

Crowdwork – digitale Wertschöpfung in der Wolke

Jan Marco Leimeister, Shkodran Zogaj und Ivo Blohm

Weiterführende Literatur

1 Brabham, D. C. (2008b): Crowdsourcing as Model of Problem Solving. In: Convergence, Vol. 14, Nr. 1, S. 75–90

2 Doan, A.; Ramakrishnan, R.; Halevy, A. Y. (2011): Crowdsourcing Systems on the World-Wide Web. In: Communication of the ACM, Vol. 54, S. 86–96

3 Leimeister, J. M. (2010): Collective Intelligence. In: Business & Information Systems Engineering, Vol. 2, Nr. 4, S. 245–248

4 Poetz, M. K.; Schreier, M. (2012): The Value of Crowdsourcing: Can Users Really Compete with Professionals in Generating New Product Ideas? In: Journal of Product Innovation Management, Jg. 29, Heft 2, S. 245–256

5 IG Metall (2013): Crowdsourcing: Beschäftigte im globalen Wettbewerb um Arbeit – am Beispiel IBM, IG Metall Vorstand, Frankfurt am Main 2013

6 Riedl, C.; Blohm, I.; Leimeister, J. M. & Krcmar, H. (2010): Rating Scales for Collective Intelligence in Innovation Communities: Why Quick and Easy Decision Making Does Not Get it Right. In: 31st International Conference on Information Systems (ICIS) 2010, St. Louis, MO, USA

7 Zogaj, S.; Bretschneider, U. & Leimeister, J. M. (2014): Managing Crowdsourced Software Testing – A Case Study Based Insight on the Challenges of a Crowdsourcing Intermediary. In: Journal of Business Economics (JBE); Vol. 4, Nr. 3, S. 375–405

8 Zogaj, S. & Bretschneider, U. (2014): Analyzing Governance Mechanisms for Crowdsourcing Information Systems – A Multiple Case Analysis. In: European Conference on Information Systems (ECIS) (accepted for publication), Tel Aviv, Israel

Crowdworking in der Auto- mobilindustrie

Das Beispiel Daimler AG

Bernd Öhrler und Jörg Spies

43

Der Druck auf die Arbeitsplätze in der Automobilindustrie ist in den vergangenen Jahren stetig gewachsen. Die Verlagerung von ganzen Produktionsstandorten oder Produktionsteilen in Niedriglohnregionen ist hinlänglich bekannt und gängige Praxis. Vernetztes Arbeiten ist per se weder gut noch schlecht, sondern die Folge einer unglaublich schnellen Entwicklung in der Informationstechnologie. Insofern gilt es, jeweils die einzelnen Facetten zu betrachten und Handlungsfelder auszuweiten sowie Chancen für die eigene Betriebsratsarbeit abzuleiten. Ein Erfahrungsbericht.

Bernd Öhrler,
Mitglied des Betriebsrat und Vorsitzender
IT-Ausschuss BR Zentrale Daimler AG.

Jörg Spies,
Betriebsratsvorsitzender Zentrale und
Mitglied im Aufsichtsrat der Daimler AG,
Mitglied der großen Tarifkommission der
IG Metall Baden-Württemberg.

1
http://wassermann.de/
uploads/media/White_Paper_
Lean_Administration_final.pdf

2
http://politik-im-spiegel.de/
digitale-arbeit-dominant-
mobil-gestaltungs
beduerftigkeit/

3
http://de.wikipedia.org/
wiki/IBM_Notes

44

Die Produktion am Standort Deutschland wird zahlreichen Maßnahmen zur Kostensenkung unterworfen. Dazu gehören einerseits Prozessoptimierungen, andererseits der Einsatz von prekären Beschäftigungsverhältnissen. Viele der Auseinandersetzungen zwischen Betriebsrat und Geschäftsleitung gehen auf diese Sachverhalte zurück. Für die Effizienzsteigerung im direkten Bereich, also in den Produktionsstätten am Band, wurden in den vergangenen Jahren umfangreiche Maßnahmen und Anstrengungen unternommen. Im Schatten der Produktionsoptimierung haben sich mittlerweile ergänzende Handlungsfelder herausgebildet. Neben der Produktion sind auch die Verwaltungs- und Entwicklungsbereiche in den Fokus von grundlegenden Optimierungsstrategien unter dem Stichwort Lean Administration[1] gelangt. Die klassische Prozessoptimierung, in Anlehnung an die Optimierungsmaßnahmen in der Produktion, wird nun zunehmend um die scheinbar positiven Effekte einer digitalen Vernetzung beziehungsweise des Crowdworkings[2] der Belegschaft oder zumindest von Belegschaftsgruppen ergänzt. Die virtuelle Welt hat damit in den vergangenen Jahren einen enormen Stellenwert, auch innerhalb der täglichen Arbeit, im Betrieb eingenommen.

Bereits mit der Einführung des Intranets zur Jahrtausendwende wurde in der Daimler AG der Grundstein für eine breite Vernetzung der Belegschaft gelegt. Sicher, zu diesem Zeitpunkt hatte noch niemand an ein *Social Media* der heutigen Prägung gedacht, wenngleich auch die Einführung mit ersten Effizienzmaßnahmen kombiniert wurde. So erlaubte die Vernetzung sehr schnell die Einführung von einfachen Mitarbeiter-Self-Service-Prozessen, wie zum Beispiel die Adress- oder Kontodatenänderungen, die bis dato vom Personalbereich gemacht wurden. Ein weiterer Baustein war die breitflächige Einführung des Datenbanksystems *Lotus Notes*.[3]

**Crowdworking in der
Automobilindustrie**

Bernd Öhrler
Jörg Spies

4
http://de.wikipedia.org/
wiki/Social_Collaboration

5
http://wirtschaftslexikon.
gabler.de/Definition/
web-2-0.html

Dieses ermöglichte zum ersten Mal eine Vernetzung von Projekt- und Arbeitsgruppen auch zwischen den verschiedenen Firmenstandorten im In- und Ausland. Spezifisches Know-how sowie Arbeits- und Projektstände waren damit zum ersten Mal vergleichsweise einfach in der virtuellen Welt austauschbar und jederzeit verfügbar. Einher ging damit auch die erstmalige Verwendung des Begriffs eCollaboration[4] im Betrieb. Die Einführung von Internet, Intranet und *Lotus Notes* wurde eng vom Gesamtbetriebsrat begleitet und mündete im Abschluss einer Gesamtbetriebsvereinbarung. Geregelt wurde zum Beispiel, dass die Nutzung des Mitarbeiter-Self-Services während der Arbeitszeit erfolgen darf. Auch eine eingeschränkte Privatnutzung von Internet und E-Mail am Arbeitsplatz wurde erlaubt. Die örtlichen Betriebsratsgremien erhielten das Recht, sich mit eigenen Seiten und Themen im Intranet präsentieren zu können. Jedoch standen diese Implementierungen auch nicht unter dem Eindruck einer Diskussion von Sparpotenzialen, sondern eher unter dem von Arbeitserleichterungen.

Business Innovation als erste Stufe des Crowd-Gedankens

Bis 2008 war von einer *Community* oder gar einem *Social-Media*-Ansatz nicht die Rede. Die Vernetzung war zwar flächendeckend gegeben, ein Beteiligungsmodell im Sinn von Web 2.0,[5] also interaktives vernetztes Arbeiten, existierte aber nicht. Wikis oder interaktive Online-Plattformen waren bis zu diesem Zeitpunkt betriebsintern weitgehend unbekannt und auch kein wesentlicher Diskussionsgegenstand innerhalb der Betriebsratsgremien. Dies sollte sich erstmals mit der Einführung der »*Business Innovation*«-Plattform ändern. Sicher auch angefeuert durch die aufkeimende Finanzkrise wurde die Idee geboren, das breitgefächerte Wissen

6
http://www.boeckler.de/pdf/
p_bvdoku_betriebliches_
verbesserungsvorschlagsw

46

aller Mitarbeiter anzuzapfen, um innovative und gewinnbringende Ideen rund um den Betrieb aufzugreifen und zu vermarkten. Der Crowd-Ansatz lag aber nicht nur darin, die einzelnen Ideen aufzunehmen, sondern wurde weitergeführt, indem allen anderen interessierten Mitarbeitern diese Idee zur Diskussion gestellt wurde, so dass in verschiedenen Stufen weiterentwickelt werden konnte. Jede Idee auf dieser eigens geschaffenen virtuellen Plattform musste sich also der Kritik der neu entstandenen Community stellen. Damit wurde ein Instrument geboren, das aus Sicht der Betriebsratsgremien völlig im Gegensatz zum bisherigen traditionellen betrieblichen Verbesserungsmanagement[6] stand.

Das herkömmliche Modell des betrieblichen Verbesserungsmanagements ist aus Sicht der Betriebsräte gut und strukturiert geregelt. Der eingereichte Verbesserungsvorschlag wird hierbei nach vorgegebenen Kriterien von einem paritätisch besetzten Ausschuss geprüft und bewertet. Im Fall der positiven Prüfung eines Vorschlages erfolgt wiederum anhand definierter Kriterien eine Vergütung des Vorschlageinreichers. Insofern erfolgt im klassischen Modell eine konsequente Einbindung der Betriebsräte, auch hinsichtlich der Mitbestimmungsrechte nach dem Betriebsverfassungsgesetz. In der *Business Innovation* hingegen werden diese Kriterien völlig außer Kraft gesetzt und letztendlich damit auch die Mitbestimmungsrechte des Betriebsrats ausgehebelt. *Business Innovation* kennt im Gegensatz zum klassischen Vorschlagswesen keine inhaltlichen Abgrenzungen, sondern versteht sich als Ergänzung des bestehenden Vorschlagswesens. Jede Idee, und sei sie noch so abwegig, kann zunächst eingereicht und öffentlich zur Diskussion gestellt werden. Damit einher geht eine ganz neue Ausrichtung des Verbesserungswesens: weg von der eigentlichen Prozess- oder Produktoptimierung und hin zur

Crowdworking in der Automobilindustrie

Bernd Öhrler
Jörg Spies

7
James Surowiecki
Die Weisheit der Vielen.
Warum Gruppen klüger sind
als Einzelne (»The wisdom
of crowds«). Bertelsmann,
München 2005

47

Weiterentwicklung von geschäftspolitischen Fragestellungen und Aus-
richtungsfragen. Damit werden aber auch ganz andere Belegschaftsteile
angesprochen. Im Fokus von *Business Innovation* steht eine Belegschaftsgruppe, die sich am klassischen Verbesserungswesen tendenziell eher
weniger beteiligte. Es sind insbesondere die gut ausgebildeten und hoch
qualifizierten Mitarbeiter aus Entwicklung und Verwaltung. Wenngleich
im Grundsatz diese Entwicklung positiv zu bewerten ist, stellen sich seitens des Betriebsrats viele Fragen. Beispielsweise, wie eine gute Idee
zusätzlich vergütet wird. Schließlich haben die Ideeneinreicher eine
positive Arbeitsleistung im Sinn der Unternehmensentwicklung erbracht.
Die vom Arbeitgeber entwickelten Spielregeln zu *Business Innovation*
sehen aber keinerlei Vergütungsansprüche vor. Die Nutzung der kollektiven Intelligenz, auch unter dem Stichwort *wisdom of the crowds*[7]
zu finden, soll also dem Arbeitgeber kostenfrei zur eigenen Strategie-
und Gewinnoptimierung zur Verfügung gestellt werden. Somit entfällt
die unmittelbare Beteiligung der Betriebsräte in der Frage der Beurteilung von Vorschlägen hier zunächst gänzlich. Erst im Fall der Ideen-
realisierung und den dann möglicherweise entstehenden Beteiligungs-
rechten nach dem Betriebsverfassungsgesetz können die Betriebsräte
Arbeitnehmerinteressen wahrnehmen. Während der Betriebsrat in der
Belegschaft im Rahmen des herkömmlichen Vorschlagswesens durchaus
in einer aktiven Rolle wahrgenommen wird, entfällt dieser Effekt ausgerechnet in der Belegschaftsgruppe hoch qualifizierter Angestellter, die,
gewerkschaftlich betrachtet, zukünftig noch deutlich mehr Aufmerksamkeit und Engagement braucht. Wir treffen diese Aussage vor allem vor
dem Hintergrund, dass gewerbliche Arbeit in den vergangenen Jahren

abgenommen hat und mittlerweile über 50 Prozent unserer Belegschaft in Verwaltung und Entwicklung tätig sind.

Damit findet *Business Innovation* zwar in einem mit dem Betriebsrat abgestimmten Umfeld statt, eine Beteiligung im engeren Sinn erfolgt aber nicht. Ganz im Gegenteil, Sollte nämlich zu einem vergleichsweisen späten Zeitpunkt, wenn eine Idee einen gewissen Diskussions- und Entwicklungsstand erreicht hat, aufgrund von Mitbestimmungsrechten und Regelungsbedarfen eine Verzögerung eintreten, wird der Betriebsrat als Blockierer und Verhinderer innovativer Ideen wahrgenommen. Dieses Image wiegt in der angesprochenen Belegschaftsgruppe besonders schwer. *Business Innovation* hat sich über die Jahre hinweg im Unternehmen etabliert. Trotz aller Nachteile aus Betriebsratsperspektive hat die Plattform beziehungsweise Community den Nerv einer Gruppe innovativer Mitarbeiter getroffen. Über die Community sind natürlich auch Selbstdarstellungen möglich, was durchaus als der Karriere förderlich beurteilt wird. Wer sich in der Community engagiert, gilt als fortschrittlich. Mittlerweile werden sogenannte BI-Tags, also Themenfelder, vorgegeben, die aus Unternehmenssicht von besonderem Interesse sind. Ergänzend wird seit Kurzem versucht, den Entwicklungsprozess mithilfe von entsprechenden Kurzmitteilungen über Twitter noch zu beschleunigen, was die Zusammenführung beziehungsweise Kombination von internen mit externen sozialen Medien bedeutet und letztendlich auch die Grenzen des Beruflichen und Privaten verschwimmen lässt. Dieser letztgenannte Effekt ist schon deshalb problematisch, weil *Business Innovation* nur begrenzt im Rahmen der Arbeitszeit betrieben werden kann. Es ist also aus unserer Sicht nicht gänzlich auszuschließen, dass während der Privatzeit erbrachte Denkleistungen dem Arbeitgeber in

Crowdworking in der Automobilindustrie

Bernd Öhrler
Jörg Spies

doppelter Hinsicht kostenlos zur Verfügung gestellt werden. Gerade aber das Verschwimmen der Grenzen zwischen Arbeit und Privatleben stellt eine zunehmende Herausforderung dar. Aus der Beschäftigtenbefragung der IG Metall im Jahr 2013, bei der in unserem Betrieb der Daimler Zentrale über 3.000 Kolleginnen und Kollegen eine Rückmeldung gegeben haben, wissen wir, dass für Angestellte in den Denkfabriken »mobiles Arbeiten« ein zentrales Thema in der Frage der Flexibilisierung von Arbeitsleistung ist. Deshalb müssen wir von Seiten der Arbeitnehmervertretung die Chance nutzen, dieses Thema positiv zu besetzen, indem wir einen Gestaltungsrahmen aufzeigen. Die klare Forderung an die Gewerkschaften lautet, sich mit dem Themenfeld »mobiles Arbeiten« auseinander zu setzen und tarifvertragliche Lösungen anzustreben. Solange solche nicht bestehen, müssen wir weiterhin auf unsere intern getroffenen Regelungen setzen. Diese sehen zum Beispiel beim mobilen Arbeiten die Einhaltung des bestehenden Gleitzeitrahmens vor. Die nachträgliche Arbeitszeiterfassung ist dabei obligatorisch.

Social Media betriebsintern

Im Intranet wurden die wesentlichen Entwicklungen des Internets in den vergangenen Jahren Stück für Stück nachgeholt. Zunächst ging es darum, durch ein Rückkopplungssystem ein Feedback zu den im Intranet veröffentlichten Artikeln zu ermöglichen. Eingeführt wurde ein Artikelrating nach Punktevergabe in Form von Sternen. Im Prinzip ein umgekehrtes Schulnotensystem von eins bis fünf Sternen, wobei fünf Sterne die positivste Beurteilung darstellen. Jeder Leser hat die Möglichkeit, einen Artikel entsprechend mit Sternen zu bewerten. Offen bleibt hierbei aber die Frage, was der Leser letztendlich beurteilt hat. Dies kann genauso der

8
http://blog.daimler.de/

9
Chief Information Officer

50

fachliche Inhalt wie aber auch die Verständlichkeit des Beitrags oder ein anderes für den Leser wichtiges Kriterium sein. Mit diesem einfachen Instrument konnte erstmals eine betriebsöffentliche Themenbewertung und somit auch eine inhaltliche Rückkoppelung an das Unternehmen stattfinden. Recht schnell wurde klar, dass diese Form der Rückmeldung nicht immer ausreichend ist. Daher wurde eine wie in Online-Nachrichtenkanälen bekannte und übliche Kommentarfunktion eingeführt. Diese ist mittlerweile fest etabliert und wird auch teilweise intensiv genutzt. Kommentieren kann jeder, der mag und über einen betriebsinternen Intranet-Zugang verfügt. Als Betriebsräte sehen wir diese Entwicklung positiv, da diese ein Teil im Mosaik der Mitarbeiterbeteiligung darstellt. Für uns ist es immer wieder erstaunlich festzustellen, wie offen sich Mitarbeiter unter Angabe ihrer persönlichen Daten durchaus auch sehr kritisch zu Wort melden. Hier hat die Vernetzung aus Sicht der Interessenvertretung vielen eine öffentliche Stimme verliehen, die sich bisher nicht oder nur eingeschränkt wahrnehmen ließ.

Mit Einführung der Kommentarfunktion war der Schritt nicht mehr weit zu den ersten internen Blogs, zumal bereits seit Ende 2007 ein öffentlicher Daimler Blog [8] im Internet betrieben wurde. Zwischenzeitlich hat sich eine ganze Reihe von internen Blogs etabliert. So bloggt zum Beispiel der CIO [9] regelmäßig in seinem CIO-Blog zu IT-relevanten Themen. Auch hier findet ein Austausch mit den Mitarbeitern statt. Die Beteiligung begrenzt sich nicht nur auf den deutschen Standort, sodass durchaus von einer, wenn auch eingeschränkten, globalen Kommunikation die Rede sein darf. Auch der Human-Resources-Bereich bedient sich seit geraumer Zeit diverser interner Blogs, um Personal- und Organisationsthemen in die Belegschaft zu tragen. Dass der Schuss aber auch

Crowdworking in der Automobilindustrie

Bernd Öhrler
Jörg Spies

http://faz.net/aktuell/
wirtschaft/wirtschaftspolitik/
wut-auf-frauenfoerderung-
macho-12117438.html

nach hinten losgehen kann, hat eine zunächst harmlos verlaufende Diskussion gezeigt. In einem internen Blog wurde Anfang 2013 die Frage nach Diversity diskutiert. Das Thema wurde zunehmend kontrovers und äußerst heftig diskutiert und fand seinen Weg jenseits der Werksgrenzen hin zur Frankfurter Allgemeinen Zeitung[10] und anderen Presseorganen gefunden. Abgesehen von dieser Indiskretion aber ist einigen örtlichen Betriebsratsgremien deutlich geworden, dass mit Blogs auch Mitarbeitergruppen erreicht werden können, die sich bisher eher zurückhaltend gezeigt hatten. Diesen positiven Effekt macht sich die Betriebsratsarbeit zunutze, indem zum Beispiel seit geraumer Zeit auch einzelne Betriebsratsgremien gezielt zu Themenstellungen betriebsintern Blogs schalten. Der Bogen spannt sich inhaltlich von Fragen der Tarifrunde bis hin zu betrieblichen Themen wie beispielsweise der Arbeitszeitflexibilisierung oder der jährlichen Gewinnbeteiligung. Der Betriebsrat nutzt aktiv die Vorteile der Vernetzung im Sinne einer gezielten Arbeitnehmervertretung und eines umfassenden Beteiligungsmodells. Gerade die Beteiligung und Einbindung von Mitarbeitern aus Verwaltung und Entwicklung in die Diskussion um Fragen der betrieblichen Mitbestimmung und Meinungsbildung, sind für uns ein nicht zu unterschätzender Faktor in der Betriebsratsarbeit. Dies stärkt nicht nur die Meinungsvielfalt, sondern führt auch leichter zu von der Belegschaft breitflächig gestützten Maßnahmen und Entscheidungen der Betriebsratsgremien.

Die stark zunehmende Nutzung von sozialen Medien im privaten Umfeld, allen voran Facebook, hat in den vergangenen zwei bis drei Jahren die innerbetriebliche Kommunikation beeinflusst. Schnell zeichneten sich erste Communitys von Mitarbeitern ab, die sich stark mit betrieblichen Themen auseinandersetzten. Diese teilweise auch abgeschotteten

Communitys entstanden sozusagen auf Privatinitiative und wurden auf bestehenden öffentlichen Internetplattformen wie *Xing* oder *LinkedIn* initiiert. Dieses zunächst gut gemeinte Engagement hatte jedoch unter dem Aspekt des Schutzes von Daten und Informationen seine Schattenseiten. Aus Sicht des Betriebsrats ist hier eine teilweise elitäre Kultur entstanden, mit der sich ein Stück der betrieblichen Kommunikation verselbstständigt und letztendlich dem steuernden Zugriff des Unternehmens entzogen hat.

Als Gegenstrategie wurde 2012 vom Unternehmen die Idee einer hausinternen Lösung entwickelt, die mit Facebook oder anderen Plattformen vergleichbar sein sollte. Seit geraumer Zeit läuft diese interne Plattform nun mit gezielt ausgesuchten Nutzerbereichen, um zunächst praktische Erfahrungen zu sammeln. Betriebsratsseitig ist von vornherein eine Einbindung in das Projekt erfolgt. An der Stelle möchten wir jedoch nicht verschweigen, dass ein signifikanter Anteil der Betriebsräte sich mit dem Thema »soziale Netzwerke« immer noch schwertut – gleichgültig, ob auf einer öffentlichen Internetplattform oder eben betriebsintern. Angeführt wird regelmäßig die Frage des Datenschutzes, das Recht auf digitales Vergessen, der Missbrauch von Informationen, das Vermengen von Privatem und Dienstlichem usw. Sowohl der technologische als auch der kulturelle Wandel verlaufen unserer Ansicht nach allerdings so schnell, dass nicht alle offenen Fragen abschließend beantwortet und in eine verbindliche Regelung gebunden werden können. Mit der Ausarbeitung einer Neufassung der Internetrichtlinie, die unter anderem auch den Umgang mit *Social Media* regelt, konnten wir seitens des Betriebsrats aber unsere Aspekte durchaus mit einbringen. Dazu gehört zum Beispiel die Möglichkeit des Internetzugriffs für alle Beschäftigtengruppen

Crowdworking in der
Automobilindustrie

Bernd Öhrler
Jörg Spies

11
http://gruenderszene.de/
lexikon/begriffe/digital-
native

oder dass internes *Social Media* während der Arbeitszeit genutzt werden darf. Gute *Social-Media*-Arbeit, egal ob Blog oder auf Austauschplattformen, wird in Zukunft mit Sicherheit ein Schlüsselfaktor erfolgreicher Betriebsratsarbeit werden. Die Generation *digital native*[11] wird in den Betrieben zunehmen. Hier werden Erwartungen nicht nur an die Unternehmen herangetragen, sondern auch an die Belegschaftsvertretung im Sinn eines Beteiligungmodells. Die traditionellen Mechanismen der Gewerkschaftsarbeit funktionieren in der virtuellen Welt nicht mehr. Die Transformation steht noch ganz am Anfang. Sie muss schneller, umfassender und tiefgreifender werden, wollen die Gewerkschaften den Anschluss nicht verlieren.

Skill-Management in den IT-Bereichen

Die bisher beschriebenen betrieblichen Maßnahmen zur digitalen Vernetzung, zur Mitarbeiterbeteiligung in Form von Blogs oder der Nutzung oder Schaffung von Kommunikationsplattformen sind vergleichsweise harmlose Merkmale der digitalen Vernetzung und des Crowdworkings. In der heutigen Arbeitswelt ist die dazugehörige IT zu einem unverzichtbaren und überlebenswichtigen Produktionsfaktor geworden. Es gibt nahezu keinen Prozess in der Produktion oder Verwaltung, der nicht von einer IT-gestützten Applikation abhängig wäre. Der Ausfall der IT ist damit auch gleichbedeutend mit dem vollumfänglichen betrieblichen Stillstand – ein Machtfaktor, der insbesondere von der Gewerkschaft weithin unterschätzt wird. Andererseits wird der IT-Betrieb vom Unternehmen aus Kostensicht immer kritisch wahrgenommen. Kein Bereich hat sich unserer Überzeugung nach so kreativ gezeigt wie die IT, um nachhaltig Kosten zu senken. Dreh- und Angelpunkt dabei ist die hohe

12
http://enzyklopaedie-der-
wirtschaftsinformatik.de/
wi-enzyklopaedie/lexikon/
uebergreifendes/
Globalisierung/Offshoring

13
http://enzyklopaedie-der-
wirtschaftsinformatik.de/
wi-enzyklopaedie/lexikon/
uebergreifendes/
Globalisierung/Offshoring

54

Virtualität, die der IT viele Handlungsoptionen und Konzepte ermöglicht. Für uns als Betriebsräte ist die markanteste Frage in der IT die nach der Fertigungstiefe. Kennzeichen der IT sind hohe Quoten in der Fremdvergabe von Gewerken und Dienstleistungen, vor allem in Form von Werkverträgen. Da Werkverträge Beschränkungen unterliegen, zum Beispiel ein mangelndes direktes Weisungsrecht oder die Einbindung in den Betriebsablauf, bietet dies in der Betriebsratsarbeit klare Handlungsansätze. Seit geraumer Zeit sind wir bemüht, hier Wandlungen in Zeitarbeit vorzunehmen und damit das Arbeitsverhältnis unter die Bestimmungen des Tarifvertrags Leih-/Zeitarbeit zu bringen. Aktuell bewerten wir bestehende Werkverträge nach einem Ampelmodell, wobei Werkverträge im Status »rot« entweder in Arbeitnehmerüberlassung gewandelt werden oder es zur Festeinstellung kommt. Bei Status »gelb« werden gezielte Maßnahmen unternommen, um in den »grünen« Bereich zu kommen. Untermauert wird dies durch eine vor Ort getroffene Absprache.

Die bestehenden Beschäftigungsverhältnisse im Rahmen von Werkverträgen werden jedoch weiterhin im hohen Maß den bestehenden tariflichen Regelungen der Metall- und Elektroindustrie entzogen. Dazu kommt die gänzliche oder teilweise Verlagerung von Tätigkeiten durch die Fremdanbieter in Niedriglohnstandorte im Ausland, das sogenannte *Offshore-Outsourcing*.[12] Trotz aller digitalen Vernetzungstechnologie hat dieses Konzept immer wieder zu Problemen geführt. Wir denken hier vor allem an kulturelle Unterschiede, unterschiedliche Zeitzonen und mangelndes Prozess-Know-how. Daher nehmen wir seit einiger Zeit einen deutlichen Trend zu *Captive Centern*[13] wahr. So entstanden in den vergangen Monaten größere Dependancen in der Türkei und Indien. Als *Center of Competence* sollen diese definierte Applikationen global betreiben und

Crowdworking in der Automobilindustrie

Bernd Öhrler
Jörg Spies

14
http://wissensstrukturplan.
de/wissensstrukturplan/
glossar/s_skill.php

15
Kreitmeier, I. / Rady,
B. / Krauter, M. 2000:
Potential von Skill
Management-Systemen. In:
Hasemkamp, U. et al.
(Hrsg.): Notes / Domino
effektiv nutzen – Groupware
in Fallstudien. München.
S. 72–86

betreuen. Verbunden ist dies mit dem Entfall von Fremdbeauftragung an den deutschen Standorten und aus Unternehmenssicht mit einem Insourcing an Auslandsstandorten. Aus Betriebsratssicht sind *Captive Center* als täglich spürbarer Effekt der fortschreitenden Globalisierung eine nicht zufriedenstellende Antwort auf die von uns immer wieder geforderten Insourcing-Bemühungen. Einher geht die Bildung der *Captive Center* mit der weltweiten Implementierung eines *Skill-Managements*[14] in den IT-Bereichen. Der Arbeitgeber hat diesen Zusammenhang bewusst hergestellt. In den Betriebsratsgremien hat dies für heftige Diskussion gesorgt. So wurde das *Skill-Management* gegenüber dem Betriebsrat primär als ein Tool zur gezielten Mitarbeiterentwicklung dargestellt. Diese Darstellung erscheint uns persönlich deutlich verkürzt beziehungsweise verschleiert die wirklichen Absichten der Arbeitgeber. Folgende, unserer Einschätzung nach zutreffende Definition sollte einer Diskussion unbedingt zugrunde gelegt werden: *Skill-Management* bezeichnet das Managen der im Unternehmen vorhandenen Kenntnisse, Erfahrungen und Fähigkeiten unter der Prämisse, die richtigen Skills am richtigen Ort zur richtigen Zeit zu optimalen Kosten einzusetzen«.[15] Es geht also nicht nur um das vollständige Erfassen des vorhandenen Know-hows, sondern insbesondere auch um den Einsatz am richtigen Ort und zur richtigen Zeit und unter dem Gesichtspunkt einer Kostenoptimierungsstrategie. Allein die einzelnen Bausteine des Skill-Managements bieten reichlich Stoff für eine Diskussion. Mit der flächendeckenden Erfassung aller Mitarbeiterfähigkeiten soll der Prototyp eines perfekten IT-Mitarbeiters erschaffen werden, dem tabellarisch verschiedenste Talente zugeordnet sind. Damit sind alle Beschäftigten in der Gesamtmenge gegeneinander vergleichbar und bewertbar, möglicherweise sogar bei vergleichbaren Talenten

16
http://www.bw.igm.de/
tarife/tarifvertrag.html?
id=2531

mit verschiedenen Kostensätzen je Lokation hinterlegt. Ob die jeweilige Talenteinschätzung, auch global betrachtet, jeweils die gleiche Qualität aufweist, ist durchaus eine ergänzende Fragestellung.

Dem Betriebsrat wurde das Konzept eines *Skill-Managements* vorgelegt, welches jeden Mitarbeiter zunächst einem System von zwölf bestehenden Job-Familien zuordnet. Die jeweilige Job-Familie bildet also die übergeordnete Kategorie. Beispiele für eine solche Kategorie sind die Job-Familien »Service Administrator« oder »Project Manager«. Innerhalb der Job-Familie gibt es vier Ausprägungen, die den jeweils individuell erreichten Level innerhalb der Job-Familie aufzeigen sollen. Allein diese beiden grundlegenden Aspekte bilden schon genug Diskussionsstoff für den Betriebsrat, auch ohne den Faktor der Globalisierung zu betrachten. Die von der IT geschaffenen Job-Familien haben nämlich keinerlei Bezug zu den betrieblich im Rahmen des ERA-Tarifvertrags geschaffenen Tätigkeitsbeschreibungen. [16] Hier gilt es also, eine Relation zu den bewerteten betrieblichen ERA-Beispielen und den neu durch das *Skill-Management* entstehenden Aufgaben herzustellen.

Mindestens so brisant ist die Frage des erreichten Levels. Welche individuellen Ansprüche leiten sich davon für den einzelnen Mitarbeiter ab? Ist ein im Level erreichtes Expertentum gleichbedeutend mit einem Spitzenverdienst und umgekehrt? Aus unserer Sicht wird ein solch ausgeprägtes *Skill-Management-System* immer auch in einer gewissen Relation zu den betrieblichen Vergütungsgrundsätzen gesehen werden. Wird dann der Faktor der Globalisierung noch hinzugezogen, erhält die Diskussion eine ganz andere Dimension. Sozusagen auf Knopfdruck sind welt- und konzernweit alle IT-Mitarbeiter in der Frage ihrer Fähigkeiten und Kompetenzen miteinander vergleichbar. Spätestens jetzt ist erkennbar, dass der

Crowdworking in der Automobilindustrie

Bernd Öhrler
Jörg Spies

57 vordergründige Ansatz der Mitarbeiterentwicklung eher als Blendwerk für den Betriebsrat dient. Warum Mitarbeiter langwierigen und kostenintensiven Entwicklungsmaßnahmen unterziehen, wenn betriebsintern auf der Welt bereits eine Fachkraft mit entsprechenden Fähigkeiten verfügbar ist? Genau in diesem Punkt greift das Konzept der *Captive Center*. In der hauptsächlich virtuellen Welt der IT ist die Frage des Standorts nachrangig und lediglich abhängig vom Zugang zu einem Datennetz. Es ist ein leichtes, eine virtuelle globale Projektorganisation aufzubauen und die dazu notwendigen Ressourcen auch im Wege eines betriebsinternen Crowdsourcings zu rekrutieren.

Im Lichte dieser Beispiele kann der Arbeitgeber seine geschäftspolitischen und strategischen Ziele nur im Zuge einer ganzheitlichen Betrachtung umsetzen. Der anfänglich bemühte Aspekt der gezielten Mitarbeiterentwicklung erscheint uns eher als das letzte Mittel der Wahl. Mit *Skill-Management* wird der internationale Konkurrenzkampf zukünftig auch noch verstärkt betriebsintern angeheizt werden. Im Umfeld der IT sehen wir das *Skill-Management* beziehungsweise dessen Folgen als eine der größten Herausforderungen der nächsten Jahre für den Betriebsrat. Hier schafft die digitale Vernetzung und Transparenz keine gemeinsame Basis, sondern legt den Grundstein für einen problematischen Wettbewerb und das Zurückdrängen von erreichten Arbeitnehmerstandards. Es ist deshalb notwendig, auch auf Betriebsratsseite die Vernetzung über die Gewerkschaften in die IT-Betriebe weiter voranzutreiben. Eine nationale Schwächung von Arbeitnehmerstandards wird international nicht ohne Folgen bleiben.

Betrieblich wird es weiterhin unsere Aufgabe bleiben, die Arbeitnehmer in den IT-Bereichen über die möglicherweise problematischen Folgen des

Skill-Managements verstärkt aufzuklären. Nach langen Verhandlungen mit dem Arbeitgeber konnten wir schlussendlich eine Vereinbarung zum *Skill-Management* abschließen. Wichtig war für uns vor allem, dass die Teilnahme am *Skill-Management* nicht erzwungen werden kann, sondern auf Freiwilligkeit des einzelnen Mitarbeiters beruht. Ebenfalls wichtig war die Frage der Datenauswertung, wo wir einige Restriktionen zum Beispiel im Datenzugriffskonzept erzielen konnten. Uns ist aber auch klar, dass mit der Einführung eines solchen Tools in einem globalen Unternehmen die nationalen Einschränkungen nur bedingt Wirkung entfalten können.

Schlusswort

Im Artikel wurden einige der bereits existierenden Bausteine des Crowd-workings oder vernetzten Arbeitens im Betrieb in Bezug auf die Betriebs-ratstätigkeit beleuchtet. Vernetztes Arbeiten ist per se weder gut noch schlecht, sondern die Folge einer unglaublich schnellen Entwicklung in der Informationstechnologie. Insofern gilt es, jeweils die einzelnen Facetten zu betrachten und Handlungsfelder auszuweiten sowie Chancen für die eigene Betriebsratsarbeit abzuleiten. In der Frage der Vertretung von Arbeitnehmerinteressen werden uns die Vernetzung und die daraus resultierenden Kommunikationsmöglichkeiten nachhaltig unterstützen können. Die Entwicklung ist noch lange nicht abgeschlossen. Mit Blick auf Industrie 4.0 steht uns eine weitere industrielle Revolution bevor, die auf hochgradige Vernetzung setzt. Die Vernetzung findet bisher im betrieblichen Umfeld am Arbeitsplatzcomputer statt. Es zeichnet sich aber bereits ab, dass auch im geschäftlichen Umfeld immer stärker auf mobile Devices wie zum Beispiel Smartphones gesetzt wird. Dies wirft

Crowdworking in der
Automobilindustrie

Bernd Öhrler
Jörg Spies

natürlich immer verstärkter die Fragen nach Datenschutz und IT-Sicherheit auf. Hier werden sich weitere Handlungsfelder für die Betriebsratstätigkeit auftun.

Fünf Fragen an Monika Schäfer

von Herbert Rehm

»Alle IBM-Beschäftigten können mit ihren Kenntnissen und Fähigkeiten, ihren Arbeitsergebnissen, ihrer Auslastung et cetera in einer weltweiten Datenbank erfasst werden. Auch die einzelnen Projekte und die dazu gehörigen Arbeitsstände sind digital verfügbar«

Monika Schäfer,
seit 1976 in der EDV bei verschiedenen Arbeitgebern tätig, als IT-Spezialistin bei IBM seit 1999 beschäftigt, seit 2008 Betriebsrätin und seit 2013 Betriebsratsvorsitzende der IBM D EAS.

Herbert Rehm,
Gewerkschaftssekretär, Dipl. Betriebswirt und Politikwissenschaftler, langjähriger Betriebsrat bei IBM, Autor diverser Artikel zum Thema Crowdsourcing aus Arbeitnehmersicht.

Monika, du bist Betriebsrätin in dem Bereich der IBM, der die weltweite IBM-interne Anwendungsentwicklung in Deutschland betreibt. Dort ist Crowdsourcing als IBM-Liquid-Programm bereits eingeführt. Welche Konzepte stehen dahinter?

IBM-Liquid ist Teil eines Konzepts, das sich »Generation Open« nennt und im Zusammenhang einer grundlegenden Veränderung von Arbeitsverhältnissen und Arbeitsorganisation steht. Bei IBM-Liquid werden Projektaufträge in so kleine Arbeitseinheiten aufgeteilt, dass sie über webbasierte Plattformen weltweit als Wettbewerbe ausgeschrieben werden können. Und zwar sowohl an eine IBM-interne Crowd, als auch an externe Freelancer. Das ist aber nur ein – in Deutschland eher kleinerer – Teil des Konzepts. Neben der Arbeitsorganisation, in der eine ganze Reihe von Tools für diese Art des Projektmanagements eingeführt wurden, stand in der internen Anwendungsentwicklung das Programm Blue Sheets, eine Art virtueller Akkordzettel, als grundlegender Schritt der Reorganisation von Arbeitsprozessen, die eine weltweite, virtualisierte Personaleinsatzsteuerung in Projekten erlauben. Prinzipiell kann IBM damit in jedem Projekt, je nach den besonderen Anforderungen, IBM-interne Arbeitnehmer sowohl im Akkordsystem als auch im Wettbewerbssystem mit Liquid einsetzen. Doch damit nicht genug: Das Projektmanagement erlaubt – und fordert – den Einsatz globaler Ressourcen, sowohl in der bekannten Arbeitsorganisation von Projekten, sei es vor Ort oder virtuell, als auch über die Nutzung externer, weltweit verfügbarer Freelancer über externe Liquid-Ausschreibungen.

Wo steht IBM beim Thema Crowdsourcing heute?

Nach wie vor gibt es Vorgaben, einen Teil der Aufgaben mittels externen Crowdsourcings zu vergeben. Dieser Anteil ist allerdings, anders als wir es erwartet haben, nur leicht gestiegen. Der interne Reorganisationsprozess hingegen ist sehr weit fortgeschritten. Alle IBM-Beschäftigten können so mit ihren Kenntnissen und Fähigkeiten, ihren Arbeitsergebnissen, ihrer Auslastung et cetera in einer weltweiten Datenbank erfasst werden. Auch die einzelnen Projekte und die dazugehörigen Arbeitsstände sind digital verfügbar. Es gibt weltweit gültige Standards für Softwareentwicklung und Projektmanagement und einheitliche Verrechnungsmethoden. All diese Tools werden für den möglichst optimalen Einsatz von Personal genutzt. Projektverantwortliche in Deutschland müssen Kosten sparen, zum Beispiel indem sie Mitarbeiter aus anderen Ländern oder Freelancer engagieren, deren Arbeit zu niedrigeren Sätzen verrechnet wird – weil sie weniger verdienen. Sie müssen es häufig sogar dann, wenn die Voraussetzungen für deren Einsatz nicht passen. Sonst erreichen sie ihre Projektziele gar nicht.

Was stört euch an diesem Modell? Und was habt ihr dagegen unternommen?

Man steht zum einen permanent im Wettbewerb um Projekte, sowohl intern als auch mit externen Softwareentwicklern. Und man steht zum anderen permanent unter Beobachtung. Arbeitsergebnisse sollen mittels eines Punktesystems weltweit verglichen werden – sowohl über die Liquid-Wettbewerbe als auch mit den virtuellen Akkordzetteln Blue Sheets erhalten Mitarbeiter sogenannte Blue Points. Beim virtuellen Akkordzettel errechnen sich diese aus den im Voraus geschätzten Faktoren Termintreue, Aufwand, eingesetzte Assets sowie Qualität der

Arbeitsergebnisse. Die Blue Points fließen in die digitale Reputation der Kolleginnen und Kollegen ein. Die wiederum hat Auswirkungen auf ihre Auslastung und ihre Beschäftigungsaussichten. Wer mit seinen Punkten in der oberen Hälfte der globalen Rangliste landet, erhält den Status Blue Select, alle anderen sind lediglich Blue Player. Das alles lässt sich potenziell per Knopfdruck über Auswertungstools einsehen. Im Grunde wächst der Druck auf die Beschäftigten durch diese normative, komplexe und kompetitive Transparenz permanent.

Als Maßnahmen dagegen haben wir zum Beispiel Betriebsvereinbarungen abgeschlossen, damit diese Tools nicht für die Kontrolle und Beurteilung der Leistung der Beschäftigten genutzt werden. So haben wir verhindert, dass die Blue Points zur Leistungsbeurteilung der Kollegen herangezogen werden. Auch haben wir verhindert, dass in Deutschland die IBM-Kollegen an Liquid-Ausschreibungen als Auftragnehmer teilnehmen. Hierzulande müssen die Kollegen lediglich einen Teil ihrer Aufgaben als Liquid-Wettbewerbe über die IBM-interne Plattform ausschreiben. Ebenfalls haben wir die Zugriffsrechte und die Auswertungsmöglichkeiten in unseren Regelungen begrenzt. Zurzeit führen wir im Rahmen des Gesundheitsschutzes eine Gefährdungsbeurteilung durch, um belastende Faktoren zu erkennen und zu reduzieren. Da wir gerade mit der Geschäftsführung über ein neues Verfahren zur Leistungsbeurteilung verhandeln, versuchen wir, mit den Beschäftigten eine Diskussion über Leistung und Wertschätzung anzustoßen.

Wie sieht die praktische Umsetzung im Arbeitsalltag der Kollegen aus?
Interessant ist, dass die Konzepte im Arbeitsalltag vielfach anders als konzeptionell gedacht umgesetzt werden. Beim virtuellen Akkordzettel

**Fünf Fragen an
Monika Schäfer**

werden die Aufwände eigentlich kaum im Voraus geschätzt, sondern im Wesentlichen im Nachhinein dokumentiert. So hält sich der Aufwand bei der kleinteiligen Arbeitsteilung in Grenzen, und dem konzeptionellen Akkordsystem ist damit die Grundlage entzogen. Auch die Bezahlung der IBM-Kollegen orientiert sich nicht an den Blue Points, sondern an der zwar umstrittenen, aber etablierten Leistungsbeurteilung.

Auch bei der Vergabe von Arbeitsaufträgen mit Liquid haben sich spannende Unterschiede ergeben: Mittlerweile müssen die Verantwortlichen vor jeder Ausschreibung einen Fragebogen ausfüllen, um den expliziten Nutzen für die IBM erkennbar zu machen. Die Kollegen werden zur Einhaltung der Business Conduct Guidelines verpflichtet. Darüber hinaus ist das Wettbewerbsprinzip IBM-intern durch die Begrenzung der Teilnehmeranzahl bei solchen Wettbewerben deutlich eingeschränkt. In der Regel dürfen sich maximal drei Kollegen bewerben, in der Praxis wird häufig aber nur ein Bewerber akzeptiert.

Habt ihr Verbündete an IBM-Standorten im Ausland oder kämpft ihr allein auf weiter Flur gegen dieses System der Arbeitsorganisation?

Die Mitbestimmungsrechte des Betriebsrats sind nur noch in Österreich einigermaßen mit den deutschen vergleichbar. Dort gibt es aber keine nennenswerte IBM-interne Anwendungsentwicklung mehr. Wir haben über unser weltweites Gewerkschaftsnetzwerk Kontakte, zum Beispiel in die USA oder auch Indien. Die Gewerkschaften dort haben aber weniger Rechte und sind mit grundsätzlicheren Problemen befasst, obwohl gerade dort Liquid in größerem Ausmaß und ohne Rücksicht auf Arbeitnehmerrechte auch unreglementierter eingesetzt wird.

Fünf Fragen an Claudia Pelzer und Ivo Blohm

von Irene Nießen

>>Beim Crowdsourcing sind Möglichkeiten zum sozialen Austausch, Reputationsaufbau oder das Erlernen neuer Fähigkeiten oftmals ebenso wichtig wie die eigentliche finanzielle Entlohnung.<<

Claudia Pelzer
ist Beraterin und Dozentin für Digital
Business Development, Crowdsourcing und
Future-of-Work-Themen. Sie ist Gründerin
des Portals Crowdsourcingblog.de und
Vorstandsvorsitzende des Deutschen
Crowdsourcing Verband (DCV) e. V.

Dr. Ivo Blohm,
Leiter des Competence Center Crowdsourcing des Instituts für Wirtschaftsinformatik an der Universität St. Gallen
(Schweiz). Er leitet verschiedene öffentlich-
und industriefinanzierte Forschungsprojekte
in den Bereichen Crowdsourcing, Digitale
Arbeit, Crowdfunding, Open Innovation
und Internetökonomie.

Warum gibt es den Deutschen Crowdsourcing Verband, und was darf ein Mitglied erwarten?

Crowdsourcing ist nach wie vor ein erklärungsbedürftiger Bereich. Aus diesem Grund haben sich im DCV e. V. Plattformbetreiber, Blogger und Journalisten sowie Wissenschaftler, Berater und Juristen zusammengetan, um als Anlaufstelle für Anwender, Unternehmen und Institutionen zu agieren. Unsere Mitglieder erhalten Zugang zu diesem Netzwerk und dem Wissenspool. Wir organisieren uns online, geben Publikationen heraus und bieten die Möglichkeit, an zahlreichen Workshops und Branchenevents teilzunehmen.

Welche Sparten betreut der Verband?

Der Verband betreut in erster Linie die Sparten Crowdworking, Crowdinnovation und Co-Creation, Crowdfunding und Crowdinvesting. Zu letzterer Sparte hat sich inzwischen ein eigenes Tochternetzwerk gegründet, das German Crowdfunding Network (GCN).

Wie groß ist der Crowdsourcing-Markt? Wie wird er sich Ihrer Einschätzung nach entwickeln? Und welche Umsatz- und Verdienstmöglichkeiten bieten sich auf diesem Markt?

Der Crowdsourcing-Markt umfasst im Wesentlichen zwei unterschiedliche Bereiche: Crowdfunding und Crowdsourcing. Der Crowdfunding-Markt im deutschsprachigen Raum umfasst derzeit etwa 60 bis 70 Crowdfunding-Plattformen. Diese haben 2013 Gelder in Höhe von etwa 83 Millionen Euro vermittelt. In den letzten Jahren ist der Crowdfunding-Markt sowohl im deutschsprachigen als auch im internationalen Raum sehr stark gewachsen. In den letzten fünf Jahren hat sich das vermittelte Finanzvolumen

**Fünf Fragen an
Claudia Pelzer und
Ivo Blohm**

69

jeweils verdoppelt. Für den Bereich Crowdsourcing ist das Marktvolumen etwas schwieriger zu schätzen, da dieser Markt eine Vielzahl von unterschiedlichen Spielarten umfasst. Diese reichen zum Beispiel von Innovationsentwicklung (Open Innovation), Softwaretesten (Crowdtesting) und der Durchführung von kleinen Unterstützungsaufgaben (Mikrotasking) bis zur Vermittlung von Freelancern (Crowdwork). Im deutschsprachigen Raum gibt es derzeit etwa 40 bis 50 Crowdsourcing-Intermediäre. Das sind Unternehmen, die eine Plattform mit bestehender Crowd betreiben, auf der Unternehmen oder Privatpersonen Aufgaben zur Erledigung einstellen können. Im Schnitt kann davon ausgegangen werden, dass diese Anbieter fünf bis zehn Mitarbeiter beschäftigen. Daneben gibt es unzählige Media-Agenturen und Software-Anbieter, die gemeinsam mit ihren Kunden Crowdsourcing-Plattformen entwickeln. Ein Beispiel ist hier der Münchner Anbieter HYVE, der eine Vielzahl von kundenspezifischen Open-Innovation-Plattformen entwickelt hat. Der Gesamtmarkt ist insgesamt sehr dynamisch. Ständig entwickeln sich neue Einsatzmöglichkeiten für Crowdsourcing. So gibt es zum Beispiel den Bereich Crowdtesting erst seit wenigen Jahren. Heute ist er ein fester Bestandteil der Crowdsourcing-Szene. Zudem beginnen erste Unternehmen damit, systematisch eigene Abteilungen für Crowdsourcing aufzubauen. Ein Beispiel ist hier der Allianz Digital Accelerator.

Die Verdienstmöglichkeiten für die Crowd schwanken stark zwischen den einzelnen Formen von Crowdsourcing. Sowohl beim Crowdfunding als auch beim Crowdsourcing ist eine finanzielle Entlohnung oftmals nicht der einzige Beweggrund für eine Teilnahme. Gerade beim Crowdfunding spielen oftmals altruistische Motive der Internetnutzer eine Rolle. Beim Crowdsourcing sind Möglichkeiten zum sozialen Austausch, Reputationsaufbau oder das Erlernen neuer Fähigkeiten oftmals ebenso wichtig wie die eigentliche finanzielle Entlohnung. Je nach Modell unterscheiden sich die Verdienstmöglichkeiten sehr stark. In Wettbewerben werden oftmals Preisgelder im Wert von 5.000 bis 10.000 Euro ausgelobt. Bei anderen Formen des Crowdsourcings wie beispielsweise bei Mikrotask- und Crowdwork-Marktplätzen können Stundenlöhne zwischen fünf und 40 Euro betragen.

Welche Probleme tauchen am häufigsten auf? Welche sind am Gravierendsten? Und wie können diese Probleme gelöst werden?

Diese Frage lässt sich pauschal nur schwer beantworten, zumal die Probleme von der Art der jeweiligen Anwendungsbeispiele abhängen. Allgemein gilt aber: Crowdsourcing ist ein neuer Modus der Arbeitsorganisation, der es Unternehmen ermöglicht, die kollektive Intelligenz und Arbeitskraft einer beinahe unbegrenzten Zahl von Internetnutzern zu erschließen. Die Durchführung und organisatorische Verankerung von Crowdsourcing innerhalb eines Unternehmens und in den Köpfen seiner Mitarbeiter stellt für Unternehmen aber oftmals eine große Herausforderung und einen großen Wandel dar.

Auf Basis der Analyse einer Vielzahl – erfolgreicher und weniger erfolgreicher – Crowdsourcing-Projekte konnte das Kompetenzzentrum Crowdsourcing der Universität St. Gallen sechs Faktoren identifizieren, die es Unternehmen ermöglichen, Crowdsourcing erfolgreich zu nutzen, und gleichzeitig einen ersten Schritt zu dessen systematischer organisatorischer Verankerung darstellen: Dazu gehören

· Maßnahmen wie einen mehrdimensionalen Zielhorizont zu entwickeln;

Fünf Fragen an Claudia Pelzer und Ivo Blohm

- die klare Definition des Einsatzbereichs, damit nicht wesentlich mehr Ideen generiert werden, als vom Unternehmen angenommen und verarbeitet werden können;
- die Vermittlung von Crowdsourcing als moderner und zukunftsorientierter Mechanismus zur gemeinsamen Weiterentwicklung des Unternehmens als organisatorische Innovation;
- die Übersetzung der eigentlichen Problemstellung eines Unternehmens in für die Crowd verständliche Aufgaben;
- die Nutzung von Crowdsourcing als Feedback-Kanal;
- die Nutzung der Crowd zur Qualitätssicherung.

Diese sechs Erfolgsfaktoren beziehen sich in erster Linie auf kollaborations- (zum Beispiel Content Generation oder Co-Creation) und wettbewerbsbasierte Crowdsourcing-Ansätze (z. B. Innovationswettbewerbe), sollten aber auch in großen Teilen auf die Nutzung anderer Ansätze wie beispielsweise Mikrotasking und Crowdtesting anwendbar sein.

Wie schätzt der Verband die Zukunft von Crowdsourcing ein? Wo liegen die erfolgversprechendsten Gebiete?
Bereits heute kann ein Großteil der Wertschöpfungsaktivitäten eines Unternehmens systematisch unterstützt werden. In Zukunft wird es zu einer weiteren Professionalisierung der Crowdsourcing-Industrie kommen. Viele der heutigen Anbieter sind ja im weitesten Sinne selbst noch Start-ups, wodurch sich zu einem gewissen Teil auch die große Dynamik der Industrie erklären lässt. Als Speerspitze können hier zum Beispiel Anbieter von Open-Innovation-Plattformen angesehen werden – inzwischen einer der ältesten und am weitesten entwickelten Bereiche der Crowdsourcing-Industrie. Hier gibt es bereits einige »solide Mittelständler«

mit 50 bis 100 Mitarbeitern. Es ist davon auszugehen, dass die anderen Teilbereiche eine ähnliche Entwicklung durchlaufen werden. Eine weitere Entwicklung wird die zunehmende Spezialisierung der Anbieter auf einzelne Aufgabenbereiche und Branchen sein. So gibt es zum Beispiel erste Crowdfunding-Plattformen, die nur die Finanzierung von Solaranlagen anbieten (greenvesting.de). Im Bereich Crowdsourcing werden Anbieter wahrscheinlich immer präzisere Angebote zur Entwicklung einzelner Aufgaben eines Unternehmens anbieten.

http://crowdsourcingverband.de [1]

Fünf Fragen an
Claudia Pelzer und
Ivo Blohm

Vom Outsourcing zum Crowdsourcing

Wie Amazons Mechanical Turk funktioniert
Sebastian Strube

Nach den Angaben von Amazon sind im Moment 500.000 Menschen aus 190 Nationen bei Mechanical Turk angemeldet. Diese 500.000 Menschen arbeiten natürlich nicht alle gleichzeitig bei Mechanical Turk. Forscher schätzen, dass, egal ob um Mitternacht oder um 6 Uhr morgens, etwa 10.000 Menschen auf Mechanical Turk schuften. Dass es sich um Menschen handelt, könnte man allerdings bisweilen vergessen. Denn dass diejenigen, die dort die Arbeit erledigen, unsichtbar werden, gehört quasi zum Programm.

Dr. Sebastian Strube
arbeitet als freier Journalist für das Radio des Bayerischen Rundfunks und die Süddeutsche Zeitung Online. Im BR bearbeitet er digitale Themen wie das popkulturelle Magazin Zündfunk, aber auch den Familienfunk. Bei SZ-Online widmet er sich der Social-Media-Welt. Er hat in Zeitgeschichte promoviert. Auch als Crowdworker war er schon tätig, dafür war er allerdings nicht hart genug.

Im November 2005 stellt Amazon eine neue Website ins Netz. Die Seite heißt *Mechanical Turk* und soll ein ganz bestimmtes Problem lösen: Seit Kurzem verkauft der Onlinebuchhändler nämlich auch CDs. Da Amazon 2005 schon ein Gigant im Onlinehandel ist, geht es dabei nicht nur um ein paar CDs, sondern um Hunderttausende – und die müssen sehr schnell auf der Website präsentiert werden. Die Herausforderung: Jemand muss überprüfen, ob die Cover jugendfrei sind, ob alle Liedtitel richtig angezeigt werden, ob die Sänger- und Komponistennamen stimmen. Ein Computer aber kann nicht sagen, ob ein Bild jugendfrei ist. Ein Computer weiß auch nicht, ob der Name eines, sagen wir indischen Sängers, richtig vom CD-Cover abgetippt wurde. Ein Mensch aber kann das erkennen, und zwar innerhalb von Sekunden. Nur müsste man verdammt viele Menschen einstellen, wenn man ein paar Hunderttausend CDs schnell überprüfen will, und – schwierig für Amazon – die Leute verschwinden nicht einfach vom Erdboden, sobald die meisten CDs bereits verkauft sind. Amazons Lösung, auf die angeblich Amazon-Gründer Jeff Bezos höchstpersönlich kam: Outsourcing. Aber nicht in ein Dritte-Welt-Land, sondern in die digitale Welt: Also Crowdsourcing.

Die Website www.mturk.com funktioniert ganz einfach. Auf der Seite bietet Amazon Aufgaben an: HITs heißen die dort – Human Intelligence Task –, weil diese eben nicht von Computern erledigt werden können. Jeder kann sich auf der Seite anmelden und diese Aufgaben im Internet abarbeiten. Beispielsweise Bilder oder Adressen überprüfen. Ein gutes Geschäftsmodell, denn: Die Crowd ist potenziell so groß wie die Anzahl derjenigen Menschen, die einen Internetanschluss haben. Wer die Aufgaben abarbeitet, bekommt dafür Geld. Allerdings nicht sehr viel: Zwei bis fünf

**Vom Outsourcing
zum Crowdsourcing**

Sebastian Strube

amerikanische Cent gibt es in der Regel für einen kleinen HIT wie die Jugendfreigabe eines Bildes.

2005 reicht das anscheinend: Amazon bekommt das CD-Problem in Rekordzeit in den Griff. Beim Internetversandhaus ist man begeistert und beschließt, die Website auch für andere Auftraggeber zu öffnen. Nun kann theoretisch weltweit jede Firma auf der Seite ihre Aufträge einstellen, und jeder Mensch mit Internetanschluss kann diese Aufgaben abarbeiten und ein Turker werden. Turker – so nennen sich die Arbeiter bei *Mechanical Turk* selbst. Das Geschäft für Amazon läuft gut und wächst.

Auch deutsche Firmen geben Aufträge an Amazons Crowdworking-Website: 2013 zum Beispiel hat das deutsche Energieunternehmen EnBW die handschriftlichen Zählerablesungen seiner fünfeinhalb Millionen Kunden von Turkern digitalisieren lassen, da die Handschrift für den Computer oft schlecht zu lesen war. Nach den Angaben von Amazon sind im Moment 500.000 Menschen aus 190 Nationen bei *Mechanical Turk* angemeldet. Diese 500.000 Menschen arbeiten natürlich nicht alle gleichzeitig bei *Mechanical Turk*. Forscher schätzen, dass, egal ob um Mitternacht oder um 6 Uhr morgens, etwa 10.000 Menschen auf *Mechanical Turk* schuften.

Dass es sich um Menschen handelt, die auf *Mechanical Turk* arbeiten, könnte man allerdings bisweilen vergessen. Denn dass diejenigen, die dort die Arbeit erledigen, unsichtbar werden, gehört quasi zum Programm. Das zeigt schon der Name. *Mechanical Turk* bezieht sich nicht, wie man gerade in Deutschland meinen könnte, auf billige Gastarbeiter türkischer Herkunft, sondern auf den ersten Computerfake der Geschichte. 1769 baute der österreichische Hofbeamte Wilhelm von Kempelen den vermeintlich ersten Schachcomputer der Welt. Auf einem großen Kasten war die Figur eines Türken, mit Turban und Schnurrbart, montiert. Die

Figuren, die auf dem Schachbrett vor dem Türken aufgestellt waren, bewegten sich wie von Geisterhand. Der vermeintliche Schachcomputer spielte so gut, dass von Kempelen vor Kaisern und Königen auftreten konnte und sehr gut von der Maschine lebte. Selbst als Kempelen starb, blieb die Maschine in Europa und den USA ein riesiger Publikumserfolg. Sogar Edgar Allen Poe versuchte, das Geheimnis des Schachautomats zu lösen, und scheiterte. Dabei war die Erklärung denkbar einfach: Die aufmontierte mechanische Figur des exotischen Türken und ein gut sichtbar angebrachtes Gewirr von Zahnrädern schafften genau die Ablenkung, die nötig war, damit sich niemand mit dem Inneren der Maschine beschäftigte. Dort saß der eigentliche Computer: Ein kleiner Mensch, der einfach sehr gut Schach spielen konnte und der den »Mechanischen Türken« steuerte.

Von Anfang an lautet der Slogan von *Mechanical Turk* »Artificial Artificial Intelligence«, also »künstliche künstliche Intelligenz«. Ein menschlicher Computer, das ist der ideale Turker. Der Auftraggeber benutzt die Website wie ein Computerprogramm, gibt seine Daten ein und irgendwie wird die Arbeit erledigt. Das Wie spielt beim Kunden keine Rolle, denn er selbst ist statt Arbeitgeber lediglich der User eines Computerprogramms. Und dieses Computerprogramm erfüllt natürlich noch eine weitere attraktive Funktion: Es ist billiger als menschliche Arbeit.

Verdienstmöglichkeiten bei Mechanical Turk

Da Amazon leider keinerlei Zahlen über *Mechanical Turk* zur Verfügung stellt, ist die Frage, wie viel oder wie wenig die Crowdworker wirklich verdienen, bei Forschern und sogar bei den Crowdworkern selbst umstritten. Tatsache ist, man kann es nicht exakt feststellen. Das liegt daran, dass

1
Martin, David;
Hanrahan, Benjamin;
O'Neill, Jackie; Gupta; Neha:
Being a Turker, in: CSCW 14,
February 15–19, 2014

79 jeder Auftraggeber die Bezahlung für seine Aufträge selbst festlegt und
es sich meist um Akkordarbeit handelt. Folglich ist die Bezahlung je
nach Auftraggeber und Geschwindigkeit der Turker sehr unterschiedlich.
Den größten Einfluss auf den Verdienst hat dabei die Erfahrung der Turker.
Während Unerfahrene und Arbeiter sich teilweise mit zwei bis drei Dollar
die Stunde zufriedengeben müssen, verdienen erfahrene Turker aus den
USA, die teilweise Vollzeit bei *Mechanical Turk* arbeiten, zwischen sieben
und neun Dollar die Stunde. David Martin, der beim *Xerox Research
Center Europe* in Grenoble 2014 die neueste Studie[1] über Turker erarbeitet
hat, hat festgestellt, dass der US-Mindestlohn für die »Powerturker«
(so bezeichnet er erfahrene und regelmäßige Turker) die entscheidende
Referenz ist, an der sie sich bei ihrem Einkommen orientieren. Dieser
liegt im Moment bei 7,80 Dollar. Die Powerturker stellen nur etwa 20
Prozent der Arbeitskräfte bei *Mechanical Turk*, erledigen aber 80 Prozent
der Arbeit. So erreichen diese Turker in etwa ein Jahresgehalt von 15.000
Dollar. Viele andere Crowdworker, die nicht so viel Zeit in die Arbeit bei
Mechanical Turk investieren können oder nicht über die gleichen Erfah-
rungswerte verfügen, haben ein deutlich niedrigeres Jahreseinkommen.
Manche Turker verdienen auf der Website nur 50 Dollar im Jahr.
David Martin geht davon aus, dass es mindestens sechs Monate und oft bis
zu zwei Jahre dauert, bis ein Turker genügend Erfahrung hat, um einen
Stundenlohn auf der Höhe des US-Mindestlohns zu erreichen. Während
dieser Zeit passiert Folgendes: Erstens lernen Turker, Auftraggeber, die
schlecht oder gar nicht bezahlen, zu vermeiden. Zweitens steigern sie
die Arbeitsgeschwindigkeit. Teilweise programmieren die Turker sogar
kleine Hilfsprogramme, die ihnen schnelleres Arbeiten ermöglichen. Das
ist zwar von Amazon verboten, kann aber durch das Unternehmen nicht

überprüft werden. Und drittens qualifizieren sie sich für höherwertige Jobs; oft werden mittlerweile etwa die Produktbeschreibungen großer Online-Kaufhäuser über Crowdworking-Webseiten erstellt. Diese einfachen Textarbeiten werden besser bezahlt als Clickjobs oder einfache Recherche-Aufgaben.

Zumindest für die Powerturker stellt das bei Amazon generierte Einkommen einen wichtigen Teil des Lebensunterhalts dar. Gerade in wirtschaftlich schwierigen Zeiten nutzen viele Menschen *Mechanical Turk*, um sinkende Einkommen aus regulären Arbeitsverhältnissen aufzustocken oder gar ganz zu ersetzen. »Gerade für Menschen, die Probleme haben, Zugang zum regulären Arbeitsmarkt zu finden, ist *Mechanical Turk* eine Möglichkeit, überhaupt Geld zu verdienen«, erklärt David Martin. Durch die niedrigen Zugangsschwellen zum Crowdworking-Arbeitsmarkt übernimmt *Mechanical Turk* die Funktion einer Art Grundsicherung, die es Crowdworkern erlaubt, weiter ihre Miete oder den Internetanschluss zu bezahlen. Unter den Turkern, die weniger arbeiten und die somit deutlich weniger verdienen, befinden sich Studenten oder Hausfrauen, die auf diese Weise unkompliziert und von zu Hause aus ein paar Dollar dazuverdienen. In diesen Fällen wird das Geld oft nicht zur Grundsicherung benötigt, sondern erlaubt die kleinen Extras.

Nicht nur in den USA, auch in Indien gibt es eine große Anzahl von Turkern. Diese arbeiten grundsätzlich zu den gleichen Konditionen wie die Amerikaner. Allerdings werden die Einkünfte per Scheck ausbezahlt, was zu erheblichen Verzögerungen bei der Bezahlung führt. David Martin kennt Powerturker in Indien, die etwa 10.000 Dollar im Jahr verdienen. In Indien ein gutes Gehalt, mit dem der Turker einen Drei-Generationen-Haushalt anständig ernähren kann. Da der Lohn im Verhältnis zum

**Vom Outsourcing
zum Crowdsourcing**

Sebastian Strube

lokalen Durchschnitt deutlich höher ist, ist das Image von *Mechanical Turk* in Indien auch insgesamt besser. »Schon sagen zu können, ich arbeite für eine amerikanische Firma, die mich in Dollar bezahlt, erhöht den sozialen Status«, führt Martin aus. Die meisten Zahlen über den Verdienst der Turker liegen aus den USA vor. Über die Löhne und Arbeiter aus anderen Ländern weiß man hingegen so gut wie nichts, außer dass sie nicht mit Geld, sondern mit Amazon-Einkaufsgutscheinen entlohnt werden.

Die Macht der Auftraggeber und die Selbstorganisation der Turker

Eines der problematischsten Felder bei Amazons *Mechanical Turk* ist neben der Bezahlung das Verhältnis zwischen Arbeitgeber und Arbeitnehmer. Dieses ist praktisch unreguliert. Einzig die steuerlichen Vorgaben werden von Amazon seit einigen Jahren berücksichtigt. So müssen Unternehmen, die bei *Mechanical Turk* Aufträge einstellen, ein US-Konto und eine amerikanische Rechnungsadresse angeben; Turker müssen ihre Einkünfte als Freiberufler versteuern. Weitere staatliche Regulierungsvorschriften gibt es nicht.

So liegt die Ausgestaltung des Verhältnisses zwischen Arbeitgebern oder besser Auftraggebern und Turkern praktisch allein bei Amazon. Im Moment führt dies dazu, dass es zu einem Machtungleichgewicht kommt und die Auftraggeber deutlich mehr Einfluss haben als die Auftragnehmer. Dies liegt vor allem an den Bezahlungs- und Evaluierungsmethoden von *Mechanical Turk*. Turker unterliegen einer ständigen Bewertung ihrer Arbeitsleistung. Jeder Auftraggeber bewertet die von den Turkern geleistete Arbeit mithilfe eines Rankingsystems. Die wichtigste Grundlage hierfür ist die *»Approval Rate«*, also der Anteil der vom Auftraggeber als erledigt abgenommenen HITs. Die im Verhältnis besser bezahlten

Aufträge sind oft an eine sehr gute *Approval Rate* von 95 oder gar 98 Prozent gebunden.

Wer einen schlechteren Wert hat, bekommt diese Jobs gar nicht erst angezeigt. Damit will Amazon garantieren, dass Auftraggeber, die bessere Preise zahlen, auch bessere Arbeiter bekommen. Es liegt also im Interesse der Arbeiter, ihre *Approval Rate* hoch zu halten. Das Problem: Für Auftraggeber ist die Versuchung groß, erledigte HITs abzulehnen. Denn weder müssen die Auftraggeber die Ablehnung begründen, noch müssen sie abgelehnte Aufträge bezahlen. Werden also HITs abgelehnt, bringt dies den Auftragnehmer nicht nur um das Geld für bereits geleistete Arbeit, er verliert eventuell auch die Möglichkeit, zukünftig besser bezahlte Jobs zu bekommen. Gleichzeitig erhält der Auftraggeber die Arbeit umsonst.

Abgelehnte HITs sind deshalb auch der häufigste Grund für Konflikte zwischen Turkern und Auftraggebern. Allerdings haben die Turker praktisch keine Möglichkeit, über die Webseite von *Mechanical Turk* mit den Auftraggebern in Kontakt zu treten, um etwaige Konflikte auszuräumen. Auch die Auftraggeber wissen in der Regel nicht, wer die Turker, die sie ablehnen, in Wirklichkeit sind. Die eingeschränkten Kommunikationsmöglichkeiten führen dazu, dass sich viele Turker in großen Foren zusammengeschlossen haben, um ihre Erfahrungen mit Auftraggebern auszutauschen. Gewarnt wird vor schlechten Auftraggebern, die wenig bezahlen oder viele HITs ablehnen. Ebenso werden gute Auftraggeber positiv hervorgehoben. So beklagt sich etwa der Turker mit dem Forumsnamen »neilrsj« im größten Turkerforum *Turker Nation*: »Habe Massenablehnung von diesem Auftraggeber für meine HITs bekommen. Habe mit anderen Turkern gesprochen, ihnen ist dasselbe passiert.

Die Begründungen für Ablehnung waren außerdem echt erniedrigend. Diesen Auftraggeber definitiv vermeiden.« Häufen sich solche Aufrufe, kann das Folgen für die Auftraggeber haben. Zwar treffen sich in Foren wie *Turker Nation* in der Regel nur Powerturker. Da diese aber 80 Prozent der Arbeit erledigen und auch qualitativ die beste Arbeit leisten, kann es zu beträchtlichen Verzögerungen bei der Abarbeitung von Aufträgen von unbeliebten oder gar betrügerischen Auftraggebern kommen, wenn die Arbeitskraft der Powerturker wegfällt. In gleicher Weise profitieren geschätzte Firmen von einer schnellen und korrekten Abwicklung ihrer Aufträge.

Problematische Unternehmen müssen vonseiten Amazons hingegen mit keinerlei Konsequenzen rechnen. Weder wird ihnen vorgeschrieben, wie viel Honorar sie fairerweise für ihre Aufträge verlangen sollten, noch werden etwa notorische Nichtbezahler von der Seite verbannt. Amazon sieht sich selbst nicht in der Verantwortung für die Turker und zieht sich mit der Aussage zurück, dass man mit *Mechanical Turk* ja nur eine Vermittlungsplattform zur Verfügung stelle.

Crowdworking in Deutschland

Amazon sagt zwar selbst, dass es auch in Deutschland Turker gäbe, schweigt sich aber über deren genaue Anzahl aus. Zudem werden zumindest im Moment keine weiteren deutschen Turker aufgenommen. Auch hierfür gibt Amazon keine Gründe an, vermutlich befürchtet man steuerliche und rechtliche Probleme.

Trotzdem arbeiten auch in Deutschland Zehntausende Menschen unter ähnlichen Bedingungen wie die Amazon-Turker. Beim größten deutschen Anbieter für Crowdworking *Clickworker* sind nach Angaben des

Geschäftsführers Christian Roszenich etwa 500.000 Menschen angemeldet. »Diese *Clickworker* verteilen sich ungefähr so: ein Drittel ansässig in Deutschland, ein Drittel in Nord- und Südamerika und das restliche Drittel in Europa«, erläutert Roszenich. *Clickworker* verfolgt im Grunde das gleiche Geschäftsprinzip wie *Mechanical Turk*: Auch hier werden Mikrotasks wie Adressrecherche oder Bilderbewertung in hoher Stückzahl für wenige Cents angeboten. Eine recherchierte E-Mail-Adresse etwa bringt in der Regel etwa fünf Cent. Etwas lukrativer sind die Schreibjobs, bei denen man zum Beispiel für deutsche Online-Großhändler Produkttexte verfasst: Zwischen drei und sechs Euro bekommt man für einen Text. Auch in Deutschland bewegt sich der Stundenlohn im Bereich des Mindestlohns, also etwa zwischen acht und zehn Euro. Und auch in Deutschland lässt sich dieser Lohn nur von geübten Crowdworkern, die Zugang zu »besseren« Jobs haben, erreichen. Nach Angaben von Roszenich würden bei *Clickworker* viele Freiberufler arbeiten, die mit Clickworking die Zeit zwischen Aufträgen auffüllen; hinzu kämen Studenten, Hausfrauen oder Menschen aus strukturschwachen Gegenden.

Clickworker nutzt ein ähnliches Rating-System wie Amazon. Auch hier wird die Anzahl der erledigten Aufgaben gemessen – besser bezahlte Aufgaben gibt es nur bei einem guten Rating. Zudem wird auch kein Geld bezahlt, wenn das Arbeitsergebnis abgelehnt wird. Einen entscheidenden Unterschied gibt es allerdings. Bei *Clickworker* wenden sich die Firmen nicht direkt an die Netzarbeiter, wie bei *Mechanical Turk*, sondern an die Plattform *Clickworker*. Dort portioniert man gemeinsam die Arbeit, legt den Lohn fest, verteilt die Arbeit anschließend und bewertet die Ergebnisse. Deutsche Crowdworker arbeiten also direkt für ein Unternehmen wie *Clickworker* und nicht für irgendeinen Auftraggeber. In diesem

Fall gibt es somit klare Ansprechpartner, sollte es zu Problemen bei der Bezahlung oder der Bewertung kommen. Trotzdem: Bei 500.000 angemeldeten Crowdworkern, die via Internet betreut werden, fallen die Informationen über Bewertungen und Ablehnungen von Arbeit auch hier recht dürftig aus; Nachfragen sind zwar prinzipiell möglich, aber nur bedingt vorgesehen.

Neben *Clickworker* gibt es noch kleinere Unternehmen im Markt, wie etwa *Crowdguru* aus Berlin. Für das Unternehmen arbeiten etwa 13.000 Crowdworker, die vor allem aus Deutschland kommen. Auch Crowdguru funktioniert nach dem gleichen Prinzip wie *Clickworker*. Ein weiteres Unternehmen ist *Testhub*, ebenfalls aus Berlin. Dort sind circa 15.000 Menschen angemeldet. Sie überprüfen vor allem Software und Apps auf Fehler.

Im Moment ist sicherlich das Crowdworking-Modell, wie es von *Mechanical Turk* etabliert wurde, das wichtigste und einflussreichste, für das auch die meisten Menschen arbeiten. In den letzten Jahren hat sich allerdings noch ein zweiter kommerzieller Crowdworking-Markt entwickelt, in dem besonders Mittel der Gamification, also spielerische und Wettbewerbselemente, genutzt werden, um für Firmen kostengünstig Probleme zu lösen.

Topcoder und Wettbewerbsprogrammieren

Bei *Topcoder*, einem Unternehmen, das vor Kurzem von der Dienstleistungsfirma *Appirio* aufgekauft wurde, sind etwa 600.000 Menschen angemeldet – die meisten von ihnen sind Programmierer. Aber auch Designer arbeiten für *Topcoder*. Die Firma erledigt für andere Unternehmen Programmierarbeiten. So wurde *Topcoder* von der *Harvard Medical School* damit beauftragt, einen Algorithmus für die Genforschung zu verbessern.

Auch eine große Pharma-Firma nutzte das Unternehmen bei der Entwicklung eines Programms für die Gensequenzierung. Zu den weiteren Kunden von *Topcoder* gehören Firmen wie der größte Kabelnetzbetreiber der USA, *Comcast*, oder einer der größten Hersteller für private Sicherheitsausrüstung in den USA, Ferguson.

Auch *Topcoder* zerlegt größere Aufträge in kleine Häppchen, die von den einzelnen *Topcoder*n relativ schnell bearbeitet werden können. Allerdings werden diese nicht direkt bezahlt, sondern es werden Wettbewerbe veranstaltet mit Preisgeldern, die meist zwischen einigen hundert und einigen tausend Dollar liegen. Wer am schnellsten die beste Lösung für ein Programmierproblem findet, bekommt einen Großteil des Preisgeldes; zweite und dritte Plätze müssen sich mit einem Trostpreis zufrieden geben; der ganze Rest der *Topcoder* geht leer aus. Nach eigenen Angaben veranstaltet *Topcoder* etwa fünf- bis zehntausend dieser Wettbewerbe im Jahr. Das Unternehmen betont immer wieder, dass so die Entwicklungszeit, aber vor allem die Entwicklungskosten für neue Programme enorm gesenkt werden können.

Staatliche Stellen in den USA sehen dieses Vorgehen nicht kritisch. Ganz im Gegenteil: Schon jetzt arbeitet die öffentliche Gesundheitsfürsorge *Medicare* mit *Topcoder* zusammen. Schließlich hat der Unterausschuss für Wissenschaft des US-Kongresses *Topcoder*-Chef Narinder Singh im April 2014 eingeladen, um darüber zu sprechen, wie Wettbewerbe dem Staat helfen könnten, Geld zu sparen. Stolz berichtet Singh, dass der Bundesstaat Minnesota das Content-Management-System für die dortige Gesundheitsfürsorge durch *Topcoder* verbessern ließ. Insgesamt wurde dafür die beträchtliche Summe von 1,5 Millionen Dollar an Preisgeldern ausgeschrieben. Singh betonte, dass die Kosten für die Entwicklung bei etwa 7,5 Millionen Dollar gelegen hätten, wäre sie klassisch – also durch angestellte Programmierer einer Firma – erledigt worden. Singh machte weiter deutlich, dass man gerne mehr mit staatlichen Stellen zusammen-arbeiten würde, um ihnen zu helfen, Kosten zu sparen. Singh fordert von staatlichen Behörden allerdings, dass diese die rechtlichen Anfor-derungen für die Vergabe von Aufträgen vereinfachen: Wenn sich bei öffentlichen Aufträgen »die Anforderung an Überprüfbarkeit und Rech-nungslegung nicht von veralteten Ansätzen lösen würde«, wäre es für *Topcoder* schwer, mit staatlichen Stellen zusammenzuarbeiten.

Vonseiten der etablierten Programmierer gibt es zumindest in den USA wenig Kritik an *Topcoder*. Es sind hauptsächlich Studenten und Berufsanfänger, die die Plattform nutzen, um sich ein wenig Geld dazuzuverdienen. Ihr Ziel ist es, sich anhand möglichst verschiedener Projekte weiterzubilden und sich in der Branche einen Namen zu machen. Tatsächlich scheinen finanzielle Erwägungen bei den angemeldeten *Topcodern* nur eine unter-geordnete Rolle zu spielen. Wird von ihnen Kritik geäußert, so richtet sich diese auch nicht gegen die Bezahlung, sondern gegen das System des *Competitive Programming* als Wettbewerbsprogrammieren, wie es insbesondere von *Topcoder* betrieben wird. Huaiyu Wu, Student in Stan-ford und einer der besten Wettbewerbs-Programmierer in den USA, hat im letzten Jahr auf *Quora*, einem Internet-Forum, das besonders stark von Mitarbeitern der großen Tech-Firmen im Silicon Valley genutzt wird, Folgendes geschrieben. »Ich habe tausende von Stunden in Programmier-wettbewerbe gesteckt, habe Problem nach Problem gelöst, habe Zeile nach Zeile an Programmiercode geschrieben. Für was? Meine Mittstreiter sind mittlerweile alle weg und machen tolle Sachen. Sie wirken an bahnbrechender Forschung von Professoren mit, haben großartige neue

Leidenschaften entdeckt, wie man sie nur in Stanford finden kann, ich könnte diese Liste ewig fortsetzen. ... Ich steige aus.«

Die Hauptkritik an *Topcoder* und ähnlichen Firmen ist, dass sie suggerieren, man könne dank dieser Plattformen zum perfekten Programmierer werden. Tatsächlich lernt man, sehr schnell und effizient zu arbeiten. Dadurch, dass man aber immer nur an Mikroproblemen arbeitet, fehlen den Arbeitern aber wichtige Eigenschaften wie nachhaltiges Programmieren oder die Fähigkeit, ein Projekt als Ganzes zu sehen. So beruhigt Wu Studenten, die ihn fragen, ob sie ein schlechtes *Topcoder*-Ranking »uneinstellbar« macht: Dies sei definitiv nicht der Fall. Zwar gäbe es bei Google, wo er auch schon gearbeitet habe, eine interne Liste mit dem *Topcoder*-Ranking der Mitarbeiter, letztlich sei diese aber unerheblich für eine Einstellung. Viele Google-Programmierer hätten sich nie an Programmierwettbewerben beteiligt und wären wahrscheinlich auch nicht gut darin. Letztlich, so Wu, sei Wettbewerbsprogrammieren eine »Nischenqualifikation«.

Möglichkeiten von »Paid Crowdwork«

Schreibt man über die Probleme, die mit Crowdwork verbunden sind, vergisst man schnell, dass auch ein Projekt wie Wikipedia letztlich das Ergebnis von unbezahltem Crowdworking ist. Hier liegen natürlich massive Unterschiede vor wie die Abwesenheit von Lohnabhängigkeiten und die Tatsache, dass diejenigen, die die Arbeit machen, letztlich selbst über die Seite bestimmen.

Crowdworking kann also auch positive Seiten haben. So versucht etwa die Non-Profit-Organisation *Samasource* die niedrigen Einstiegshürden, die Netzarbeit im Bereich der Mikrojobs bietet, dazu zu nutzen, gezielt

Menschen in Entwicklungsländern Arbeit zu geben. Dabei arbeitet *Samasource* auf den ersten Blick mit den gleichen Methoden wie *Mechanical Turk* oder deutsche Crowdworking-Firmen. Das heißt: Komplexe Aufgaben werden in Mikrojobs zerlegt, die online relativ leicht zu erledigen sind. Allerdings achtet *Samasource* darauf, faire Löhne, die im jeweiligen Land das Überleben einer Familie sichern, zu zahlen. Weiter wählt *Samasource* seine Arbeiter sehr gezielt aus: hauptsächlich Frauen und Jugendliche, die auf den lokalen Arbeitsmärkten kaum Chancen haben. Zudem – und das ist der entscheidende Unterschied zu Seiten wie *Mechanical Turk* – geht *Samasource* Verpflichtungen gegenüber seinen Arbeitern ein. Diese werden ganz gezielt qualifiziert, damit sie auch höherwertige Aufgaben erledigen können. Sie erhalten so bessere Bezahlung und zumindest ansatzweise Karrieremöglichkeiten. Besonders erfahrene Arbeiter trainieren wiederum neue Arbeiter. Auf diese Weise hat *Samasource* seit seiner Gründung 2008 bis Oktober 2013 nach eigenen Angaben 2,3 Millionen Dollar an 4.000 Menschen in Entwicklungsländern ausgezahlt, den größten Teil davon in den letzten Jahren.

Man braucht sich nichts vorzumachen: Auch *Samasource* ist im Kern eine Organisation, die auf Outsourcing beruht. Das heißt, auch hier werden Aufgaben statt an relativ gut bezahlte Angestellte in die Crowd abgegeben und in diesem Fall explizit in Billiglohnländer ausgelagert. Allerdings versucht man dort, zumindest die positiven Effekte von Crowdsourcing zu stärken, indem Menschen, die sonst schwer Arbeit finden, diese ermöglicht wird. Gleichzeitig wird versucht, die negativen Seiten, also Rechtlosigkeit, Ausbeutung und das Fehlen von Zukunftsperspektiven, zu vermeiden. Mit ihrem sozialem Engagement ist es den Betreibern von *Samasource* also wirklich ernst. Noch ist das Projekt aber zu neu, um sicher zu sein, ob sich Crowdworking und Entwicklungshilfe nachhaltig verbinden lassen. Bis jetzt sieht es allerdings positiv aus. Sicher ist: Die Wege, die *Samasource* aufzeigt, würden auch in der ersten Welt dazu beitragen, dass Crowdworking nicht nur den Profit von Unternehmen vermehrt, sondern auch dem Crowdworker selbst eine angemessene Beteiligung am digitalen Fortschritt ermöglicht.

Fünf Fragen an
Nicolas Dittberner

von Irene Nießen

»Auch Auftraggeber können bewertet werden ...
Wir haben sowohl Algorithmen als auch ein Team,
das die Plattform nach unseriösen Auftraggebern
durchsucht und deren Accounts sperrt.«

Nicolas Dittberner
ist als Country Manager bei Elance-oDesk,
Inc. für die strategische Führung der
Geschäfte in der DACH Region verantwortlich. Er bloggt regelmäßig über Trends in
der digitalen Arbeitswelt und hat einen
Executive MBA der TU München.

Was verdient ein Software-Entwickler, ein Übersetzer, also die Freelancer, die über Ihre Plattform Aufträge generieren, im Durchschnitt?
In Deutschland und den USA lag 2013 der durchschnittliche Stundenlohn bei rund 33 Dollar, auf globaler Ebene bei rund 24 Dollar. In Deutschland sind die Löhne im Jahresvergleich um 15,7 Prozent und im IT-Bereich um 13,5 Prozent bei Designern gestiegen.

Der Durchschnittslohn ist allerdings nicht unbedingt repräsentativ, denn viele Projekte werden über ein Gesamtbudget abgerechnet, nicht pro Stunde. Deutsche Freiberufler sind weltweit bekannt für Zuverlässigkeit und gute Ausbildung, was ihnen bei der Projektakquise Vorteile gegenüber anderen Anbietern bringt.

Sie bieten Kunden an, Ratings, Testscores und eine Timetracking-Software zu nutzen. Wie funktioniert das?
Ratings sind Bestandteil aller Nutzerprofile und geben beispielsweise Auskunft darüber, wie ein Projektmitarbeiter in vorangegangenen Projekten bewertet wurde. Zu den Bewertungskriterien gehören Qualität des Arbeitsergebnisses (30 Prozent Gewichtung), Reaktionsfreudigkeit (20 Prozent Gewichtung), Professionalität (15 Prozent Gewichtung), Projektexpertise (15 Prozent Gewichtung), Pünktlichkeit (10 Prozent Gewichtung), und Einhaltung des Budgets (10 Prozent Gewichtung).Testscores helfen, die eigenen Fähigkeiten im Profil hervorzuheben durch die erfolgreiche Teilnahme an Leistungstests in der jeweiligen Fachrichtung. Monatlich werden über 20.000 dieser Tests bei uns auf der Plattform absolviert. Diese Tests haben sich durchgesetzt, da 76 Prozent der Auftraggeber bei uns eher Fachkräfte beauftragen, deren Fähigkeiten über die Tests nachgewiesen wurden.

Fünf Fragen an
Nicolas Dittberner

Elance Tracker ist ein Produktivitätstool für Freelancer und dient der Dokumentation der Arbeitsleistung sowie der automatischen Bezahlung, basierend auf den dokumentierten Arbeitsstunden.

Gibt es bei Elance ein Bewertungssystem für Auftraggeber? Wie schützen Sie Elancer vor unseriösen Auftraggebern?
Auch die Auftraggeber können bewertet werden. Solange die Elancer das Projekt über die Plattform abwickeln, sind sie durch verschiedene Maßnahmen vor unseriösen Auftraggebern und »Scam«-Projekten geschützt. Wir haben sowohl Algorithmen als auch ein Team, das die Plattform nach unseriösen Auftraggebern durchsucht und deren Accounts sperrt.
Bei neuen Geschäftsbeziehungen empfiehlt sich, das Projekt über ein Gesamtbudget abzuwickeln, denn dann muss die Auftragssumme vor Projektbeginn auf einem Treuhandkonto hinterlegt werden (Elance Escrow). Wichtig ist, dass die Kommunikation und Dokumentation über den Workroom stattfindet. Denn dann kann im Streitfall unser Konfliktberatungsteam alle Schritte nachvollziehen.

Sie schreiben auf Ihrer Website, dass Auftraggeber nur für Arbeit bezahlen müssen, die sie annehmen (approve). Können Sie das näher erklären?
Die freiberufliche Fachkraft übermittelt, nachdem sie die zuvor definierten Meilensteine abgeschlossen hat, entsprechende Statusberichte. Die werden überprüft und anschließend wird der vereinbarte Betrag auf der Plattform zur Bezahlung freigegeben. Bei Projekten, die über ein Gesamtbudget abgerechnet werden, wird der Betrag vor Projektbeginn auf ein Treuhandkonto eingezahlt. Projekte, die stundenweise

abgerechnet werden, können über das Timetracking-Tool dokumentiert und vergütet werden.

Bei Unstimmigkeiten muss der Auftraggeber entweder Nachbesserung fordern oder Beschwerde bei dem Elance-Konfliktberatungsteam einreichen. Nach Ablauf einer 30-tägigen Frist ohne jegliche Reaktion des Auftraggebers hat der Freiberufler Anspruch auf Ausbezahlung des auf dem Treuhandkonto hinterlegten Betrags.

Aus welchen Ländern stammen Ihre Kunden und Elancer hauptsächlich?
Unsere Auftraggeber kommen aufgrund unseres Unternehmenssitzes in Mountain View, Kalifornien, und der Internationalisierungsstrategie bislang vornehmlich aus dem US-amerikanischen und angelsächsischen Raum. USA, Australien, Großbritannien und Kanada sind die Top-4-Länder unter den Auftraggebern. Aber auch Deutschland, Israel, die Niederlande und Singapur sind unter den Top 10 der Auftraggeberländer vertreten. Unsere Fachkräfte und Spezialisten kommen unter anderem aus den folgenden Ländern: Deutschland, Großbritannien, Indien, Kanada, Philippinen und den USA. Aus Deutschland haben wir auf Elance derzeit rund 15.000 Fachkräfte registriert.

**Fünf Fragen an
Nicolas Dittberner**

»Sechs Dollar die Stunde sind das absolute Minimum«

Turken als neue Arbeitsform

spamgirl

Sie bezeichnen sich selbst als Turker, die Arbeiter auf der Amazon-Plattform Mechanical Turk. Weil sie noch weit entfernt sind von fairer Entlohnung, fairer Behandlung und respektvoller Kommunikation, ist mit Turker Nation ein Forum entstanden, das genau für diese Ziele kämpft. Die wichtigste Vertreterin dieses Forums ist spamgirl, die ihre Identität geheim hält. Die Fragen stellte Vanessa Barth per E-Mail.

spamgirl
(Alias) moderiert das Forum Turker Nation,
in dem sich Microworker von Mechanical
Turk austauschen und unterstützen.
http://turkernation.com

Seit wann arbeitest du auf Mechanical Turk und warum?

Ich habe im November 2005 angefangen, als die Plattform eröffnet wurde. Ich habe zuerst in meiner Freizeit mit dem Turken (Anm. d. Red.: Die Arbeiter auf *Mechanical Turk* bezeichnen sich selbst als »Turker« und ihre Tätigkeit als »Turken«) begonnen, als Nebenjob, um mir Sachen zu kaufen, die ich mir sonst nicht hätte leisten können. Als dann mein Mann 2010 seinen Job verlor, sind wir in finanzielle Schwierigkeiten geraten. Ich fing an, 17 Stunden am Tag auf der Plattform zu arbeiten, um meine Familie zu unterstützen und die Schulden abzubezahlen. Seitdem ist die Arbeit auf *Mechanical Turk* für mich ein Vollzeitjob, um unsere Rechnungen zu bezahlen.

Wer sind die anderen Turker?

Meiner Erfahrung nach gibt es drei verschiedene Kategorien von Turkern: Da sind zum einen die sehr gut ausgebildeten und erfahrenen Arbeiter. Menschen in dieser Gruppe sind entweder aufgrund irgendeines Umbruchs in ihrem Leben auf das Turken angewiesen, oder sie tun es, weil sie sich langweilen und diese Art von Arbeit als eine Freizeitaktivität betreiben, anstelle von Online-Gaming oder irgendeinem Hobby. In der zweiten Gruppe sehe ich Menschen, die aufgrund der schlechten Wirtschaftslage Schwierigkeiten haben, einen Job vor Ort in der »richtigen Welt« zu finden. Und in der dritten Gruppe finden sich diejenigen, die aufgrund von Behinderungen, psychischen Erkrankungen oder sozialer Ausgrenzung keine andere Arbeit ausführen können.

Den Vertretern der ersten Gruppe geht es insgesamt ganz gut auf *Mechanical Turk (mTurk)*. Die Vertreter der zweiten Gruppe sind verzweifelt. Sie gehören zu den Schwächsten in unserer Gesellschaft und lassen sich

»Sechs Dollar die Stunde sind das absolute Minimum«

spamgirl

daher sehr leicht ausnutzen. Sie wissen, dass sie nur die Wahl zwischen *mTurk* und dem Bankrott haben, und sind deshalb bereit, alles zu tun, um sich über Wasser zu halten. Diese Menschen arbeiten zu Stundensätzen von zwei Dollar. Sie durchblicken nicht, dass sie für diesen Lohn dreimal mehr arbeiten müssen als jemand, der sechs Dollar in der Stunde verdient. Wenn sie auf der Plattform länger nach Jobs Ausschau hielten, bei denen sie wenigstens sechs Dollar in der Stunde verdienten, hätten sie mehr Zeit für ihre Familie, für Ausbildung oder Fortbildung oder für die Suche nach einem »richtigen« Job – mit festem Gehalt.

In der dritten Gruppe finden sich sowohl Opfer als auch Täter. Aber das ist noch einmal eine ganz andere Geschichte, auf die ich hier im Detail nicht eingehen möchte. Nur so viel: Für aktenkundige Sexualstraftäter, Vorbestrafte oder Menschen, die aus irgendwelchen anderen Gründen Schwierigkeiten haben, das Haus zu verlassen, stellt *mTurk* eine Chance dar, etwas mit ihrem Leben anzufangen. Dies ist eine der begrüßenswerten Funktionen von *mTurk*, die wir begrüßen müssen, da sie diesem »Lumpenproletariat« die Möglichkeit gibt, sich ein Leben aufzubauen, ohne der Regierung auf der Tasche zu liegen. Wir müssen dafür sorgen, dass auch sie eine Chance bekommen, ihren Lebensunterhalt zu verdienen, wie Menschen in besseren Lebensumständen auch.

Wie groß sind diese drei Gruppen?

Aus meiner Erfahrung als Community-Managerin schätze ich, dass es etwa zwanzig Prozent gut ausgebildete Arbeiter gibt, die freiwillig einen Vollzeitjob auf *mTurk* machen; dreißig Prozent gut ausgebildete Arbeiter gehen der Tätigkeit in Teilzeit zum Spaß nach oder um sich ein Zubrot zu verdienen; dreißig Prozent tun dies, weil sie keinen anderen Job finden, aus Mangel an Bildung, Erfahrung oder auch Chancen oder weil sie der Unterschicht angehören und dringend Geld brauchen, um über die Runden zu kommen. Es sind Menschen, die *mTurk* aus der Not heraus als Nebenjob nutzen – Mütter, die von Zuhause aus arbeiten und sich gleichzeitig um ihre Kinder kümmern, oder Menschen, die zu Hause einen Angehörigen pflegen oder Ähnliches. Die letzten zwanzig Prozent sind Menschen, die aufgrund einer Behinderung oder gesellschaftlicher Beschränkungen nirgendwo anders arbeiten können.

Wie gut kennst du andere Turker und bist du schon welchen persönlich begegnet?
Ich bin sozusagen ein Teil von *Turker Nation* und habe mit der Zeit zu einigen der Arbeiter ein recht enges Verhältnis aufgebaut. Wir tauschen uns aus, wenn wir uns aufregen oder freuen und wir helfen uns gegenseitig, wenn es um die Arbeit geht. Offline-Begegnungen gab es bisher noch keine, weil ich niemanden kenne, der in meiner Nähe wohnt. Aber das wird sich bald ändern, da ich mit einigen zusammen auf einer Konferenz sprechen werde. Ich glaube, dass die meisten Turker entweder zu beschäftigt sind, behindert sind oder zu arm, um sich mit anderen zu treffen. Aber da wir so viele Foren haben, können wir zumindest online Kontakt pflegen!

Was hat dich dazu gebracht, zusätzlich zur Akkordarbeit auch noch Community-Arbeit auf Turker Nation zu leisten? Und wie verhält sich der Zeitaufwand der beiden Jobs zueinander?
Eine schlechte Angewohnheit von mir ist, dass ich dazu neige, alles, was ich anfasse, auf die Spitze zu treiben. Dazu gehört es dann auch, in der

»Sechs Dollar
die Stunde sind
das absolute
Minimum«

spamgirl

Community Führungsrollen zu übernehmen. Wie selbstverständlich habe ich die Rolle der Moderatorin auf *Turker Nation* übernommen und bin dann zur Administratorin aufgestiegen, nachdem der Gründer das Turken aufgegeben hatte und mir das Hauptpasswort überließ.

Zu der Frage, wie ich meine Zeit aufteile: Ich verbringe wesentlich mehr Zeit mit der Arbeit im Forum als mit Turken. Es gibt viele administrative Aufgaben wie die Prüfung von Neuanmeldungen oder die Schlichtung von Streitereien, die erledigt werden müssen, um das Forum am Laufen zu halten. Obendrein müsste ich eigentlich auch Werbung für das Forum machen, aber dazu fehlt mir einfach die Zeit. Die ganz alltägliche Arbeit auf dem Forum nimmt zwei bis drei Stunden in Anspruch. Hinzu kommen Gespräche mit den Requestern (Anm. d. Red.: Arbeitgeber auf *mTurk*) zum Beispiel darüber, wie sich Zusatzqualifikationen einrichten lassen oder wie sie das Forum nutzen müssen. Dafür gehen dann noch einmal zwei Stunden drauf. Außerdem helfe ich bei der Moderation von Online-Chats, beantworte Fragen und so weiter. All das tue ich eigentlich immer, wenn ich zu Hause bin. Es vergeht keine Stunde, in der ich nicht irgend etwas im Forum oder im Chat mache. Für die eigentliche Arbeit bleibt dann nicht mehr viel Zeit. Zwischen Schule, *Turker Nation*, ehrenamtlicher Tätigkeit und meiner Familie bleibt kaum Zeit, um mich länger an etwas zu setzen. Obwohl ich die Flexibilität von *mTurk* sehr schätze, ist das Problem daran, dass es genau dann, wenn ich arbeiten möchte, gerade nichts zu tun gibt! Die Flexibilität ist Segen und Fluch zugleich.

Was genau passiert auf Turker Nation?

Wir versuchen den Requestern beizubringen, dass sechs Dollar pro Stunde das absolute Minimum einer akzeptablen Bezahlung sind, und dass sie damit am Bodensatz kratzen. Für sehr schlichte Tätigkeiten sind die sechs Dollar vielleicht noch angemessen, aber alles, was komplizierter, aufwändiger oder heikler ist, muss sehr viel besser bezahlt werden. Leider berufen sich sowohl Requester als auch Forscher häufig auf alte Studien über *mTurk*, denen zufolge 2,25 Dollar bereits ein hoher Lohn für Turker seien, und das macht den Kampf um bessere Löhne nicht gerade leichter. Solche Aufgaben boykottieren wir und überlassen sie dem Zustrom neuer Arbeiter, die nicht die gleiche Arbeitsethik haben wie wir. Wenn das die schlecht zahlenden Requester von *mTurk* vertreibt, sind wir nicht traurig darüber.

Kooperierst du mit anderen mTurk-Foren, um die Arbeitsbedingungen zu verbessern?

Solidarität ist unter den Turkern leider nicht sehr ausgeprägt. Innerhalb der einzelnen Gruppen und insbesondere innerhalb der Foren halten wir zusammen, um unsere Situation zu verbessern, aber das Verhältnis zwischen den Foren ist im besten Fall angespannt. Wir von *Turker Nation* setzen uns für bessere Bedingungen für die gesamte Crowdarbeiter-Gemeinschaft ein. Wir möchten Standards sowohl für Arbeiter als auch für Requester etablieren und beide Gruppen darüber aufklären, was die Grundvoraussetzungen für ein gutes Arbeitsverhältnis sind. Wenn sich Arbeitgeber schlecht benehmen, arbeiten wir als Team an Strategien, die unseren Unmut deutlich machen – zum Beispiel mit Boykotten. Wir klären die Requester aber zum Beispiel auch über ungünstige

»Sechs Dollar die Stunde sind das absolute Minimum«

spamgirl

Grundeinstellungen von *mTurk* auf, zum Beispiel, dass für HITs nur sogenannte »Master«-Arbeiter zugelassen werden, für deren Vermittlung *mTurk* mehr Geld bekommt. Für viele Arbeiter auf *mTurk* ist diese Grundeinstellung ein Problem, da sie für einen Großteil der Jobs nicht mehr zugelassen werden, und an wen der »Master«-Status vergeben wird, ist nicht wirklich transparent.

Wir tun also unseren Teil, um die Arbeit auf *mTurk* sicherer und im Sinne einer Karriere lukrativer zu machen. Es wäre toll, die Unterstützung anderer Arbeiter dafür zu bekommen. Auf dieses Ziel arbeiten wir hin.

Welche Standards möchtest du gerne etablieren?
Faire Entlohnung, faire Behandlung und respektvolle Kommunikation. Es wäre schön, wenn uns die Requester so behandelten, wie sie selbst behandelt werden wollen. Das bedeutet, sich mit uns über die Foren in Verbindung zu setzen, sich nach unseren Bedürfnissen zu erkundigen und die HITs entsprechend zu gestalten. Davon profitieren sowohl die Arbeiter als auch die Requester, denn die HITs können so akkurater, schneller und günstiger abgeschlossen werden.

Sprichst du auch mit Mitarbeitern von Amazon, um die Arbeitsbedingungen auf Mechanical Turk zu verbessern?
Die Kommunikation mit *mTurk* ist stark eingeschränkt. Mein Eindruck ist, dass sie total unterbesetzt und völlig überfordert sind. Ich hätte gern einen regelmäßigeren und verbindlicheren Austausch, kann aber verstehen, dass meine Fragen angesichts der Situation dort keine Priorität haben. Sie tun wirklich ihr Bestes, um für einen reibungslosen Betrieb zu sorgen, und wie jeder andere wollen auch sie, dass es den Turkern gut

geht. Alles, was für uns gut ist, nützt auch Amazon – wenn die Requester uns mehr zahlen müssen, verdient auch Amazon mehr; wenn wir
unsere Arbeit durch Effizienzstrategien und bessere Kommunikation mit
den Requestern verbessern, bewältigen wir mehr Arbeit und Amazon
verdient mehr; wenn wir eine Reputation für hochqualitative Arbeit aufbauen und dadurch mehr Requester anziehen, verdient auch Amazon
mehr; du siehst schon, worauf ich hinauswill.

**Stimmt es, dass ausländische Arbeiter nicht mit Geld, sondern mit Amazon-
Gutscheinen bezahlt werden?**
Die Bezahlung in Gutscheinen spielt keine so große Rolle mehr, da Amazon
keine neuen ausländischen Arbeiter mehr akzeptiert. Wenn du noch aus
der Zeit, als dies möglich war, einen solchen internationalen Account hast,
kannst du dich glücklich schätzen, überhaupt noch etwas zu bekommen.
Wenn du den Account verlierst, bist du erledigt. Zudem wurde im letzten
Jahr keinem Ausländer mehr der »Master«-Status verliehen, sodass sie
zu den meisten Aufgaben auf *mTurk* keinen Zugang haben. Es gibt also
eigentlich kaum noch einen Grund, die Plattform weiter zu nutzen, wenn
man nicht Amerikaner ist.

Stehst du in Kontakt mit den Requestern?
Was das Verhältnis zwischen Requestern und Turkern angeht, hängt jetzt
alles an uns. Wir bemühen uns sehr, mit neuen Requestern in Kontakt
zu treten und uns mit denen, die auf *Turker Nation* auftauchen, auszutauschen. Unser Ziel ist es, *mTurk* zu einem tollen Arbeitsplatz für alle
zu machen – die Requester bekommen ihre Aufgaben sorgfältig erledigt, schnell und kostengünstig und die Turker erhalten ein anständiges

**»Sechs Dollar
die Stunde sind
das absolute
Minimum«**

spamgirl

Einkommen, indem sie sich zusammenschließen und auf Arbeitsplatz-standards beharren, wie sie der gesunde Menschenverstand verlangt. Über das Kontaktsystem von Amazon nehmen wir persönlich Erstkontakt mit den Requestern auf und setzen die Kommunikation dann entweder über das Forum oder per E-Mail fort. Meist sind die Requester zunächst sehr aufgeschlossen, allerdings nur so lange, bis wir sie drängen, besser zu bezahlen.

Welche Arbeitsplatzstandards sollten auf *mTurk* etabliert werden?
Ich glaube, dass solche Standards eigentlich ein Widerspruch zu dem sind, wofür *mTurk* steht. Es ist ein wahrhaft freier Markt – du kannst zahlen, einreichen und abarbeiten, was auch immer du möchtest. Wenn man das zu regulieren versucht, ändert sich die ganze Dynamik. Ich glaube, anstatt Standards zu etablieren, ist es sinnvoller, in Aufklärung zu investieren. Den Requestern muss klargemacht werden, dass wir Menschen sind und auch so behandelt werden wollen. Die Botschaft muss sein: Du kannst *mTurk* benutzen, aber wenn du dabei Empathie zeigst, erhältst du im Gegenzug bessere Ergebnisse. Zudem braucht es mehr wissen-schaftliche Studien: erstens darüber, wie sich die Bezahlung auf die Qualität und Geschwindigkeit der Arbeit auswirkt; zweitens darüber, wie sich ein positives Verhältnis zu den Arbeitern auf die Qualität und Geschwindigkeit auswirkt und drittens darüber, in welchem Ausmaß Turker mit höheren Standards und besserem Selbstbewusstsein in Hin-blick auf ihre Fähigkeiten auch besser bezahlt werden. Wenn jeder Ein-zelne lernt, sich selbst und andere respektvoller zu behandeln, brächte uns das wesentlich weiter und hätte das nachhaltigere Auswirkungen

als die Festlegung von Regeln, die womöglich Requester und Arbeiter auf Plattformen ausweichen lässt, die keine solchen Regeln haben.

Welches ist die größte Hürde, wenn es darum geht, mTurk zu einem besseren Arbeitsplatz zu machen?
Ich glaube, es ist der derzeitige Ruf der Plattform. Wir werden als Algorithmus vermarktet. Die Requester machen sich überhaupt nicht klar, dass sie es am anderen Ende der Leitung mit Menschen aus Fleisch und Blut zu tun haben, die ihre Kinder ernähren müssen, die für ihre Gesundheitsvorsorge zahlen müssen und die aufpassen müssen, dass ihr Zuhause nicht zwangsversteigert wird. An was auch immer du auf *mTurk* arbeitest, es ist dir offensichtlich gerade nicht möglich, einem besser bezahlten Job nachzugehen. Doch gibt dieser Umstand niemandem das Recht, unfair zu bezahlen.
Diese Haltung zieht sich jedoch quer durch den Code von *mTurk* und zeigt sich zum Beispiel in einer Funktion, die es Requestern erlaubt, einzelne Arbeiter zu »blocken«. In den von Amazon stammenden Anleitungen für Requester wird erklärt, dass sich die Block-Funktion sehr gut dazu eignet, einzelne Arbeiter von bestimmten HITs auszuschließen, sei es, weil sie den Job beim ersten Mal nicht zufriedenstellend ausgeführt haben oder weil der Requester einfach einen neuen Schwung an Arbeitern will.
Eine solche Sperre wird von Amazon automatisch so bewertet, dass der betroffene Turker schlechte Arbeit abgeliefert hat. In den Fällen, wo ein Requester einfach neue Arbeiter wollte, erhalten die alten Arbeiter also unberechtigterweise einen negativen Vermerk. Amazon könnte natürlich die Anleitungen für die Requester umformulieren und schreiben: »Sperren führen zu einer negativen Bewertung der Arbeiter. Wenn es Ihnen

einfach um eine größere Vielfalt in der Arbeiterschaft geht, fügen Sie bitte einen entsprechenden Kommentar hinzu.« Ich glaube, dass Amazon das nicht macht, weil es die Arbeiter menschlich erscheinen ließe. Den Requestern würde klar werden, dass von ihren Handlungen die Existenz anderer Menschen abhängt. Derartig einfühlsame Reaktionen würden den Ruf von *mTurk* als einem Marktplatz, auf dem man Leute für ein paar Cent anheuern kann, ohne sich auch nur einen Moment Gedanken um sie machen zu müssen, aufs Spiel setzen. Ich glaube nicht einmal, dass Amazon unbedingt vorsätzlich so handelt, aber die bereits auf der Plattform etablierten Rahmenbedingungen sorgen dafür, dass an der Darstellung von Arbeitern als herz- und seelenlosen Computerprogrammen festgehalten wird.

Die zweite große Hürde hängt ebenfalls mit unserem Ruf zusammen, dreht sich aber um die Bezahlung. Aufgrund einiger veralteter und fehlgeleiteter Studien sowie einiger missverständlicher Medienberichte hält sich hartnäckig der Eindruck, dass wir schon froh seien, wenn wir für zwei Dollar die Stunde arbeiten dürften; dass sechs Dollar eine außerordentlich hohe Bezahlung sind, und dass wir diesem Job vor allem aus Barmherzigkeit nachgehen. Viele Forscher sind schockiert, wenn wir ihnen klarmachen, dass 1,25 Dollar kein akzeptabler Stundenlohn ist. Sie antworten dann immer ganz rasch, dass sie gehört hätten, wir würden deshalb für so wenig Geld arbeiten, weil wir ihnen gerne helfen würden. Denen scheint einfach nicht klar zu sein, dass wir keine Bachelor-Studenten sind, sondern Arbeiter, die ihre Familien ernähren müssen. Wenn ihnen das dann doch irgendwann dämmert, erhöhen sie nicht etwa die Bezahlung, sondern verlassen *mTurk* und wechseln zu Plattformen wie SocialSci.com, wo die Arbeiter keine Community haben, um sich über Missstände auszutauschen. Es gibt sogar Plattformen wie PsiTurk.com, bei denen die Kommunikation zwischen Arbeitern und Auftraggebern durch eine dazwischengeschaltete Firma komplett unterbunden wird. Je weniger wir jedoch die Requester aus der Forschung und den Unternehmen aufklären können, umso schlechter werden die Bedingungen für die Arbeiter.

Was ist ein fairer Durchschnittslohn für gute Arbeit auf Mechanical Turk?
Der sollte bei mindestens sechs Dollar die Stunde für die einfachsten, schnell zu erledigenden Aufgaben liegen. Alles, was mühsamer ist oder mehr Fertigkeiten, Erfahrung, Wissen, Training oder Konzentration erfordert, muss sehr viel besser bezahlt werden. Für das freie Verfassen von Texten erwarten Autoren auf *mTurk* mindestens 10 bis 15 Dollar die Stunde. Wenn hierfür zusätzliche Recherchen notwendig sind, muss der Stundenlohn höher sein.

Wie würdest du Mechanical Turk gestalten?
Ich fände es großartig, wenn die Plattform von den Arbeitern selbst betrieben würde, aber vermutlich wäre das Geschäft dann genauso ausbeuterisch, wie wenn die Plattform von den Requestern betrieben würde. Ich glaube, dass Amazon als dritte Partei zu einem Gleichgewicht zwischen den Bedürfnissen und Wünschen von Arbeitern und Requestern beiträgt. Allerdings würde ich mir größere Investitionen in das System wünschen. Sowohl die API (*Application Programming Interface*) als auch das Arbeiter-GUI (Graphic User Interface) sind hoffnungslos veraltet, und es fehlt diesen Schnittstellen an Funktionen, um die wir schon seit neun Jahren bitten. Wenn ich ein neues *Mechanical Turk* bauen dürfte, würde ich

»Sechs Dollar die Stunde sind das absolute Minimum«

spamgirl

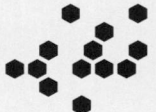

sicherstellen, dass es skalierbar ist. Ich würde Umfragen unter Arbeitern und Requestern durchführen und dann eine Plattform bauen, die den Bedürfnissen in Hinblick auf leichte Nutzbarkeit, Effizienz und Zuverlässigkeit entspricht. Außerdem würde ich in Marketingmaßnahmen investieren, um Kontakte zu Forschern, Journalisten, Unternehmen und Facharbeitern aufzubauen. Und dann würde ich noch die Reichweite derer ausbauen, die die Plattform bereits nutzen. Ich würde für gute Kommunikationskanäle zwischen Requestern, Arbeitern und Amazon sorgen.

I Turk all day long.
I Turk through half of the night.
Where does my time go

Turking on weekends
Tumbleweeds made of pennies
Begone, long receipts

Clicking for money
Close eyes when you see
Rank pornography

I am a turker.
Turking is the life I lead.
This is my passion.

My labour power
Sells now in smaller pieces
A half-minute wage

Constantly searching
Working for a few pennies
I feel productive

Sit at home in shorts,
Scrounge the internet for hits
Someday better and worse.

Algorithmen sind keine höheren Wesen

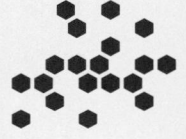

FAQ zu Crowdworking und IG Metall

Vanessa Barth

Hier finden Sie eine Sammlung von Fragen, die häufig gestellt und erörtert werden, wenn es um die IG Metall und ihr Engagement rund um Crowdsourcing geht.

Vanessa Barth
leitet den Bereich Zielgruppenarbeit und Gleichstellung beim Vorstand der IG Metall. Aufgabe des Bereichs ist die Öffnung der IG Metall für neue oder noch nicht ausreichend in der Gewerkschaft vertretene Beschäftigtengruppen (junge Beschäftigte, Ingenieure, Studierende, Frauen und Migranten etc.) und deren Themen. In diesem Kontext beschäftigt sie sich seit rund zwei Jahren mit dem Thema Crowdworking und den damit verbundenen Herausforderungen für die IG Metall und die Arbeitswelt.

Warum beschäftigt sich die IG Metall mit diesem Thema?

Im Organisationsbereich der IG Metall gibt es zahlreiche Beispiele für Crowdsourcing oder Elemente davon. Dazu kommen Trends wie mobiles Arbeiten oder auch die Digitalisierung von Mitarbeiterprofilen. Die Beispiele befinden sich in verschiedenen Entwicklungsstadien und setzen bei fast allen Tätigkeiten an. Crowdworking ist Teil einer größeren Veränderung in der Arbeitswelt, bei der es im Kern um Digitalisierung, Vernetzung und die Flexibilisierung von Arbeitsverhältnissen geht.

Hat Crowdworking (überhaupt) eine Zukunft?

Es wird sich zweifellos weiter ausbreiten. Im Moment werden jedenfalls Fakten geschaffen mit dem Ziel, Crowdsourcing als feste Größe zu etablieren. IT-Expertinnen und -Experten schaffen Crowdworking-Plattformen und entwickeln sie weiter. Crowdsourcing-Firmen schließen sich zu Interessenverbänden zusammen. Unternehmen lassen Aufgaben durch Crowdworker erledigen. Crowdsourcees übernehmen, begeistert oder notgedrungen, kleine und große Aufträge, unentgeltlich oder gegen Bezahlung. Es gibt Initiativen, die versuchen, die Arbeitsbedingungen von Crowdworkern zu verbessern. Zusammengefasst: Die Zukunft des Crowdworkings hat längst begonnen, und sie wird so aussehen, wie wir sie gemeinsam gestalten.

Vereinsamen die Menschen, wenn sie zur Arbeit nicht mehr ins Büro gehen?

Auf dieser Frage kann man leicht ausrutschen, indem man von sich auf andere schließt. Für Menschen, die mit den modernen Kommunikationstechniken und -werkzeugen gut zurechtkommen, spricht vielleicht gar nichts dagegen, hauptsächlich virtuell mit Kolleginnen und Kollegen

Algorithmen sind
keine höheren Wesen

Vanessa Barth

zusammenzutreffen. Solange niemand dadurch ausgeschlossen wird und keiner heimlich mithört. Wichtig ist dafür auch, dass die Technik einwandfrei funktioniert. Umgekehrt gibt es Menschen, an deren Einsamkeit die Anwesenheit im Büro oder in der Werkshalle nichts ändert, etwa weil sie schüchtern sind oder unbeliebt oder das Alleinsein vorziehen.

Kann man sich gemeinsam mit Kollegen für gute Arbeitsbedingungen einsetzen, wenn jeder allein zuhause vor seinem Computer arbeitet?
Es gibt effektive und punktuell erfolgreiche Formen kollektiven Handelns im Internet wie Boykotte, die Organisation von Flashmobs, Massen-E-Mails, Shitstorm und vieles mehr. Aber kann man in der virtuellen Arbeitswelt, auf Amazons *Mechanical Turk* oder bei *Clickworker* auch einen Arbeitskampf führen und gewinnen?
Ein Streik ist eine heikle Angelegenheit. Es müssen genügend Menschen mitmachen, und diese müssen über ausreichend finanzielle Mittel verfügen, um ihn wirtschaftlich durchzuhalten. (Gewerkschaften besitzen dafür eine Streikkasse, für die Mitgliedsbeiträge zurückgelegt werden.) Die Arbeitsniederlegung muss ausreichend ökonomischen Druck erzeugen können, und es kommt darauf an, die Moral und den Zusammenhalt unter den Streikenden aufrechtzuerhalten. Dazu gehört zum Beispiel auch, Streikbruch erfolgreich zu verhindern.
Kurz: Wer einmal einen Streik erlebt hat, kann sich einen erfolgreichen Ausgang ohne physische Austragungsorte, leibhaftige Begegnung und ganz ohne die (dafür hart erkämpften) gesetzlichen Grundlagen nur schwer vorstellen. Unsere Verhandlungsposition als IG Metall hängt erfahrungsgemäß aber entscheidend davon ab, ob wir unsere Forderungen im Zweifelsfall durch einen Streik durchsetzen können. Darauf kommt es in

jeder Tarifbewegung an. Kein Wunder also, dass erfahrene Gewerkschafterinnen und Gewerkschafter angesichts der vielen offenen Fragen ob der Durchsetzungsmacht von Crowdworkern nicht gerade in Begeisterung für diese neue Arbeitsweise ausbrechen. Das heißt aber nicht, dass sie an diesem neuen Kapitel der Arbeiterbewegung nicht mitschreiben werden.

Stellen Crowdworking-Plattformen ein Stück globaler Gerechtigkeit her? Menschen aus armen Ländern bekommen dadurch Zugang zu gut bezahlter Arbeit, verglichen mit den Löhnen in ihren Ländern.

Das geografische Wohlstandsgefälle ist zweifellos eine schreiende Ungerechtigkeit, ebenso wie die Tatsache, dass die meisten Menschen nicht frei entscheiden dürfen, wo sie leben und arbeiten. Während Unternehmen, Kapital und die meisten Waren mehr oder weniger ungehindert auf der Welt zirkulieren dürfen, unterliegt die Bewegungsfreiheit der Mehrheit der Menschen starken, oft sogar existenziellen Einschränkungen. In diesem Kontext ist es ein Fortschritt, wenn Crowdsourcing Menschen Zugang zu Arbeit und damit ein Einkommen ermöglicht, die sonst aufgrund von Herkunft oder Nationalität davon ausgeschlossen sind. Vorausgesetzt, die Unternehmen ziehen daraus keinen unverhältnismäßigen Vorteil, halten sich an die einschlägigen Gesetze und Normen und andere erleiden dadurch keinen gravierenden Nachteil.

Warum sollten Crowdworker einer Gewerkschaft beitreten? Gewerkschaften vertreten doch nur die Interessen von Festangestellten.

Algorithmen sind
keine höheren Wesen

Vanessa Barth

Um über ihre Arbeitsbedingungen mitzubestimmen. Gewerkschaften vertreten die Interessen der Arbeitnehmerinnen und Arbeitnehmer in den Branchen, für die sie zuständig sind. Ihre Mitglieder bestimmen in

Delegationsverfahren durch Wahl, Abstimmung und Engagement ihre Politik. Indem Gewerkschaftsangehörige einen Mitgliedsbeitrag entrichten, schaffen sie außerdem die notwendige Bedingung für nahezu alle Aktivitäten ihrer Organisationen, denn Gewerkschaften finanzieren sich fast ausschließlich aus diesen Beiträgen.

Das bedeutet: Beschäftigte aus Unternehmen und Branchen mit vielen Mitgliedern haben mehr Einfluss und einen besseren Zugang zu den Ressourcen ihrer Organisationen. Wer keiner Gewerkschaft angehört, keine anderen Gewerkschaftsmitglieder hinter sich versammelt und sich nicht aktiv in die Gestaltung der Arbeitsbeziehungen einbringt, hat weniger Einfluss.

Die Situation von Arbeitnehmern ohne Mitgliedsausweis oder aus schwach organisierten Branchen spielt dann eine wesentliche Rolle, wenn sie die Interessen derjenigen Beschäftigten berührt, die zahlreich in einer Gewerkschaft organisiert sind. Oder wenn es dabei um das Selbstverständnis der Gewerkschaften oder um politische oder ethische Grundüberzeugungen der Mehrheit der aktiven Gewerkschaftsmitglieder geht.

So haben zum Beispiel die IG Metall-Mitglieder in der gewerkschaftlich sehr gut organisierten deutschen Stahlindustrie, überwiegend Männer und sehr traditionell geprägte Gewerkschafter, bei ihren Tarifverhandlungen 2012 überdurchschnittlich uneigennützig gehandelt: Sie haben auf einen Teil ihrer Lohnerhöhungen verzichtet, um stattdessen tarifvertraglich abgesicherte Verbesserungen für Leiharbeitnehmer und Leiharbeitnehmerinnen durchzusetzen, obwohl sie den Missbrauch von Leiharbeit und die Ungleichbehandlung von Leiharbeitsbeschäftigten in ihren Unternehmen bereits weitgehend im Griff hatten.

Der ausufernde Einsatz von Leiharbeit war zu einer Gefahr für alle Beschäftigten und durch den Verstoß gegen das Prinzip »gleiches Geld für gleiche Arbeit« zu einer Frage des Prinzips geworden. Die Stahlarbeiterinnen waren bereit und wären auch dazu in der Lage gewesen, dafür einen Arbeitskampf zu riskieren.

Wer also den Anspruch formuliert, dass Gewerkschaften die Arbeitsbedingungen und Belange von Crowdworkern engagiert und sachkundig behandeln und dabei die vielfältigen Problemlagen der Crowdworker gleichberechtigt berücksichtigen, muss entweder eine Crowdarbeiter-Gewerkschaft gründen oder einer der bereits existierenden Gewerkschaften beitreten und sich dort für das Thema starkmachen.

Kann ich als Crowdworker in die IG Metall eintreten?
Ja.

Verdrängt Crowdsourcing gut bezahlte, sichere Arbeitsplätze? Und wenn ja, in welcher Größenordnung?
Es gibt derzeit keine gesicherten Erkenntnisse, die eine solche Annahme stützen. Aber auch die These, nach der durch Crowdsourcing zusätzliche gute Einkommensquellen entstehen, lässt sich nicht belegen.

Für das Handeln von Gewerkschaften ist diese Frage aber gar nicht so entscheidend, wie allgemein angenommen wird. Gewerkschaften befinden sich in einem permanenten Prozess, gute Arbeit zu definieren, zu gestalten, auszubauen und zu verteidigen, manchmal mit den Arbeitgebern, manchmal gegen sie. Weil sich die Verhältnisse in den Betrieben ständig verändern, versuchen sie logischerweise, möglichst allgemeingültige, langlebige Kriterien für gute Arbeit zu entwickeln und diese mittels

**Algorithmen sind
keine höheren Wesen**

Vanessa Barth

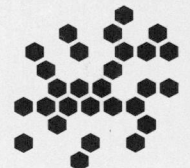

Betriebsvereinbarungen, Tarifverträgen und Gesetzen gegen wirtschaftliche Risiken und die Willkür von Institutionen oder Einzelpersonen abzusichern. Wenn ein Arbeitsplatz oder -verhältnis diesen Kriterien überwiegend entspricht, handelt es sich um gute Arbeit, wenn überwiegend nicht, handelt es sich um schlechte Arbeit. Und die ist an sich nicht akzeptabel, ihr Ausbreiten daher sowieso zu bekämpfen.

Was ist gute Arbeit?
Nach unserer Erfahrung kommt es für die meisten Beschäftigten dafür auf folgende Punkte an (in unterschiedlicher Gewichtung; Auflistung nicht abschließend):
- gute Arbeitsatmosphäre / gutes Betriebsklima
- Sicherheit
- Schutz vor Willkür
- gute Bezahlung
- eine Wochenarbeitszeit zwischen 30 und 40 Stunden, je nach Lebenssituation
- eine gute Vereinbarkeit von Arbeit und Leben
- Flexibilität in punkto Arbeitszeiten und -ort zumindest teilweise selbst bestimmbar
- Abwechslung und anspruchsvolle Aufgaben
- Anerkennung und Wertschätzung
- Handlungs- und Entscheidungsspielräume
- Entwicklungsmöglichkeiten (Weiterbildung, neue Aufgaben et cetera)
- Mitsprache und Mitbestimmung
- Schutz der körperlichen und seelischen Gesundheit

Ist es grundsätzlich falsch, unentgeltlich zu arbeiten?

Nein. Aber es ist falsch und unanständig, Menschen systematisch unentgeltlich arbeiten zu lassen, wie es auf manchen Crowdsourcing-Plattformen
gang und gäbe ist. Der weithin geteilte Grundsatz, dass Arbeit, die
mit Billigung eines Arbeit- oder Auftraggebers erbracht wird, vergütet
werden muss, ist ein wichtiges Prinzip. Wer dagegen verstößt, handelt
sittenwidrig, wie es die Juristen ausdrücken würden.

Was ist eine faire Bezahlung?

Eine faire Bezahlung berücksichtigt nach Auffassung der IG Metall folgende
Aspekte: die Tätigkeit und die damit verbundenen Anforderungen, die
Leistung und gegebenenfalls die mit der Tätigkeit einhergehenden Belastungen. Auch die Arbeitszeit ist eine relevante Größe. Je länger man
für einen Betrag arbeitet, desto niedriger ist das Stundenentgelt. Es
ist bekannt, dass unsere Messlatte (und Berechnungsgrundlage) bei
35 Stunden pro Woche liegt. Man sollte von seinem Einkommen gut
leben können.

Auf diesem Grundverständnis aufbauend haben die Tarifexpertinnen und
-experten der IG Metall mit den Arbeitgebern ein sehr differenziertes
Entgeltsystem ausgehandelt, das Grundlage für die Bezahlung von Mil-
lionen Beschäftigten ist. Ähnliche Systeme haben auch die Tarifparteien
(Gewerkschaften und Arbeitgeber) anderer Branchen und in anderen
Ländern hervorgebracht. Deshalb ist es immer eine gute Idee, sich an
Tarifentgelten (meistens oberes Ende) und an Mindestlöhnen (Minimum)
zu orientieren. Einen sehr guten Überblick bietet www.lohnspiegel.de,
Informationen über Entgelte in anderen Ländern findet man hier: http://
wageindicator.org/main/salary/Salarycheckers

**Algorithmen sind
keine höheren Wesen**

Vanessa Barth

Literatur:
Britta Rehder, Olaf Deinert, Raphael Callsen: Arbeitskampfmittelfreiheit und atypische Arbeitskampfformen. Rechtliche Bewertung atypischer Arbeitskampfformen und Grenzen der Rechtsfortbildung. HSI-Schriftenreihe Band 1, Saarbrücken 2012

123

Sind die Bewertungssysteme auf Crowdworking-Plattformen nicht gerechter? Die Reputation ist Ergebnis von Berechnungen. Dagegen fällt die Bewertung durch Personalabteilung oder Führungskräfte oft willkürlich aus.

Algorithmen sind keine höheren Wesen. Dass sie letztlich gerechter oder objektiver seien als Menschen, darf man bezweifeln. Sie sind Ausdruck menschlicher Vorstellungskraft und Befehle, und die haben bekanntermaßen ihre Lücken und Tücken. Bei der Definition, dem Messen und Bewerten von (Arbeits-)Leistung, ob durch Mensch oder Maschine, ist deshalb größtmögliche Transparenz notwendig – und Mitbestimmung durch die Crowdworker.

Fünf Fragen an Phuoc Tran-Gia

von Vanessa Barth

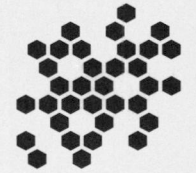

»Ein ... wichtiges Thema in diesem Zusammenhang ist die Bildung einer Community, in der sich die Arbeiter über ihre Erfahrungen austauschen können oder sich Arbeitgeber über eine Crowdsourcing-optimierte Aufgabenstellung informieren können.«

Professor Phuoc Tran-Gia
ist Inhaber des Lehrstuhls für Kommunikationsnetze (Informatik III) an der Universität Würzburg. Er ist Mitgründer und Direktoriumsmitglied von WebLabCenter Inc. (Dallas, Texas) mit Schwerpunkt Crowdsourcing-Technologien und er koordinierte das deutschlandweite G-Lab Projekt »National Platform for Future Internet Studies«. Seine Forschungsschwerpunkte umfassen: zukünftiges Internet (Smartphone Applications), Quality of Experience, Software Defined Networking, Crowdsourcing. Er hat mehr als 100 Forschungsarbeiten veröffentlicht und wurde 2013 mit dem Fred W. Ellersick Prize (IEEE Communications Society) ausgezeichnet.

Wird sich Crowdworking weiter ausbreiten?

Der Crowdsourcing-Ansatz als Form der Arbeitsorganisation hat ein großes Potenzial, in vielen Bereichen Anwendung zu finden. Zum einen lässt sich der Ansatz zur Reorganisation der Verteilung von bestehenden Arbeitsaufgaben nutzen. Beispielsweise könnten Aufgaben zentral in einem Unternehmen ausgeschrieben werden und Beschäftigte ihr Arbeitszeitkontingent auf diese Aufgaben selbstständig aufteilen. Hierbei ist jedoch zu beachten, dass bestehende Beschäftigungsverhältnisse nicht aufgeweicht werden dürfen. Zum anderen ermöglicht Crowdsourcing die Entstehung neuer und flexibler Arbeitsplätze.

Im Gegensatz zu traditionellen Formen der Arbeitsorganisation gibt es für Unternehmen kaum Hinderungsgründe für die kurzzeitige Verpflichtung eines Crowdworkers, da keine langzeitigen Bindungen eingegangen werden. Diese einfache Verfügbarkeit von Arbeitskraft wiederum unterstützt die Entstehung neuer Geschäftsmodelle und folglich auch die Entstehung neuer Arbeitsplätze in traditionellen Formen.

Darüber hinaus ergeben sich auch in Verbindung mit anderen neuen Technologien interessante Anwendungsgebiete. Mithilfe von Smartphones etwa lässt sich *Crowdsensing* realisieren. Hierbei fungieren Teilnehmer als mobile Sensoren, um beispielsweise Lärmbelastungen in Städten aufzuzeichnen. Dieser Ansatz lässt sich ebenfalls in Katastrophengebieten zum Sammeln von Informationen nutzen.

Was sind typische Probleme von Crowdsourcing-Plattformen?

Derzeit sind die meisten Crowdsourcing-Plattformen eine Art Infrastrukturanbieter. Mittels der von ihnen bereitgestellten Technik ist es Auftraggebern möglich, Aufgaben auszuloben und diese von Arbeitern bearbeiten zu

**Fünf Fragen
an Phuoc Tran-Gia**

lassen. Was jedoch oft fehlt, ist eine Regulierung dieses Prozesses. Falls Aufgabenstellungen direkt und ohne Prüfung an die Arbeiter weitergereicht werden, bleiben Fragen unbeantwortet. Zum Beispiel, ob die Bezahlung angemessen ist oder die geforderte Arbeit ethischen Normen entspricht. Ebenso ist es oft problematisch, wenn ein Arbeitgeber eine abgegebene Arbeit nicht akzeptiert und den Arbeiter nicht bezahlt. Hier benötigen Crowdsourcing-Plattformen unabhängige Schiedsstellen, bei denen Arbeiter in solchen Fällen Einspruch einlegen könnten. Dies wird bei einigen innovativen Crowdsourcing-Plattformen, wie zum Beispiel bei *microworkers.com*, bereits praktiziert.

Jenseits dieser Probleme im laufenden Plattformbetrieb ergeben sich rechtliche und soziale Fragen, beispielsweise nach einer Lohnfortzahlung im Krankheitsfall oder nach Rentenbeiträgen.

Gehen alle Crowdworking-Plattformen mit ihren Arbeitern / Arbeiterinnen um, wie Mechanical Turk es tut?

Mechanical Turk verfolgt einen extrem marktorientierten Ansatz. Das bedeutet, sowohl die Preise / Entlohnung als auch die Art der eingestellten Aufgaben werden vorwiegend durch die Akzeptanz der Arbeiter geregelt. Es gibt jedoch auch andere Ansätze: zum Beispiel von Crowdworking-Plattformen, die feste Mindestpreise – eine Art länderspezifischer Mindestlohn für bestimmte Kategorien von Aufgaben – verlangen und ebenfalls die Aufgaben manuell überprüfen, bevor sie eingestellt werden, beziehungsweise die nur vordefinierte Aufgaben zulassen. Dies erhöht in gewisser Weise den Arbeiterschutz. Ferner bietet *Mechanical Turk* zwar integrierte Mechanismen, mit denen Arbeitgeber die Qualifikation und Zuverlässigkeit von Arbeitern abschätzen können, ein

Reputationsmechanismus für Arbeitgeber ist jedoch nicht vorhanden. Auch hier existieren Plattformen, die solche Mechanismen bereits anbieten, um schwarze Schafe unter den Arbeitgebern leichter für die Arbeiter kenntlich zu machen.

Ein weiteres wichtiges Thema in diesem Zusammenhang ist die Bildung einer Community, in der sich Arbeiter über ihre Erfahrungen austauschen können oder sich Arbeitgeber über eine Crowdsourcing-optimierte Aufgabenstellung informieren können. Dies wird von einigen Mitbewerbern von *Mechanical Turk* ebenfalls aktiv unterstützt. Jedoch bieten die meisten Crowdsourcing-Plattformen genauso wie *Mechanical Turk* bisher kein Sozialsicherungskonzept an.

Was können Plattform-Betreiber tun, um bessere Arbeitsbedingungen zu schaffen?

Bei dieser Frage muss man zwischen dem laufenden Betrieb, also dem Abarbeiten von Aufgaben, und Langzeitzielen unterscheiden. Aus Sicht der Arbeiter sind die derzeitigen Herausforderungen im laufenden Betrieb solche Arbeitgeber, die versuchen, Preise für Aufgaben zu minimieren, oder unaufrichtige Arbeitgeber, die korrekt erledigte Aufgaben als ungültig markieren und nicht vergüten. In diesen Fällen kann der Plattform-Betreiber regulierend eingreifen, indem er für faire Mindestpreise sorgt und Überprüfungsmechanismen einrichtet, die die abgegebenen Aufgaben unabhängig bewerten.

In Bezug auf Langzeitziele zur Verbesserung der Arbeitsbedingungen sind auf jeden Fall soziale Sicherungsmechanismen anzustreben. Hier könnten die Plattform-Betreiber zum Beispiel eine Betriebsrente oder betriebseigene Krankengeldregelungen einführen. Dies gewinnt besonders dann

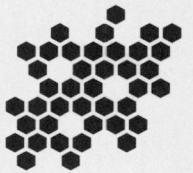

eine Bedeutung, wenn man internationale Crowdsourcing-Plattformen betrachtet: ein Großteil der Arbeiter stammt aus Schwellenländern, in denen es keine staatliche Sozialversorgung gibt.

Was wäre das wichtigste Feature einer fairen Crowdworking-Plattform?
Technisch gesehen wäre es ein Mechanismus, der objektiv die abgegebenen Ergebnisse einer Arbeit bewertet und gleichzeitig für einen fairen Mindestlohn sowie Chancengleichheit bei den Einkommensmöglichkeiten sorgt. Betrachtet man »Feature« eher im Sinne einer globalen Eigenschaft, wäre es wichtig, dass sich Crowdsourcing-Plattformen mehr darauf fokussieren, neue Aufgabenarten zu unterstützen oder zu entwickeln, statt lediglich zu versuchen, bestehende Arbeit »crowdzusourcen«, um die Arbeitskosten zu minimieren. Weiterhin würde die Entwicklung von Features, mit denen sich diejenigen Arbeiten besser auffinden lassen, die zu den Fähigkeiten und Interessen eines Arbeiters passen, die Einkommensmöglichkeiten der Arbeiter weiter erhöhen.

Turkopticon

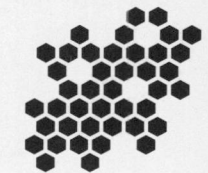

Ein Tool, um Arbeiter auf Mechanical Turk sichtbar zu machen

Lilly C. Irani und M. Six Silberman

Das von Lilly C. Irani und M. Six Silberman als Browser-Erweiterung entwickelte Tool Turkopticon ermöglicht es Arbeitern, ihre Arbeitgeber zu bewerten, diese Bewertungen zu veröffentlichen und bei der Wahl von Arbeitgebern auf Amazon Mechanical Turk einzusehen. Damit bietet Turkopticon den Arbeitern eine gemeinschaftliche Infrastruktur und befähigt sie so zur wechselseitigen Hilfe. Durch die Entwicklung und den Betrieb von Turkopticon sowie durch den Austausch mit den Arbeitern haben die Gründer einzigartige Einsichten in die sozialen Prozesse bei der Entwicklung von Interventionen in groß angelegten Systemen gewonnen. Dieser Beitrag erschien erstmals 2013.

Lilly C. Irani
ist Informatikerin (Ph. D) und Juniorprofessorin für Kommunikations- und Wissenschaftsforschung an der Universität von Kalifornien, San Diego. Sie arbeitet über kulturelle Praktiken der High-Tech-Arbeit und ihre Wirkung auf andere Bereiche des öffentlichen Lebens. Zusammen mit Six Silberman hat sie *Turkopticon* entwickelt, ein externes Reputationssystem für *Amazon Mechanical Turk*, das es Mikrotaskern erlaubt, seriöse von unseriösen Auftraggebern zu unterscheiden.

M. Six Silberman
schreibt zur Zeit seine Doktorarbeit in Informatik an der Universität von Kalifornien, Irvine. Zusammen mit Lilly Irani und einer Handvoll Moderatoren hält er *Turkopticon* am Leben.

Forscher im Bereich der Mensch-Computer-Interaktion (*Human-Computer Interaction*, HCI) untersuchen schon länger die Möglichkeiten der *Human Computation*. Dabei haben sie den ethischen Werten von Crowdarbeit bislang vergleichsweise weniger Aufmerksamkeit zukommen lassen. Der vorliegende Aufsatz analysiert Amazon *Mechanical Turk*, ein populäres Human-*Computation*-System, als einen Ort für technisch vermittelte Beziehungen zwischen Arbeiternehmern (Anm. d. Red.: im folgenden Arbeiter genannt, da die Autoren konsequent den Begriff »Worker« verwenden) und Arbeitgebern.

Human Computation setzt bisher auf die Unsichtbarkeit der Beschäftigten. Wir stellen diesem Ansatz das aktivistisch motivierte System *Turkopticon* gegenüber, das es Arbeitern ermöglicht, ihre Erfahrungen mit Arbeitgebern zu bewerten und zu veröffentlichen. *Turkopticon* bietet den Arbeitern eine gemeinschaftliche Infrastruktur und befähigt sie so zur wechselseitigen Hilfe. Welche Möglichkeiten und Herausforderungen aktivistisch ausgerichtete Technologien zur Intervention in große, bereits existierende, sozio-technische Systeme bieten, behandeln wir am Schluss dieses Beitrags.

Einführung

Für die Forschung und Entwicklung im Bereich der Mensch-Computer-Interaktion stellen Crowdsourcing und *Human Computation* ein neues Feld besonders auch des technischen Fortschritts dar. Forscher haben neuartige, von Crowds getriebene Textverarbeitungsprogramme entwickelt und gezeigt, dass sich auch Tests zur Nutzbarkeit sowie Verfahren zur Bewertung von Visualisierungen aus den Laboren in die natürliche Umgebung von Crowdarbeitern verlagern lassen.

Turkopticon

Lilly C. Irani
M. Six Silberman

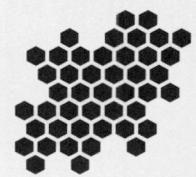

Die Eroberung dieses Neulands wird möglich gemacht, indem neuartige Formen der Organisation digitaler Arbeiter entstehen. Diese sind über die ganze Welt verstreut und werden durch Märkte für entsprechende Aufgaben (Tasks), sowie durch Programmierschnittstellen (APIs) und Netzwerkverbindungen koordiniert. Die vorliegende Arbeit blickt hinter den Vorhang der Abstraktion, der im konkreten Fall von Amazon *Mechanical Turk* (AMT) die Struktur und die Abläufe von Human Computation überhaupt erst möglich macht. Wir zeigen die berufsbedingten Gefahren für die als menschliche Computer agierenden Arbeiter auf und erläutern das von uns als Reaktion darauf entwickelte, aktivistisch ausgerichtete Projekt *Turkopticon,* das seit vier Jahren im Einsatz ist. Bis April 2013 war unser System bereits über 7.000 mal installiert worden, es erzielt inzwischen 100.000 Seitenaufrufe im Monat und ist zu einem Standardwerkzeug für viele AMT-Arbeiter geworden.

Turkopticon ermöglicht es Arbeitern, ihre Arbeitgeber zu bewerten, diese Bewertungen zu veröffentlichen und bei der Wahl von Arbeitgebern auf AMT einzusehen. Durch die Entwicklung und den Betrieb von *Turkopticon* sowie durch den Austausch mit den Arbeitern haben wir einzigartige Einsichten in die sozialen Prozesse bei der Entwicklung von Interventionen in groß angelegten Systemen gewonnen. In Form einer einfachen Browser-Erweiterung unterstützt *Turkopticon* ein florierendes, auf gegenseitiger Hilfe basierendes Arbeiterkollektiv.

Unsere hier vorgestellte Arbeit ist eine Fallstudie, die die Gestaltung einer Intervention in einem System für hochgradig verteilte Mikroarbeit untersucht. Sie ist zugleich ein Beispiel für die Gestaltung eines Systems unter Einsatz von Werkzeugen aus der feministischen Analyse und Reflexivität. Anstatt mittels HCI-Forschung Werte und Positionen aufzudecken,

abzubilden und erst dann Systeme zu entwickeln, um politische Diffe-
renzen zu lösen, haben wir direkt ein System entwickelt, das Verhältnisse
zwischen Arbeitern und Arbeitgebern sichtbar machen und politische
und ethische Debatten anstoßen soll. Schlussendlich liefert unsere Arbeit
Erkenntnisse für den Eingriff von außen in bestehende, groß angelegte
sozio-technische Systeme – in diesem Fall AMT.

Zu unserer Methode und Haltung

Turkopticon ist aus einem *Tactical-Media*-Kunstprojekt hervorgegangen, das
auf Fragen bezüglich der Ethik von *Human Computation* ausgerichtet war.
Tactical Media ist eine Strömung in der Aktionskunst, die durch die Gestaltung von Medien kulturell provokative Störungen und Widerstand zum
Ausdruck bringt. [13,19,21] Unsere Studie stützt sich auf unsere Beobachtung von AMT-Arbeitern und technologischen Communities über einen
Zeitraum von vier Jahren, die wir aus unserer Perspektive als Design-
Aktivisten vorgenommen haben. Zusätzlich zu den bei der ethnografischen Forschung im Bereich HCI üblichen Interviews, Beobachtungen
und informellen Konversationen liefen unsere ersten Kontakte mit Arbeitern auf *Mechanical Turk* über die hochgradig mediatisierten *Human
Intelligence Tasks* sowie über Feedback zu *Turkopticon*. Unsere Forschung
begann bereits 2008, noch bevor die Online-Arbeiterforen turkernation.
com und mturkforum.com populär wurden.

Wir haben mehrere informelle Umfragen auf *Mechanical Turk* durchgeführt.
Auf unsere offen gestalteten Fragen zu Wünschen und Anforderungen
an eine *Workers' Bill of Rights* antworteten 67 Arbeiter. Die Aspekte, über
die sich die Befragten einig waren, wurden zur Basis für die Gestaltung
von *Turkopticon*.

Turkopticon

Lilly C. Irani
M. Six Silberman

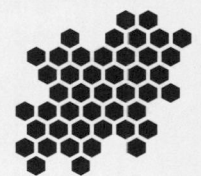

135 Lilly Irani ergänzte ihre Beobachtung als Entwicklerin von Werkzeugsystemen für *Turker* durch offene Interviews mit AMT-Arbeitern. Sie war zudem Teilnehmerin verschiedener großer und kleiner Crowdsourcing-Konferenzen, führte Interviews mit vier AMT-Arbeitgebern und zahlreiche Gespräche mit anderen Arbeitgebern. Die so erhobenen ethnografischen Datensätze schaffen den Rahmen für die zusätzlichen Daten, die wir durch die Gestaltung und den Betrieb von *Turkopticon* gewonnen haben.

Unserer Standpunkte haben sich im Laufe der engen Auseinandersetzung mit den Arbeitern im Rahmen von *Turkopticon* sowie durch unser immer tieferes Verständnis der Crowdsourcing-Community herausgebildet. Wir haben unsere Studie mit einer zutiefst kritischen Haltung gegenüber der Zerlegung von Arbeit in hypertemporäre Jobs begonnen, da wir in dieser Entwicklung eine Verstärkung von bereits seit Jahrzehnten bestehenden US-amerikanischen Trends zur Teilzeit- und Gelegenheitsarbeit mit dem Ziel höherer Arbeitgeberflexibiliät und Kosteneinsparung sahen. [3, 35] AMT schien uns wie am Fließband Zeitarbeiter hervorzubringen, und zwar indem Erkenntnisse aus der Ergonomie ebenso außer Acht gelassen wurden wie Mindestlohngesetze. Wir waren voreingenommen – und das ganz bewusst.

Unsere Vorurteile wurden von manchen Arbeitern bestätigt und von anderen infrage gestellt. Auf jeden, der angab, das Geld zu brauchen, um die Miete zu bezahlen, kam jemand, der nur aus Spaß dabei war oder um die Zeit totzuschlagen.

Um nicht als vermeintlich objektive Autorität aufzutreten, legen wir hier, ganz im Sinne von Borning und Muller sowie vieler feministischer Wissenschaftler, unsere eigene Haltung sowie unsere jeweiligen Hintergründe und Mutmaßungen, die unsere Forschung geprägt haben, offen. [7] Es ist nicht nur so, dass unsere Vorurteile unsere Wahrnehmung der Realität auf AMT verzerren (...). Wir greifen auch in die Abläufe von ATM ein, indem wir eine Technologie erstellen, die von den Arbeitern dieser Plattform genutzt wird. Dadurch, dass wir als Beobachter und Gestalter in das System eingreifen, verändern wir dessen Realität. [4, 29, 41] Die ethischen Herausforderungen und Probleme, mit denen sich die Arbeiter konfrontiert sehen, und die ethischen Fragen, die uns als Forscher betreffen, ergeben sich aus dem Aufeinandertreffen von uns, den Arbeitern und *Turkopticon*. Die vorliegende Arbeit liefert eine Momentaufnahme unserer Erkenntnisse und deren Implikationen für Gestaltungspraktiken innerhalb dieses sich in Entwicklung befindlichen sozio-technischen Systems. Zuerst erläutern wir AMT, wobei wir uns auf die verschiedenen Verhältnisse zwischen Arbeitern und Arbeitgebern konzentrieren. Anschließend legen wir unsere Motivationen und die gestalterischen Entscheidungen im Zuge der Entwicklung von *Turkopticon* dar und gehen auf Erkenntnisse ein, die relevant für die Gestaltung von politisch und aktivistisch ausgerichteten Technologien sind.

Hintergrund: Amazon Mechanical Turk (AMT)

Die von Amazon betriebene Website *Mechanical Turk* ist eine Plattform, die als Treffpunkt dient zwischen Auftraggebern mit großen Mengen an zu erledigenden Kleinstaufgaben (Mikrotasks) und Arbeitern, die diese Aufgaben gegen ein Entgelt erledigen möchten. [24] Erfahrene Arbeiter verdienen mit der Erledigung der Kleinstaufgaben einige Dollar in der Stunde. Im rechtlichen Sinne bezeichnet Amazon die Arbeiter als Auftragnehmer (Contractors), für die die gleichen Gesetze gelten wie für Selbstständige. Diese Darstellung nimmt den Arbeitern die Möglichkeit, einen

Turkopticon

Lilly C. Irani
M. Six Silberman

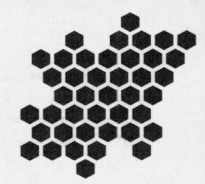

137 Anspruch auf Mindestlohn in ihrem jeweiligen Heimatland geltend zu machen. Einer kürzlich durchgeführten Erhebung zufolge bilden Arbeiter mit US-amerikanischer Staatsangehörigkeit mit einem Anteil von 46,8 Prozent eine signifikante Minderheit [24]. Die Einordnung dieser Arbeiter als Selbstständige ist bisher noch von keinem Gericht abschließend geprüft worden; in ähnlich gelagerten Fällen von verteilter, aber nicht computerbasierter Datenverarbeitung wurde diese Praxis allerdings bereits als illegale Scheinselbstständigkeit eingestuft. [18]

AMT lässt sich sehr unterschiedlich darstellen. Beschreibt man die Plattform als Marktplatz für Kleinstarbeit (Mikrolabor), lenkt dies die Aufmerksamkeit auf die Bezahlmechanismen sowie auf die Art und Weise, wie Arbeiter Aufgaben wählen und wie Transaktionen abgewickelt werden. Bezieht man sich auf den Aspekt des Crowdsourcings, wird die Aufmerksamkeit auf die besondere Dynamik von massenhafter Kollaboration, die Aggregation von Eingaben sowie die Bewertung der so generierten Ergebnisse gelenkt. Und wenn man AMT als Quelle für Human-*Computation*-Ressourcen darstellt, so entspricht dies der Perspektive der Computerwissenschaften sowie der Selbstdarstellung von Amazon. (z. B. [28])

Datenverarbeitungsaufgaben in möglichst kleine Komponenten zu zerteilen, ist an sich nichts Neues. Der Fall *Donovan vs DialAmerica* aus dem Jahre 1985 ist ein frühes Beispiel für die Form von Arbeitsteilung, wie sie heute von AMT praktiziert wird. Mitarbeiter von *DialAmerica* schickten Karten mit Namen und Telefonnummern an Heimarbeiter, die als Selbstständige die Aktualität der Telefonnummern überprüfen mussten und pro Aufgabe bezahlt wurden. Die Gerichte entschieden schließlich, dass es sich bei den Arbeitern um Angestellte handelte und sie folglich Anspruch

1
2012 wurde die Plattform
CrowdFlower von einem
US amerikanischen AMT
Arbeiter im Rahmen eines
Class Action Law Suits auf
Zahlung des gesetzlichen
Mindestlohns gemäß FLSA
verklagt. Der Ausgang des
Verfahrens steht noch aus.

138

auf den in den USA geltenden gesetzlichen Mindestlohn hatten (Fair Labor Standards Act FLSA). [18, S. 136] Seit den späten 1990er-Jahren sind amerikanische Firmen dazu übergegangen, in englischsprachigen Ländern mit geringen Lebenshaltungskosten sogenannte Business-Process-Outsourcing-Firmen anzuheuern, um in großem Umfang Datenverarbeitungsaufgaben, die nicht vollständig automatisiert werden können, von Menschen erledigen zu lassen. [1]

»Menschen-als-Dienstleistung«

AMT geht weit über ältere Formen der Datenverarbeitung hinaus, da die Arbeiter hier als Human-*Computation*-Komponenten verstanden werden, die sich unmittelbar in bestehende Rechnersysteme integrieren lassen. Als Amazon Gründer Jeff Bezos die Plattform *Mechanical Turk* 2006 am Massachusetts Institute of Technology (MIT) der Öffentlichkeit vorstellte, formulierte er die Idee wie folgt: »Sie haben sicherlich alle schon von dem Prinzip ›Software-als-Dienstleistung‹ gehört. Wir bieten ›Menschen-als-Dienstleistung‹.« [5] Seit der Markteinführung wird AMT als ein weiterer Amazon-Web-Service vermarktet, auf einer Ebene mit cloudbasierter Rechen- und Speicherleistung. Blogger und Technologie-Experten sind dieser Logik gefolgt. So wurde AMT als *Remote Person Call* bezeichnet, in Anspielung auf das aus dem *Distributed Computing* stammende *Remote-Procedure-Call-Verfahren*. Selbst die Formulierung »Human API«, also menschliche Programmierschnittstelle, findet Verwendung. Der Crowdsourcing-Anbieter *CrowdFlower* versuchte gar, die Wortneuschöpfung »Labor-as-a-Service« (LaaS) zu Marketingzwecken einzusetzen. Die Kombination von Abstraktion auf der einen Seite und Dienstleistungsorientierung auf der anderen, und zwar auf der Ebene der Metaphern

Turkopticon

Lilly C. Irani
M. Six Silberman

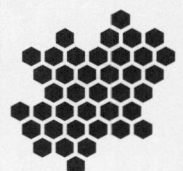

139 wie auf der der Infrastruktur, deutet auf sehr spezielle soziale Verhältnisse hin. Die Formulierung »as-a-Service« knüpft an gängige Vorstellungen von Dienstleistung an. Dienstleistende dienen, indem sie jemandem ihre Arbeitskraft und Aufmerksamkeit zur Verfügung stellen. Wer
jemandem eine Dienstleistung verspricht, ist an diese Person durch
»Pflicht und Lohn« gebunden. Unter Computerwissenschaftlern nimmt
diese gängige Vorstellung von Dienstleistung jedoch eine spezielle Aus-
prägung an: Gemeint ist hier eine besondere Form technischer Arbeitsteilung, im Zuge derer Programmierer über das Internet Zugriff auf die
Rechenleistung von Systemen erhalten, die von anderen zur Verfügung
gestellt und gewartet werden. Solange diese Dienstleistung der Rech-
nermitnutzung reibungslos funktioniert, müssen sich die Programmierer
keine Gedanken darüber machen, wo genau, auf welcher Maschine und
unter wessen Kontrolle die Prozesse im Einzelnen abgewickelt werden.
Benötigt wird lediglich das entsprechende Protokoll, um Rechenpro-
zesse in Gang zu setzen und Ergebnisse abzurufen. Die Formulierung
»als Dienstleistung« steht im technologischen Umfeld also für eine Konfiguration von Computern, Netzwerken, System-Administratoren und
Grundeigentum, die Programmierern ermöglicht, auf eine ganze Reihe
von rechnerbasierten Services unmittelbar und aus der Ferne zuzugreifen.
Die Darstellung von AMT als rein rechnerische Dienstleistung ist weit mehr
als nur eine rhetorische Ausschmückung: Arbeitgeber können buchstäb-
lich mittels Programmierschnittstellen auf Arbeiter zugreifen. Zwar gibt
es auch ein formularbasiertes Web-Interface, aber AMT ermöglicht es
Arbeitgebern, per Algorithmus direkt Aufgaben an Arbeiter auszugeben
und so Ergebnisse zu erzielen. Entsprechende Techniken zur Integration von Arbeitern in Rechenabläufe kamen erstmals im Bereich der

Mensch-Computer-Interaktion bei der Arbeit mit Datenbanken zum Einsatz. [(Zsfg. [42])] Twitter wiederum hat kürzlich den Quellcode für ein *Visual Toolkit* offengelegt: dabei handelt es sich um einen Werkzeugsatz um Experimente auf AMT durchzuführen, die auf menschlicher Urteilskraft basieren. [12] Solchen Experimenten kommt eine Schlüsselfunktion zu, wenn es darum geht, Such- und Sortierungsalgorithmen zu entwickeln und anzulernen. Das von Twitter zur Verfügung gestellte Werkzeug bietet eine Benutzeroberfläche, um solche Experimente aufzusetzen, und eröffnet mittels Programmierschnittstelle zudem Möglichkeiten zur Überwachung und Visualisierung der rund um die Uhr auf AMT stattfindenden Arbeitsabläufe. Auch *CrowdFlower* dockt mit seinen für verschiedene Branchen zugeschnittenen Datenverarbeitungswerkzeugen direkt an die Programmierschnittstelle von AMT an.

Wir sehen also, dass AMT Arbeiter als Crowd versammelt und als eine Form von Infrastruktur anbietet, bei der Angestellte in eine verlässliche Quelle für Rechenleistung verwandelt werden. Dadurch, dass etablierte Organisationen entsprechende Werkzeuge für den Zugriff auf dieses System zur Verfügung stellen, verankern sie die computerbasierte Auslagerung von Kleinstarbeit fest im Repertoire gängiger Praktiken und Systeme. AMT wird so zu einer Infrastruktur im Sinne der Analyse von Star und Ruhleder: AMT wird von vielen genutzt, AMT ist Teil gängiger Praktiken, und im Idealfall ist AMT jederzeit zur Hand. Gearbeitet wird nicht mehr auf der Plattform AMT, sondern *durch sie hindurch*. Gut funktionierende Infrastrukturen laufen so reibungslos und effizient im Hintergrund, dass sie laut Star und Ruhleder als Selbstverständlichkeit wahrgenommen werden. Im Falle von AMT besteht diese Infrastruktur aus dem soziotechnischen System von Arbeitern, Programmierschnittstellen, Arbeitgebern,

Turkopticon

Lilly C. Irani
M. Six Silberman

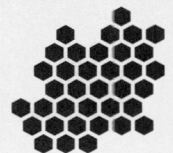

Tabellenkalkulationen und minimalisierten, webbasierten Formularen zur Aufgabenbeschreibung.

Laut Ruhleder und Star geht es weniger darum, was eine Infrastruktur ist. Die Frage, wann eine Infrastruktur als solche wahrgenommen wird, hängt davon ab, von wem überhaupt sie als solche wahrgenommen wird. [34] Die Frage nach dem *Wann* trägt dem Aspekt Rechnung, dass Systeme oft unterhalb der Wahrnehmungsschwelle ihre Dienste verrichten und erst in den Vordergrund treten, wenn sie versagen oder gewartet werden müssen. Ein System kann für einen Endnutzer lautlos im Hintergrund verschwinden und zugleich für diejenigen, die mit der Wartung betraut sind, sehr präsent sein. Immer dann, wenn AMT als Infrastruktur gut funktioniert, unterstützt die Plattform lautlos und reibungslos die Interessen der Arbeitgeber – der Programmierer, Manager und Start-up-Hacker, die auf *Human Computation* als Komponente in ihrer eigenen Technologie zurückgreifen. Aus diesem Blickwinkel betrachtet, ist es wenig überraschend, dass die Entwicklung und die Funktionen von AMT auf die Bedürfnisse der Arbeitgeber und nicht auf die der Arbeiter ausgerichtet sind.

Dadurch, dass die Arbeiter hinter Web-Formularen und Programmierschnittstellen verschwinden, können sich die Auftraggeber als Entwickler innovativer Technologien verstehen anstatt als Arbeitgeber; insofern scheren sie sich nicht um die Arbeitsbedingungen. Lucy Suchman vertritt die Auffassung, dass dem Interface eine aktiv handelnde Rolle (Agency) bei der Verwaltung der Verhältnisse zwischen Menschen und Maschinen zuteil wird und es die beiden erst zu dem macht, was sie sind. [40] Die Kraft von AMT liegt zumindest teilweise in der Neugestaltung sozialer Beziehungen. Die Plattform lässt Arbeiter unsichtbar werden, [37] indem sie den Fokus auf die Innovationen und technischen Errungenschaften der *Human Computation* lenkt.

Der Einsatz von »Menschen-als-Dienstleistung«

Im folgenden Abschnitt erklären wir die Grundfunktionen von AMT und zeigen, wie das Design der Plattform den Bedürfnissen der Arbeitgeber den Vorrang gibt.

Auf AMT definieren Arbeitgeber sogenannte HITs (*Human Intelligence Tasks*), indem sie webbasierte Formulare erstellen, die sowohl die zu erledigenden Aufgaben näher beschreiben, als auch es den Arbeitern ermöglichen, Antworten auf die Ausschreibungen einzureichen. Zu den typischen Aufgaben zählt, unstrukturierte Datensätze in Form zu bringen – zum Beispiel durch Eingabe von Web-Adressen in vorgegebene Felder, kurze Tonaufnahmen zu verschriftlichen oder Bildmaterial zu klassifizieren – als Pornografie oder sonstigen Verstoß gegen etwaige Nutzungsbedingungen. Die Arbeitgeber definieren Struktur und Umfang der einzugebenden Daten, erstellen Handlungsanweisungen und legen den Preis fest. Bei Ipeirotis [22] finden sich hierzu ausgezeichnete Hintergrundinformationen.

Im nächsten Schritt legt der Arbeitgeber die Anforderungen fest, die ein Arbeiter erfüllen muss, um für eine Aufgabe zugelassen zu werden. Diese umfassen das sogenannte *Approval Rating*. Diese richtet sich nach dem Prozentsatz erledigter Arbeit, die von vorherigen Arbeitgebern für gut befunden und folglich auch bezahlt wurde. Weitere Anforderungen sind die Angabe des Herkunftslands sowie der Nachweis bestimmter Qualifikationen. Diese erbringt der Arbeiter auf der Plattform in Form von Tests. Der Einsatz derartiger Filter anstelle von individuellen Auswahlkriterien

Turkopticon

Lilly C. Irani
M. Six Silberman

143

ermöglicht es den Arbeitgebern, die Zeitarbeit von Tausenden von Arbeitern innerhalb weniger Stunden abzurufen.

Sobald die Arbeiter ihre Ergebnisse eingereicht haben, kann der Arbeitgeber darüber entscheiden, ob er auch bereit ist, für die Leistung zu bezahlen. Durch diese Regelung kann einerseits Arbeit zurückgewiesen werden, die den Ansprüchen der Arbeitgeber nicht genügt, andererseits kann Arbeit »gestohlen« werden, indem sie nicht bezahlt wird. Da die Nutzungsbedingungen von AMT so ausgelegt sind, dass die Auftraggeber auch dann die vollständigen Nutzungsrechte für erbrachte Leistung erwerben, wenn sie diese zurückweisen, haben die Arbeiter keinerlei rechtliche Handhabe gegen Arbeitgeber, die Ergebnisse zwar formal ablehnen, dann aber trotzdem nutzen. [2]

Arbeitgeber bewerten die Eingaben der Arbeiter durch automatisierte Verfahren wie zum Beispiel Testaufgaben, bei denen die richtige Antwort bereits bekannt ist. Oder sie lassen ein und dieselbe Aufgabe von mehreren Arbeitern parallel ausführen und sortieren dann per Algorithmus die Ergebnisse aus, die nicht mit der Mehrheit der Eingaben übereinstimmen. Innerhalb der riesigen, schnellen und hochgradig mediatisierten Arbeitsabwicklung lassen sich Meinungsverschiedenheiten zwischen Arbeitern und Arbeitgebern praktisch nicht mehr lösen. Arbeiter, die Einwände dagegen haben, dass ihre Arbeit zurückgewiesen wurde, können zwar versuchen, über das Web-Interface von AMT Kontakt mit den Auftraggebern aufnehmen. Jedoch verlangt Amazon keine Antwort von den Arbeitgebern, und viele reagieren tatsächlich nicht. Zahlreiche Auftraggeber haben in diesem Zusammenhang darauf hingewiesen, dass bei Verhältnissen von 1.000 Arbeitern pro Arbeitgeber Antworten aus Kostengründen nicht infrage kommen. In der Logik groß angelegter Crowd-Kollaborationen lassen sich Methoden der Konfliktlösung nicht skalieren. Eine Logik, die Lilly Irani zuvor schon mehrfach von Arbeitern gehört hatte und die auch von Dahn Tamir, einem großen Auftraggeber auf ATM, vertreten wird: »Man kann keine Zeit auf E-Mail-Kommunikation verwenden. Die Zeit, die benötigt wird, eine E-Mail zu lesen, kostet mehr als das, was man den Arbeitern bezahlt hat. All dies muss wie ein Autopilot funktionieren, als algorithmisches System ..., integriert in die eigenen Betriebsabläufe.« Die Beschwerden der Arbeiter werden nicht beantwortet, sondern lediglich als Signal für den Arbeitgeber gewertet. Rick, Geschäftsführer eines Crowdsourcing-Start-ups, erklärte uns, dass die Beschwerdenachrichten der Arbeiter vor allem Auskunft darüber geben, wie gut der Algorithmus die Verwaltung von Arbeitern und Aufgaben bewältigt. Wenn eine bestimmte Verfahrensweise, die die Richtigkeit der erledigten Aufgaben bewertet, eine große Anzahl von Beschwerden nach sich zieht, erwägt Ricks Team die Überarbeitung des Algorithmus. In den seltensten Fällen werden jedoch einmal getroffene Bewertungen revidiert. Das Management durch Algorithmen schließt hier also aus, dass über einzelne Beziehungen Rechenschaft abgelegt wird.

Innerhalb von AMT haben die Arbeiter nur sehr begrenzte Möglichkeiten des Widerspruchs.

Als Form des Protests absichtlich falsch abgegebene Antworten können von den Arbeitgebern algorithmisch aussortiert werden. Unzufriedenen Arbeitern bleibt nicht viel anderes übrig, als die Plattform ganz zu verlassen. Da AMT die Arbeiter für austauschbar erachtet, kann die Plattform den Verlust von denjenigen verkraften, die die Bedingungen des Systems nicht akzeptieren. *Turkopticon* wurde von uns entwickelt, um

Turkopticon

Lilly C. Irani
M. Six Silberman

Arbeitern ein Forum für Widerspruch zu geben, Arbeitgeber zur Rechenschaft zu ziehen und sich gegenseitig zu helfen.

Zur Motivation von Turkopticon

Turkopticon wurde als ein ethisch motivierter Gegenentwurf zu der im Design von AMT angelegten Unsichtbarkeit der Arbeiter entwickelt. Darüber hinaus gab es aber noch eine Reihe weiterer Aspekte, die uns, als wir das erste Mal mit AMT konfrontiert waren, sehr problematisch erschienen. Arbeiter, auch die in den USA, verdienen meist weniger als den Mindestlohn. Sowohl unter Technologen als auch im Forschungsdiskurs schien man unbekümmert angesichts der menschlichen Kosten, die durch *Human Computation* entstehen. Und die einzelnen Arbeiter hatten wenig Möglichkeiten, sich zu solidarisieren oder zu gemeinsamen Aktionen zusammenzuschließen, um so Druck auf Arbeitgeber oder Amazon auszuüben.

Trotz dieser problematischen Aspekte haben wir in Erwägung gezogen, dass diese Form der Arbeit vielleicht auch besondere Vorteile bietet, die für uns überhaupt nicht verständlich oder ersichtlich sind. Umfragen zufolge ist eine signifikante Minderheit der Arbeiter auf das Einkommen durch AMT angewiesen, um die laufenden Kosten abzudecken. Andererseits berichteten viele Arbeiter, dass sie der Tätigkeit vor allem aus Spaß und zum Zeitvertreib nachgehen (mitunter sogar von einem anderen Arbeitsplatz aus). [23, 22, 33]

Eine »Bill of Rights« für die Arbeiter

Um die Fantasie der Arbeiter in Bezug auf die infrastrukturellen Möglichkeiten von Crowdarbeit anzuregen, haben wir sie mittels einer

Aufgabenstellung auf AMT darum gebeten, aus ihrer Perspektive als Arbeiter eine »Bill of Rights« zu entwickeln. Gerade weil die Kommunikation bei den HITs hochgradig mediatisiert und indirekt ist, haben wir uns in unserem Ansatz gegen einen neutralen Fragenkatalog entschieden. Die Arbeiter wurden pro Antwort bezahlt, und aufgrund unserer bisherigen Erfahrungen auf der Plattform erwarteten wir knappe Antworten auf unsere offenen Fragen. Die in diesem Fall recht provokative Frage danach, wie eine »Bill of Rights« für die Arbeiter aussehen müsste, führte allerdings zu stärkeren, ausführlicheren Antworten und brachte Bedenken hinsichtlich der Ethik von Crowdsourcing zur Sprache. In der Hoffnung, so einen Dialog zwischen Arbeitern und einer breiteren, an Crowdsourcing interessierten Öffentlichkeit anzustoßen, holten wir uns auch die Erlaubnis der Arbeiter ein, ihre Antworten im Netz zu veröffentlichen.

Unsere Studie behandelte die Ethik von Crowdsourcing als eine offene, noch weiter zu diskutierende Frage. In den Begriffen der Strukturationstheorie ausgedrückt, haben sich Praktiken und Bedeutungen dieser Technologie noch nicht stabilisiert. [32] Unsere ethischen Fragen zielten folglich nicht darauf ab, eine zugrundeliegende feststehende Wahrheit freizulegen. Vielmehr ging es um die andauernden ethischen und politischen Verhandlungen zwischen den an Crowdsourcing Systemen Beteiligten. Ähnlich wie Bruckman und Hudson sammelten wir empirische Daten zur Ethik der Arbeiter – hier als Rechte der Arbeiter verstanden –, um die ethische Dimension von Crowdsourcing zu erkunden. [9] Anstatt zu abschließenden Einschätzungen zu gelangen, halten wir die Diskussion weiterhin offen. Wir setzen uns auch mit dem Problem der Interessenvertretung (*Advocacy*) im Sinne von Bardzell auseinander, [2] wo feministische HCI-Praktikerinnen einerseits nach gesellschaftlichem Fortschritt

Turkopticon

Lilly C. Irani
M. Six Silberman

streben, dabei aber zugleich ihr eigenes Bild davon in Frage stellen, wie dieser Fortschritt aussehen soll.

Durch die Veröffentlichung der Antworten auf die Frage nach der »Bill of Rights« sowie durch die Entwicklung von *Turkopticon* möchten wir eine Debatte über den Fortschritt im Crowdsourcing anstoßen und Fragen zu den Arbeitsbedingungen für Technologen, für die Politik und die Medien sichtbar machen.

Die Reaktionen der Arbeiter auf die Frage nach einer »Bill of Rights« brachte eine ganze Reihe von Bedenken zu Tage. In den insgesamt 67 Antworten [42] brachten die Arbeiter folgende Aspekte zur Sprache:

- 35 Arbeiter hatten das Gefühl, dass ihre Arbeit regelmäßig aus unfairen oder willkürlichen Gründen abgelehnt wurde
- 26 Arbeiter forderten eine schnellere Bezahlung (Amazon gewährt Arbeitgebern eine Frist von 30 Tagen für die Bewertung und Bezahlung von Leistungen.)
- 7 erwähnten explizit den Mindestlohn oder eine Mindestzahlung pro erledigter Aufgabe
- 14 sprachen ganz allgemein von einer fairen Bezahlung
- 8 brachten ihren Unmut gegenüber der Tatsache zum Ausdruck, dass weder die Arbeitgeber noch Amazon auf die Bedenken der Arbeiter reagierten

Zu den Konsequenzen dieser Berufsrisiken gehören die nicht erfolgte oder verzögerte Bezahlung, versehentliches Herunterladen von Schadsoftware sowie geminderte *Approval Rating*s. Letztere sind eines der wenigen Werkzeuge, mit denen Arbeitgeber die Arbeiter ausfiltern können. Immer dann, wenn ein Arbeitgeber eine erledigte Aufgabe eines Arbeiters zurückweist, sinkt dessen Bewertungsquote. Dies passiert unabhängig

148

davon, ob die Arbeit tatsächlich nicht den Ansprüchen genügte oder ob
der Auftraggeber lediglich nicht zahlen wollte. Wenn die Bewertungsquote unter einen bestimmten Schwellenwert sinkt, versteckt Amazon
Aufgaben, die ein hohes Rating erfordern. Ist die Quote erst einmal unter
diesen Wert gesunken, sinken auch die Chancen, sie durch mehr Erfahrung wieder zu verbessern.

Ein Sinn für Fairness

Über diese Unannehmlichkeiten und Gefahren hinausgehend brachten mehrere Arbeiter eine generelle Frustration zum Ausdruck, die wir als Sinn
für Fairness charakterisieren. Ein solches Verständnis äußerte sich in
Aussagen wie: Die Auftraggeber sollten Fragen von Arbeitern beantworten; die Auftraggeber sollten die Ablehnung von erledigter Arbeit
rechtfertigen; Arbeiter sollten das Recht haben, Auftraggeber im Falle
von Ablehnungen zur Rede zu stellen.

Bei einer Reihe von Arbeitern richtete sich der Frust direkt gegen Amazon
selbst, wie folgende Reaktion zeigt: »Der eine Cent, der mir entgeht,
wenn ich einen Apfel nicht von einer Giraffe unterscheiden kann, ist mir
egal. Was mich aber wütend macht, ist, dass *Mechanical Turk* zwar das
Geld der Arbeitgeber nimmt, sich aber nicht um das Management, die
Kontrolle und die Verbesserung all der Probleme und Ungerechtigkeiten
auf der Plattform kümmert.«

Jemand anderer wies auf das Ungleichgewicht hinsichtlich der Prioritäten
hin, nach denen Amazon die Plattform weiterentwickelt: »Ich wünsche
mir, dass die Arbeiter hier mehr Einfluss hätten und nicht so leicht übervorteilt werden könnten und so fair behandelt würden, wie es ihnen
zusteht. Amazon scheint sich aber mehr den Arbeitgebern verpflichtet

Turkopticon

Lilly C. Irani
M. Six Silberman

zu fühlen und ignoriert einfach den Umstand, dass ohne die Arbeiter überhaupt nichts erledigt werden würde!«

Diese Priorisierung wurde uns auch von wichtigen Auftraggebern sowie von einer Amazon nahestehenden Quelle, die jedoch anonym bleiben wollte, bestätigt. Da auch Amazon selbst nach der Menge der abgewickelten Aufträge bezahlt wird, gibt es vonseiten der Firma wenig Gründe, sich nach den Interessen der Arbeiter zu richten, erst recht nicht in einem Markt mit einem Überschuss an Arbeitskraft.

Gegenseitige Unterstützung

Unser Austausch mit den Arbeitern führte zu keinem einheitlichen Bild über die Beteiligten oder darüber, welche Interventionen angemessen wären. Diejenigen, die Aktionen befürworteten, hatten ganz unterschiedliche Vorstellungen von der Stoßrichtung. Manche waren an einem Forum interessiert, in dem die Arbeiter ihrem Unmut Luft machen können, ohne zensiert oder von oben herab behandelt zu werden, oder wollten generell mehr Sichtbarkeit und Würde für die Arbeiter. Manche waren eher daran interessiert, langfristige Beziehungen mit lukrativen Arbeitgebern aufzubauen und die Verhältnisse zwischen den beiden Parteien ganz allgemein zu verbessern. Einige forderten die Bildung von Gewerkschaften, andere lehnten sie ab.

Es gab nur wenige gemeinsame Werte und Prioritäten, die als Leitlinien bei der Entwicklung einer Infrastruktur für gegenseitige Hilfe dienen konnten. Allerdings zeichneten sich Möglichkeiten für Teilallianzen ab – einzelne Punkte gemeinsamer Anliegen bei verschiedenen Arbeitern. Donna Haraway, eine feministische Wissenschafts-, Technologie- und Gesellschaftsforscherin, setzt sich für solche Teilverbindungen ein: Allianzen,

Haraways Argumentation ist eine Antwort auf die Kritik,
der sozialistische Feminismus, eine marxistisch geprägte
Gender-Analyse, erhebe den Anspruch, dass Erfahrungen
weißer Frauen mit geschlechtsbedingter Marginalisierung
ein geteiltes Anliegen aller Frauen seien. Crenshaw
beispielsweise entgegnete, dass Frauen an der Schnittstelle
von Rassen-, Klassen- und Gender-Kategorien stehen; jede
der Schnittmengen erzeuge spezifische Verwundbarkeiten.
Haraway schlug einen Weg vor, der es ermöglichte,
progressive Interventionen ohne allgemeine Vertretungs-
ansprüche für alle Frauen zu erheben. Sie tat dies, indem sie
vorschlug, dass alle Frauen als unreduzierbar eigenständige
»Cyborgs« Allianzen entlang gemeinsamer Ziele und
partieller Verbindungen bilden sollten [20].

150

die sich um ein gemeinsames Anliegen herum gruppieren, anstatt um gemeinsame Erfahrungen oder Identitäten – eine Möglichkeit, trotz unauflösbarer Unterschiede ethisch und politisch handlungsfähig zu bleiben.[3][20] Wir haben uns von diesem Ansatz inspirieren lassen.

Die Reaktionen auf unsere Frage nach den »Bill of Rights« haben uns dazu motiviert, *Turkopticon* zu entwickeln. So ist *Turkopticon* zumindest teilweise eine Antwort auf die oben aufgelisteten Berufsrisiken, die die Arbeit auf *Mechanical Turk* mit sich bringt. Unser Werkzeug soll den Arbeitern dabei helfen, sich in ihrer bestehenden Praxis gegenseitig zu unterstützen. *Turkopticon* erlaubt den Arbeitern, ihr Verhältnis zu den Arbeitgebern sichtbar zu machen und letztere nicht aus der Verantwortung zu entlassen. Unser System ist explizit darauf ausgelegt, über das Individuum und Zweierbeziehungen (*dyadic relationships*) hinauszugehen, und zielt auf die Bildung von Gruppen mit gemeinsamen Zielen ab.[16,31] (...)

Die Crowd, die wir zu einem Kollektiv mobilisieren wollten, war jedoch geprägt von *Mechanical Turk* – und damit von einer Infrastruktur, über die wir keine Kontrolle hatten. In diesem Sinne besteht ein Unterschied zu den Kollektiven, die Dourish mittels Facebook mobilisieren möchte, oder den Internet-Hackern, die laut Chris Kelty die Infrastruktur, die ihren eigenen Zusammenschluss erst möglich macht, selbst erzeugen.[26, S.3] Wir richten uns an Menschen, deren gemeinsames Anliegen zwar die Arbeit auf AMT ist, die jedoch nicht die Fähigkeit haben, selbst eine solche Infrastruktur aufzubauen. Anstatt ein System von Grund auf zu entwerfen, war es unsere Aufgabe, eine neue Infrastruktur auf eine bestehende aufzusetzen.

Turkopticon

Lilly C. Irani
M. Six Silberman

Turkopticon: Das System

Turkopticon ist eine Browser-Erweiterung für Firefox und Chrome, die die Darstellung der HIT-List auf Amazon *Mechanical Turk* um zusätzliche Informationen erweitert. Die Liste der zu erledigenden Aufgaben, aus denen die Arbeiter wählen können, wird durch Auskünfte der Arbeiter über die Arbeitgeber ergänzt (auf AMT »Requester« genannt). Arbeiter hinterlassen Berichte über Arbeitgeber, vergeben Wertungen in vier Kategorien und hinterlassen einen Kommentar, indem sie ihre Bewertung erklären. Diese Reviews sind auf der *Turkopticon*-Website verfügbar und einsehbar. Über die von Amazon vergebene Requester-ID kann man sich hier alle Bewertungen für einen spezifischen Arbeitgeber anzeigen lassen.

Turkopticon ist nach dem Panoptikon, dem durch die Analyse Foucaults berühmt gewordenen Entwurf für die Überwachung in einem Gefängnis, benannt. Besagtes Gefängnis ist kreisförmig um einen Wachturm im Innenhof angeordnet. Von den Zellen aus kann man nicht sehen, ob sich eine Wache im Turm befindet, sodass die Gefangenen davon ausgehen müssen, jederzeit beobachtet zu werden. Der Theorie nach führt schon allein die Möglichkeit der Überwachung dazu, dass die Gefangenen sich selbst disziplinieren. Die vielleicht etwas freche Anspielung auf dieses historische Konzept ist Ausdruck unserer Hoffnung, dass das Projekt nicht nur zur Überprüfbarkeit, sondern auch zur Verbesserung von Arbeitgeberverhalten führt.

Turkopticon sollte mehr als nur eine Website für Reviews sein. Deswegen haben wir das Werkzeug so gestaltet, dass es sich in den bereits bestehenden Arbeitsfluss der *Turker* integrieren lässt. Die Browser-Erweiterung – ein Javascript Userscript für Firefox und Chrome – durchsucht bei der Jobsuche das sogenannte *Document Object Model* (DOM) auf

AMT-Websites. Wir verorten auf Requester-IDs verweisende Links und ergänzen den Namen des Arbeitgebers um einen kleinen CSS-Button. Wenn man mit der Maus über diesen Button fährt, werden zusätzliche Informationen über den Arbeitgeber angezeigt. Die Erweiterung sucht dann per XMLHTTP-Anfrage nach Details über den jeweiligen Requester und lädt diese im Hintergrund nach, während die Liste verfügbarer Jobs weiter dargestellt wird.

Der so eingeblendete Bericht zeigt die durchschnittliche Bewertung des Arbeitgebers, sowie einen Link zu allen Reviews und Kommentaren über diesen Requester auf unserer Website (siehe Abbildung 2). Mittels dieser Einblendung können Arbeiter auch Bewertungen vornehmen. Der Link zu den Requester-Berichten führt die Arbeiter zu einem Formular auf der *Turkopticon*-Website, das der spezifischen Requester-ID zugeordnet ist. Das von uns eingeblendete Bewertungsfenster taucht überall dort im AMT-Interface auf, wo Arbeiter Arbeitgebern begegnen: An den Stellen, wo sie eine Aufgabe auswählen, und dort, wo sie schauen, ob ihre eingereichte Arbeit akzeptiert und bezahlt wurde.

Standardisierung der Arbeitgeberreputation

Im Folgenden geht es um die Art der Daten, die wir über Auftraggeber sammeln. Da das Modell der Arbeitsteilung von AMT dazu führt, dass Arbeiter innerhalb einer »Arbeitsschicht« häufig HITs für viele verschiedene Arbeitgeber erledigen, war es wichtig, Informationen über letztere möglichst schnell abrufen zu können. Aus unserer Umfrage bezüglich der »Bill of Rights« wussten wir zudem, dass Arbeiter durchaus auf unterschiedliche Aspekte im Verhalten der Arbeitgeber Wert legen. So wollten manche zum Beispiel möglichst schnelle Bearbeitungszeiten,

Turkopticon

Lilly C. Irani
M. Six Silberman

4
Die Turkopticon-Browser-
Erweiterung blendet
Informationen über
Arbeitgeber ein, die von
Arbeitern bereitgestellt
wurden

153

während dies anderen egal war. Anders als bei Produktbewertungen üblich haben wir deshalb die Bewertungen nicht zusammengefasst, sondern in verschiedene Kriterien separiert, was den Arbeitern differenzierte Urteile ermöglicht.

Turkopticon erfasst quantitative Bewertungen in vier Kategorien, die wir gemäß der »Bill of Rights«- Umfrage als wichtig erachtet haben.

- Kommunikation: Wie war das Reaktionsverhalten des Arbeitgebers bei Kontaktaufnahmen oder Problemmeldungen?
- Großzügigkeit: Wie gut hat der Arbeitgeber entsprechend dem Zeitaufwand der jeweiligen Aufgaben bezahlt?
- Fairness: Wie gerecht hat sich der Arbeitgeber bei der Akzeptanz oder Ablehnung von erledigten Aufgaben gezeigt?
- Unverzüglichkeit: Wie schnell hat der Arbeitgeber Aufgaben akzeptiert und die Bezahlung veranlasst?

Ein Zahlenwert von »0« bedeutet, dass uns noch keine Daten für ein Kriterium vorliegen.

Um Kontext zu schaffen, fordern wir die Arbeiter auf, Anmerkungen darüber zu machen, wie sie zu ihrer Bewertung gekommen sind. Hierfür gibt es ein freies Feld im Formular, für detaillierte Informationen und Hintergrundgeschichten. Wir bestehen darauf, dass dieses Feld ausgefüllt wird, da die Erfahrungsberichte anderen Arbeitern dabei helfen, die Glaubwürdigkeit des jeweils bewertenden Arbeiters einzuschätzen.[4]

Ein kollektives System auf die Beine stellen

Ohne die Nutzer und ihre Eingaben gibt es kein *Turkopticon*. Ähnlich wie bei vielen anderen Anwendungen für computergestützte kooperative Arbeit muss zuerst einmal eine kritische Masse an Nutzern erreicht werden, bevor das System nützlich ist. [1] Wie startet man also ein nagelneues System, wenn es noch keine Inhalte gibt? (...) Wir haben dieses Problem mit der Hilfe von DoloresLabs überwunden, einer Crowdsourcing-Firma, die maßgeschneiderte Werkzeuge für Arbeitgeber entwickelt, die sich die Arbeitskraft auf *Mechanical Turk* zunutze machen wollen. *DoloresLabs* legte für unser Team eine Aufgabenstellung im System an, über die gegen Bezahlung Erstbewertungen von 300 prominenten Auftraggebern für unsere Datenbank einholt wurden. Die ersten Nutzer von *Turkopticon* fanden also bereits Informationen vor, die sie in ihren Arbeitsablauf integrieren konnten. Anstatt von den ersten Nutzern Bewertungen zu erwarten, konnten wir ihnen mit diesem Ansatz gleich etwas bieten, natürlich verbunden mit der Hoffnung, dass sie schließlich selbst Bewertungen liefern und verbessern würden.

Unsere Allianz mit einem prominenten Arbeitgeber innerhalb des *Mechanical-Turk*-Systems war eine zweischneidige Angelegenheit. *DoloresLabs* unterstützte uns, weil die Firma der Ansicht war, dass die Crowdsourcing-Industrie von einem faireren Arbeitsmarkt profitieren würde. *Turkopticon* versprach, etwas gegen die vorherrschende Informationsasymmetrie zwischen Arbeitern und Arbeitgebern zu unternehmen und *Mechanical Turk* zu einem »transparenten« Markt zu machen. [6] Im Gegensatz zu dem Ziel, Crowdsourcing lediglich effektiver zu machen, ging es unserem Team aber auch darum, die Aufmerksamkeit auf die Kommodifizierung und Ausbeutung auf großen Crowdsourcing-Märkten zu lenken. So wie *Turkopticon* als Werkzeug dazu dient, punktuelle Interessen der Arbeiter zusammenzuführen, gab es für uns im Entwurfsprozess ebenfalls solche punktuellen Interessenüberschneidungen mit

Turkopticon

Lilly C. Irani
M. Six Silberman

155 den Arbeitgebern, auch wenn die Vorstellungen von der Zukunft des Crowdsourcings doch sehr verschieden waren.

Reputation ohne Vergeltung

Turkopticon verschleiert die E-Mail-Adressen der teilnehmenden Arbeiter, um zu verhindern, dass Arbeitgeber wegen schlechter Bewertungen gegen einzelne Arbeiter vorgehen. In der Entwurfsphase hatten wir die Sorge, Arbeiter würden die Vergeltung der Arbeitgeber fürchten. Dies hat sich vereinzelt in Diskussionen, die wir in Foren führten, bestätigt. Es gibt an dieser Stelle allerdings einen Zielkonflikt zwischen dem Bedürfnis der Arbeiter nach Anonymität und der Notwendigkeit, die Glaubwürdigkeit der Nutzer einschätzen zu können, da für Arbeitgeber die Versuchung besteht, sich im Schutze der Anonymität selbst positive Zeugnisse auszustellen. Die Praxis hat gezeigt, dass dies vorkommt.

Wir erzielten eine Balance zwischen dem Bedürfnis nach Anonymität und Reputation, indem wir zusammen mit den Bewertungen der Nutzer deren teilweise verschleierte E-Mail-Adresse anzeigen. Diese wiederum fungiert auch als Link zu einer Liste aller von diesem Nutzer eingereichten Bewertungen. Die Leser der Bewertungen können auf die Weise die Glaubwürdigkeit von Arbeitern einschätzen und dann für sich selbst entscheiden, ob sie bereit sind, für einen bestimmten Auftraggeber zu arbeiten.[5]

Die Moderation von Kommentaren

Nachdem unser Tool zwei Jahre lang ohne Moderation lief, haben wir schließlich eine Reihe von Ergänzungen am Interface vorgenommen, die es nun ausgewählten Nutzern erlaubt, Kommentare zu moderieren.

Der Mechanismus ist technisch sehr einfach und basiert auf bestehenden sozialen Praktiken, wie die Reputation in Online-Communitys verwaltet wird. Jeder *Turkopticon*-Nutzer kann Bewertungen zur Überprüfung vorschlagen. Wenn im zweiten Schritt auch ein Moderator einen Beitrag als bedenklich einstuft, ist er auf der Webseite nicht mehr sichtbar.

Um unsere erste Moderatorengruppe zusammenzustellen, haben wir unseren aktivsten Nutzern eine Einladung geschickt. Anschließend haben wir eine Liste mit denjenigen, die unserer Anfrage nachgekommen sind, auf einem viel gelesenen Arbeiter-Forum veröffentlicht. Nachdem innerhalb von einer Woche keinerlei Einwände gegen die Nominierungen eingingen, wurde diese autorisiert, mit der Arbeit zu beginnen.

Die Auswahl von Moderatoren war für uns auch der Versuch, auf zweierlei Weise die Ziele von *Turkopticon* mit denen anderer Arbeiterforen zu verknüpfen. Zum einen haben wir Moderatoren aus der Community der Arbeiter ausgewählt, die in Debatten innerhalb der Foren engagiert sind – Bereiche, in die wir als Nichtarbeiter kaum Einblicke haben. Zum anderen gewähren wir den Moderatoren Einblicke in unsere eigenen Designprozesse. Durch diese Innenansicht konnten sich die Moderatoren in kritischen Situationen bereits für uns einsetzen, beispielsweise wenn ein Fehler oder eine missverstandene Funktion in unserem System für Misstrauen unter den Nutzern sorgte.

In Ergänzung zur Moderation haben wir die Option eingeführt, sich anstelle der verschleierten E-Mail-Adresse mit selbst gewählten Namen kenntlich zu machen. Diese einfache Maßnahme erlaubt es den Reviewern, eine einheitliche Identität zwischen *Turkopticon* und anderen Arbeiterforen aufzubauen. Wir erzwingen eine solche Vereinheitlichung aber nicht.

Turkopticon

Lilly C. Irani
M. Six Silberman

Aus verschiedenen Gründen beschränken wir uns auf eine rein soziale Moderation durch nur wenige Moderatoren. Zuerst einmal sind automatisierte Ansätze in der Praxis sehr schwer umzusetzen, da solche Lösungen keine communityspezifischen und sich weiterentwickelnden Normen berücksichtigen können. [38] Zudem ist eine großangelegte Form der Moderation mit vielen Beteiligten (wie zum Beispiel bei Slashdot[27]) anfällig für Vandalismus, insbesondere weil unsere Nutzer sich aus zwei miteinander im Wettbewerb stehenden Gruppen mit unterschiedlichen Absichten zusammensetzen. Arbeitgeber könnten sonst sehr leicht ein Nutzerkonto anlegen, negative Bewertungen als unangebracht kennzeichnen und so verschwinden lassen oder sogar Arbeiter auf *Mechanical Turk* dafür bezahlen, die Bewertungen entsprechend zu beeinflussen. Unsere Moderatoren hingegen können auch aufgrund ihrer Erfahrungen in anderen Arbeiterforen die Glaubwürdigkeit der zur Debatte stehenden Bewertungen gut beurteilen.

Diskussion: Verbindungen stärken durch Wartung und Reparatur
Obwohl sich *Human Computer Interaction* normalerweise vor allem damit befasst, Technologien zu entwickeln, bereitzustellen und zu bewerten, hängt die soziale und technische Bewegung und Qualität von *Turkopticon*, von ständiger Wartung und Reparatur ab. [25] Fortlaufende technische Instandhaltungen sind unerlässlich, beispielsweise immer dann, wenn Firefox oder Chrome neue Versionen mit neuen Anforderungen für Addons herausbringen. Um mit erhöhter Serverauslastung durch stärkere Nutzung umzugehen, mussten wir den Programmcode unserer Browser-Erweiterung umschreiben und effizienter machen.

Weniger offensichtlich ist der Aufwand, mit den Design-Anforderungen mitzuhalten, die sich aus Veränderungen der Praxis von Arbeitern und Auftraggebern ergeben. Die bereits beschriebene Einführung von Moderatoren ist ein Beispiel, um von Arbeitgebern verfasste oder obszöne Kommentare einzudämmen. Auch haben wir das Bewertungsformular erweitert, so dass angekreuzt werden soll, wenn Arbeitgeber gegen die Nutzungsbedingungen von Amazon verstoßen. Derartige Veränderungen spiegeln Verschiebungen bei Aufgaben, Praktiken und Normen auf AMT wider.

Genauso wichtig, wie die Einführung solcher neuen, spezifischen Funktionen, ist es, durch die ständige Pflege von *Turkopticon* Beziehungen in der Community aufzubauen und zu stärken. Über unser Nutzerforum, per E-Mail oder durch unsere Moderatoren, die ja an vorderster Front von *Turkopticon* von Bedenken erfahren oder wenn sich die Review-Praktiken ändern. Als Designer und Verwalter des Systems profitieren wir sehr von den hochmotivierten Arbeitern, die uns dabei helfen, über Veränderungen in ihrer Praxis auf dem Laufenden zu bleiben. Wir beziehen auch unsere Moderatoren in Diskussionen über Interaction-Design und Regelungen auf der Website mit ein und verändern und optimieren die Technologie gemäß ihren Anfragen und Beobachtungen. Die Moderatoren sind für uns keine Studienobjekte, sondern Experten auf ihrem Gebiet und Teilhaber an dem kollektiven Projekt *Turkopticon*. Bardzell und Bardzell sprechen sich ebenfalls dafür aus, solche Experten in aktivistisch motiviertes Design mit einzubeziehen.

Die ständigen Wartungs- und Aktualisierungsarbeiten unter Einbeziehung der Arbeiter gewähren nicht nur Einblicke in deren Bedürfnisse. Die gemeinsame Arbeit an den konkreten politischen Gegebenheiten, mit

Turkopticon

Lilly C. Irani
M. Six Silberman

denen sich die Crowdarbeiter konfrontiert sehen, stärkt die Beziehungen und die Solidarität untereinander. Laut Dourish geht die HCI-Forschung oftmals von den Gegebenheiten eines Marktes aus, innerhalb dessen individuelle Nutzer als Entscheider entweder überzeugt oder befähigt werden können. [16] Selbst bei einer auf Netzwerke und Interaktion fokussierten Sicht auf *Social Computing* wird Kollektivität mitunter nur als Ansammlung einzelner Individuen verstanden. Wir rufen jedoch HCI-Forscher dazu auf, im Entwurf von Technologien das Potential für ein neues Gemeinwesen zu erkennen, eine Basis für gesellschaftlichen Wandel.

Taktische Quantifizierung

Der Versuch, gelebte Praxis mit der Methode der Quantifizierung zu beschreiben, ist mit zahllosen Problemen behaftet. Dennoch wendet *Turkopticon* taktische Quantifizierung an, um die Interaktion zwischen Arbeitern zu fördern, das Gebaren der Arbeitgeber nachvollziehbar zu machen und sich in den Rhythmus von *Mechanical Turk* einzufügen. Die taktische Quantifizierung greift nicht deshalb auf Zahlenwerte zurück, weil diese besonders akkurat, rational oder optimierbar sind, [10] sondern weil sie parziell, schnell und günstig sind – ein Mittel, um mit sehr eingeschränkten Möglichkeiten zu Ergebnissen zu kommen.

Wir hatten zunächst Bedenken, die vielfältigen Erfahrungen und Frustrationen der Arbeiter, die durch ihre diversen sozialen Rollen und Bedürfnisse geprägt sind, zu quantifizieren. HCI-Forscher haben eine Reihe von Kritikpunkten bezüglich der Anwendung von Quantifizierung in Computersystemen genannt. So können Quantifizierungen in den Händen mächtiger Akteure wie beispielsweise Staaten zu dem Versuch führen, die Welt nach dem Vorbild des Modells zu gestalten. [17]

160

Der praktische Einsatz von *Turkopticon* hat, wenig überraschend, einige dieser Bedenken erhärtet. Unserer Kategorie »Großzügigkeit« konnte dem Praxistest als quantitative Kategorie nicht standhalten. Arbeiter in Indien, die an sehr viel niedrigere Löhne und Lebenshaltungskosten als Amerikaner gewöhnt sind, halten einen Job mit einem Stundenlohn von etwa zwei Dollar für großzügig, wohingegen Amerikaner das ganz anders sehen. Ein durchschnittlicher Gesamtwert ist in einem solchen Fall als Angabe wenig aussagekräftig.

Die Bewertungen der Arbeitgeber in gruppierte Quantifizierungen herunterzubrechen, war ein Kompromiss gegenüber unseren Wertvorstellungen als Designer. Dieser Schritt war jedoch aufgrund der Machtverhältnisse innerhalb des auf Geschwindigkeit und Größe ausgelegten AMT-Ökosystems notwendig. [11,36] Um überhaupt erst einmal Nutzer zu gewinnen, mussten wir uns innerhalb der Normen bewegen, die wir in der Infrastruktur, in die wir eingreifen wollten, vorfanden. Wären wir zu weit von diesen Normen abgewichen, wäre unser System inkompatibel gewesen.

So gesehen ist *Turkopticon* kein reiner Ausdruck unserer eigenen Werte und auch nicht der unserer Nutzer, sondern ein Kompromiss mit den Normen der vorgefundenen Infrastruktur. Durch den Eingriff in ein solches System wurden unsere gestalterischen Entscheidungen von dem dort vorherrschenden Drehmoment *(Torque)* verzerrt. In ihrer Analyse der Konsequenzen infrastruktureller Klassifikationen verwenden Bowker und Star den Begriff des Drehmoments, um zu beschreiben, wie das Leben von Menschen durch den Zwang, sich Klassifizierungssystemen und Infrastrukturen anzupassen, verdreht und geformt werden kann. Als Beispiele hierfür nennen sie die Klassifizierung nach Krankheiten oder Rassen, wie sie in Regierungsformularen vorkommt. (…) Bowker

Turkopticon

Lilly C. Irani
M. Six Silberman

und Star merken an, dass mächtige Akteure keine solche Verzerrungen *(Torque)* empfinden, da sie gemäß dem, was sie als natürlich erachten, die Kategorien der Infrastruktur selbst bestimmen. Unsere Ausgangsposition war es, vom Rande aus in ein großes, in vollem Betrieb befindliches, sozio-technisches System vorzudringen. Das Design von *Turkopticon* ist folglich ebenso Ausdruck der vorgefundenen kommerziellen Infrastruktur wie der Werte, Bedürfnisse und politischen Haltungen der Designer und Nutzer. Insofern hatten wir nicht die Freiheit, unser Designprojekt als eigenes System von Grund auf neu zu planen.

Öffentlichkeit und ihre Möglichkeiten, sich zu versammeln
Eine Reihe von Forschern vertritt die Auffassung, dass durch Designaktivitäten Öffentlichkeiten (publics) generiert werden kann: indem Gruppen zueinander finden, die sich mit den gleichen Problemen konfrontiert sehen und bestrebt sind, diese gemeinsam in Angriff zu nehmen. [14,30] Experimentelle, auf Prototypen ausgerichtete Entwurfstätigkeiten sowie die Entwicklung von Zukunftsszenarien können unterschiedlichste Stakeholder um ein gemeinsames Anliegen herum versammeln. Die Auseinandersetzung mit Design bietet die Möglichkeit, gemeinschaftlich Annahmen, Abhängigkeiten und Stoßrichtungen zu erkunden.
Gerade in der frühen Phase von *Turkopticon* – insbesondere bei Entstehung der »Bill of Rights«– ging es uns darum, die Arbeiter in die Entwicklung einer Vision für alternative Möglichkeiten der Mikroarbeit mit einzubeziehen. Aus den Antworten der Arbeiter ging hervor, wie weit die Vorstellungen für eine solche Zukunft und das Selbstverständnis der Befragten in Bezug auf Themen wie Mindestlohn, Verhältnis zu den Arbeitgebern und dem Wunsch nach mehr Unterstützung auseinandergehen. Hinzu kommt, dass

die über den gesamten Globus verteilten Arbeiter sich in völlig unterschiedlichen Situationen befinden. Indische *Turker* beispielsweise sind in der Regel sehr gut ausgebildet und haben viel geringere Lebenshaltungskosten als ihre amerikanischen Kollegen. Alle diese Arbeiter als eine einzige Öffentlichkeit mit gemeinsamen Fragen und demokratischem Austausch zusammenzubringen, würde die Überbrückung sehr unterschiedlicher Kulturen, Ideologien und Lebensumstände erfordern. *Turkopticon* leistet einen Zwischenschritt bei der Herstellung einer solchen Öffentlichkeit, indem es Menschen um konkrete gemeinsame Anliegen versammelt. Dadurch, dass wir Infrastrukturen für gegenseitige Hilfe herstellen, fördern wir sozialen Austausch und schaffen die Basis für eine lösungsorientierte Öffentlichkeit. Im Bereich der HCI gab es mitunter die Forderung, Wechselseitigkeit als einen Weg zu ethischeren und nachhaltigeren Praktiken zu etablieren. [31] Der Arbeitsmarkt von AMT ist aber so angelegt, dass er die Arbeiter vereinzelt. *Turkopticon* bietet hingegen eine Infrastruktur, mit deren Hilfe die Arbeiter in wechselseitige Beziehungen (*Practices of Interdependence*) treten können.

Die Ambivalenz erfolgreicher aktivistischer Technologien

Turkopticon hat es geschafft, eine wachsende Zahl von Nutzern anzuziehen und ihnen eine Plattform für den gemeinschaftlichen Informationsaustausch zu bieten. Aufgrund seiner praktischen Einbettung konnte das Projekt seit seinem Bestehen nachhaltig die Aufmerksamkeit auf ethische Fragen im Crowdsourcing lenken und aufrechterhalten. Diese Aufmerksamkeit erhält *Turkopticon* nicht nur durch die Crowdsourcing-Community, sondern auch von Seiten öffentlicher Foren. Wir waren als Sprecher bei Treffen der Industrie und bei Podiumsdiskussionen des Commonwealth

Turkopticon

Lilly C. Irani
M. Six Silberman

Clubs zum Thema Crowdsourcing eingeladen. Auch wurden wir von Journalisten dazu eingeladen, in Publikationen wie *O'Reilly Radar*, San Francisco Bee, *AlterNet* und The San *Jose Mercury News* über Crowdsourcing zu schreiben. Als Medienkunst-Projekt spaltet *Turkopticon* seit vier Jahren die Geister und zeigt damit Qualitäten von kontradiktorischem Design (*Adversarial Design*). [15] Unser System ist eine ständige Erinnerung daran, dass erst die Kleinstarbeiten (Microlabors) Crowd-Plattformen möglich machen. *Turkopticon* ist zugleich Gegenbewegung, Mahnung und Störfaktor innerhalb der sonst von Optimismus umgebenen, crowdgetriebenen Systeme.

Nichtsdestoweniger wird AMT durch die Existenz von *Turkopticon* und den Schutz, den es den Arbeitern bietet, befördert und legitimiert. AMT ist auf ein Ökosystem aus externen Entwicklern angewiesen, die funktionale Verbesserungen für die Plattformen bereitstellen (zum Beispiel *CrowdFlower, SamaSource, Twitter*). Für Amazon ist *Turkopticon* ein vielleicht nerviges, doch zugleich auch ein sehr verlässliches Bauteil in diesem Ökosystem. Idealerweise, so war zumindest unsere ursprüngliche Hoffnung, hätte Amazon sein System dahingehend verändern sollen, dass es den Schutz der Arbeiter selbst mit berücksichtigt. Dies ist jedoch nicht eingetroffen. Stattdessen hat sich *Turkopticon* zu einer Software entwickelt, auf die sich die Arbeiter verlassen. Es wird jedoch mit Mitteln aus der universitären Forschung quersubventioniert, was keine nachhaltige Basis für ein so wichtiges Werkzeug ist.

Unser Team plant die Entwicklung neuer Medieninterventionen, um der *Turkopticon*-Community zu größerer Sichtbarkeit in der Presse, bei Politikern und Organisatoren zu verhelfen. Durch das Design vielschichtiger Infrastrukturen können wir komplexe, sich überschneidende Öffentlichkeiten erschaffen, die wiederum Fragen über die Gestaltung der Zukunft eröffnen.

Wir haben unsere aktivistische Intervention im Crowdsourcing-System von AMT mit den Mitteln des Systemdesigns dargestellt und gezeigt, dass AMT darauf basiert, menschliche Arbeitskraft als Infrastrukturkomponente unsichtbar zu machen und in eine Quelle für Rechenleistung umzuwandeln. Mithilfe der »Workers' Bill of Rights« haben wir die Gefahren von Crowdarbeit identifiziert. Unsere Antwort als Designer auf diese Gefahren ist *Turkopticon*.

Turkopticon

Lilly C. Irani
M. Six Silberman

Danksagungen

Wir widmen diesen Aufsatz der Tactical-Media-Künstlerin und Professorin Beatriz da Costa, die uns dazu gedrängt hat, den Schritt von der bloßen Vorstellung in die tatsächliche Konstruktion und den Betrieb von *Turkopticon* zu wagen. Außerdem danken wir Chris Countryman, Paul Dourish, Gillian Hayes, Lynn Dombrowski, Karen Cheng, Khai Truong und unseren anonymen Reviewern für deren Feedback. Unsere Arbeit wurde gefördert von der NSF Graduate Research Fellowship und dem NSF Award 1025761.

1 Ackerman, M. 2000. The intellectual challenge of CSCW: The gap between social requirements and technical feasibility. Human-computer interaction, 15(2), 179–203

2 Bardzell, S. 2010. Feminist HCI!: Taking Stock and Outlining an Agenda for Design, Proc. CHI, 1301–1310

3 Barley, S. R. and Kunda, G. 2004. Gurus, hired guns, and warm bodies: itinerant experts in a knowledge economy. Princeton University Press

4 Berg, M. 1998. The politics of technology: On bringing social theory into technological design. ST&HV, 23(4), 456–490

5 Bezos, J. 2006. Opening Keynote. MIT Emerging Technologies Conference. Accessed: http://video.mit.edu/watch/opening-keynote-andkeynote-interview-with-jeff-bezos-9197/

6 Biewald, L. 2009. »Turkopticon.« Crowdflower Blog. Accessed: http://blog.crowdflower.com/2009/02/turkopticon/

7 Borning, A. and Muller, M. 2012. Next steps for value sensitive design. Proc. CHI, 1125–1134

8 Bowker, G. & Star, S. L. 2000. Sorting Things Out: Classification and Its Consequences. MIT Press.

9 Bruckman, A. and Hudson, J. M. 2005. Using Empirical Data to Reason about Internet Research Ethics. Proc. ECSCW, 287–306

10 Brynjarsdottir, H., Håkansson, M., Pierce, J., Baumer, E., DiSalvo, C., and Sengers, P. 2012. Sustainably unpersuaded. Proc. CHI, 947–956

11 Crenshaw, K. 1991. Mapping the Margins: Intersectionality, Identity Politics, and Violence Against Women of Color. Stanford Law Review, 43(6), 1241–1299

12 Crowdsourced data analysis with Clockwork Raven. Accessed: http://engineering.twitter.com/2012/08/crowdsourced data-analysis-with.html

13 da Costa, B. and Philip, K., eds. 2008. Tactical Biopolitics: Art, Activism, Technoscience. MIT Press

14 DiSalvo, C. 2009. Design and the Construction of Publics. Design Issues, 25(1), 48–63

15 DiSalvo, C. 2012. Adversarial Design. MIT Press

16 Dourish, P. 2010. HCI and environmental sustainability: the Design of Politics and Politics of Design. Proc. DIS 2010, 1–10

17 Dourish, P. and Mainwaring, S. 2012. Ubicomp's Colonial Impulse. Proc. Ubicomp.

18 Felstiner, A. 2010. Working the Crowd!: Employment and Labor Law in the Crowdsourcing Industry. Berkeley Journal of Employment & Labor Law, 32(1), 143–204

19 Garcia, D. and Lovink, G. 1997. The ABC of tactical media. nettime listserv. Accessed: http://nettime.org/Lists-Archives/nettime-l-9705/msg00096.html

20 Haraway, D. J. 1990. Simians, Cyborgs, and Women: The Reinvention of Nature. Routledge

21 Hirsch, T. 2009. Learning from activists. Interactions, 16(3), 31–33

22 Ipeirotis, P. 2010. Demographics of Mechanical Turk. NYU Working Paper No. CEDER-10-01

23 Ipeirotis, P. 2010. Analyzing the Mechanical Turk Marketplace. XRDS, 17(2), 16–21

24 Ipeirotis, P. 2008. Why People Participate in Mechanical Turk? Accessed: http://behind-the-enemylines.com/2008/03/why-people-participate-onmechanical.html

25 Jackson, S., Pompe, A., and Krieshok, G. 2011. Things fall apart: maintenance, repair, and technology for education initiatives in rural Namibia. Proc iConference, 83–90

26 Kelty, C. 2012. Two Bits: The Cultural Significance of Free Software. Duke University Press

27 Lampe, C. and Resnick, P. 2004. Slash(dot) and burn. Proc SIGCHI 2004, 543–550

28 Law, E. and Von Ahn, L. 2011. Human Computation. Morgan Claypool Publishers

29 Law, J. 2004. After method: mess in social science research. Routledge

30 LeDantec, C. 2012 Participation and Publics: Supporting Community Engagement, Proc. CHI 2012, 1351–1360

31 Light, A. 2011. Digital interdependence and how to design for it. Interactions, 18(2), 34

32 Orlikowski, W.J. 1992. The Duality of Technology: Rethinking the Concept of Technology in Organization. Organization Science, 3(3), 398–427

33 Ross, J., Irani, L., Silberman, M. S., et al. 2010. Who are the crowdworkers?, EA CHI 2010 (alt.chi), 2863–2872

34 Ruhleder, K. and Star, S. L. 2001. Steps Toward an Ecology of Infrastructure: Design and Access for Large Information Spaces. In J. Yates and J. Van Maanen, eds., Information Technology and Organizational Transformation: History, Rhetoric, and Practice. Sage, 305–343

35 Smith, V. 1997. New Forms of Work Organization. Annual Review of Sociology, 23, 315–339

36 Snow, R., O'Connor, B., Jurafsky, D., & Ng, A. Y. 2008. Cheap and fast---but is it good?: Evaluating non-expert annotations for natural language tasks. Proc. EMNLP, 254–263

37 Star, S. L. and Strauss, A. 1999. Layers of Silence, Arenas of Voice: The Ecology of Visible and Invisible Work. Proc. CSCW, 8, 9–30

38 Sood, S., Antin, J., and Churchill, E. 2012. Profanity use in online communities. Proc. CHI 2012, 1481–1490

39 Suchman, L. 1995. Making Work Visible. CACM, 38(9)

40 Suchman, L. 2006. Human Machine Reconfigurations, Cambridge Univ. Press

41 Taylor, A. 2011. Out There. Proc CHI, 685–694

42 TurkWork. http://turkwork.differenceengines.com

Sorry India
But you can no longer turk
On well-paying HITs

Looking for good hits
I spend more time than I should
Hoping to find gold

Mechanical turk
Earns me some very small cash
For those extra things

My computer hums
Auto refreshing for hits
Oh no a captcha

Working for peanuts
Giving some to the tax man
Why do I bother?

Fünf Fragen an Lilly Irani

von Vanessa Barth

»Crowdworking muss nicht automatisch mit Ausbeutung einhergehen, aber Ausbeutung ist Teil des Wirtschaftsystems, in das Crowdworking eingebettet ist.«

Lilly C. Irani
ist Informatikerin (Ph. D) und Juniorprofessorin für Kommunikations- und Wissenschaftsforschung an der Universität von Kalifornien, San Diego. Sie arbeitet über kulturelle Praktiken der High-Tech-Arbeit und ihre Wirkung auf andere Bereiche des öffentlichen Lebens. Zusammen mit Six Silberman hat sie Turkopticon entwickelt, ein externes Reputationssystem für Amazon Mechanical Turk, das es Mikrotaskern erlaubt, seriöse von unseriösen Auftraggebern zu unterscheiden.

Wie viele Turker nutzen Turkopticon?

Zuletzt waren es etwas mehr als 10.000. Wir beobachten das nicht permanent.

Seit wann gibt es das Tool und wie viel Aufwand steckt dahinter?

Wir haben im Januar 2009 damit angefangen. Es bedeutet viel Arbeit, das meiste davon macht Six. Unsere Moderatoren, allen voran tainturk, schauen täglich nach und kennzeichnen fragwürdige Bewertungen, damit die Site so sicher und vertrauenswürdig wie möglich bleibt. Wir beantworten Fragen und helfen Benutzern beim Umgang mit *Turkopticon*. Einmal pro Woche kümmern wir uns um Arbeiter, die sich schlecht benehmen, oder Auftraggeber, die unhöfliche Kommentare posten. Aber das sind Einzelfälle. Alle paar Monate geht etwas kaputt oder muss angepasst werden. Wenn sich Programmiersprachen oder Browserprotokolle ändern, muss Six den Code anpassen. Einmal im Jahr setzen wir uns ein paar Tage zusammen und besprechen die am häufigsten auftauchenden Probleme und ob größere Korrekturen notwendig sind. Und natürlich braucht man einen Systemadministrator, der die Server am Laufen hält. Und jemanden, der die Computer baut.

Wo liegt die Zukunft von Tools wie Turkopticon?

Freunde von mir überlegen sich, ein ähnliches Tool für andere Branchen zu entwickeln, in denen es wenig Transparenz bezüglich der Auftraggeber und prekärer Arbeitsverhältnisse gibt – für die Fast-Food-Branche zum Beispiel oder sogenannte außerordentliche Fachbereiche an Hochschulen.

**Fünf Fragen
an Lilly Irani**

Wie stehen die Chancen für faire Crowdworking-Plattformen?

Mit Crowdworking ist es wie mit vielen anderen Dingen in einer globalen, vernetzten Welt. Es bereitet Freude, es bereitet Probleme. Crowdworking muss nicht automatisch mit Ausbeutung einhergehen, aber Ausbeutung ist Teil des Wirtschaftssystems, in das Crowdworking eingebettet ist.

Worauf kommt es an, wenn man faire, IT-gestützte Arbeitsumgebungen entwickeln will?

Als Designerin muss ich davon ausgehen, dass vieles von dem, was ich mache, unbeabsichtigte Konsequenzen haben kann. Mir fehlen wichtige Informationen über das Leben der Menschen, die die digitalen Werkzeuge benutzen. Ich muss langsam genug vorgehen, um die Fragen, Beschwerden, Vorschläge und Kritikpunkte aufnehmen und darauf reagieren zu können. Das widerspricht aber der weit verbreiteten Methode, erst einmal draufloszuprogrammieren und anschließend zu schauen, was passiert. Vielfach wird dies als Ausdruck einer unternehmerischen Haltung gutgeheißen, darf aber nicht als Rechtfertigung dafür dienen, Ziele zu verfolgen, ohne sie der Kritik derjenigen zu unterziehen, die davon betroffen sind.

Die Zukunft der Crowdarbeit

Zentrale Forschungsfragen

Aniket Kittur, Jeffrey V. Nickerson, Michael S. Bernstein et al.

173

Der vorliegende Aufsatz, erstmals erschienen 2013, befasst sich mit den großen Herausforderungen von Crowdsourcing. Die Verfasser zeichnen sich durch ihre Interdisziplinarität und ihren Einfluss an der Schnittstelle zwischen theoretischer Erforschung und praktischer Realisierung von Systemen für Crowdarbeit aus. Ihre Grundfrage ist eine ethische wie lebenspraktische: Welche Eigenschaften muss die Crowdarbeit der Zukunft aufweisen, mit der unsere Kinder ihren Lebensunterhalt bestreiten – und kann dies ein erstrebenswerter Karrierepfad für die kommende Generation sein?

Alle Autoren

der achtköpfigen Forschergruppe um **Aniket Kittur, Jeffrey V. Nickerson und Michael S. Bernstein (Elizabeth M. Gerber, Aaron Shaw, John Zimmerman, Matthew Lease, John J. Horton)** haben an namhaften US-amerikanischen Universitäten wie Harvard, Stanford, MIT oder Carnegie Mellon promoviert, sind dort inzwischen Professoren und leiten Forschungsgruppen zur Mensch-Maschine-Interaktion.

Mehrere der Autoren haben zudem bei großen Crowdarbeits-Plattformen wie zum Beispiel oDesk gearbeitet oder eigene Crowdsourcing-Anwendungen entwickelt. Kittur und Bernstein sind zudem an dem Forschungsblog Follow the Crowd beteiligt, das aktuelle akademische Arbeiten zum Thema veröffentlicht.
http://crowdresearch.org/blog

Einleitung

Bezahlte Crowdarbeit bietet der Weltwirtschaft beachtliche Möglichkeiten zur Produktivitätssteigerung und Verbesserung der sozialen Mobilität, da sie eine global verstreute Arbeiterschaft in die Lage versetzt, komplexe Aufgaben auf Abruf und in beliebigem Umfang zu bewältigen. (...) Der vorliegende Aufsatz befasst sich mit den großen Herausforderungen von Crowdsourcing. Damit lassen sich sehr schnell große Gruppen von Menschen mobilisieren, um in globalem Maßstab Aufgaben zu bewältigen. Der Erfolg und die Langlebigkeit von solch gemeinnützigen Projekten wie Wikipedia fußt auf der kontinuierlichen Freiwilligenarbeit von Tausenden über die ganze Welt verteilten Unterstützern.

Als Gegenstück zu dieser auf Freiwilligenarbeit basierenden Form des Crowdsourcings ist eine Industrie für bezahlte Crowdwork entstanden, deren Anspruch und Umfang rapide wächst. (...)

Zwar eignen sich nicht alle Formen der Erwerbstätigkeit dazu, digital ausgelagert zu werden, doch fast jeder Beruf hat Teilbereiche, die auch von der Crowd erledigt werden können. Wir gehen deshalb davon aus, dass Crowdarbeit sich künftig immer weiter ausbreiten und über entsprechende Online-Marktplätze bisher ungeahnte neue Karrieremöglichkeiten für Facharbeiter eröffnen wird. Wir sehen jedoch auch die erhebliche Gefahr, dass Crowdarbeit zunehmend als ein Mittel verstanden wird, um mit ausbeuterischen Methoden billige Ergebnisse zu erzielen. Im Vergleich zu traditionellen Arbeitsplätzen laufen die Beschäftigten hier Gefahr, als austauschbar, wenig vertrauenswürdig, unqualifiziert und arbeitsscheu wahrgenommen zu werden. Umgekehrt ist auch mit Zynismus aufseiten der Beschäftigten zu rechnen, da sie im Vergleich zu traditionellen Arbeitsplätzen deutlich weniger eingebunden sind, kaum

Die Zukunft der Crowdarbeit

Aniket Kittur,
Jeffrey V. Nickerson,
Michael S. Bernstein et al.

Einfluss haben und nicht vertraglich in der Pflicht stehen. [130] Diese Befürchtungen werden sich tendenziell verschärfen, wenn in die derzeitige Entwicklung nicht korrigierend eingegriffen wird.

Die Kernfrage der vorliegenden Arbeit lautet: »Können wir uns einen Crowdarbeitsplatz der Zukunft vorstellen, der so gestaltet ist, dass wir unsere Kinder dort arbeiten sehen wollten?« Uns erscheint dies als ein gutes Leitmotiv für die Ausrichtung künftiger Forschungsfragen und Spekulationen über die Zukunft. Die Frage vermittelt eine Werteorientierung, die sich jedem Menschen, ob mit oder ohne eigene Kinder, sofort erschließt. In besagter Frage ist das »wir« bewusst offen gehalten, sodass Leser mit unterschiedlichen Werten und mit unterschiedlichen kulturellen Hintergründen die Frage an sich selbst testen können: Welche Eigenschaften müsste die Crowdarbeit der Zukunft aufweisen, damit auch Sie stolz wären, sollten Ihre Kinder auf diese Weise ihren Lebensunterhalt bestreiten wollen? Kann dies ein erstrebenswerter Karrierepfad für die kommende Generation sein?

Unsere Erforschung von Crowdarbeit basiert auf einem positiven Blick auf die Zukunft. Sie berücksichtigt die Perspektive der Arbeiter, zum Beispiel in Hinblick auf Motivation, Feedback und Bezahlung. Diese Punkte lassen sich mit Mechanismen zur Verwaltung von Reputation, zur Ermöglichung besserer Interaktion mit den Auftraggebern sowie zur Erhöhung der Motivation adressieren. Und sie berücksichtigt die Perspektive der Auftraggeber, zum Beispiel in Hinblick auf Koordination, Aufteilung der Aufgaben und Qualitätskontrolle. Diese Aspekte lassen sich mit Mechanismen verknüpfen, die den Arbeitsablauf gestalten, wie beispielsweise elektronisch vermittelte Kollaboration.

Unser analytisches Rahmenkonzept ist eingebunden in einen multidisziplinären Literaturüberblick. Die dort aufgeführten Arbeiten befassen sich mit den oben genannten Herausforderungen und helfen dabei, ein positives Bild der Zukunft von Crowdarbeit zu umreißen. Wir beziehen außerdem konkrete Vorschläge von Crowdarbeitern ein, die wir im Rahmen einer Umfrage ermittelt haben. Schließlich übersetzen wir unsere Forschungsergebnisse in pragmatische Entwürfe, die eine wichtige Rolle spielen können, um das Design in diesem Bereich anzuleiten und weitere Forschung anzuregen. Wir folgen somit einer Forschungstradition, die das Umreißen von Designprinzipien als Handlungsaufruf versteht. [69, 98, 102, 114, 123]

I. Crowdarbeit

Im weiteren Themenbereich der Crowds ist eine Vielzahl von Begriffen im Umlauf, so zum Beispiel Crowdsourcing, Collective Intelligence, Human Computation, Serious Games, Peer Production und Citizen Science. [2, 12, 90, 105] Im vorliegenden Artikel konzentrieren wir uns auf bezahlte Online-Crowdarbeit, also die Ausführung von Online-Aufgaben durch dezentral verteilte Crowdarbeiter, die wiederum von Auftraggebern (sogenannte requesters: Individuen, Gruppen oder Organisationen) finanziell entlohnt werden. In diesem Sinne ist Crowdarbeit ein soziotechnisches Arbeitssystem, das sich aus einer Reihe von Beziehungsverhältnissen zwischen Organisationen, Individuen, Technologien und Arbeitsformen zusammensetzt. [142] Online Crowdarbeit findet auf Marktplätzen statt, die zwischen Auftraggebern und Arbeitern vermitteln. Für diese Studie haben wir eine Reihe von aktuellen, hoch frequentierten Crowdarbeits-Plattformen untersucht. Hierbei handelt es sich sowohl

Die Zukunft der Crowdarbeit

Aniket Kittur,
Jeffrey V. Nickerson,
Michael S. Bernstein et al.

um Allzweckmarktplätze wie zum Beispiel *Mechanical Turk, oDesk*, Free-lancer, *Crowdflower*, Mobile Works, ManPower, als auch um Fachmärkte wie zum Beispiel *TopCoder*, uTest, *99designs*. Obwohl sie für legale Tätig-keiten eingerichtet wurden, werden diese und andere Plattformen gele-gentlich auch für illegale oder fragwürdige Zwecke missbraucht – zum Beispiel Gold Farming, CAPTCHA Solving und Crowdturfing. [35]

Aufgrund unserer Definition bleibt zwangsläufig ein breites Spektrum an unentgeltlich erledigter Freiwilligenarbeit der Crowds, wie zum Beispiel Wikis, [22] zweckorientierte Spiele, [2] Captchas [3] oder Citizen Science, [31,106,122] unberücksichtigt. Zu diesen Systemen gibt es bereits viel Literatur. (z. B. [12,108]) Entlohnte Arbeit ist nicht nur ein Grundpfeiler unseres Wirtschaftssystems und unserer Arbeitsmärkte, selbst diejenigen, die Freiwilligenarbeit leisten, gehen normalerweise irgendeiner Form von bezahlter Arbeit nach, um ihren Lebensunterhalt zu bestreiten. Außerdem sind wir der Ansicht, dass es in unserer Gesellschaft immer auch Bedarf an Arbeitsformen geben wird, die sich nicht für den Ein-satz von Gamification oder Freiwilligenarbeit eignen und für die die Nachfrage durch Auftraggeber immer höher sein wird als das Angebot unbezahlter Arbeitskräfte. Deshalb ist es unser Anliegen, die Zukunft der bezahlten Crowdarbeit, also der Fortsetzung von Lohnarbeit in den Online-Bereich zu entwickeln. Des Weiteren lassen wir Offline-Crowd-arbeit, wie zum Beispiel durch Tagelöhner, unberücksichtigt, da diese sich nicht im gleichen Maße für dezentrale Verteilung auf globaler Ebene eignet wie Online-Arbeit. Im weiteren Verlauf dieses Textes werden wir den Begriff Crowdarbeit im Sinne von Online-Aufgaben, die durch Crowdarbeiter ausgeführt und von Auftraggebern finanziell entlohnt werden, verwenden.

Wir konzentrieren uns ganz bewusst auf Bereiche, die für die CSCW-Gemeinschaft (Computer-Supported Cooperative Work) von Bedeutung sind, insbesondere auf Sachverhalte, die sich auf Computerwissenschaften, Psychologie und Organization Science beziehen. Wenn zweckdienlich, knüpfen wir auch an andere wichtige Bereiche wie beispielsweise Arbeitsökonomie, Ethik und Rechtswissenschaften an, die wir als entscheidend für die künftige Wirtschaft erachten. Obwohl viele dieser Sachverhalte außerhalb des typischen Wirkungskreises von Wissenschaftlern und Designern liegen, zum Beispiel Arbeitsrechtsbestimmungen, glauben wir, dass es notwendig ist, diese in die positive Gestaltung der Zukunft von Crowdarbeit mit einzubeziehen.

Pro und Contra

Crowdarbeit hat das Potenzial, ein flexibles Berufsleben zu fördern und Probleme wie den Mangel an Experten in bestimmten Bereichen (zum Beispiel IT-Arbeit) oder geografischen Gebieten zu entschärfen. Für Einzelpersonen schafft Crowdarbeit in Regionen der Welt, in denen die lokale Wirtschaft stagniert und behördliche Strukturen Investitionen unattraktiv machen, Chancen zur Verbesserung von Einkommen und sozialer Mobilität.

Nichtsdestoweniger ist Crowdarbeit mitunter ein zweischneidiges Schwert, das die Lebensqualität der Arbeitnehmer sowohl erhöhen als auch verringern kann. Es ist zu befürchten, dass alte Missstände in der global verteilten Crowdarbeit auch weiterhin spürbar sind: So zum Beispiel die äußerst schlechte Vergütung von Arbeit auf Marktplätzen wie Amazons *Mechanical Turk* wo Berichten zufolge ein Durchschnittslohn von 2 Dollar pro Stunde [65, 126] gezahlt wird, ohne dass Sozialleistungen oder

Die Zukunft der Crowdarbeit

Aniket Kittur,
Jeffrey V. Nickerson,
Michael S. Bernstein et al.

Arbeitnehmerschutz geboten würden. Das System einer Vergütung pro erledigte Aufgabe, das in den meisten Crowd-Arbeitsmärkten Anwendung findet, kann mit dem der Akkordarbeit in der Fertigung verglichen werden[118] und die Arbeiter zu Versuchen verleiten, das System auszutricksen. Das wiederum kann sich negativ auf die Qualität der Ergebnisse auswirken. [78] Crowds können außerdem dazu eingesetzt werden, moralisch fragwürdige Ziele voranzutreiben: um Captchas zu umgehen, virtuelle Rohstoffe in Computerspielen abzubauen (Goldfarming) oder potenziell sogar, um Dissidenten ausfindig zu machen. [158] Der kürzlich erschienene Film »In Time« (2011) bietet uns eine populäre Darstellung dessen, wie eine Gesellschaft aussehen könnte, die ihren Arbeitern die fortwährende Verrichtung niederer Tätigkeiten für die Überlebenssicherung abverlangt. Viele Autoren haben sich ähnlich trostlose Szenarien ausgemalt. [40,136,137]

Crowdarbeit könnte zudem herkömmliche Arbeitsverhältnisse verdrängen und Facharbeiter durch ungelernte Arbeitskräfte ersetzen, da Aufgaben in immer kleinere Arbeitsschritte zerlegt werden. Tätigkeiten wie Sprachtranskription oder Lektorat werden zunehmend durch Crowdarbeit verrichtet, und Forscher sind der Meinung, dass sogar einige komplexe Tätigkeiten wie Textproduktion, Produktdesign oder Übersetzungen, die bislang Experten vorbehalten waren, dank entsprechender Ablaufgestaltung und technischer Unterstützung auch von unausgebildeten Crowdarbeitern verrichtet werden könnten. [75,77,152,153]

Diese Verdrängung ist an eine neue Form des Taylorismus gekoppelt[88,141], bei dem Organisationen kognitive Effizienz[157] zulasten von Bildung und speziellen Fertigkeiten optimieren. Nach vielen Jahrzehnten und dank langjähriger Arbeitskämpfe war der Taylorismus einer reformierteren

Arbeitsgestaltung gewichen, aber angesichts der Kurzarbeitsverhältnisse zwischen Auftraggebern und Crowdarbeitern sind erhöhte Ausbeutung und Entmenschlichung wieder vorstellbar.

Als Wissenschaftler, Ingenieure und Designer können wir neue Strukturen für Crowdarbeit vorschlagen und bewerten und an Planung und Realisierung einer besseren Zukunft in diesem Bereich mitwirken. Erreicht werden kann dies sowohl durch das gezielte Schaffen von erstrebenswerten Arbeitsumfeldern als auch durch die Kultivierung der gestiegenen Nachfrage nach Arbeit und Arbeitern. Wir legen insbesondere die Einbeziehung der Forschung nahe, um neue Konzepte und Prototypen für Crowdarbeit zu entwickeln, die über die jetzige Form der isoliert und unqualifiziert zu erledigenden Aufgaben hinausgehen. Ziel ist es, neue Wege für jene Organisationen und Plattformen zu bahnen, aus denen die Zukunft der Crowdarbeit hervorgehen wird.

Stellen wir uns die Zukunft der Crowdarbeit vor
Gegenwärtig besteht Crowdarbeit aus kleinteiligen, unabhängigen und eintönigen Aufgaben, wie zu sehen in Grafik 1. Mehreren Arbeitern wird gleichzeitig eine Instanz der jeweiligen Aufgabe zugewiesen, um abgleichbare Ergebnisse zu erzielen. Diese einfach zu bewältigende kleinteilige Form der Arbeit bringt Niedrig- und Akkordlohnstrukturen hervor, die teilweise der Vorstellung geschuldet sind, dass die Arbeit von einer homogenen Masse unausgebildeter Arbeiter verrichtet wird. Das jetzige Modell kann weder die Komplexität, noch die Kreativität, noch die Fähigkeiten, die für viele Formen qualifizierter professioneller Arbeit heutzutage benötigt werden, ausreichend zur Verfügung stellen. Ebenso wenig kann es Faktoren wie zum Beispiel Lohnerhöhung, Fortbildungen

Die Zukunft der
Crowdarbeit

Aniket Kittur,
Jeffrey V. Nickerson,
Michael S. Bernstein et al.

181 und komplexe Arbeitsstrukturen vorantreiben, die für eine größere Zufriedenheit der Arbeiter nötig wären.

Theorien des Organizational Behavior und Distributed Computing

Ein großer Teil qualifizierter, professioneller Arbeit besteht aus komplexen Kombinationen ineinandergreifender Aufgaben, die von Individuen mit unterschiedlichen Expertisen und Fähigkeiten koordiniert werden müssen. [89] Die Herstellung eines Buches oder eines neuen Autos erfordert die Zusammenarbeit von Individuen in gut strukturierten Teams, in denen jeder einzelne spezifische Fähigkeiten mitbringt und verschiedene Funktionen übernimmt, um ein gemeinsames Ergebnis hervorzubringen. Wir greifen deshalb auf Konzepte aus der Literatur des Organizational Behavior [89, 97, 143, 148] und des Distributed Computing [9, 132] zurück, um diese komplexeren Ziele anzugehen. Ausserdem schlagen wir vor, Märkte für Crowdarbeit als groß angelegte, verteilte Systeme zu betrachten, in denen jeder Einzelne, zum Beispiel ein Arbeiter auf *Mechanical Turk*, die Funktion eines Prozessors einnimmt, der Aufgaben lösen kann, die menschliche Intelligenz erfordern. In diesem Sinne kann ein Crowdsourcing Marktplatz als lose verknüpftes, dezentral organisiertes Rechensystem verstanden werden. [9] In Weiterführung dieser Analogie entwickeln wir hier die Anfänge eines Rahmenkonzepts für die Zukunft der Crowdarbeit, das die menschliche Seite des Organizational Behavior mit den Erkenntnissen über Automatisierung und Skalierbarkeit aus dem Distributed Computing zusammenführt.

Räumlich verteilte Organisationen und räumlich verteilte Datenverarbeitungssysteme sehen sich bei der Bewältigung komplexer Aufgaben mit ganz ähnlichen grundsätzlichen Herausforderungen konfrontiert. Im

Distributed Computing liegen die wesentlichen Herausforderungen darin, die Datenverarbeitung in parallel erledigbare Schritte herunterzubrechen, einzelnen Prozessoren Aufgaben zuzuweisen und Daten zwischen Prozessoren aufzuteilen. [9, 25, 96, 132] Viele der genannten Herausforderungen lassen sich den von Malone und Crowston identifizierten Koordinationsabhängigkeiten zuweisen [89] und auch auf menschliche Organisationsformen anwenden. Im Folgenden besprechen wir die gemeinsame Schnittmenge zwischen den in den Organisationswissenschaften thematisierten Koordinationsabhängigkeiten, deren Äquivalent im Distributed Computing und die Implikationen im Hinblick auf die Entwicklung eines Rahmenkonzepts für die Zukunft von Crowdarbeit.

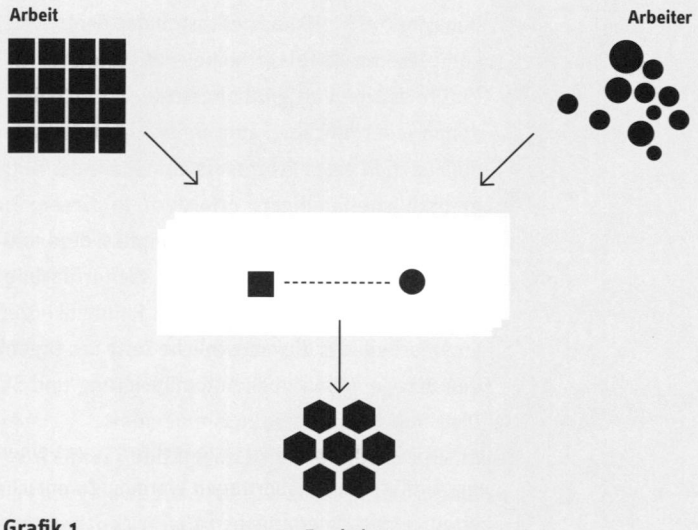

Arbeit

Arbeiter

Ergebnis

Die Zukunft der Crowdarbeit

Aniket Kittur,
Jeffrey V. Nickerson,
Michael S. Bernstein et al.

Grafik 1

Management gemeinsamer Ressourcen

Immer wenn endliche Ressourcen geteilt werden müssen, gewinnt die Koordination der Zuweisung an Wichtigkeit. Typisches Beispiel ist die Aufteilung eines begrenzten Pools an Arbeitern auf verschiedene Aufgaben, die bis zu einem festgesetzten Zeitpunkt fertig sein müssen. Malone und Crowston [89] schlagen eine Reihe von Mechanismen für die Aufgabenzuweisung vor, von first come, first served, über Marktplätze, bis hin zu Entscheidungen durch das Management. In Distributed-Computing-Systemen ist es von ähnlich entscheidender Bedeutung, gemeinsame Ressourcen entsprechend zu verwalten. Damit Aufgaben Prozessoren zugewiesen werden können, braucht es Funktionen, die das Herunterbrechen von Aufgaben koordinieren. Überdies muss eine Reorganisation dieser Zuweisungsmechanismen möglich sein, zum Beispiel wenn ein Prozessor versagt oder lange braucht, um Ergebnisse auszugeben (zum Beispiel MapReduce [34]).

Verwaltung der Produzent-/Konsument- sowie Aufgabe-/Unteraufgabe-Verhältnisse

Vielfach bilden die Ergebnisse eines Arbeitsschrittes das Ausgangsmaterial für den nächsten. So muss beispielsweise über die Struktur eines Artikels entschieden werden, bevor die einzelnen Abschnitte geschrieben werden können. Ähnliche Bedingungen herrschen im Bereich des Distributed Computing, wo die Abwicklung von Aufgaben gemäß einer spezifischen Abfolge geplant werden muss, bei der es darauf ankommt, dass die entsprechenden Datensätze rechtzeitig von einem Abschnitt des Rechners zum nächsten übertragen werden. Zu entscheiden, wie Aufgaben zerteilt und in Unteraufgaben abgewickelt werden sollen, insbesondere wenn es sich um komplexe und ineinandergreifende Aufgaben handelt, [61, 89] ist sehr anspruchsvoll. Der Anspruch ist ähnlich hoch wie bei Managern, die in einer Organisation ein großes Projekt planen, oder bei Programmierern, die eine komplexe Aufgabe für die parallele Verarbeitung durch den Computer vorbereiten. Zudem kann es passieren, dass der klassische Top-down-Ansatz, in dem eine Einzelperson (zum Beispiel der Aufgabensteller) alle Unteraufgaben vorab festlegt, nicht möglich ist oder sich die Unteraufgaben während des Arbeitsprozesses noch verändern.

Crowd-spezifische Faktoren

Traditionelle Organisationen bieten Arbeitern berufliche Absicherungen und ermöglichen es Managern, Arbeitsabläufe genau zu überwachen und einzelne Arbeiter gemäß ihrer Leistung zu belohnen oder zu sanktionieren. In Distributed-Computing-Systemen wiederum sind die einzelnen Prozessoren normalerweise äußerst zuverlässig. Im Vergleich zu diesen beiden Verfahrensweisen stellt Crowdarbeit für Arbeiter und Auftraggeber eine Reihe besonderer Herausforderungen in Hinblick auf die Berufszufriedenheit, Ausrichtung der Abläufe, Koordination und Qualitätskontrolle dar. Organisationen können beispielsweise durch Management, Mitarbeiterprämien und Sanktionen eine hohe Arbeitsqualität sicherstellen. Zwar stehen einige dieser Mittel auch im Bereich der Crowdarbeit zur Verfügung (zum Beispiel die Höhe der ausgeschriebenen Belohnung, die Möglichkeit, erledigte Arbeit zurückzuweisen, sowie Sanktionen, die sich auf die Reputation der Arbeiter auswirken), doch ihr Einfluss ist hier geschwächt. Dies liegt daran, dass eine unmittelbare Beaufsichtigung der Arbeitsabläufe und des Verhaltens am Arbeitsplatz,

Die Zukunft der Crowdarbeit

Aniket Kittur,
Jeffrey V. Nickerson,
Michael S. Bernstein et al.

nuancierte und individuelle Belohnungen sowie strikte und anhaltende Sanktionen nicht oder nur schwer möglich sind. Schließlich können die Arbeiter ihren Arbeitsplatz mit sehr viel weniger Konsequenzen aufgeben als in traditionellen Organisationen – Empfehlungsschreiben und Erwerbsbiografien spielen keine Rolle. Auch der Einfluss der Arbeiter ist sehr begrenzt: Auftraggeber gehen keine langfristigen Verpflichtungen gegenüber den Arbeitern ein und müssen kaum Strafen fürchten, wenn sie sich nicht an die getroffene Vereinbarung halten, für Qualitätsarbeit auch zu zahlen. Im Bereich des Distributed Computing hingegen haben die Auftraggeber (Programmierer) deutlich weniger Probleme, die Arbeiter (Computer) zu motivieren und zu steuern. Nichtsdestoweniger – mit Maschinen lässt sich der Grad an Komplexität, Kreativität und Flexibilität, der menschliche Intelligenz auszeichnet, nicht erreichen. Die Kombination von Ansätzen zur Organisation von Menschen (Organisational Behavior) mit Ansätzen zur Organisation von Computern (Distributed Computing) verspricht deshalb einen wechselseitigen Nutzen und erlaubt es, die Schwächen aufzufangen, die die beiden Ansätze in isolierter Form aufweisen.

Grafik 2

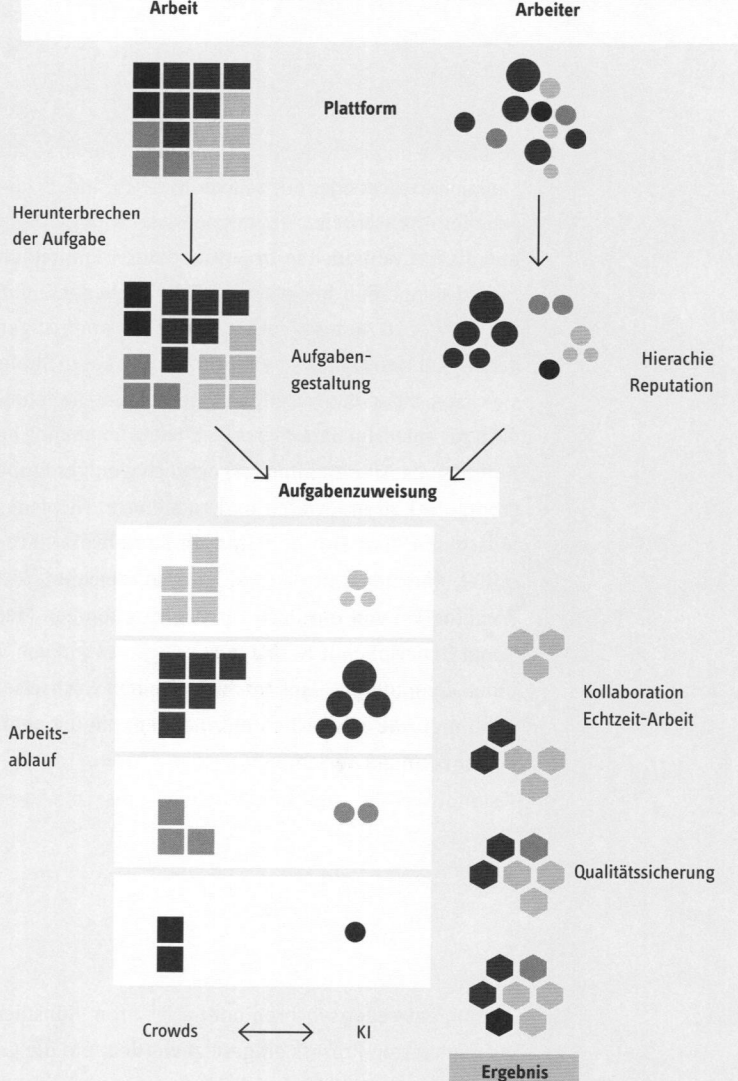

Arbeit

Arbeiter

Plattform

Herunterbrechen
der Aufgabe

Aufgaben-
gestaltung

Hierachie
Reputation

Aufgabenzuweisung

Arbeits-
ablauf

Kollaboration
Echtzeit-Arbeit

Qualitätssicherung

**Die Zukunft der
Crowdarbeit**

Aniket Kittur,
Jeffrey V. Nickerson,
Michael S. Bernstein et al.

Crowds ⟷ KI

Ergebnis

Rahmenkonzept

Die Darstellung des Rahmenkonzepts in Grafik 2 umfasst die Herausforderungen, die sich durch das Management von gemeinsamen Ressourcen
wie zum Beispiel die angemessene Zuweisung von Arbeitern und Aufgaben, das Management des Verhältnisses von Produzenten zu Konsumenten wie zum Beispiel die Aufteilung von Aufgaben und deren Anord-
nung in Arbeitsabläufen sowie durch crowdspezifische Faktoren wie
zum Beispiel Motivation, Prämien und Qualitätssicherung stellen. Viele
der Elemente kombinieren Erkenntnisse aus den Bereichen Organizational Behavior und Distributed Computing: Die Aufteilung und Zuweisung von Aufgaben beispielsweise berücksichtigt sowohl menschliche
als auch rechnerische Prozesse.

Ziel des Rahmenkonzeptes ist es, eine Zukunft der Crowdarbeit zu umreißen, in der komplexere, kreativere und hochgradig wertgeschätzte Arbeit
möglich ist. Auf der obersten Ebene braucht es eine Plattform zur Koordinierung großer Mengen von Aufgaben und Arbeitern. Komplexe Aufgaben müssen in kleinere Unteraufgaben aufgeteilt werden und jede
von diesen muss gemäß spezifischen Anforderungen und Eigenschaften
gestaltet werden. Die Unteraufgaben müssen dann den entsprechenden Gruppen von Arbeitern zugewiesen werden, und die Arbeiter wiederum müssen hinreichend motiviert und richtig ausgewählt (zum Beispiel gemäß ihrer Reputation) und organisiert (zum Beispiel gemäß
einer Hierarchie) werden. Aufgaben lassen sich entlang mehrstufiger
Arbeitsabläufe strukturieren, innerhalb derer Arbeiter teilweise kollab-
orieren, entweder synchron oder asynchron. Künstliche Intelligenz (KI)
kann in diesem Prozess eingesetzt werden, um die Crowdworker anzuleiten oder von diesen angeleitet zu werden. Zu guter Letzt braucht es

Qualitätssicherung, um zu gewährleisten, dass die Ergebnisse eines jeden Arbeiters den Ansprüchen genügen und mit den anderen Ergebnissen zusammenpassen.

Da es uns um Designprobleme wie zum Beispiel die technischen und organisatorischen Mechanismen von Crowdsourcing geht, legen wir den Schwerpunkt in unserem Ablaufmodell auf zwölf spezifische Forschungsschwerpunkte, die wir als unabdingbar für das Erreichen der oben umrissenen Zukunft der Crowdarbeit erachten (Grafik 2). (...)

Unser Modell fußt auf empirischen wie auf theoretischen Eingaben. Bei der Erstellung haben wir sowohl Feedback von Arbeitern als auch von Auftraggebern mit einfließen lassen. Die Autoren haben selbst als Auftraggeber fungiert, haben Arbeitsabläufe für die Crowd gestaltet und für Plattformanbieter gearbeitet. Die Perspektive dieser Firmen spiegeln sich also in dem vorgeschlagenen Modell ebenso wider wie die der Auftraggeber. Da wir auch die Stimmen der Arbeiter repräsentieren wollten, haben wir uns die Crowdsourcing-Plattform *Mechanical Turk* zunutze gemacht und Arbeiter aus den beiden dort am stärksten vertretenen Nationen, den USA und Indien, befragt, und zwar nur solche, die bereits über 500 Aufgaben auf der Plattform absolviert hatten. Für ihre Kommentare und Designvorschläge zu den im Folgenden diskutierten zwölf Forschungsschwerpunkten erhielten die Arbeiter jeweils 2 US-Dollar. Aus den USA beantworteten 50 Arbeiter unsere Fragen, aus Indien waren es 52. Vier der Antworten wurden nicht berücksichtigt, da sie unvollständig oder widersprüchlich waren. Die befragten Arbeiter in Indien hatten ein Durchschnittsalter von 27, die in den USA eines von 33. Von den indischen Arbeiter waren 27 Prozent weiblich, unter den US-amerikanischen Arbeitern lag dieser Anteil bei 58 Prozent. In beiden Ländern

Die Zukunft der Crowdarbeit

Aniket Kittur,
Jeffrey V. Nickerson,
Michael S. Bernstein et al.

hatten die Antwortenden beachtliche Erfahrung: Die durchschnittlich absolvierte Gesamtzahl an Aufgaben lag unter den indischen Arbeitern bei 6.562 und unter den US-amerikanischen Arbeitern bei 9.019. Zweck der Umfrage war es, den Arbeitern zu ermöglichen, eigene Erfahrungen beizusteuern. Im Allgemeinen waren die Antworten der Arbeiter umfassend und erkenntnisreich und fanden Eingang in diese Studie – zum Teil als Zitate. Auch wenn unsere Umfrage relativ informell und klein gehalten war, sind wir der Überzeugung, dass die vorliegende Studie durch die Integration der vielgestaltigen Sichtweisen der Arbeiter in Bezug auf die zwölf Forschungsschwerpunkte bereichert wurde.

II. Forschungsschwerpunkte

Die zwölf Forschungsschwerpunkte, aus denen unser Modell besteht, bündeln wir in drei Komplexe: Arbeitsablauf, wechselseitige Computerunterstützung der Arbeit und die Arbeit selbst. Im ersten Schritt betrachten wir die Zukunft der Arbeitsabläufe im Hinblick auf Organisation und Abwicklung von Aufgaben. Im zweiten Schritt besprechen wir die Zusammenführung von Crowdwork mit computerbasierten Prozessen, also die Symbiose zwischen menschlicher Wahrnehmung, künstlicher Intelligenz und computergestützten Crowd-Plattformen. Abschließend gehen wir der Frage nach, wie wir neue Jobs, Reputationssysteme, Motivationen und Anreize so gestalten können, dass sie den Crowdarbeitern zugute kommen. In jedem Teilabschnitt gehen wir auf unsere eigene Motivation ein, nehmen kurz Bezug auf verwandte Studien und Publikationen und schlagen zu bearbeitende Forschungsfragen vor.

Damit Crowdarbeit künftig an Wert und Bedeutung gewinnen kann, ist eine Weiterentwicklung von schlichter und unqualifizierter Tätigkeiten hin zu komplexer, professioneller Arbeit notwendig. In diesem Abschnitt konzentrieren wir uns deshalb auf die wesentlichen Herausforderungen, die es zu bewältigen gilt, um komplexe Crowdarbeitsprozesse zu ermöglichen. (...)

1. Arbeitsabläufe

Motivation / Ziele. Komplexe Aufgabe zeichnen sich durch Abhängigkeiten und wechselnde Anforderungen aus und benötigen verschiedene Formen der Expertise. Es werden deshalb Arbeitsabläufe benötigt, mit denen sich die Zerteilung von Aufgaben in Unteraufgaben ebenso bewerkstelligen lässt wie die Verwaltung der Unteraufgaben und das anschließende Zusammensetzen der Ergebnisse. Erste Studien weisen darauf hin, dass die Bearbeitung komplexer Arbeitsabläufe zu großen Qualitätsunterschieden in den Ergebnissen führen kann, und dies bereits bei nur geringfügigen Unterschieden in der Gestaltung von Anweisungen, Anreizen und Prozessabfolgen. [72,127] Doch was unser tieferes Verständnis der Gestaltungsspielräume für Arbeitsabläufe von Crowdarbeit angeht, stehen wir noch ganz am Anfang.

Verwandte Studien. Traditionelle Organisationen verfügen über langjährige Expertise, was die Gestaltung und das Management von Arbeitsabläufen angeht; in dem Klassiker »Der Wohlstand der Nationen« [133] beschrieb Adam Smith die damit verbundenen Effizienzgewinne. Dank Arbeitsteilung kann eine sehr viel größere Gruppe von Akteuren Arbeit parallel erledigen, sich auf ihre jeweils konkreten Teilaufgaben spezialisieren und auf diese Weise Gesamtaufgaben schneller erledigen, da durch das Wechseln von Aufgabe zu Aufgabe weniger Zeit benötigt wird. [10] Die Koordination zwischen dezentralisierten Arbeitern ist schwierig, aber

Die Zukunft der
Crowdarbeit

Aniket Kittur,
Jeffrey V. Nickerson,
Michael S. Bernstein et al.

Techniken aus der Organisationskoordination lassen sich nutzbringend auf die Crowdarbeit übertragen. [z. B. [72,74,90,97,14]] In traditionellen Firmen werden Arbeitsabläufe durch entsprechende Systeme und formale Sprachen [39] unterstützt. Diese reichen von rein computerbasierten Ansätzen [151] bis hin zu hybriden Ansätzen, bei denen Aufgaben selbst gewählt und dann automatisiert weitergeleitet werden. [138]

Im Kontext von Crowds lassen sich Arbeitsabläufe in ganz anderem Maßstab und unter Einsatz unterschiedlichster Akteure bewerkstelligen. Der Gestaltungsspielraum reicht von in hohem Maße redundanten, unabhängig zu erledigenden Aufgaben (zum Beispiel Wettbewerbe, bei denen es nur einen Gewinner gibt) [8,19,20] bis hin zu hochgradig seriellen Abläufen, bei denen Aufgaben von einem Arbeiter zum nächsten weitergereicht werden (zum Beispiel um eine stufenweise Verbesserung zu erzielen). [87] Neuere Baukastensysteme verfolgen hier einen »flare and focus«-Ansatz für komplexe Aufgaben – zuerst wird hier der Möglichkeitsraum erschlossen, bevor dann einzelne Optionen in der Tiefe behandelt werden. [15,75,87,150] Die Arbeitsabläufe können hier auch von Crowdworkern geleitet werden. [1,75,80,154]

Weiterführende Forschungsansätze. Die Arbeitsabläufe der Crowd greifen derzeit noch nicht nahtlos ineinander und funktionieren am besten bei sehr zielgerichteten Aufgaben. Um bestehende Arbeitsabläufe weiterzuentwickeln, müssen wir Schritt für Schritt mit einer Vielzahl von Parametern, Anweisungen, Anreizen und Aufgabenteilungen experimentieren. Die Kosten hierfür lassen sich durch das modellhafte Erfassen von Arbeiterverhalten [120] sowie durch die modulare Wiederverwertung von Designmethoden, die sich bereits als erfolgreich erwiesen haben, reduzieren. [1,73] Im nächsten Schritt müssen wir dann die Entwicklung von crowdbasierten Arbeitsabläufen in Richtung allgemeinerer Aufgaben und komplexer Probleme (*wicked problems*) weiterentwickeln, für die es keine vorab klar definierbare Lösung gibt. [112] Anstatt lediglich bestehenden Text zu editieren, sollte Crowdarbeit auch dazu in der Lage sein, schöpferisch tätig zu werden und in Bereichen wie Brainstorming, Aufsatzschreiben, musikalische Komposition oder Städteplanung einsetzbar sein. In unserer Umfrage wiesen uns Crowdarbeiter darauf hin, dass sie ebenfalls Hilfe beim Managen ihrer Arbeitsabläufe benötigen, da sie häufig die Anfragen mehrerer Auftraggeber gleichzeitig bearbeiten.

2. Aufgabenzuweisung

Motivation / Ziele. Die gemeinsame Nutzung begrenzter Ressourcen erfordert Koordination – typisches Beispiel ist die Zuweisung verschiedener Aufgaben und Fristen an einen begrenzten Pool von Arbeitern. [117] Im Idealfall werden die von den Auftraggebern gestellten Aufgaben umgehend bearbeitet und die Arbeiter permanent mit interessanten Tätigkeiten versorgt. Im schlechtesten Fall bekommen die Arbeiter Aufgaben zugewiesen, die für sie uninteressant oder zu schwierig sind und mit denen sie daher nicht das Einkommen generieren können, das sie sich erhoffen oder das ihnen zustünde.

Verwandte Studien. In der Betriebswirtschaftslehre kommen Techniken wie das Abarbeiten von Aufgaben nach dem First-come-first-served-Modell, die Organisation in Märkte sowie Managemententscheidungen zum Einsatz. [117] Die Informatik steuert hilfreiche Abstraktionen aus den Bereichen Datenpartitionierung, Ablaufplanung in Betriebssystemen (*OS scheduling*) und Ausfallsicherung (*failover*) bei. (z. B. [34]) Derzeit sind die Arbeiter typischerweise gezwungen, Aufgaben in der Warteschlange

Die Zukunft der Crowdarbeit

Aniket Kittur,
Jeffrey V. Nickerson,
Michael S. Bernstein et al.

193 gemäß Umfang und Aktualität abzuarbeiten. [29] Es gibt aber auch Algorithmen, die dazu in der Lage sind, auf der Basis von Qualifikation automatisch Arbeitsgruppen zusammenzustellen. [5]

Weiterführende Forschungsansätze. Die Zuweisung von Aufgaben erfolgt bisher typischerweise nach dem First-come-first-served-Modell (zum Beispiel das ESP Spiel oder Galaxy Zoo [2, 106] oder wird nach dem Prinzip des Marktes abgewickelt (zum Beispiel *oDesk, Mechanical Turk*). In beiden Fällen können die Planer die richtige Zusammensetzung an Anreizen nur erraten und über mehrere Durchläufe hinweg testen, um zu einer erfolgreichen Konstellation zu gelangen. Dieser Prozess ist nicht nur zeitintensiv, sondern auch teuer. Diese hohen Entwicklungskosten und Reibungsverluste bei der Suche nach der richtigen Verbindung [4] ließen sich durch bessere theoretische Modelle, Märkte und automatisierte Zuweisungsprozesse drastisch reduzieren. (z. B. [14]) Zur Zuweisung von Aufgaben gemäß individueller Fähigkeiten gibt es auch Studien aus dem Bereich der betriebswirtschaftlichen Arbeitsablaufforschung. [110, 128] In unserer Umfrage beschwerten sich mehrere Arbeiter darüber, dass es sie zu viel Energie kostet, die für sie jeweils passenden Aufgaben zu finden. Einer von ihnen schlug vor, dass die Plattformen automatisch die nächste zu erledigende Aufgabe empfehlen sollten, basierend auf den zuvor vom jeweiligen Arbeiter erledigten Aufgaben. Diese Einwürfe legen die folgende Forschungsfrage nahe: Sollte die Zuweisung und Verwaltung von Aufgaben besser durch die Arbeiter oder durch die Plattform erfolgen? Mit anderen Worten: Sollten die Aufgaben abgerufen oder zugewiesen werden?

3. Hierarchien

Motivation / Ziele. In traditionellen Organisationen haben sich Hierarchien als die vorrangige Managementstrategie herausgebildet. Sie erweisen sich als nützlich für Koordination, Entscheidungsfindung, Qualitätskontrolle sowie für die Zuweisung von Prämien und Sanktionen.[30,92] Hierarchien ermöglichen es, große und komplexe Aufgaben wie zum Beispiel die Entwicklung und Produktion eines Autos mittels klarer und legitimer Autoritätsverhältnisse und organisationsübergreifender Arbeitsabläufe herunterzubrechen. Durch die Einführung von Hierarchien in den Bereich der Crowdarbeit könnten Gruppen von Arbeitern in die Lage versetzt werden, bisher unerschlossene Arten von komplexen Aufgabenstellungen in Angriff zu nehmen. Zudem ließen sich die Effizienz, Einheitlichkeit und Zusammenführung der Ergebnisse verbessern. Durch die Etablierung von Standards in Fragen der Verantwortlichkeit, Entscheidungsfindung, Konfliktlösung und Überprüfung könnten Hierarchien es Arbeitern auch ermöglichen, sich mehr als Team zu verstehen.

Verwandte Studien. Auf Freiwilligenarbeit basierende Crowdsourcing-Plattformen haben ihre ganz eigenen Hierarchien und Entscheidungsfindungsprozesse etabliert,[104,156] teilweise unter Einbeziehung von Techniken aus anderen Online-Communities.[101] In den meisten auf Bezahlung basierenden Ansätzen treffen Arbeiter hierarchische Entscheidungen gemeinschaftlich: beispielsweise beim Zergliedern und Zusammenfügen von Aufgaben,[75,80] bei der gegenseitigen Qualitätskontrolle[78,100] und der Wahl von Vertretern zur Repräsentation kollektiver Entscheidungen.[83] *MobileWorks* und *oDesk* heben einzelne Arbeiter hervor und übertragen ihnen leitende Funktionen.[79] Es gibt bisher jedoch keine vergleichenden Studien, die sich mit der Effektivität solcher Maßnahmen befassen.

Die Zukunft der Crowdarbeit

Aniket Kittur,
Jeffrey V. Nickerson,
Michael S. Bernstein et al.

195   *Weiterführende Forschungsansätze.* Der flexible Charakter von Crowdarbeit eröffnet völlig neue Formen von Hierarchien, innerhalb derer die Arbeiter ständig von einer Rolle in die andere schlüpfen können. Crowd-Management wäre als eine mehrschichtige Baumstruktur, bestehend aus Vorarbeitern, Auftraggebern, Systemen für maschinelles Lernen und Algorithmen, denkbar. In einer solchen Baumstruktur könnten Teilnehmer je nach Job mal als Arbeiter tätig sein, also die Rolle von Blättern einnehmen, und mal als Manager eine tragende Funktion übernehmen. Um eine solche Vision zu realisieren, braucht es Verbesserungen auf den Plattformen (zum Beispiel *oDesk*-Teams) und die Entwicklung von darauf aufbauenden Systemen. Vorstellbar ist auch, dass sich selbstorganisierte Gruppen von Arbeitern gemeinsam auf Jobs bewerben, aber nach außen als eine einzige Person auftreten. Doch es ist auch mit Widerstand gegen die Einführung von Hierarchien zu rechnen: Einer der befragten Arbeiter schrieb:»Ich mag es so, wie es ist. Ohne ersichtliche Hierarchie. Die Abwesenheit von Hierarchien ist sogar einer der attraktivsten Aspekte von *mTurk*. Jeder kann sein eigener Chef sein.« Dieser Kommentar legt nahe, dass es weiterführende empirische Studien braucht, die sich mit der Frage befassen, ob Crowdarbeiter selber leitende Aufgaben übernehmen wollen oder bereit sind, sich von Kollegen anleiten zu lassen. Möglicherweise werden derzeitige Organisationsstrukturen durch konzeptionell neuartige ersetzt werden, in denen weisungsgebende und weisungsgebundene Rollen stärker miteinander verwoben sind.

4. Echtzeit-Crowdarbeit

Motivation / Ziele. Für Arbeit, die innerhalb eines engen Zeitfensters erledigt werden muss, werden wir sogenannte *Flashcrowds* benötigen: Gruppen von Individuen, die schon wenige Augenblicke nach Aufgabenstellung das jeweilige Problem in Angriff nehmen und synchron abarbeiten. Jede Anwendung, die sich auf On-Demand-Crowdsourcing stützt, [z. B. 15, 17]) ist allerdings durch das Problem der Crowd-Latenz eingeschränkt, die derzeit mehrere Stunden [15] oder sogar Tage [72] beträgt.

Verwandte Studien. Die Erforschung von Echtzeit-Crowdarbeit wurde bisher vor allem von dem Ziel möglichst kurzer Rekrutierungszeiten getrieben. Gerade die Anfänge der Forschung waren geprägt von zeitkritischen Aufgaben, wie der Suche nach vermissten Personen [59] und auf Schnelligkeit ausgerichteten »Wettbewerben«. [99, 140] Im Bereich der bezahlten Crowdarbeit begannen Forscher damit, einer Auswahl von Arbeitern am Abend vorher per E-Mail die Ankündigung und Uhrzeit für die Teilnahme an einem Experiment zu schicken. Indem Arbeiter mit alten Aufgaben beschäftigt gehalten wurden, ließ sich die Wartezeit auf eine halbe bis eine Minute verkürzen. [17] Es hat sich als ausreichend erwiesen, Arbeitern ein kleines Entgelt dafür zu zahlen, dass sie auf Abruf zur Verfügung stehen. So lässt sich innerhalb von zwei bis drei Sekunden eine Crowd zusammenrufen. [13, 14] Mithilfe des Warteschlangenprinzip (queuing theory) lässt sich diese Technik so weiterentwickeln, dass Crowds in nur 500 Millisekunden einsatzbereit sind.

Weiterführende Forschungsansätze. Die zwei wichtigsten Herausforderungen für Echtzeit-Crowdsourcing sind die dynamische Anpassung beziehungsweise Skalierung entsprechend gesteigerter Nachfrage nach in Echtzeit zur Verfügung stehenden Arbeitern und die Steigerung der Arbeitereffizienz in einem Maße, das es erlaubt, gemeinschaftliche Ergebnisse innerhalb enger Zeitfenster zu erzielen. Welche Konsequenzen wird es haben, wenn mehr und mehr Aufgaben eine solch schnelle Bearbeitung

Die Zukunft der Crowdarbeit

Aniket Kittur,
Jeffrey V. Nickerson,
Michael S. Bernstein et al.

erfordern und wenn die Größe der Crowd anwächst? Ist es möglich, eine große Anzahl von Echtzeit-Crowdsourcing-Aufgaben zu unterhalten, die allesamt um die Aufmerksamkeit der Crowdarbeiter konkurrieren? [14] Arbeiter, die sehr schnell zur Verfügung stehen, können dennoch langsam im Abarbeiten von Aufgaben sein. [13] Ist es möglich, Algorithmen und Arbeitsabläufe zu entwerfen, die die schnelle und synchrone Bewälti-gung von Aufgaben gestatten? Bisher sind diese Techniken auf einige wenige Bereiche beschränkt, [13] doch auch allgemeinere Ansätze könnten möglich sein. Wäre es nicht zum Beispiel denkbar, einen Web-Entwick-lungsprozess mit einer schnellen Skizze auf einer Serviette zu beginnen, darauf aufbauend von einem Designer Interface-Alternativen gestalten zu lassen, diese von einem Usability-Experten testen zu lassen und schließlich die beste Variante von einem Front-End-Ingenieur umsetzen zu lassen – und alles an nur einem einzigen Nachmittag? Arbeiter schei-nen an solchen Aufgaben durchaus interessiert zu sein. Einer der von uns Befragten schlug vor: Man bräuchte »mehr Möglichkeiten der Kom-munikation mit dem Auftraggeber, etwas über E-Mail Hinausgehendes, zum Beispiel eine unmittelbare Chat-Funktion.« Jemand anderes schrieb: »Für solche Gelegenheiten wäre ein Benachrichtigungssystem auf der Benutzeroberfläche der Arbeiter begrüßenswert.«

5. Synchrone Kollaboration

Motivation / Ziele. Viele lohnenswerte Aufgaben erfordern Kooperationen – dennoch hat sich Crowdsourcing bisher weitgehend auf unabhängig ausgeführte Arbeit konzentriert. Dezentralisierte Teamarbeit war schon immer mit Herausforderungen wie kulturellen Unterschieden und Fragen der Koordination konfrontiert, [60] aber Crowdarbeit muss nun ein gutes

Arbeitsverhältnis innerhalb wesentlich kürzerer Zeiträume (zum Beispiel innerhalb einer Stunde) und eventuell über größere kulturelle oder sozioökonomische Unterschiede hinweg schaffen.

Verwandte Studien. Viele der bestehenden Versuche, Crowd-Arbeit kollaborativ zu organisieren, zeichnen sich durch hochgradig strukturierte Kommunikation aus. Zum Beispiel können Crowds dezentralisiert zu lösende Aufgaben bewältigen, indem das Vorgehen des Kollegen studiert wird, [91] Entscheidungen, welche Schwerpunkte innerhalb der vorgeschlagenen Möglichkeiten gesetzt werden sollen, vom System übernommen werden, [13] fortwährend neue Anführer gewählt werden [83] und Wissen an neue Mitglieder weitergegeben wird. [84] Diese Techniken reduzieren den Schaden, den ein einzelner unfähiger oder böswilliger Crowdarbeiter anrichten kann, und ermöglichen Feedback und Wissensgenerierung, [42] beschränken aber auch die Arten möglicher Kollaborationen.

Vielversprechend erweisen sich auch unstrukturierte Kollaborationen, zum Beispiel indem Arbeitern eine Aufgabe gestellt und ihnen kollaborative Texteditoren zur Verfügung gestellt werden. Diese Techniken knüpfen an die Forschung über synchrone Kollaboration an. (z. B. [53, 66])

Weiterführende Forschungsansätze. Für die Umstellung von unabhängig agierenden Arbeitern auf jederzeit abrufbare Teams müssen wir auf traditionelle Formen computergestützter kollaborativer Arbeit (CSCW) zurückblicken und diese um dezentrale Teamarbeit erweitern. Die kurzen Zeitfenster intensiver Crowd-Kollaborationen verlangen nach einer schnellen Teambildung und bedürfen möglicherweise einer automatischen Zuweisung der Gruppenmitglieder, um die kollektive Intelligenz zu maximieren. [5, 149] Die große Aufgabe für die Forschung ist es hier,

Die Zukunft der Crowdarbeit

Aniket Kittur,
Jeffrey V. Nickerson,
Michael S. Bernstein et al.

diejenigen Aufgaben und Techniken zu entwickeln und zu beschreiben, die sich für die synchrone Bearbeitung besonders eignen.

6. Qualitätskontrolle

Motivation / Ziele. Qualitätsschwankungen stellen eine große Herausforderung für die Einführung von Crowdarbeit im großen Maßstab dar. Crowdarbeit ist so attraktiv, weil sie einen hohen Durchsatz, auch an komplexen und subjektiven Aufgaben, bei geringen Transaktionskosten ermöglicht. Dies wirft allerdings auch besondere Schwierigkeiten für die Qualitätskontrolle auf. Um den Arbeitsaufwand möglichst gering zu halten, tun Arbeiter nur das Allernötigste oder versuchen im Extremfall sogar, das System zu ihren Gunsten zu manipulieren (*cheating and gaming*). Man kann zum Beispiel davon ausgehen, dass mindestens 30 Prozent der bei *Mechanical Turk* geleisteten Beiträge von geringer Qualität sind. [15, 72] »Arbeiter verabreden untereinander, falsche Antworten abzugeben, um das System auszutricksen«, warnte uns ein Arbeiter. Das bedeutet, dass auf Konsens basierende Qualitätskontrollen von Arbeitern umgangen werden können, indem sie ihre Antworten absprechen. Weitere Faktoren, die zu suboptimalen Ergebnissen beitragen können, sind Arbeiter mit geringer Fachkenntnis sowie unklare Weisungen seitens der Auftraggeber. Probleme entstehen sogar, wenn Arbeiter hoch motiviert sind: Die Beiträge von Übereifrigen (eager beavers) sind oft wohl gemeint, aber kontraproduktiv. [15] In unserer Umfrage wurde deutlich, dass die Arbeiter Qualitätskontrollen als ein ernstes Problem ansehen, da sich diese unmittelbar auf ihre Entlohnung auswirken, und sie äußerten Ablehnung gegenüber Kollegen, die durch Fehlverhalten die Qualitätsstandards senkten. Es gibt jedoch auch viele Beschwerden über Auftraggeber. Ein Arbeiter sagte: »Viel zu oft ist schon der Auftrag schlecht gestaltet oder verwirrend formuliert und es gibt Missverständnisse zwischen Arbeitern und denen, die die Aufgaben formulieren.«

Verwandte Studien. Von allen Forschungsschwerpunkten hat das Problem der Qualitätskontrolle bisher am meisten Aufmerksamkeit erfahren. Die dabei praktizierte Vorgehensweise lässt sich grob in zwei Lager aufteilen: die vorab definierte Aufgabengestaltung (*up-front task design*) und die nachgelagerte Ergebnisanalyse (*post-hoc result analysis*). Das angestrebte Ziel bei der Aufgabengestaltung ist Resistenz gegenüber Arbeit von niedriger Qualität. Zum Beispiel kann der Auftraggeber die zu erledigende Arbeit in fehlertolerante Teilaufgaben herunterbrechen, [15,75,103] Peer-Review und Zustimmungsfilter anwenden, [2,15,17,42,63,75] Anweisungen optimieren [43,72,127] und Anreize anpassen. [26,115,127]

Auf das Endergebnis ausgerichtete Qualitätskontrollen filtern minderwertige Arbeit aus, nachdem sie eingereicht wurde. Sie können an einem Goldstandard gemessen werden, [24,43,85] der auf vorab klassifizierten Daten basiert. Das Verwenden solcher Goldstandards kann einer Beeinflussung der Daten durch die Voreingenommenheit seitens der Arbeiter verhindern. [37] Entsprechende Goldstandard-Datensätze zu erstellen ist jedoch nicht leicht und für subjektive oder kreative Aufgabenstellungen wie beispielsweise das Verfassen eines Essays mitunter überhaupt nicht möglich. Üblich ist auch, Beiträge anhand der Übereinstimmung mit denen anderer Arbeiter [24,36,64,134] und anhand deren Abstimmungsverhalten zu werten. Es ist allerdings kostspielig, für einen Aufgabe mehrere Arbeiter zu rekrutieren, und bei kreativen Aufgaben wird unter Umständen kein einheitliches Ergebnis erzielt. Auch dieser Ansatz ist anfällig für

Die Zukunft der Crowdarbeit

Aniket Kittur,
Jeffrey V. Nickerson,
Michael S. Bernstein et al.

geheime Absprachen. [41] Zudem werden Qualitätsicherungsmethoden zunehmend durch das Erschaffen falscher Identitäten unterwandert.

Ein vielversprechender Ansatz, einige der Probleme hinsichtlich der Qualität der Arbeit zu benennen, konzentriert sich auf den Arbeitsprozess und nicht auf das Endergebnis. In diesem Bereich kommt maschinelles Lernen ebenso zum Einsatz wie Visualisierungen, um basierend auf dem Verhalten der Arbeiter die Qualität ihrer Ergebnisse zu prognostizieren. [119,120] Ähnliche, wenn auch vereinfachte Ansätze ermöglichen den Auftraggebern bessere Einblicke in das Verhalten der Arbeiter. Das »Worker Diary« *oDesk* zum Beispiel erstellt in regelmäßigen Abständen Bildschirmfotos von den Computern der Arbeiter. Solche Techniken sind zwar wirksam, sie werfen allerdings eine Reihe von Fragen hinsichtlich Datenschutz und Autonomie der Beschäftigten auf.

Weiterführende Forschungsansätze. Während sich die Qualitätskontrolle bei Aufgaben mit einer begrenzten Anzahl möglicher Antworten ständig verbessert, verfügen wir bisher über wenige Techniken für hoch qualifizierte Aufgaben und solche mit offenem Ausgang. Ist es also möglich, die Fähigkeiten von Arbeitern in Bereichen wie Tontechnik, Kunstkritik oder Dichtkunst fundiert einzuschätzen? Sollten wir uns eher auf die gegenseitige Bewertung durch Kollegen oder auf Datenauswertung der Arbeitsprozesse stützen, um die Qualität von Ergebnissen abzuschätzen? Und lassen sich Qualitätskriterien von einem Marktplatz auf den anderen übertragen?

Auf lange Sicht ist es das Ziel, die richtigen Voraussetzungen für wirklich herausragende Arbeit zu schaffen, anstatt uns lediglich darauf zu konzentrieren, mangelhafte Qualität einzudämmen. Um das zu erreichen, müssen wir die Arbeitsabläufe in den Bereichen Kreativität, Innovation und Erfindung optimieren. Für die Umsetzung dieser Vision wird es nötig sein, entsprechende Experten zu rekrutieren, Maßstäbe zu entwickeln, die uns dabei helfen, Ergebnisse in diesen Bereichen zu bewerten, und Belohnungssysteme einzuführen, die Anreize für die Produktion von Qualitätsgütern bieten.

Die Zukunft von Crowd Computation

Crowdarbeit wird schon jetzt durch Computation vermittelt. Im Hinblick auf Rekrutierung und Management der Arbeiter könnte Computation eine noch viel aktivere Rolle einnehmen und so unmittelbar an den Arbeitsprozessen mitwirken. Hybride Mensch-Computer-Systeme könnten sich sowohl menschliche als auch maschinelle Intelligenz zunutze machen, um die besten Ergebnisse zu erzielen. Unsere folgende Erörterung thematisiert und erforscht das Potenzial, das in dem wechselseitigen Nutzen zwischen Crowdarbeitern und computergestützten Systemen liegt. Bei der *crowdgeleiteten künstlichen Intelligenz* geht es darum, wie die Intelligenz der Crowd dazu genutzt werden kann, Automatisierungsprozesse anzulernen, zu überwachen und zu ergänzen. Bei den *KI-geleiteten Crowds* geht es darum, wie künstliche Intelligenz der Crowd dabei helfen kann, effizienter, geschickter und präziser zu werden. Außerdem berücksichtigen wir das Design und die Bewertung von Crowdsourcing-Plattformen.

Aniket Kittur,
Jeffrey V. Nickerson,
Michael S. Bernstein et al.

7. Crowdgeleitete KI

Motivation / Ziele. Human Computation bedeutet, dass Menschen als Bestandteile der Datenverarbeitung agieren und jene Arbeit verrichten, zu denen die KI nicht in der Lage ist. [2] Durch das Anzapfen von Crowd-Intelligenz

können computergestützte Systeme eine weitaus größere Bandbreite an Aufgaben bewältigen. Dieser Bereich weckt bei den Crowdarbeitern die geringste Begeisterung – vermutlich aus gutem Grund: Es könnte nämlich für die Crowdarbeiter darauf hinauslaufen, dass sie den Maschinen beibringen, sie zu ersetzten.

Verwandte Studien. Durch bezahlte Crowdarbeit wurden bereits riesige Mengen an Daten für das Trainieren von Algorithmen gesammelt. Crowds können bei der maschinellen Sprachverarbeitung helfen, zum Beispiel bei mehrdeutigen Begriffen; [23,134] sie können Sprachdatenbanken für die Erforschung gesprochener Sprache generieren, [23,95] Objekte und Menschen in Bildern mit Anmerkungen versehen [135] und bei der Auswertung von Grafiken helfen, beispielsweise durch das Identifizieren von Tiefenebenen. [51] Crowds sind außerdem dazu in der Lage, algorithmische Probleme wie das Färben von Graphen zu lösen. [68,91]

Weiterführende Forschungsansätze. Algorithmen werden auch in der Zukunft von Datensätzen profitieren, die durch die Crowd generiert wurden. Darüber hinaus gibt es aber auch Möglichkeiten, die Crowd sehr viel tiefer in algorithmische Prozesse zu integrieren. Statt crowdgenerierte Datensätze als Ground Truth Labels zu behandeln, könnte es sich als vorteilhaft erweisen, die der menschlichen Kognition eigenen Faktoren wie Voreingenommenheit und Intuition besser zu verstehen und abzubilden. [147] Vielleicht ist es sogar möglich, Algorithmen für maschinelles Lernen zu kreieren, die die menschlichen Qualitäten dieser Label grundlegender erfassen. Algorithmen könnten außerdem Kosten-Nutzen-Abwägungen gezielter abbilden: zum Beispiel durch das Kombinieren von aktivem und halb betreutem Lernen, um die aussagekräftigsten Labels zu erfassen. [155]

8. KI-geleitete Crowds

Motivation / Ziele. Obwohl große Gruppen immer besser darin werden, einfache, parallel angelegte Aufgaben zu lösen, [54, 139] gilt dies nicht für komplexe Aufgaben. Die Kompetenz der Beteiligten variiert stark, selbst gut gemeinte Beiträge können Fehlerquellen sein, und einmal eingespeist verstärken sich Fehler durch die Verbreitung innerhalb der Crowd. Es ist möglich, Crowds direkt in die Software zu integrieren [15, 17, 46] und diese Software wiederum zu nutzen, um Crowdarbeit zu dirigieren. Beispielsweise kann ein Modell für maschinelles Lernen dazu eingesetzt werden zu bestimmen, welche Ergebnisse noch verbessert werden können, und dann Arbeiter zuzuweisen, die aller Wahrscheinlichkeit nach in der Lage sind, diese Verbesserungen auch durchzuführen. [32, 33] Diese Systeme könnten möglicherweise auch ihren künftigen Bedarf an Fachwissen prognostizieren, um dann Arbeiter online mittels automatisierter Schulung [47, 113] oder Peer Learning [18] vorzubereiten und zu trainieren.

Verwandte Studien. Es gibt vielversprechende computerbasierte Ansätze, entsprechende Muster für Arbeitsabläufe, Anreize und Handlungsanweisungen zu gestalten und zu integrieren. [32, 125] Außerdem gibt es Techniken, um zwischen den Stärken von Crowds und künstlichen Intelligenzen abzuwägen. [67, 146] Letztere könnten außerdem als Lernhilfen fungieren und die Crowds zur Fortbildung ermutigen, indem sie aufzeigen, was andere in ähnlichen Situationen getan haben. (z. B. [109])

Weiterführende Forschungsansätze. Die Forschungsgemeinde sollte untersuchen, ob algorithmisches Management eine Verbesserung gegenüber traditionellen Organisationsmanagement-Techniken darstellt. In einer algorithmischen Organisationsform muss es Crowds möglich sein, abweichend zu handeln und Prozesse anzuhalten beziehungsweise

Die Zukunft der Crowdarbeit

Aniket Kittur,
Jeffrey V. Nickerson,
Michael S. Bernstein et al.

205

wieder zu starten. KIs wiederum müssen lernen einzuschätzen, wann sie den regulären Prozess fortsetzen können, wann sie auf menschliche Hilfe angewiesen sind und wann es ihre Aufgabe ist, den Arbeitern zu helfen. Außerdem sollte es Arbeitern möglich sein, die sie unterstützenden KIs bei Bedarf zu modifizieren. Ziel ist es, sowohl die Leistung der Arbeiter als auch der KIs zu verbessern. Hierzu müssen wir die einfache Konfiguration, in der KIs den Arbeitsablauf komplett bestimmen, hinter uns lassen und auf komplexere Konfigurationen hinarbeiten, in denen Crowds und KIs voneinander lernen und gemeinsam den Arbeitsablauf kontrollieren.

9. Plattformen

Motivation / Ziele. Crowdsourcing-Plattformen sind der Dreh- und Angelpunkt zwischen Auftraggebern und Arbeitern. Deshalb hat das Design dieser Plattformen das Potenzial, die Beziehungen und Handlungsabläufe zwischen Arbeitern und Auftraggebern praktisch zu gestalten und unsere Vorstellungen von Crowdarbeit grundlegend zu verändern. Obwohl schon zahlreiche unterschiedliche Plattformen existieren, sollten wir unser Handlungspotenzial nicht auf diese bestehenden Modelle reduzieren. Stattdessen kann die Neugestaltung von Plattformen auch zu neuen Methoden und Techniken der Crowdarbeit führen.

Verwandte Studien. Die Erforschung von Crowdsourcing-Plattformen bezieht sich auf die Optimierung bestehender Prozesse sowie auf die Erschließung größerer Bevölkerungskreise. *CrowdFlower* experimentiert beispielsweise mit einem eigenen Goldstandard-Maßstab, um zu verhindern, dass immer wieder die gleichen Fragen gestellt werden. [129] Manche Plattformen verwalten große Mengen von Echtzeit-Aufgabenstellungen oder verteilen diese um, sodass jeder Aufgabe ein steter Zufluss von Arbeitern zur Verfügung steht. [14] Abhängig von ihrer Leistung befördert *MobileWorks* die eigenen Crowdarbeiter in leitende Positionen. [79] Um den Einzugsbereich möglicher Arbeiter zu erweitern, adressieren *Mobile Works* und *mClerk* mit Hilfe von maßgeschneiderten Schnittstellen für mobile Endgeräte auch Entwicklungsländer. [56,100] Auch können besondere Anreize gesetzt werden, um lokale Experten vor Ort zu rekrutieren: So wurde beispielsweise für die Vergabe von Benotungsaufgaben bei Examen ein Verkaufsautomat eingesetzt – als Belohnung wurden auf diesem Wege auch Süßigkeiten ausgegeben. [58]

Weiterführende Forschungsansätze. Der Entwurf und die Konstruktion einer völlig neuen Plattform mag respekteinflößend erscheinen, doch wie das Beispiel der Googlegründer Sergey Brin und Larry Page zeigt, [21] kann es auch zwei Doktoranden gelingen, nicht nur die kommerzielle Landschaft, sondern auch die Art und Weise, wie Menschen arbeiten, grundlegend umzugestalten. Wir appellieren daher an die Community, in ähnlicher Weise unsere Vorstellung davon zu revolutionieren, was eine Crowdsourcing-Plattform ist und leisten kann. Es braucht innovative visionäre Ansätze für Crowdarbeit, die zugleich effektiv, effizient und fair sind. Dabei muss jenseits der technologische Ebene das Gleichgewicht zwischen den beteiligten Parteien verhandelt werden, denn dies ist ein zentraler Aspekt für Plattformen und Märkte. [11,130] Schon heute ist die Crowdarbeit mit den Folgen ungleicher Machtverhältnissen konfrontiert, die denen auf herkömmlichen Arbeitsmärkten nicht unähnlich sind. Es ist daher damit zu rechnen, dass auch künftige Plattformen von Regulierungsbestrebungen geprägt und beschränkt werden, beispielsweise im Hinblick auf den rechtlichen Status vermeintlicher Selbstständiger, die

Die Zukunft der Crowdarbeit

Aniket Kittur,
Jeffrey V. Nickerson,
Michael S. Bernstein et al.

regelmäßig die immer gleichen Tätigkeiten ausführen. [45] Der Umstand, dass Plattformen anstelle von monetärer Entlohnung Arbeit auch im Austausch gegen virtuelle Güter in virtuellen Umgebungen in Auftrag geben können, wird möglicherweise zu zusätzlichen Kontroversen über die Verfahrensweise führen. [44] Ein weiteres Thema ist der Datenschutz: Wie können Plattformen genug Informationen offenlegen, um als Quelle vertrauenswürdiger Arbeitskräfte angesehen zu werden, ohne dabei den Datenschutz zu verletzen? Erfahrungen auf Märkten wie eBay oder Amazon legen nahe, dass ein höherer Grad an Transparenz hilfreich sein kann. Doch müssen solche Mechanismen sehr vorsichtig eingesetzt werden, um Missbrauch zu vermeiden. [38]

Auch Fragen der Sicherheit werden immer wichtiger. So ist zum Beispiel eine Zunahme von Identitätsdiebstählen und missbräuchlichem Einsatz gehackter Benutzerkonten denkbar. [41] Forschung zur Computersicherheit muss mit Angriffen auf die Plattformen ebenso rechnen wie mit Angriffen, die von den Plattformen aus gestartet werden. [144]

Die Zukunft der Crowdarbeiter

Crowdwork basiert auf einer Partnerschaft zwischen Auftraggebern und Arbeitern. Für die zukünftige Gestaltung der Crowdarbeit ist es daher wichtig, Werkzeuge zu entwickeln, die nicht nur die Verrichtung der Arbeit, sondern auch die Arbeiter selbst unterstützen. Daher benennen und diskutieren wir im Folgenden drei wichtige Forschungsfelder für die Unterstützung künftiger Crowdarbeiter: Aufgabengestaltung, Reputation und Referenzen, Motivation und Belohnung.

10. Aufgabengestaltung

Motivation / Ziele. Einige der zu erledigenden Aufgaben sind schlichtweg stumpfsinnig: »Es wäre besser, wenn manche der Aufgabenstellungen nicht so monoton wären ... Ich kann keinen langfristigen Nutzen erkennen und das entmutigt mich.« Zwar kann die Langeweile, die solchen Aufgaben innewohnt, reduziert werden, indem man diese in Spiele verpackt, doch bloße Unterhaltung bleibt eine recht oberflächliche Form der Arbeitszufriedenheit. Wir glauben, dass die Zukunft der Crowdarbeit davon abhängt, Aufgaben zu gestalten, die sowohl Leistung als auch Arbeitszufriedenheit erzielen.

Verwandte Studien. In traditionellen Firmen empfinden Arbeiter ihre Tätigkeit als sinnvoller, wenn Manager Aufgaben so gestalten, dass sie unterschiedliche Fähigkeiten ansprechen und zudem Eigenständigkeit und Bedeutung aufweisen. [57] Auch zeigen Arbeiter, die ihre Tätigkeiten autonom ausführen können und die ein Feedback erhalten, ein größeres Verantwortungsgefühl und besseres Verständnis für die Auswirkungen ihrer Arbeit. In Kombination führen diese Faktoren zu erhöhter Leistung für die Firmen und einem niedrigeren Aufkommen von Fehlzeiten und Kündigungen. [57]

Im Gegensatz zu Plattformen wie Wikipedia, die auf Freiwilligenarbeit basieren, bieten die meisten Crowdarbeit-Plattformen für bezahlte Tätigkeiten leider keine solche Vielfalt im Hinblick auf erforderliche Fähigkeiten sowie die Eigenständigkeit und Bedeutung einzelner Aufgaben. Es zahlt sich jedoch unmittelbar aus, wenn es Auftraggebern gelingt, den Arbeitern die Eigenständigkeit und Bedeutung der jeweiligen Aufgaben zu vermitteln. [26, 115] Zeitnahes und aufgabenspezifisches Feedback von Auftraggebern und Kollegen sowie Gelegenheit zur Selbsteinschätzung

Die Zukunft der Crowdarbeit

Aniket Kittur,
Jeffrey V. Nickerson,
Michael S. Bernstein et al.

helfen den Arbeitern, dazuzulernen, beharrlich zu sein und bessere Ergebnisse zu produzieren. [42]

Weiterführende Forschungsansätze. Das ideale Crowdarbeit-System sähe so aus: Arbeiter wickeln eigenständig Aufgaben im Ganzen und auf eine Weise ab, die befriedigend und messbar ist. (vgl. [62]) Ein solches System würde die Bedeutung des Jobs vermitteln, Feedback von Kollegen und Experten anbieten und zur Selbsteinschätzung ermuntern. Das System könnte verschiedene Wege anbieten, auf die sich eine Aufgabe erledigen ließe, und so den Arbeitern mehr Autonomie geben sowie zugleich die Fehlerzahl reduzieren. [55] Um dieser Vision näherzukommen, ist es nötig, sich mit den Arbeitern über Umfang und Stellenwert der jeweiligen Tätigkeit zu verständigen. Dabei sollte sichergestellt werden, dass sie sich ihrer eigenen Bedeutung bewusst sind.

Mehr Hintergrundinformationen bereitzustellen, hat jedoch auch seine Nachteile. Zwar ermöglicht dies den Arbeitern, besser einzuschätzen, wo die Früchte ihrer Arbeit zum Einsatz kommen. So können sie fundierter darüber entscheiden, ob sie an einer Aufgabe mitarbeiten möchten. Aber die zusätzlichen Hintergrundinformationen verlangsamen den Prozess sowohl für Arbeiter als auch für Auftraggeber und mindern die Effizienz. Zudem ist davon auszugehen, dass Auftraggeber zum Schutz von persönlichen Daten, Firmendaten und geistigem Eigentum nicht in jedem Fall Hintergrundinformationen werden preisgeben wollen. Es gilt hier also, unterschiedliche und rivalisierende Interessen in ein ausgewogenes Verhältnis zu bringen: Wie viel Informationen brauchen Arbeiter, um in eine Tätigkeit wohlinformiert einzuwilligen, motiviert zu sein und bei der Sache zu bleiben? Ab wann schlagen sich diese zusätzlichen Hintergrundinformationen negativ auf die Effizienz nieder? Und wie viele Informationen lassen sich zu Recht zurückhalten, um die Interessen der Auftraggeber zu wahren?

11. Reputation und Referenzen

Motivation / Ziele. In traditionellen Firmen sind Reputation und Referenzen entscheidende Werkzeuge, um Mitarbeiter nachhaltig auszuzeichnen oder abzustrafen und auf diese Weise die Qualität der Arbeit sicherzustellen. So ziehen beispielsweise Markennamen wie Google oder Apple zuhauf Bewerbungen von Programmierern an und erhöhen, wenn die Tätigkeit für eines dieser Unternehmen im Lebenslauf auftaucht, im Umkehrschluss die weiteren Bewerbungschancen. Die meisten Systeme für Crowdarbeit haben hingegen nur sehr grobe Mechanismen für die Verwaltung von Reputation und Referenzen. So misst beispielsweise die sogenannte Worker's History von *Mechanical Turk* lediglich den Prozentsatz von Arbeit, die vom Auftraggeber für gut befunden wurde. Herkömmliche Arbeitgeber beurteilen hingegen den Ausbildungsgrad und den beruflichen Werdegang von Jobanwärtern mit einer ganzen Bandbreite von Werkzeugen wie zum Beispiel Bewerbungsgesprächen, Studienbüchern und Empfehlungsschreiben. Umgekehrt können auch die Bewerber Informationen über die Reputation des Arbeitgebers einholen. In unserer Umfrage wurde unter den Crowdworkern der Wunsch geäußert, die Reputation der Auftraggeber innerhalb der Plattformen bewerten zu können. [130]

Die Zukunft der Crowdarbeit

Aniket Kittur,
Jeffrey V. Nickerson,
Michael S. Bernstein et al.

Verwandte Studien. Auf Freiwilligenarbeit basierende Crowdarbeit und Online-Kollaboration kann durch robuste Mechanismen zur Förderung von Vertrauen, Sicherheit und Verantwortlichkeit unterstützt werden. [28, 76] Ebenso kann eine schlechte Reputation im Bereich der auf Bezahlung

basierenden Crowdarbeit ernsthafte finanzielle Konsequenzen haben[111] und Menschen dazu motivieren, die Systeme zu ihren Gunsten zu beeinflussen. Beispielsweise ist es denkbar, dass Arbeiter sogenannte *Sybil Identitäten* – also Pseudonyme[41] – einrichten, um ihre Reputation zu erhöhen und Qualitätskontrollen zu unterwandern. Außerdem können Arbeiter sich direkt oder indirekt auf gegenseitige Empfehlungen einigen.[38] Die Gestaltung und Bewertung künftiger Reputationssysteme für Crowdarbeit muss sich mit diesen Problemen auseinandersetzen.

Weiterführende Forschungsansätze. Im Bereich der Reputation ist die zentrale Herausforderung, eine Balance zu finden zwischen den Vorteilen einer auf Pseudonymen beruhenden Einstellungspraxis mit niedrigen Transaktionskosten und denen der aussagekräftigeren, aber auch mit höheren Transaktionskosten verbundenen Einstellungspraxen, wie sie bei den meisten Firmen heute üblich sind. Während Auftraggeber beispielsweise über die Arbeiter auf *Mechanical Turk* wenig wissen und diese aufgrund ihrer Anonymität und Unsichtbarkeit praktisch sofort für Arbeit eingespannt werden können, sind die Transaktionskosten für das Einstellen von Arbeitskräften auf Plattformen wie *oDesk*, die ein aussagekräftigeres Reputationssystem einsetzen, entsprechend höher. Hier müssen Arbeiter und Arbeitgeber miteinander verhandeln und sich einig werden. Um diesen Herausforderungen zu begegnen, müssen die Reputationssysteme gegen Betrug und Manipulation geschützt werden, ohne dabei die Vorteile von Pseudonymen und die damit verbundenen geringen Transaktionskosten bei der Einstellung zu opfern. Eine mögliche Lösung könnte es sein, ein *Web of Trust* zu etablieren, in dem sich Arbeiter und Auftraggeber gegenseitig als vertrauenswürdig auszeichnen können.[79] Es besteht allerdings die Gefahr, dass auch ein solches auf Vertrauen

basierendes Netzwerk von unlauter agierenden Arbeitern und Auftraggebern unterwandert wird. Möglicherweise lässt sich solches Gebaren
jedoch mithilfe von Interfaces aufdecken: beispielsweise durch Sicht-
barmachung von Topologien,[121,144] statistischen Mustern[93] und Verhalten.[120]

Die Entwicklung von technischen Werkzeugen zum Austausch von Informationen über Arbeiter sollte an robustere Systeme gekoppelt werden, die
missbräuchliches Verhalten seitens der Auftraggeber beobachten und
melden.[131] Zu guter Letzt sollten Initiativen zur intensiveren Reputations-
verwaltung im Hinblick auf das Bedürfnis nach Datenschutz sowie die
potenziellen Vorteile, die eine anonyme Zusammenarbeit zwischen Auftraggebern und Arbeitern ermöglicht, erfolgen.[16]

12. Motivation und Belohnungen

Motivation / Ziele. Oft stellen sich Auftraggeber die Arbeiter in der Crowd
entweder als eine anonyme Menge vor, die sich zu Akkordarbeit durch
die Auszahlung von kleinen Geldbeträgen motivieren lässt, oder als gut
ausgebildete Profis, die an großen, besser bezahlten Aufgaben arbeiten,
und zwar ohne Aufsicht durch das Management. Tatsächlich ist die
Zusammensetzung von Crowdarbeitern jedoch vielfältig, mit einer
großen Bandbreite an Motivationen und Erfahrungsgraden.[48] Doch
haben sich bisher nur wenige Forscher mit der Vielfalt und Tiefe dieser
Motivationen, die die einzelnen Menschen in der Crowd antreibt, auseinandergesetzt. Einer der Arbeiter erinnerte uns daran, dass sowohl
Auftraggeber als auch Arbeiter motiviert werden müssen: »Wir könnten wirklich etwas mehr Motivation gebrauchen, wir erledigen Aufgaben für Pfennigbeträge. *mTurk* sollte Auftraggeber dazu anregen und

**Die Zukunft der
Crowdarbeit**

Aniket Kittur,
Jeffrey V. Nickerson,
Michael S. Bernstein et al.

belohnen, klar verständliche Anweisungen, sowie unverzügliche und höhere Bezahlung zu gewährleisten. Entsprechende Prämien für Auftraggeber würden zu Aufgaben führen, die den Aufwand wert wären, die wir ernster nehmen und an denen wir härter arbeiten würden. Solch gute und verlässliche HITs sind spärlich gesät.«

Verwandte Studien. Forschungsergebnisse aus den Bereichen Psychologie, Soziologie, Management und Marketing, die Aufschlüsse über menschliche Motivation geben, lassen sich auch auf Crowdarbeit anwenden. Die Managementforschung zeigt, wie anspruchsvoll es ist, gewünschtes Verhalten zu verstehen, zu kommunizieren und zu belohnen. [70] Arbeiter sind darum bemüht, lohnende Tätigkeiten herauszufinden, und lassen praktisch alle anderen Aufgaben beiseite. Andere Studien kommen zu gemischten Erkenntnissen, was die Auswirkung finanzieller Belohnungen auf die von den Arbeitern produzierten Ergebnisse angeht. Diese Studien betonen, dass die Leistung und Zufriedenheit der Arbeiter insbesondere durch die Nutzung intrinsischer Anreize bei der Aufgabengestaltung positiv beeinflusst wird: durch nichtmonetäre Auszeichnungen, Anerkennung, Sinnhaftigkeit der Aufgaben und das Gefühl, etwas zum Gemeinwohl beizutragen. [26,72,86,94,115,127]

Frühere Forschungsarbeiten legen nahe, dass Auftraggeber sich erstens über das gewünschte Verhalten der Arbeiter klar werden und dies auch entsprechend kommunizieren sollten, sie zweitens verstehen sollten, welches die Motive und Anreize der Arbeiter sind und diese in Einklang mit dem gewünschten Verhalten bringen. Und dass sie drittens die Aufgabenstellung und Anreizstruktur so gestalten, dass sie sowohl auf effektive Abwicklung als auch auf die Zufriedenheit der Arbeiter abzielt. Dies setzt voraus, dass die Auftraggeber sich der Vielfältigkeit der

Motivationen unter den Arbeitern bewusst werden. [z. B. [7, 11, 71, 116]) Dazu zählt das Streben nach Kompetenz, der Wunsch, Spaß zu haben, Verbundenheit, Gemeinschaftlichkeit und Autonomie zu spüren. [49]

Weiterführende Forschungsansätze. Die Zukunft der Crowdarbeit erfordert, dass sich Forscher und Plattformgestalter mit der ganzen Breite des Motivationsspektrums befassen und nicht bloß mit den finanziellen Anreizen. Wir müssen Rahmenbedingungen schaffen, die den dynamischen Charakter von Motivationen und deren Abhängigkeit vom jeweiligen Kontext berücksichtigen. Es ist beispielsweise fraglich, ob für expertenbasierte Crowdsourcing Märkte Bezahlung für sich genommen der optimale Anreiz ist. Die hier angesprochenen Rahmenbedingungen sollten uns von der bloßen Analyse hin zur Gestaltung von Anreizsystemen führen. Die Forschung sollte die Zweiteilung in entmenschlichende Akkordarbeit auf der einen und reibungslose virtuelle Kollaboration auf der anderen Seite überwinden und stattdessen ganzheitlichere Rahmenbedingungen schaffen, innerhalb derer es möglich ist, Systeme entwickeln und zu verstehen, die die vielfältigen Motivationen der Arbeiter unterstützen. [z. B. [22, 50, 52, 81, 82, 107, 124]])

III. Nächste Schritte

Viele der großen Probleme, die sich Auftraggebern und Arbeitern stellen werden, erfordern die Berücksichtigung mehrerer Perspektiven. Im Folgenden beschreiben wir drei Gestaltungsziele, die zeigen, wie die Integration mehrerer Perspektiven zu konkreten nächsten Schritten und Handlungsaufrufen führen kann und auf diese Weise sowohl die Bedingungen für die Arbeiter in der Crowd als auch die Personalentscheidungen der Auftraggeber verbessert.

Die Zukunft der Crowdarbeit

Aniket Kittur,
Jeffrey V. Nickerson,
Michael S. Bernstein et al.

Die Erzeugung von Karriereleitern

Für die berufliche Entwicklung ist Crowdarbeit bisher meist eine Sackgasse, denn sie bietet wenig Aufstiegs- und Entfaltungsmöglichkeiten. Da jede Organisation aber davon profitiert, das Beste aus den vielfältigen Fähigkeiten der Arbeiter herauszuholen, sollten besser qualifizierte Arbeiter für ihre Sachkundigkeit auch besser bezahlt werden. Zudem sollten sie dazu angehalten werden, weniger qualifizierte Kollegen auszubilden: *MobileWorks* beispielsweise befördert Arbeiter gemäß ihren Leistungen in leitende Positionen. [79]

Arbeiter, die sich als leistungsfähig erwiesen haben, könnten zum Beispiel dazu eingeladen werden, korrekt erledigte Aufgaben von bisher weniger etablierten Kollegen mit Gütesiegeln – Gold Labels – auszuzeichnen um so ein Netzwerk an vertrauenswürdigen Arbeitern aufzubauen. Tüchtige, vertrauenswürdige Arbeiter könnten auch dazu eingesetzt werden, andere Arbeiter zu managen, auf gemeldete Probleme zu reagieren und neue Aufgaben vorab zu sichten, um mögliche Probleme zu erkennen und Verbesserungsvorschläge zu machen, bevor die Aufgaben freigeschaltet werden. Irgendwann könnten solche Crowdarbeiter selbst Angestellte werden oder Fähigkeiten für die Gründung neuer, auf Crowdarbeit basierender Unternehmen entwickeln. Eine entsprechende Laufbahn könnte in vier Stufen ablaufen: Einstieg als noch nicht vertrauenswürdig eingestufter Arbeiter; Aufstieg zum vertrauenswürdigen Arbeiter; Weiterentwicklung zum nach Stundensatz bezahlten Selbstständigen; auf der vierten Stufe dann erhält der Arbeiter den Status eines Angestellten. Erste Maßnahmen zum Aufbau einer solchen Karriereleiter ist die Untersuchung der Motivation von Arbeitern, um so zu einer besseren Aufgabengestaltung zu gelangen; als nächstes folgt die Erzeugung nachhaltiger und übertragbarer Mechanismen zur Verwaltung von Reputation und Refe-renzen der Arbeiter; als letztes erfolgt die Unterstützung ausgeprägter Hierarchien durch strukturierte Teams, in denen Anfänger von erfahrenen Arbeitern angelernt werden.

Verbesserung der Aufgabengestaltung durch bessere Kommunikation
Es ist ein weit verbreiteter Irrglaube zu meinen, die mitunter schlechte Qua-lität von Crowdarbeit sei darauf zurückzuführen, dass die Arbeiter faul, dumm oder betrügerisch wären. In der Praxis haben sowohl wir als auch die von uns befragten Arbeiter vielfach festgestellt, dass die schlechte Qualität der Ergebnisse auf eine schlechte Aufgabengestaltung zurück-zuführen ist. So denken Auftraggeber beispielsweise, dass eine Aufgabe, die für sie selbst klar verständlich ist, es auch für die anderen sein muss. Doch selbst sehr gut ausgebildete Crowdarbeiter haben oftmals Schwie-rigkeiten zu verstehen, was Auftraggeber eigentlich meinen. Anweisun-gen sind oftmals unvollständig oder mehrdeutig, gehen nicht auf Grenz-fälle ein und enthalten keine Beispiele dafür, was als Input und Output erwartet wird. Das Interface zur Bearbeitung von Aufgaben ist mitunter schlecht gestaltet oder sogar fehlerhaft und macht es so unmöglich, Aufgaben ordnungsgemäß abzuschließen. Mit Gütesiegeln versehene Aufgaben, bei denen die Antwort bereits bekannt ist, werden als Test- beziehungsweise Fangfragen eingesetzt, obwohl ihre Beantwortung manchmal sehr viel subjektiver ist, als den Auftraggebern klar ist – sie führen so zu fälschlicher Zurückweisung von erledigter Arbeit.

Was können wir also tun, um diesen Problemen zu begegnen? Designer können Auftraggebern dabei helfen, Aufgaben schneller und leichter zu erstellen. Plattformen können beispielsweise Vorlagen anbieten, die

Die Zukunft der Crowdarbeit

Aniket Kittur,
Jeffrey V. Nickerson,
Michael S. Bernstein et al.

217 auf bereits erfolgreich absolvierten Aufgaben basieren. [27] Dies würde zu gemeinsamen Gestaltungsvorstellungen führen und die Qualitätssicherung verbessern. Die Plattformen könnten außerdem die Auftraggeber über die Auswirkungen von Aufgabengestaltung und Aufgabenzuweisung auf die Endergebnisse aufklären und auf diese Weise immer wiederkehrende Fehler vermeiden helfen und bewährte Praktiken fördern. Die Plattformen könnten zudem die Vorabsichtung und -prüfung von Aufgabenstellungen als Dienstleistung über bereits bekannte und als vertrauenswürdig eingestufte Arbeiter anbieten.

Die Plattformen könnten auch eine größere Bandbreite an Kanälen für die Kommunikation zwischen Auftraggebern und Arbeitern bereitstellen, um auf diese Weise gleichzeitige Zusammenarbeit und Echtzeit-Crowdarbeit zu befördern. Die von uns befragten Arbeiter beharrten darauf, dass die Ursache für die als schlecht wahrgenommene Qualität der Crowdarbeit zumindest zum Teil auf unklaren Anweisungen und mangelhaften Möglichkeiten für Feedback beruht und dass sie mehr Führung und bessere Vermittlung dessen benötigen, was von ihnen erwartet wird. Sie schlugen Chat-Funktionen vor, um bei den Auftraggebern unmittelbar um Klärung von Verständnisfragen bitten zu können. Wir weisen allerdings darauf hin, dass dies die ständige Anwesenheit der Auftraggeber bei der Ausführung der Arbeiten erfordern würde. Die Arbeiter forderten diese Feedback-Möglichkeit sowohl während der Bearbeitung der Aufgaben als auch nach deren Abschluss. Beides entspricht den Vorgehensweisen von guten Managern und Arbeitern in anderen Arbeitszusammenhängen. Mit der Ausweitung der Kommunikationskanäle zu experimentieren, könnte einen positiven Effekt auf die Arbeitszufriedenheit sowie auf die Qualität der Arbeit haben. In einem ersten Schritt könnten Auftraggeber den Arbeitern die Möglichkeit geben, in Echtzeit Verständnisfragen zu klären – entweder durch die Hilfe der Auftraggeber oder durch erfahrene Arbeiter. Während des Arbeitsprozesses könnten sie auch informelle Rückmeldung durch eben diese Kanäle anbieten.

Lernen fördern

Crowdwork ist automatisch immer mit Lernen und mit Beurteilungen verbunden. Arbeiter müssen sich bestimmte Fertigkeiten vor oder während der Ausführung aneignen, um wenig vertraute Aufgaben bewältigen zu können. Auch bei der Ausführung vertrauter Aufgaben verfeinern Arbeiter ihre Fertigkeiten. Auftraggeber wiederum müssen sich permanent mit der Qualitätssicherung befassen. Ein solcher Kreislauf aus Lernen und Beurteilen kann den Arbeitern spannende Synergieeffekte im Hinblick auf eine praktisch orientierte Online-Fortbildung liefern. Die Plattform *DuoLingo* beispielsweise erkundet solche Möglichkeiten im Bereich des Fremdsprachenunterrichts. Aber diese Idee lässt sich auch allgemeiner fortführen, so könnten zum Beispiel Aufgaben zur textlichen Erstellung von Inhalten so gestaltet werden, dass zugleich auch die eigenen Schreibfähigkeiten entwickelt und überprüft werden können. Ein sich selbst stützender Kreislauf könnte bei der Aufgabenzuweisung KI geleitete Crowds beinhalten und dabei die Entwicklung von Fähigkeiten und Qualitätssicherungszielen von Arbeitern und Auftraggebern berücksichtigen. Im nächsten Schritt können dann die von der Crowd erzeugten Daten verwendet werden, um simple Aufgaben zu automatisieren (crowdgeleitete KI).

Großes Potenzial liegt in der auf Crowdarbeit basierenden Fortbildung. Sie kommt allen Seiten zugute, da sie zu besser ausgebildeten und besser

Die Zukunft der Crowdarbeit

Aniket Kittur,
Jeffrey V. Nickerson,
Michael S. Bernstein et al.

vermittelbaren Arbeitern führt. Online-Lernsysteme, möglicherweise unterstützt durch menschliche Lehrkräfte, können den Weg zu einem besser skalierbaren Bildungssystem für die allgemeine Bevölkerung ebnen. [6,146] Darüber hinaus können durch die Verfolgung und Auswertung von Erwerbsläufen personalisierte Anweisungen und Rückmeldungen sowie Empfehlungen für die Wahl von Aufgaben und Lernmodulen gegeben werden. Wenn sich die Arbeiter auf diese Weise neue Fertigkeiten aneignen und entsprechend eingestuft werden, könnten auch Auszeichnungen, sogenannte Badges, und Referenzen vergeben werden, um die Qualifikation zu dokumentieren. So können auch andere den erweiterten Erfahrungsschatz erkennen und nutzen. Die Plattformen selbst können ebenfalls für das Lernen eine große Rolle spielen: Aus der Crowdarbeit stammende Daten können aufzeigen, welche Art von Aufgaben besonders talentierte Arbeiter anziehen, nach welchen Mustern sich Lernen und Fortbildung entwickeln, wie sich die Bewertung von intrinsischen und extrinsischen Anreizen zueinander verhält und welche Art von Aufgaben am geeignetsten für welchen Typ von Arbeiter ist.

IV. Fazit

Crowdarbeit organisiert sich in Sekundenschnelle, kann jedoch Auswirkungen haben, die für Generationen spürbar bleiben. (...) Deshalb haben wir uns insbesondere mit der Entwicklung eines Rahmenkonzepts für Crowdarbeit befasst, das sich auf Theorien aus den Bereichen *Organizational Behavior* und *Distributed Computing* stützt und dabei die Anliegen aller Beteiligten berücksichtigt. Unsere Hoffnung ist, dass dieses Rahmenkonzept und die daraus hervorgehenden Forschungsansätze sich für Diskussion, Experimentierfreudigkeit und künftige Erkenntnisse als fruchtbar erweisen werden. Zusammenfassend lässt sich sagen, dass wir uns eine Zukunft der Crowdarbeit vorstellen, in der viele geistig anspruchsvolle und komplexe Aufgaben in Arbeitsabläufe heruntergebrochen und von Crowds bearbeitet werden können, die sich aus Anfängern, Experten und Algorithmen zusammensetzen. Zudem stellen wir uns vor, dass die Umgebung, in der Crowdarbeit stattfindet, so gestaltet wird, dass sie den Bedürfnissen von Arbeitern und Auftraggebern gerecht wird. (...)

Unserem Handlungsaufruf muss verantwortlich und mit Bedacht nachgegangen werden. Marktplätze für Crowdarbeit sind komplexe soziotechnologische Systeme, die sich aus vielen Menschen, wechselnder technischer Infrastruktur, emergenten Organisationsformen, neuartigen Anreizen und wechselnder Arbeiterschaft zusammensetzen. Diese hohe Komplexität kann zu unvorhersehbaren Nebenwirkungen führen. Innovationen in der Fortbildung von Arbeitern durch Mikrotasks können Auswirkungen auf Bildungsinstitutionen weltweit und somit gesamtgesellschaftlich haben. Mischformen aus Menschen und künstlicher Intelligenz, die auf die Erzeugung von Collective Intelligence abzielen, können zu mechanisierten Arbeitern oder Maschinen führen, die Menschen imitieren.

Unser Handlungsaufruf zielt auf spannende Innovationen ab, verlangt aber auch eine genaue Beobachtung der Konsequenzen. Die Crowdarbeit macht zwei wichtige neue Angebote: Erstens die Möglichkeit, in sehr kurzer Zeit völlig neue Organisationsformen aufzubauen und zweitens, diese in einem experimentellen Rahmen anzusiedeln. Während sich die Organisationswissenschaften noch sehr langsam und basierend auf Beobachtungen herausgebildet haben, macht es die schnelle Verbreitung der Crowdarbeit möglich, in groß angelegten organisatorischen Experimenten spezifische Managementstrategien und Aufgabengestaltungen

Die Zukunft der Crowdarbeit

Aniket Kittur,
Jeffrey V. Nickerson,
Michael S. Bernstein et al.

zu vergleichen. Diese Experimente werden uns dabei helfen zu verstehen, wie sich Crowd-Plattformen, die Befähigung der Arbeiter und die Aufgabenzuweisung durch die Auftraggeber verbessern lassen. Vielleicht braucht es auf dem Forschungsgebiet der Crowdwork anstelle eines *Hadron Colliders*, eines Teilchenbeschleunigers, einen *Social Collider*, in dem sich verschiedene Organisationsformen testen lassen. Das Ziel sollten bessere Systeme, bessere Aufgaben, bessere Arbeit und bessere Erfahrungen sein. Wir hoffen, dass die beobachtenden, experimentellen, designerischen und technischen Fähigkeiten der Community eine Schlüsselrolle für die Gestaltung der Crowdarbeit der Zukunft und die nächste Generation von Arbeitern spielen werden.

Danksagungen

Wir danken allen Teilnehmern des CHI 2012 Crowd-Camp-Workshops für ihre Vorschläge, insbesondere Paul Andre, der den Vorstoß angetrieben hat. Zudem danken wir den Crowdarbeitern der Gegenwart für für ihren Pioniergeist und ihre Meinungen und kreativen Anregungen auf unsere Umfrage. Und wir danken Ashima, der noch im Entstehen begriffenen Inspiration für diesen Aufsatz.

Die vorliegende Arbeit wurde unterstützt von den National Science Foundation Awards IIS-0968561, IIS-0855995, OCI-0943148, IIS-0968484, IIS-1111124, IIS-1149797, IIS-1217096, und IIS-1217559. Sowie vom DARPA Young Faculty Award N66001-12-1-4256, einem Temple Fellowship, Northwestern University, und dem Center for the Future of Work, Heinz College, Carnegie Mellon University.

Alle Ansichten, Ergebnisse, Schlüsse und Empfehlungen, die hier zum Ausdruck kommen, sind die der Autoren und entsprechen nicht unbedingt den Ansichten der Förder-institutionen.

1 Ahmad, S., Battle, A., Malkani, Z., and Kamvar, S. The jabber-wocky programming environment for structured social computing. Proc. UIST 2011, (2011)

2 Von Ahn, L. and Dabbish, L. Labeling images with a computer game. Proceedings of the SIGCHI conference on Human factors in computing systems, ACM (2004), 319–326

3 Ahn, L. V., Blum, M., Hopper, N. J., and Langford, J. CAPTCHA: Using hard AI problems for security. Proceedings of the 22nd international conference on Theory and applications of cryptographic techniques, (2003), 294–311

4 Albrecht, J. The 2011 Nobel Memorial Prize in Search Theory. Department of Economics, Georgetown University. (http://9.georgetown. edu/faculty/albrecht/SJE Survey. pdf), (2011)

5 Anagnostopoulos, A., Becchetti, L., Castillo, C., Gionis, A., and Leonardi, S. Online team formation in social networks. Proceedings of the 21st international conference on World Wide Web, ACM (2012), 839–848

6 Anderson, M. Crowd-sourcing Higher Education: A Design Proposal for Distributed Learning. MERLOT Journal of Online Learning and Teaching 7, 4 (2011), 576–590

7 Antin, J. and Shaw, A. Social desirability bias and selfreports of motivation: a study of amazon mechanical turk in the US and India. Proc. CHI 2012, (2012)

8 Archak, N. and Sundararajan, A. Optimal Design of Crowdsourcing Contests. ICIS 2009 Proceedings, (2009), 200

9 Bal, H. E., Steiner, J. G., and Tanenbaum, A. S. Programming languages for distributed computing systems. ACM Computing Surveys (CSUR) 21, 3 (1989), 261–322

10 Becker, G. S. and Murphy, K. M. The division of labor, coordination costs, and knowledge. The Quarterly Journal of Economics 107, 4 (1992), 1137–1160

11 Bederson, B. B. and Quinn, A. J. Web workers unite! addressing challenges of online laborers. Extended Abstracts CHI 2011, (2011)

12 Benkler, Y. The wealth of networks: How social production transforms markets and freedom. Yale Univ Pr, 2006

13 Bernstein, M. S., Brandt, J., Miller, R. C., and Karger, D. R. Crowds in two seconds: Enabling realtime crowd-powered interfaces. Proc. UIST 2011, (2011)

14 Bernstein, M. S., Karger, D. R., Miller, R. C., and Brandt, J. Analytic Methods for Optimizing Realtime Crowdsourcing. Proc. Collective Intelligence 2012, (2012)

15 Bernstein, M. S., Little, G., Miller, R. C., et al. Soylent: A Word Processor with a Crowd Inside. Proc. UIST 2010, (2010)

16 Bernstein, M. S., Monroy-Hernández, A., Harry, D., André, P., Panovich, K., and Vargas, G. 4chan and /b/: An Analysis of Anonymity and Ephemerality in a Large Online Community. Fifth International AAAI Conference on Weblogs and Social Media, AAAI Publications (2011).

17 Bigham, J. P., Jayant, C., Ji, H., et al. VizWiz: Nearly Realtime Answers to Visual Questions. Proc. UIST 2010, (2010).

18 Boud, D., Cohen, R., and Sampson, J. Peer learning and assessment. Assessment & Evaluation in Higher Education 24, 4 (1999), 413–426

19 Boudreau, K. J., Lacetera, N., and Lakhani, K. R. Incentives and problem uncertainty in innovation contests: An empirical analysis. Management Science 57, 5 (2011), 843

20 Brabham, D. C. Moving the crowd at iStockphoto: The composition of the crowd and motivations for participation in a crowdsourcing application. First Monday 13, 6 (2008), 1–22

21 Brin, S. and Page, L. The anatomy of a large-scale hypertextual Web search engine. Computer networks and ISDN systems 30, 1-7 (1998), 107–117

22 Bryant, S. L., Forte, A., and Bruckman, A. Becoming Wikipedian: transformation of participation in a collaborative online encyclopedia. GROUP 2005, ACM Press (2005), 1–10

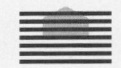

23 Callison-Burch, C. and Dredze, M. Creating speech and language data with Amazon's Mechanical Turk. Proceedings of the NAACL HLT 2010 Workshop on Creating Speech and Language Data with Amazon's Mechanical Turk, Association for Computational Linguistics (2010), 1–12

24 Callison-Burch, C. Fast, cheap, and creative: evaluating translation quality using Amazon's Mechanical Turk. Proceedings of the 2009 Conference on Empirical Methods in Natural Language Processing: Volume 1 – Volume 1, (2009), 286–295

25 Casavant, T. L., Braun, T. A., Kaliannan, S., Scheetz, T. E., Munn, K. J., and Birkett, C. L. A parallel / distributed architecture for hierarchically heterogeneous web-based cooperative applications. Future Generation Computer Systems 17, 6 (2001), 783–793

26 Chandler, D. and Kapelner, A. Breaking monotony with meaning: Motivation in crowdsourcing markets. University of Chicago mimeo, (2010)

27 Chen, J. J., Menezes, N. J., and Bradley, A. D. Opportunities for Crowdsourcing Research on Amazon Mechanical Turk. Interfaces 5, (2011), 3

28 Cheshire, C. Online Trust, Trustworthiness, or Assurance? Daedalus 140, 4 (2011), 49–58

29 Chilton, L., Horton, J., Miller, R. C., and Azenkot, S. Task search in a human computation market. Proc. HCOMP 2010, (2010)

30 Coase, R. H. The Nature of the Firm. Economica 4, 16 (1937), 386–405

31 Cooper, S., Khatib, F., Treuille, A., et al. Predicting protein structures with a multiplayer online game. Nature 466, 7307 (2010), 756–760

32 Dai, P., Mausam, and Weld, D. Decision-theoretic control of crowd-sourced workflows. Proc. AAAI 2010, (2010)

33 Dai, P., Mausam, and Weld, D. S. Artificial intelligence for artificial artificial intelligence. Twenty-Fifth AAAI Conference on Artificial Intelligence, (2011)

34 Dean, J. and Ghemawat, S. MapReduce: Simplified Data Processing on Large Clusters. To appear in OSDI, (2004), 1

35 Debeauvais, T., Nardi, B. A., Lopes, C. V., Yee, N., and Ducheneaut, N. 10,000 Gold for 20 Dollars: An exploratory study of World of Warcraft gold buyers. Proceedings of the International Conference on the Foundations of Digital Games, (2012), 105–112

36 Dekel, O. and Shamir, O. Vox populi: Collecting highquality labels from a crowd. Proc. 22nd Annual Conference on Learning Theory, (2009)

37 Della Penn, N. and Reid, M. D. Crowd & Prejudice: An Impossibility Theorem for Crowd Labelling without a Gold Standard. Collective Intelligence, (2012)

38 Dellarocas, C. Analyzing the economic efficiency of eBay-like online reputation reporting mechanisms. Proceedings of the 3rd ACM Conference on Electronic Commerce, (2001), 171–179

39 Van Der Aalst, W. M. P., Ter Hofstede, A. H. M., Kiepuszewski, B., and Barros, A. P. Workflow patterns. Distributed and parallel databases 14, 1 (2003), 5–51

40 Doctorow, C. For the Win. Voyager, 2010

41 Douceur, J. The sybil attack. Peer-to-peer Systems, (2002), 251–260

42 Dow, S., Kulkarni, A., Klemmer, S., and Hartmann, B. Shepherding the crowd yields better work. Proc. CSCW 2012, (2012)

43 Downs, J. S., Holbrook, M. B., Sheng, S., and Cranor, L. F. Are your participants gaming the system?: screening mechanical turk workers. Proceedings of the 28th international conference on Human factors in computing systems, (2010), 2399–2402

44 Felstiner, A. Sweatshop or Paper Route?: Child Labor Laws and In-Game Work. Proceedings of CrowdConf, (2010)

45 Felstiner, A. Working the Crowd: Employment and Labor Law in the Crowdsourcing Industry. Berkeley J. Emp. & Lab. L. 32, (2011), 143–143

46 Franklin, M., Kossmann, D., Kraska, T., Ramesh, S., and Xin, R. CrowdDB: answering queries with crowd-sourcing. Proc. SIGMOD 2011, (2011)

47 Gal, Y., Yamangil, E., Shieber, S., Rubin, A., and Grosz, B. Towards collaborative intelligent tutors: Automated recognition of users' strategies. Intelligent Tutoring Systems, (2008), 162–172

48 Gerber, E. and Dontcheva, M. Career Aspirations for Crowdworkers. In preparation

49 Gerber, E., Hui, J., and Kuo, P. Crowdfunding: Why creators and supporters participate. Segal Design Institute, Evanston, IL, 2012

50 Ghosh, R. and Glott, R. Free/Libre and Open Source Software: Survey and Study. European Commission, 2002

51 Gingold, Y., Shamir, A., and Cohen-Or, D. Micro Perceptual Human Computation. To appear in ACM Transactions on Graphics (TOG), (2012)

52 Glott, R., Ghosh, R., and Schmidt, P. Wikipedia Survey. UNU-MERIT, Maastricht, Netherlands, 2010

53 Greenberg, S. and Bohnet, R. GroupSketch: A multiuser sketchpad for geographically-distributed small groups. Proc. Graphics Interface 1991, (1991)

54 Grier, D. A. When Computers Were Human. Princeton University Press, 2005

55 Grier, D. A. Error Identification and Correction in Human Computation: Lessons from the WPA. Proc. HCOMP 2011, (2011)

56 Gupta, A., Thies, W., Cutrell, E., and Balakrishnan, R. mClerk: Enabling Mobile Crowdsourcing in Developing Regions. Proc. CHI 2012, (2012)

57 Hackman, J. R. and Oldham, G. R. Motivation through the design of work: Test of a theory. Organizational behavior and human performance 16, 2 (1976), 250–279

58 Heimerl, K., Gawalt, B., Chen, K., Parikh, T. S., and Hartmann, B. Community-sourcing: Engaging Local Crowds to Perform Expert Work Via Physical Kiosks. Proc. CHI 2012, (2012)

59 Hellerstein, J. M. and Tennenhouse, D. L. Searching for Jim Gray: a technical overview. Communcations of the ACM 54, 7 (2011), 77–87

60 Hinds, P. Distributed work. The MIT Press, 2002

61 Von Hippel, E. Task partitioning: An innovation process variable. Research policy 19, 5 (1990), 407–418

62 Holmstrom, B. and Milgrom, P. Multitask principalagent analyses: Incentive contracts, asset ownership, and job design. JL Econ. & Org. 7, (1991), 24

63 Horton, J. J. and Chilton, L. B. The labor economics of paid crowdsourcing. Proceedings of the 11th ACM conference on Electronic commerce, (2010), 209–218

64 Ipeirotis, P. G., Provost, F., and Wang, J. Quality management on amazon mechanical turk. Proc. HCOMP 2010, (2010)

65 Ipeirotis, P. G. Mechanical Turk, Low Wages, and the Market for Lemons. http://behind-the-enemy lines com/2010/07/mechanical-turk-low-wages-andmarket.html, 2010

66 Ishii, H. and Kobayashi, M. ClearBoard: a seamless medium for shared drawing and conversation with eye contact. Proc. CHI 1992, (1992), 525–532

67 Kamar, E., Hacker, S., and Horvitz, E. Combining Human and Machine Intelligence in Large-scale Crowdsourcing. Proc. AAMAS 2012, (2012)

68 Kearns, M., Suri, S., and Montfort, N. An experimental study of the coloring problem on human subject networks. Science 313, 5788 (2006), 824–827

69 Kensing, F. and Blomberg, J. Participatory Design: Issues and Concerns. Computer Supported Cooperative Work (CSCW) 7, 3 (1998), 167–185

70 Kerr, S. On the folly of rewarding A, while hoping for B. Academy of Management Journal, (1975), 769–783

71 Khanna, S., Ratan, A., Davis, J., and Thies, W. Evaluating and improving the usability of Mechanical Turk for low-income workers in India. Proc. ACM Symposium on Computing for Development 2010, (2010)

72 Kittur, A., Chi, E. H., and Suh, B. Crowdsourcing user studies with Mechanical Turk. Proceedings of the twentysixth annual SIGCHI conference on Human factors in computing systems, (2008), 453–456

73 Kittur, A., Khamkar, S., André, P., and Kraut, R. E. CrowdWeaver: visually managing complex crowd work. Proc. CSCW 2012, (2012)

74 Kittur, A., Lee, B., and Kraut, R. E. Coordination in collective intelligence: the role of team structure and task interdependence. Proceedings of the 27th international conference on Human factors in computing systems, (2009), 1495–1504

75 Kittur, A., Smus, B., Khamkar, S., and Kraut, R. E. Crowdforge: Crowdsourcing complex work. Proceedings of the 24th annual ACM symposium onUser interface software and technology, (2011), 43–52

76 Kittur, A., Suh, B., and Chi, E. H. Can you ever trust a wiki?: impacting perceived trustworthiness in wikipedia. Proceedings of the 2008 ACM conference on Computer supported cooperative work, (2008) 477–480

77 Kittur, A. Crowdsourcing, collaboration and creativity. XRDS 17, 2 (2010), 22–26

78 Kochhar, S., Mazzocchi, S., and Paritosh, P. The anatomy of a large-scale human computation engine.Proceedings of the ACM SIGKDD Workshop onHuman Computation, (2010), 10–17

79 Kulkarni, A., Gutheim, P., Narula, P., Rolnitzky, D.,Parikh, T. S., and Hartmann, B. Mobile-Works:Designing for Quality in a Managed Crowdsourcing Architecture. IEEE Internet Computing To appear, 2012

80 Kulkarni, A. P., Can, M., and Hartmann, B. Turkomatic: automatic recursive task and workflow design for mechanical turk. Proceedings of the 2011annual conference extended abstracts on Human factors in computing systems, (2011), 2053–2058

81 Kuznetsov, S. Motivations of contributors toWikipedia. SIGCAS Comput. Soc. 36, 2 (2006), 1

82 Lakhani, K. and Wolf, B. Why hackers do what they do: Understanding motivation and effort in free/opensource software projects. In J. Feller, B. Fitzgerald, S. A. Hissam and K. R. Lakhani, eds., Perspectives onFree and Open Source Software. MIT Press, 2005, 3–22

83 Lasecki, W. S., Murray, K. I., White, S., Miller, R. C., and Bigham, J. P. Realtime crowd control of existing interfaces. Proc. UIST 2011, ACM Press (2011)

84 Lasecki, W. S., White, S. C., Murray, K. I., and Bigham, J. P. Crowd memory: Learning in the collective. Proc. Collective Intelligence 2012, (2012)

85 Le, J., Edmonds, A., Hester, V., and Biewald, L. Ensuring quality in crowdsourced search relevance evaluation: The effects of training question distribution. Proc. SIGIR 2010 Workshop on Crowdsourcing for Search Evaluation, (2010), 21–26

86 Lewis, S., Dontcheva, M., and Gerber, E. Affective computational priming and creativity. Proceedings ofthe 2011 annual conference on Human factors in computing systems, (2011), 735–744

87 Little, G., Chilton, L. B., Goldman, M., and Miller, R. C. Turkit: human computation algorithms on mechanical turk. Proceedings of the 23nd annual ACM symposium on User interface software and technology, (2010), 57–66

88 Littler, C. R. Understanding Taylorism. British Journal of Sociology, (1978), 185–202

89 Malone, T. W. and Crowston, K. The interdisciplinary study of coordination. ACM Computing Surveys (CSUR) 26, 1 (1994), 87–119

90 Malone, T. W., Yates, J., and Benjamin, R. I. Electronic markets and electronic hierarchies. Communications of the ACM 30, 6 (1987), 484–497

91 Mao, A., Parkes, D. C., Procaccia, A. D., and Zhang, H. Human Computation and Multiagent Systems: An Algorithmic Perspective. Proc. AAAI 2011, (2011)

92 March, J. G. and Simon, H. A. Organizations. (1958)

93 Marcus, A., Karger, D. R., Madden, S., Miller, R. C., and Oh, S. Counting with the Crowd. In Submission to VLDB, (2012)

94 Mason, W. and Watts, D. J. Financial Incentives and the »Performance of Crowds«. Proc. HCOMP 2009, ACM Press (2009)

95 McGraw, I., Lee, C., Hetherington, L., Seneff, S., and Glass, J. R. Collecting voices from the cloud. Proc.LREC, (2010)

96 Milner, R. Communicating and mobile systems: the [symbol for pi]-calculus. Cambridge Univ Pr, 1999

97 Mintzberg, H. An emerging strategy of »direct« research. Administrative science quarterly 24, 4(1979), 582–589

98 Moran, T. P. and Anderson, R. J. The workaday world as a paradigm for CSCW design. Proceedings of the 1990 ACM Conference on Computer-supported Cooperative Work, (1990), 381–393

99 Nalimov, E. V., Wirth, C., Haworth, G. M. C., and Others. KQQKQQ and the Kasparov-World Game. ICGA Journal 22, 4 (1999), 195–212

100 Narula, P., Gutheim1, P., Rolnitzky, D., Kulkarni, A., and Hartmann, B. MobileWorks: A Mobile Crowdsourcing Platform for Workers at the Bottom of the Pyramid. Proc. HCOMP 2011, (2011)

101 Nickerson, J. V. and Monroy-Hernandez, A. Appropriation and creativity: User-Initiated contests in scratch. System Sciences (HICSS), 2011 44th Hawaii International Conference on, (2011), 1–10

102 Norman, D. A. and Draper, S. W. User centered system design; new perspectives on human-computer interaction. L. Erlbaum Associates Inc., 1986

103 Noronha, J., Hysen, E., Zhang, H., and Gajos, K. Z. Platemate: crowdsourcing nutritional analysis from food photographs. Proc. UIST 2011, (2011)

104 Preece, J. and Shneiderman, B. The Reader-to-Leader Framework: Motivating Technology-Mediated Social Participation. AIS Transactions on Human-Computer Interaction 1, 1 (2009), 13–32

105 Quinn, A. J. and Bederson, B. B. Human computation: a survey and taxonomy of a growing field. Proc. CHI 2011, (2011)

106 Raddick, J., Lintott, C., Bamford, S., et al. Galaxy Zoo: Motivations of Citizen Scientists. Bulletin of the American Astronomical Society, (2008), 240

107 Rafaeli, S. and Ariel, Y. Online Motivational Factors: Incentives for Participation and Contribution in Wikipedia. In A. Barak, ed., Psychological Aspects of Cyberspace. Cambridge University Press, New York, NY, 2008

108 Raymond, E. The cathedral and the bazaar. Knowledge, Technology & Policy 12, 3 (1999), 23–49

109 Redmiles, D. and Nakakoji, K. Supporting reflective practitioners. Software Engineering, 2004. ICSE 2004. Proceedings. 26th International Conference on, (2004), 688–690

110 Reijers, H., Jansen-Vullers, M., Zur Muehlen, M., and Appl, W. Workflow management systems+ swarm intelligence= dynamic task assignment for emergency management applications. Business Process Management, (2007), 125–140

111 Resnick, P. and Zeckhauser, R. Trust among strangers in Internet transactions: Empirical analysis of eBay's reputation system. Advances in Applied Microeconomics 11, (2002), 127–157

112 Rittel, H. W. J. and Webber, M. M. Dilemmas in a general theory of planning. Policy sciences 4, 2 (1973), 155–169

113 Ritter, S., Anderson, J. R., Koedinger, K. R., and Corbett, A. Cognitive Tutor: Applied research in mathematics education. Psychonomic bulletin & review 14, 2 (2007), 249–255

114 Rogers, Y. Exploring obstacles: integrating CSCW in evolving organisations. Proceedings of the 1994 ACM conference on Computer supported cooperative work, (1994), 67–77

115 Rogstadius, J., Kostakos, V., Kittur, A., Smus, B., Laredo, J., and Vukovic, M. An Assessment of Intrinsic and Extrinsic Motivation on Task Performance in Crowdsourcing Markets. Proceedings of the Fifth International AAAI Conference on Weblogs and Social Media: Barcelona, Spain, (2011)

116 Ross, J., Irani, L., Silberman, M. S., Zaldivar, A., and Tomlinson, B. Who Are the Crowdworkers? Shifting Demographics in Amazon Mechanical Turk. alt.chi 2010, ACM Press (2010)

117 Roth, A. E. The economist as engineer: Game theory, experimentation, and computation as tools for design economics. Econometrica 70, 4 (2002), 1341–1378

118 Roy, D. F. Work satisfaction and social reward in quota achievement: An analysis of piecework incentive. American Sociological Review 18, 5 (1953), 507–514

119 Rzeszotarski, J. and Kittur, A. CrowdScape: interactively visualizing user behavior and output. Proceedings of the 25th annual ACM symposium on User interface software and technology, (2012), 55–62

120 Rzeszotarski, J. M. and Kittur, A. Instrumenting the crowd: using implicit behavioral measures to predict task performance. Proc. UIST 2011, (2011)

121 Sadlon, E., Barrett, S., Sakamoto, Y., and Nickerson, J. V. The Karma of Digg: Reciprocity in Online Social Networks. Paris, December 2008. Proceedings of the 18th Annual Workshop on Information Technologies and Systems (WITS), (2008)

122 Savage, N. Gaining wisdom from crowds. Communications of the ACM 55, 3 (2012), 13–15

123 Schmidt, K. and Bannon, L. Taking CSCW seriously. Computer Supported Cooperative Work (CSCW) 1, 1 (1992), 7–40

124 Schroer, J. and Hertel, G. Voluntary Engagement in an Open Web-Based Encyclopedia: Wikipedians and Why They Do It. Media Psychology 12, 1 (2009), 96

125 Shahaf, D. and Horvitz, E. Generalized task markets for human and machine computation. (2010)

126 Shamir, B. and Salomon, I. Work-at-Home and the Quality of Working Life. The Academy of Management Review 10, 3 (1985), 455–464

127 Shaw, A. D., Horton, J. J., and Chen, D. L. Designing incentives for inexpert human raters. Proceedings of the ACM 2011 conference on Computer supported cooperative work, (2011), 275–284

128 Shen, M., Tzeng, G. H. and Liu, D. R. Multicriteria task assignment in workflow management systems. System Sciences, 2003. Proceedings of the 36th Annual Hawaii International Conference on Social Sciences, (2003)

129 Sheng, V. S., Provost, F., and Ipeirotis, P. G. Get another label? improving data quality and data mining using multiple, noisy labelers. Proc. KDD 2008, ACM (2008), 614–622

130 Silberman, M. S., Irani, L., and Ross, J. Ethics and tactics of professional crowdwork. XRDS 17, 2 (2010), 39–43

131 Silberman, M. S., Ross, J., Irani, L., and Tomlinson, B. Sellers' problems in human computation markets. Proc. HCOMP 2010, (2010)

132 Skillicorn, D. B. and Talia, D. Models and languages for parallel computation. ACM Computing Surveys (CSUR) 30, 2 (1998), 123–169

133 Smith, A. The Wealth of Nations (1776). New York: Modern Library, (1937), 740

134 Snow, R., O'Connor, B., Jurafsky, D., and Ng, A. Y. Cheap and fast–but is it good?: evaluating nonexpert annotations for natural language tasks. Proc. ACL 2008, (2008)

135 Sorokin, A. and Forsyth, D. Utility data annotation with Amazon Mechanical Turk. Proc. CVPR 2008, (2008)

136 Sterling, B. A good old-fashioned future: stories. Spectra, 1999

137 Sterling, B. Shaping things. 2005

138 Stohr, E. A. and Zhao, J. L. Workflow automation: Overview and research issues. Information Systems Frontiers 3, 3 (2001), 281–296

139 Surowiecki, J. The Wisdom of Crowds. Random House, New York, 2005

140 Tang, J. C., Cebrian, M., Giacobe, N. A., Kim, H.-W., Kim, T., and Wickert, D. »Beaker«. Reflecting on the DARPA Red Balloon Challenge. Communications of the ACM 54, 4 (2011), 78

141 Taylor, F. W. The principles of scientific management. Harper & Brothers, New York, 1911

142 Trist, E. L. The evolution of socio-technical systems: A conceptual framework and an action research program. Ontario Quality of Working Life Center

143 Van de Ven, A. H., Delbecq, A. L., and Koenig Jr, R. Determinants of coordination modes within organizations. American sociological review, (1976), 322–338

144 Viswanath, B., Mondal, M., Clement, A., et al. Exploring the design space of social network-based Sybil defenses. Proceedings of the 4th International Conference on Communication Systems and Network (COMSNETS 2012), (2012)

145 Wang, G., Wilson, C., Zhao, X., et al. Serf and Turf: Crowdturfing for Fun and Profit. Arxiv preprint arXiv:1111.5654, (2011)

146 Weld, D. S., Adar, E., Chilton, L., Hoffmann, R., and Horvitz, E. Personalized Online Education – A Crowd-sourcing Challenge. Workshops at the Twenty-Sixth AAAI Conference on Artificial Intelligence, (2012)

147 Welinder, P., Branson, S., Belongie, S., and Perona, P. The multidimensional wisdom of crowds. Neural Information Processing Systems 6, 7 (2010), 1–9

148 Williamson, O. E. The economics of organization: The transaction cost approach. American journal of sociology 87, 3 (1981), 548–577

149 Woolley, A. W., Chabris, C. F., Pentland, A., Hashmi, N., and Malone, T. W. Evidence for a collective intelligence factor in the performance of human groups. science 330, 6004 (2010), 686–688

150 Yu, H., Estrin, D., and Govindan, R. A hierarchical proxy architecture for Internet-scale event services. Enabling Technologies: Infrastructure for Collaborative Enterprises, 1999. (WET ICE 1999) Proceedings. IEEE 8th International Workshops on, (1999), 78–83

151 Yu, J. and Buyya, R. A taxonomy of scientific workflow systems for grid computing. ACM Sigmod Record 34, 3 (2005), 44–49

152 Yu, L. and Nickerson, J. V. Cooks or cobblers?: crowd creativity through combination. Proceedings of the 2011 annual conference on Human factors in computing systems, (2011), 1393–1402

153 Yu, L. and Nickerson, J. V. An Intenet-Scale Idea Generation System. ACM Transactions on interactive Intelligent Systems 3, 1 (2013)

154 Zhang, H., Law, E., Miller, R. C., Gajos, K. Z., Parkes, D. C., and Horvitz, E. Human Computation Tasks with Global Constraints. Proc. CHI 2012, (2012)

155 Zhao, L., Sukthankar, G., and Sukthankar, R. Robust Active Learning Using Crowdsourced Annotations for Activity Recognition. Workshops at the Twenty-Fifth AAAI Conference on Artificial Intelligence, (2011)

156 Zhu, H., Kraut, R. E., Wang, Y.-C., and Kittur, A. Identifying shared leadership in Wikipedia. Proceedings of the 2011 annual conference on Human factors in computing systems, ACM (2011), 3431–3434

157 Zittrain, J. Ubiquitous human computing. Philosophical Transactions of the Royal Society A 366, (2008), 3813–3821

158 Zittrain, J. Human Computing's Oppenheimer Question. Proceedings of Collective Intelligence, (2012)

Mindestlohn für Crowdarbeit?

Regelungen zum gesetzlichen Mindestlohn im digitalen Zeitalter

Miriam A. Cherry

231

Seit der Verabschiedung des Fair Labor Standards Act (FLSA) im Jahre 1937 haben viele Aspekte der Arbeit einen technologiebedingten Wandel erfahren. Begleitet wurde dies durch anhaltende Debatten über angemessene Entlohnung und staatliche Eingriffe in die Wirtschaft. Der vorliegende Text bietet einen Überblick über die Problematik der Niedriglöhne im Bereich der Crowdarbeit, die juristischen Herausforderungen und die politische Debatte bezüglich Mindestlohnzahlungen für Crowdarbeiter.

Professor Miriam A. Cherry
lehrt Recht an der St. Louis Universität (Saint Louis, Missouri). Nach ihrem Studium, unter anderem in Harvard, arbeitete sie zunächst für Richter am Obersten Gerichtshof von Massachusetts und an einem Bundesgericht, sowie anschließend in der Privatwirtschaft, bevor sie in die Wissenschaft wechselte. Miriam A. Cherry ist Autorin diverser Veröffentlichungen zum Arbeitsrecht, in jüngerer Zeit insbesondere zu den Auswirkungen des technologischen Wandels auf Recht und Arbeit. Sie ist gewähltes Mitglied des American Law Institute.

1
Die Klage wurde eingereicht unter dem Aktenzeichen Otey vs CrowdFlower, Inc., No. 3:12-v-05524-JST (N. D. Cal. 2013) und ist im Internet einsehbar: http://leagle.com/decision/In%20FDCO%2020130618A76

2
Der ursprüngliche Vergleich ist auf den 24. Januar 2014 datiert und beinhaltet eine Zahlung von CrowdFlower in Höhe von 435.000 Dollar zur Deckung der Anwaltskosten der Crowdworker, eine variable Zahlung von etwa 55.903 bis 111.800 Dollar für die Crowdworker selbst und eine zehnjährige Sperre von CrowdFlower auf Amazon Mechanical Turk. Am 15.4.2014 lehnte der zuständige Richter den Vergleich ab, mit dem Hinweis darauf, dass eine Überarbeitung des Vergleichs höhere Entschädigungen für die Crowdworker vorsehen sollte. http://docs.justia.com/cases/federal/district-courts/california/candce/4:2012cv05524/260287/195

3
Viele dieser Aspekte habe ich in zwei ausführlichen Fachartikeln erörtert: Miriam A. Cherry, Working for (Virtually) Minimum Wage: Applying the Fair Labor Standards Act in Cyberspace, 60 Ala. L. Rev. 1077 (2009), abrufbar unter: http://papers.ssrn.com/sol3/papers.cfm?abstract_id=1499823; Miriam A. Cherry, A Taxonomy of Virtual Work, 45 Ga. L. Rev. 951 (2011), abrufbar unter: http://papers.ssrn.com/sol3/papers.cfm?abstract_id=1649055

232

Im Jahre 2013 reichten für die Crowdsourcing-Website CrowdFlower tätige Crowdworker bei einem Bundesbezirksgericht in den Vereinigten Staaten eine Sammelklage ein. Sie forderten Entschädigung für nicht gezahlten Mindestlohn, der ihnen, so die Klage, gemäß dem *Fair Labor Standards Act* (FLSA) zugestanden hätte. Der Fall *Otey vs CrowdFlower* ist der erste seiner Art in den Vereinigten Staaten.[1] Der FLSA schützt jedoch nur Angestellte (Employees) und gilt nicht für Selbstständige (Independent Contractors). Die Klassifizierung von Crowdarbeitern war deshalb eine der wichtigsten juristischen Fragen in diesem Rechtsstreit. Obwohl sich die beiden Parteien schließlich auf einen Vergleich einigten, stimmte das zuständige Gericht den vereinbarten Bedingungen nicht zu und beharrte auf besseren Konditionen für die Crowdworker[2] – ein höchst ungewöhnlicher Vorgang. Die endgültige Beilegung des Falls steht noch aus, doch es erscheint zu diesem Zeitpunkt unwahrscheinlich, dass das Gericht hier der ganzen Bandbreite der dahinterliegenden rechtlichen Fragen gerecht werden wird. Der juristische und politische Umgang mit der Frage von Mindestlohn für US-amerikanische Crowdarbeiter bleibt daher voraussichtlich weiter ungeklärt.[3]

Crowdsourcing und das Problem der Niedriglohnarbeit

Auf Crowdsourcing-Plattformen werden große Aufgaben in kleine Teile heruntergebrochen, von einzelnen Beschäftigten abgearbeitet und dann mithilfe von Computern wieder zusammengeführt. Crowdsourcing zeichnet sich dadurch aus, so Jeff Howe, dass die Ergebnisse von vielen Arbeitern in etwas münden, das mehr ist als die Summe seiner Teile.[4] Da die verschiedenen Arten von Crowdarbeit und die Vielzahl an Plattformen, die diese Form der Arbeitsteilung möglich machen, bereits von anderen

Mindestlohn für Crowdarbeit?

Miriam A. Cherry

4
Jeff Howe, The Rise of
Crowdsourcing, Wired,
Juni 2006, (der Begriff
»Crowdsourcing« wird hier
verwendet um Arbeit zu
beschreiben, die mit Hilfe
vielfältiger Nutzergruppen
über das Internet bewältigt
wird)

5
http://mturk.com/mturk/
welcome

6
Amazon Mechanical Turk,
Wikipedia, https://en.
wikipedia.org/wiki/
Amazon_Mechanical_Turk

233

Autoren in diesem Buch ausführlich beschrieben werden, kommen diese Aspekte hier nur insofern zur Sprache, wie sie die Frage des Mindestlohns betreffen.

Der wahrscheinlich bekannteste Crowdsourcing-Dienstleister ist Amazon *Mechanical Turk* (AMT), aber es gibt inzwischen zahlreiche ähnliche Plattformen.[5] Auf AMT können sowohl Individuen als auch Unternehmen Datenverarbeitungsaufgaben einstellen, die dann von der Crowd von Arbeitern beziehungsweise »Turkern« auf der Plattform abgearbeitet werden.[6] Die Arbeit an den einfachen Aufgaben wird mit sehr kleinen Summen, häufig Centbeträgen, vergütet, und die Bezahlung erfolgt mitunter über Warengutscheine für Amazon. Der Stundenlohn für diese Tätigkeiten hängt davon ab, wie schnell die Arbeit verrichtet wird. Generell ist es schwierig für die Arbeiter, genügend Aufgaben pro Zeiteinheit zu schaffen, um auf den in den USA geltenden gesetzlichen Mindestlohn zu kommen.[7] Es handelt sich meist um einfache und monotone Tätigkeiten, wie zum Beispiel die Beschreibung dessen, was auf einem Foto abgebildet ist. Die Nutzungsbedingungen von AMT räumen den Auftraggebern (Requester) sehr viele Rechte ein, den »Turkern« jedoch nur sehr wenige.

Derzeit breitet sich in den großen Städten der USA noch eine andere Art von Websites und mobilen Anwendungen für die Auslagerung von Arbeit aus. Dabei geht es vor allem um alltägliche Dienstleistungen, wie Fahrdienste, Waschdienste, Botengänge und Ähnliches, die an private Einzelpersonen übertragen werden. Anders als AMT brechen Firmen wie *Lift*, *Uber*, *TaskRabbit* und *Instacart* Aufgaben nicht in kleinstmögliche Teile herunter, und es handelt sich auch nicht um Arbeit, die am Computer ausgeführt wird. Doch nutzen diese Plattformen ebenfalls die aktuelle

Weiterführende Artikel hierzu: Alyson Shontell, My Night-mare Experience as a Task Rabbit Drone, Business Insider, 7. Dezember 2011, abrufbar unter: http://businessinsider.com/confessions-of-a-task-rabbit-2011-12 (der Autor merkt an, dass es keine Garantie gibt, mit dieser Arbeit auf den gesetzlichen Mindestlohn zu kommen);
Moshe Z. Marvit, How Crowdworkers Became the Ghosts in the Digital Machine, The Nation, 24. 2. 2014, abrufbar unter: http://thenation.com/article/178241/how-crowdworkers-became-ghosts-digital-machine (mit einem Bericht über zwei Beschäftigte, die auf Mechanical Turk weniger als den Mindestlohn verdienten);

Randall Stross, When the Assembly Line Moves Online, N. Y. Times, 30. 10. 2010 abrufbar unter: http://nytimes.com/2010/10/31/business/31digi.html; Matthew Bingham und Joseph Dunn, Wanted: Digital Drones to Earn $\frac{1}{2}$ p an Hour, Sunday Times (U. K.), 11.1.2009 (über Journalisten die auf Amazon Mechanical Turk Mikroarbeit leisten und dabei in vier Stunden nur wenig mehr als 2 Dollar verdienen)

234

Computertechnologie, um Arbeitssuchende mit Auftraggebern in Verbindung zu bringen. Da die Bezahlung für diese Dienstleistungen schwankt und von den Auftraggebern pro Aufgabe festgelegt wird, stellt sich auch hier für viele Beschäftigte die Frage, ob sie mit ihrem Verdienst unterhalb des Mindestlohns liegen. Wie beim Mikrotasking konstatieren auch diese Plattformen in ihren Nutzungsbedingungen (*End User License Agreements*, EULA) explizit, dass es sich bei den Beschäftigten keinesfalls um Angestellte, sondern um Selbstständige handelt.

Sind Crowdarbeiter Angestellte im Sinne des FLSA?

Als der Kongress der Vereinigten Staaten 1937 den FLSA verabschiedete, um die Wirtschaft in Zeiten der Großen Depression wieder in Gang zu bringen, war ein Arbeitsplatz in aller Regel mit der körperlichen Anwesenheit der Beschäftigten im Unternehmen verbunden. Die Frage, ob es sich tatsächlich um Angestellte mit Anspruch auf Mindestlohn handelte, stellte sich folglich gar nicht. In der Zwischenzeit haben sich die Technologie und auch die Arbeit stark verändert. Heutzutage können Crowdarbeiter mit ihrem eigenen Computer und einer Internetverbindung Aufträge für andere von zuhause oder einem beliebigen Ort auf der Welt aus abarbeiten. Dadurch ist Crowdarbeit hervorragend für Outsourcing geeignet und in der Folge anfällig für eine Abwärtsspirale in der Entlohnung. Zwar ist Crowdarbeit meist monoton und langweilig, mitunter kann sie aber auch fesselnd und spielerisch sein, indem sie als Wettbewerb oder kreative Herausforderung gestaltet ist oder den Beteiligten das Gefühl vermittelt, dass sie eine Gemeinschaft aufbauen.

Mindestlohn für Crowdarbeit?

Miriam A. Cherry

Ob ein Beschäftigter Anspruch auf Mindestlohn gemäß FLSA hat, hängt davon ab, ob er als Angestellter eingestuft wird. Ein Angestellter ist ein

8
29 U. S. C. § 203(e) (1)

9
29 U. S. C. § 203(g)

10
Siehe: Katharine V. W. Stone,
Legal Protections for A typical
Employees: Employment
Law for Workers without
Workplaces and Employees
without Employers,
27 Berkeley J. Emp. and
Lab. L. 251, 257–58 (2006)

(mit einer Auflistung der
spezifischen Faktoren in
diesem Fall). Zu den oft
zitierten Beispielen in diesen
Fragen zählen: Rutherford
Food Corp. v. McComb,
331 U. S. 722, 728–29 (1947);
Ira S. Bushey & Sons,
Inc. vs U. S., 398 F. 2d 167
(2d Cir. 1968); Nationwide
Mut. Ins. Co. v. Darden,
503 U. S. 318, 326 (1992)

11
Siehe zum Beispiel Herman
vs Express Sixty-Minutes
Delivery Service, Inc., 161
F. 3d 299 (5th Cir. 1998)

12
Siehe Katharine Stone,
Fußnote 10, Seite 257–58

235

Individuum, das bei einem Arbeitgeber angestellt ist. [8] Der FLSA definiert eine Anstellung als »to suffer or permit to work« [9] – das heißt, dass der Arbeitgeber vom Angestellten die Erledigung von Arbeit anfordert und deren Ausführung zulässt. Die Mindestlohnregelung greift hier auch für Überstunden, die der Arbeitgeber in diesem Rahmen billigend in Kauf nimmt. Obwohl sich die Definition im Kreis dreht, ist sie zugleich der Dreh- und Angelpunkt im Rechtsstreit *Otey vs CrowdFlower*. Die Frage ist, ob die Crowdworker Angestellte sind, die vom FLSA geschützt werden, oder Selbstständige, denen dieser Schutz nicht zusteht.

Nach US-amerikanischem Recht entscheidet sich diese Frage im Einzelfall anhand eines Tests zur Überprüfung der Faktoren, die das Rechtsverhältnis bestimmen. [10] Der Test leitet sich aus präjudiziellen Gerichtsentscheidungen ab und dreht sich um das Direktionsrecht des Arbeitgebers. Kriterien zur Feststellung des Angestelltenstatus sind, ob der Arbeitgeber die Ausführung der Arbeit steuert, die aufzuwendende Stundenzahl für eine Aufgabe festlegt und den Beschäftigten Anweisungen gibt. [11] Faktoren, die für den Selbstständigenstatus sprechen, sind hochqualifizierte Arbeit, die Bereitstellung der nötigen Ausrüstung durch die Beschäftigten, selbstverantwortliche Zeitplanung sowie eine Bezahlung pro Projekt und nicht pro Stunde. Außerdem schauen sich die Gerichte auch die ökonomischen Rahmenbedingungen der Arbeitsbeziehung daraufhin an, ob der Beschäftigte unternehmerisch handelt und ob er finanziell abhängig vom Arbeitgeber ist. [12] Wie die beiden Parteien ihr Rechtsverhältnis bezeichnen, ist ein Indiz, aber nicht der entscheidende Faktor.

Crowdarbeit stellt in Hinblick auf die im Rahmen dieses Tests zu überprüfenden Faktoren eine sehr interessante Konstellation dar, da einige Aspekte auf ein Angestelltenverhältnis hinweisen, andere jedoch eher den Charakter eines Auftragsverhältnisses mit Selbstständigen haben. Einerseits bestimmen Crowdarbeiter ihre Zeitplanung selbst und können an ihrem virtuellen Arbeitsplatzes kommen und gehen, wie sie möchten – ganz anders als Arbeiter im traditionellen Sinne, die an ihren Schreibtisch im Büro oder an die Werkshalle gebunden sind. Zudem nutzen Crowdarbeiter ihre eigenen Computer, zahlen selbst für ihren Internetzugang und werden pro Auftrag bezahlt. Außerdem werden sie in den Nutzungsbedingungen der Plattformen ausdrücklich als Selbstständige bezeichnet. Für ein Angestelltenverhältnis spricht wiederum der Umstand, dass Crowdarbeit häufig aus ungelernten Tätigkeiten besteht, die kein unternehmerisches Handeln erfordern und keine entsprechenden Risiken und Chancen auf Gewinn und Verlust aufweisen. Die in den Nutzungsbedingungen vorgenommenen Festlegungen sind nicht entscheidend, da sie für ihre extreme Einseitigkeit berüchtigt sind und deshalb gegen den Verfasser ausgelegt werden können. Das Risiko der Ausbeutung ist groß, und es sind insbesondere die ungelernten Arbeiter, die den Schutz durch den FLSA dringend benötigen.

Die einzige logische Basis für eine Entscheidung, dass der FLSA sich nicht auf Crowdarbeit anwenden lässt, wäre eine Unterscheidung zwischen Beschäftigten, die aus der Ferne gemäß ihrem eigenen Zeitplan Aufgaben erledigen und solchen, die exakt die gleiche Arbeit in einem Büro verrichten. Eine solche Unterscheidung lässt sich aber nicht konsequent aufrechterhalten. Aus der Ferne über eine Computerplattform verrichtete Arbeit ist immer noch Arbeit. Es ergibt keinen Sinn, Beschäftigten den gesetzlichen Schutz zu verweigern, nur weil sie ihre Tätigkeit nicht mehr mit einer Maschine aus den 1930er-Jahren vor Ort verrichten, sondern stattdessen einen Computer benutzen. Ein Computer ist eine

Mindestlohn für Crowdarbeit?

Miriam A. Cherry

13
Siehe zum Beispiel:
Richard A. Epstein,
Forbidden Grounds: The
Case Against Employment
Discrimination Laws (1992),
wo argumentiert wird,
dass die meisten Formen
der Regulierung von
Angestelltenverhältnissen,
einschließlich Mindest-
lohnregelungen, verboten
werden sollten; Richard A.
Epstein, Standing Firm on
Forbidden Grounds, 31 San
Diego L. Rev. 1, 1-2 (1994)

14
Miriam A. Cherry & Robert L.
Rogers, Prediction Markets
and the First Amendment,
2008 ILL. L. REV. 833, 878-79
(2008) (In diesem Artikel
kommen wir zu dem Schluss,
dass sogenannte »Prediction
Markets«, eine kollaborative
Prognosetechnologie im
Internet, nicht entsprechend
einer strikten Anwendung
von Anti-Glücksspiel-
Gesetzen reguliert werden
sollten.)

237 Maschine, und der Umstand, dass die Arbeit heute eher geistig als körperlich anstrengend ist, sollte auch keinen Unterschied machen. Ebenso
wenig sollte die physische Anwesenheit der ausschlaggebende Faktor
sein. Würden die für Crowdarbeit typischen Aufgaben zur Dateneingabe
in einem Büro durchgeführt, fielen sie unter den Schutz des FLSA. Es
gibt keinen Grund, warum solche Tätigkeiten anders behandelt werden
sollten, wenn sie im Cyberspace oder in einer virtuellen Welt stattfinden. Die Unterscheidung scheint vielmehr an der Neuartigkeit dieser
Arbeitsformen zu hängen sowie an der Schwierigkeit, eine aus der Zeit
der Großen Depression stammende Gesetzgebung an die heutige Situation und die neuen Technologien anzupassen.

Die politische Debatte zum Thema Mindestlohn

Wie aus der bisherigen Analyse hervorgeht, ist der Ausgang künftiger
FLSA-Rechtsprechung zur Crowdarbeit aufgrund der unklaren Unter-
scheidung zwischen Angestellten und Selbstständigen weiterhin offen.
Es ist deshalb wichtig, sich das weitere politische Umfeld zum gesetz-
lichen Mindestlohn anzuschauen. Die Forderung nach einer stärkeren
Regulierung der Wirtschaft durch den Staat ist immer umstritten und
ruft Kritik, sowohl von den Libertären als auch von jenen, die sich für
den Ausbau der Crowdsourcing-Technologie einsetzen, auf den Plan.[13]
Obwohl ich Verständnis für das Argument habe, dass Technologie sowohl
Zeit als auch Freiheit zur Entfaltung braucht,[14] bin ich auch der Meinung,
dass dies in einem ausgeglichenen Verhältnis mit den Interessen anderer
Stakeholder geschehen muss.
Über die Auswirkungen von Mindestlöhnen gibt es unter Wirtschaftswissen-
schaftlern unterschiedliche Auffassungen. Einige davon könnten auch

15
Bruce Bartlett, Minimum Wage Hikes Help Politicians, Not The Poor, The Wall Street Journal bei A26, 27.5.1999 (ein Literaturüberblick, der die Auffassung stützt, dass eine Erhöhung des Mindestlohns vor allem negative Auswirkungen auf die Anstellung von Jugendlichen hat)

16
Bureau of Labor Statistics, Characteristics of Minimum Wage Workers: 2007, 24.3.2008, abrufbar unter: http://bls.gov/cps/minwage2007.pdf (Beschäftigte unter 25 Jahren bilden etwa ein Fünftel der nach Stunden bezahlten Arbeiter, aber für Teilzeitkräfte war die Wahrscheinlichkeit nach Mindestlohn bezahlt zu werden sehr viel höher)

17
Für eine allgemeine Darstellung, siehe: David Card & Alan Krueger, Myth and Measurement: The New Economics of the Minimum Wage (1995); Daniel Shaviro, The Minimum Wage, the Earned Income Tax Credit, and Optimal Subsidy Policy, 64 U. Chi. L. Rev. 405 (1997)

18
U. S. Department of Labor, Report on the American Workforce 58 (2001), abrufbar unter: http://bls.gov/opub/rtaw/pdf/chapter2.pdf. Siehe auch: Broadus Mitchell, Depression Decade: From New Era Through New Deal, 1929–1941 271 (1947); G. Rejda, Social Insurance and Economic Security 329 (1984)

238

auf die Crowdarbeit anwendbar sein. So sind manche Ökonomen der Ansicht, dass ein höherer Mindestlohn eine Inflation zur Folge haben und möglicherweise Arbeitsplätze am Rande des Arbeitsmarktes vernichten könnte.[15] Weitere Studien zeigen jedoch, dass in den USA die meisten auf Basis des Mindestlohns Beschäftigten in traditionellen Jobs entweder Jugendliche oder Teilzeitkräfte sind.[16] Eine Erhöhung des Mindestlohns führt oft dazu, dass die von den Jugendlichen nach Schulschluss ausgeübten Jobs verloren gehen, während andere demografische Schichten verschont bleiben. Andere Ökonomen bestreiten hingegen, dass sich eine moderate, schrittweise Erhöhung des Mindestlohns auf die Anzahl der Anstellungen im Niedriglohnsektor auswirkt.[17] Wir wissen bisher einfach zu wenig darüber, wie die Gruppe der Crowdarbeiter demografisch zusammengesetzt ist, um Vorhersagen darüber treffen zu können, wie sich die Einführung des Mindestlohns auf die Menge der auf den Plattformen angebotenen Arbeiten auswirken würde.

Trotzdem lässt sich aus der Geschichte des FLSA eine Erweiterung des Schutzes auch für Crowdarbeiter ableiten. Das Ziel des FLSA war es, im Rahmen des *New Deal*-Wirtschaftsprogramms, das das Land aus der Wirtschaftskrise führen sollte, die Löhne zu erhöhen und den Arbeitern eine Grundsicherung bereitzustellen. Zur Zeit der Einführung war etwa ein Viertel der Arbeiter ohne Job und noch sehr viel mehr waren unterbeschäftigt.[18] Das Überangebot an Arbeitskraft führte in Kombination mit einem Einbruch in der Nachfrage zu einem erhöhten Wettbewerb um die verfügbaren Arbeitsplätze. Die Löhne gingen zurück, was wiederum zu einer Schwächung der Kaufkraft führte. In der Folge ließen sich weniger Waren absetzen und so verstärkten die niedrigen Löhne die wirtschaftliche Abwärtsspirale.[19] Die Einführung des FLSA war deshalb ein

Mindestlohn für Crowdarbeit?

Miriam A. Cherry

19
Sar A. Levitan & Issac Shapiro, Working but Poor: America's Contradiction 94 (1987); Ronald Edsforth, The New Deal: America's Response to the Great Depression 24 (2000)

20
Der Oberste Gerichtshof hatte anfänglich noch ältere Gesetze zur Regulierung von Angestelltenverhältnissen in Berufung auf den »Freedom of Contract« Ethos außer Kraft gesetzt – beispielhaft

zu sehen im Fall Lochner vs New York, 198 U. S. 45 (1905). Doch etwa ab der Mitte der großen Wirtschaftskrise hörte der Gerichtshof auf, die Gesetzgebungen, die im Rahmen des New Deal für wirtschaftliche Erholung sorgen sollten, außer Kraft zu setzen. Siehe: William G. Ross, When Did the »Switch in Time« Actually Occur?: ReDiscovering the Supreme Court's »Forgotten« Decisions of 193–1937, 37 Ariz. St. L. J. 1153 (2005)

21
Barbara Ehrenreich, Nickel and Dimed: On (Not) Getting by in America (2001)

22
Die Website der »Fight for Fifteen«-Kampagne findet sich unter: http://fightfor15.org/en/homepage/

239

Grundpfeiler in der Wirtschaftsgesetzgebung des *New Deal*. Folglich ist die Frage, ob ein Mindestlohn nötig ist, bereits vor vielen Jahren beantwortet worden, und zwar zugunsten eines Schutzes für die Arbeiter.[20] Warum sollten Crowdarbeiter anders behandelt werden als Angestellte, die im Betrieb körperlich anwesend sind? Für eine solche Unterscheidung ist kein stichhaltiger Grund zu erkennen.

Die Forderung nach Mindestlohn für Crowdarbeit ist eigentlich ein vergleichsweise moderates Anliegen. Der Mindestlohn ist niedrig und in den Augen vieler nicht angemessen. Barbara Ehrenreich beschreibt in ihrem vielbeachteten Buch *Nickel and Dimed* ihre Versuche, in verschiedenen US-amerikanischen Städten mit Arbeiten im Niedriglohnsektor über die Runden zu kommen.[21] Die Autorin verdiente kaum genug, um für Essen und Unterkunft zahlen zu können. Erst 2013 gab es eine Kampagne von Beschäftigten in der US-amerikanischen Fast-Food-Industrie, die sich für Löhne von 15 Dollar pro Stunde zur Deckung ihres Existenzminimums einsetzten – ein Betrag, der etwa doppelt so hoch ist wie der aktuelle Mindestlohn.[22] Die Crowdarbeiter würden sich derzeit noch glücklich schätzen, wenigstens den Mindestlohn zu verdienen.

Angesichts der Klage *Otey vs CrowdFlower* würde es auch für die Crowdsourcing-Betreiber Sinn ergeben, faire Löhne einzuführen. Die Plattformen könnten so ihr Geschäftsmodell stabilisieren und legitimieren. Für bestimmte Gruppen von Konsumenten und Investoren wären die Plattformen attraktiver, wenn sie sich ihrer gesellschaftlichen Verantwortung stellen würden. Andernfalls besteht für die Crowdsourcing-Unternehmen das Risiko weiterer Gerichtsverfahren mit unklarem Ausgang. Selbst wenn Gerichte entscheiden würden, dass Crowdarbeiter nach derzeitiger Rechtslage noch nicht unter den Schutz des FLSA fallen, könnte das entsprechend novelliert und erweitert werden.

Fazit

Die Crowdarbeit stellt scheinbar ein Paradoxon dar. Einerseits birgt sie großes Potenzial für Beschäftigte und Arbeitgeber, für eine effizientere Organisation von Arbeit und für eine nie dagewesene globale Kooperation zwischen Arbeitern und Unternehmen. Andererseits droht eine Erosion der Arbeitnehmerrechte, die einhergeht mit extremen Niedriglöhnen. In Anbetracht der Funktionsweise von Crowdarbeit und der ursprünglichen Aufgabe des gesetzlichen Mindestlohns wird hier die Auffassung vertreten, dass insbesondere ungelernte Crowdarbeit unter den Schutz der Mindestlohnregelung fallen sollte. Es lässt sich keine grundsätzliche Unterscheidung zwischen ungelernter Arbeit, die vor Ort und solcher, die über das Internet ausgeführt wird, treffen. Egal wo die Arbeit ausgeführt wird, in der Fabrik, im Café oder zu Hause – die Beschäftigten brauchen den Schutz des gesetzlichen Mindestlohns. Crowdarbeit ist echte Arbeit, Crowdarbeiter sind echte Arbeiter. Sie verdienen den Mindestlohn.

Crowdworker – Schutz auch außerhalb des Arbeitsrechts?

Eine Bestandsaufnahme

Wolfgang Däubler

Die möglicherweise bei manchen Arbeitgebern vorhandene Vorstellung, Crowdworking könne sich praktisch im rechtsfreien Raum vollziehen, trifft so nicht zu. Zahlreiche zivilrechtliche Bestimmungen dienen dem Schutz der schwächeren Seite; soweit deutsches Recht anwendbar ist, können sie auch zur Geltung gebracht werden. Daneben gibt es Möglichkeiten der kollektiven Interessenvertretung, die noch überdacht und verfeinert werden müssen. Ein Beitrag zur Diskussion.

Professor Dr. Wolfgang Däubler
war von 1971 bis 2004 Professor für Deutsches und Europäisches Arbeitsrecht, Bürgerliches Recht und Wirtschaftsrecht an der Universität Bremen. Verschiedene Gastprofessuren, unter anderem an den Universitäten Austin/Texas, Paris, Antwerpen, Bordeaux, Trento, Shanghai (Tongji) und Beijing (China-EU School of Law). Zahlreiche Buch- und Zeitschriftenveröffentlichungen, insbesondere zum Arbeitsrecht. Tätigkeit als Berater, Seminarreferent und Einigungsstellenvorsitzender. Beratung von Ministerien und Gewerkschaften in Kirgisstan, Slowenien, Vietnam, der Volksrepublik China und der Mongolei. Mitglied im Aufsichtsrat der Bremer Landesbank.

1
Hierzu und zum Folgenden
Leimeister / Zogaj, Neue
Arbeitsorganisation durch
Crowdsourcing. Eine
Literaturstudie, Arbeits-
papier Nr. 287 der
Hans-Böckler-Stiftung 2013;
Klebe / Neugebauer, AuR
2014, 4 ff.

2
Kraft, Die Mitbestimmung
Heft 12/2013, auch zu den
folgenden Beispielen

3
IG Metall-Vorstand (Hrsg.),
Crowdsourcing. Beschäftigte
im globalen Wettbewerb um
Arbeit – am Beispiel IBM,
2013

I. Der Sachverhalt

Das Internet macht es möglich: Arbeiten können weltweit ausgeschrieben werden.[1] Firmen wenden sich an eine Plattform und stellen dort ein Angebot ein. Wer für die Aufgabe X den Zuschlag bekommt und seine Sache gut erledigt, erhält als Gegenleistung einen bestimmten Geldbetrag. Denkbar ist, zunächst unter allen »Bietern« eine Auswahl zu treffen und einem den Auftrag zu erteilen, in der Regel dem, bei dem das Preis-Leistungs-Verhältnis am besten ist. Denkbar ist aber auch eine Organisation nach Art eines Preisausschreibens: Von allen Interessenten wird erwartet, dass sie die Leistung erbringen. Der Beste wird dann ausgesucht und erhält die vorgesehene Gegenleistung; die übrigen gehen leer aus. Ob dies ein fairer Deal ist, der mit unseren Grundsätzen über die Kontrolle Allgemeiner Geschäftsbedingungen (AGB) nach §§ 305 ff. BGB vereinbar ist, scheint bisher noch nicht als Rechtsproblem wahrgenommen zu werden.

Welche Arbeiten sich für eine Vergabe im Internet eignen, ist derzeit nicht genau absehbar. Aus der Praxis wird beispielsweise berichtet, dass Texte erst maschinell in eine Fremdsprache übersetzt und dann einem Crowdworker übergeben werden, der die gröbsten Schnitzer entfernen soll.[2] Dies geht schneller und ist billiger, als wenn man einen professionellen Übersetzer einschalten würde. Häufig werden Arbeitsprozesse in kleine Teile zerlegt und diese nach draußen vergeben. Bei IBM haben solche Überlegungen eine große Rolle gespielt.[3] Komplexe Prozesse werden in zahlreiche einfache Aufgaben verwandelt, die dann von der »Crowd«, das heißt von allen interessierten Internetnutzern, bearbeitet werden. Bisweilen können auch anspruchsvolle Aufgaben direkt »nach draußen« verlagert werden – »Softwareentwicklung« dürfte als Gegenstand

Crowdworker – Schutz
auch außerhalb des
Arbeitsrechts?

Wolfgang Däubler

4
So etwa die US-amerika-
nische Plattform Amazon
Mechanical Turk, Nr. 1 des
»Participation Agreements«,
abrufbar unter https://mturk.
com/mturk/conditionsofuse

5
Angaben nach Klebe /
Neugebauer AuR 2014, 4

6
Zum Vorliegen einer
Betriebsänderung in
einem solchen Fall s.
DKKW-Däubler, 14. Aufl.
2014, §§ 111 Rn. 111 a

7
Zu Studien über die
Lohnhöhe s. die Übersicht
bei Leimeister / Zogaj, S. 73.
Von Interesse auch der
Erfahrungsbericht von Kraft
in: Mitbestimmung Heft
12/2013

245

am naheliegendsten sein. Als Beispiele werden weiter die Beurteilung eines Finanzierungskonzepts und die Entwicklung eines Firmenlogos genannt. Der Fantasie sind kaum Grenzen gesetzt.

Verträge werden von beiden Seiten oft mit einer Plattform – in Deutschland etwa *clickworker* und *twago* – abgeschlossen. Dabei weiß der Crowdworker unter Umständen gar nicht, wer der wirkliche Empfänger seiner Leistung ist. Daneben gibt es auch Fälle, in denen die Plattform nur die Infrastruktur für die Verhandlungen zwischen den Leistenden und den Leistungsempfängern zur Verfügung stellt.[4] Die praktische Bedeutung, die diese Arbeitsform schon heute hat, wird an der Zahl der Nutzer deutlich: *clickworker* nennt etwa 400.000 »Mitglieder«, *twago* teilt mit, ein Auftragsvolumen von über 172 Millionen Euro mit insgesamt 228.000 Experten und 36.000 Aufträgen abgewickelt zu haben.[5] *TopCoder* mit Sitz in Massachusetts verfügt über mehr als 500.000 Mitglieder, *Freelancer* spricht von 8.800.000 Nutzern und 4.928.000 Projekten und dürfte damit Marktführer sein.

Crowdsourcing führt zur »Ausdünnung« der Betriebe. Dort verbleiben von den bisher Beschäftigten nur diejenigen, die für die Aufteilung des Arbeitsprozesses und für die Qualitätskontrolle verantwortlich sind.[6] Verschärft wird diese Entwicklung zusätzlich dadurch, dass sich in aller Regel Menschen aus vielen Ländern um einen Auftrag bewerben. Wird eine vergleichbare Leistung wie im Inland erbracht, kommen die niedrigen Löhne zum Beispiel der Arbeitskräfte aus Entwicklungsländern voll zur Geltung. Dies führt bei Normal- und Routinetätigkeiten derzeit zu Durchschnittsvergütungen von zwei Euro pro Stunde.[7] Das mag für einen Inder unter seinen Lebensbedingungen akzeptabel sein; in Westeuropa lässt sich damit kein auch nur einigermaßen angemessenes Leben führen.

8
Zu Matrix-Strukturen in
Konzernen, bei denen dies
oft auftritt, s. Kort NZA 2013,
1318

9
Ebenso Klebe / Neugebauer
AuR 2014, 5

246

Würde sich diese Arbeitsform auf viele Bereiche ausweiten, hätte dies grundlegende Veränderungen zur Folge.

Crowdsourcing kann derzeit in unterschiedlichen Formen und Zusammenhängen praktiziert werden. Rechtlich unproblematisch ist der Fall, dass innerhalb eines Konzerns bestimmte Aufgaben ausgeschrieben werden, für die sich nur Arbeitnehmer aus anderen Unternehmensbereichen des Konzerns bewerben können. An der Arbeitnehmereigenschaft der Beteiligten ändert sich nichts, statt für ihren Vertragsarbeitgeber sind sie mit dessen Einverständnis vorübergehend für ein anderes Konzernunternehmen tätig. Dies ist bislang keine völlig ungewöhnliche Konstellation. [8]

Neue Rechtsfragen stellen sich, wenn die Konzerngrenzen überschritten werden und sich Dritte bewerben können. Sie treten als Selbständige auf, die sich um einen Auftrag bemühen. Eine persönliche Abhängigkeit liegt nicht vor, da sie keinen Weisungen nachkommen, sondern lediglich vordefinierte Anforderungen erfüllen müssen. Im Regelfall besteht nur eine Rechtsbeziehung zu dem Plattformbetreiber. Er ist Empfänger eines »Werkes« oder einer »Dienstleistung«, die daraus resultierenden Vorteile werden an das Unternehmen weitergereicht. Der Sache nach liegt daher ein Werkvertrag, manchmal auch ein Dienstvertrag vor. [9] Wie der Arbeitende seine Tätigkeit organisiert, interessiert weder den Plattformbetreiber noch das letztlich begünstigte Unternehmen. Das Entgelt wird vom Unternehmen an den Plattformbetreiber bezahlt, der es dann – mit oder ohne Abzug – an den Crowdworker weiterleitet. Es geht um eine reine Transaktion »Arbeitsprodukt gegen Geld«. Selbst wenn eine direkte Rechtsbeziehung zwischen Unternehmen und Crowdworker besteht, lässt sich diese schwerlich als Arbeitsverhältnis qualifizieren. Auch hier dominiert der Austausch unter »Selbstständigen«. Die Voraussetzungen einer

Crowdworker – Schutz
auch außerhalb des
Arbeitsrechts?

Wolfgang Däubler

10
Ebenso im Ergebnis Klebe /
Neugebauer AuR 2014, 5

11
Zum Erfordernis der
wirtschaftlichen
Abhängigkeit s. BAG NZA
1991, 267; Schmidt-Koberski
u. a., HAG. Kommentar,
4. Aufl., München 1998,
§ 2 Rn. 99

12
BVerfGE 89, 214, 232

247   Arbeitnehmerähnlichkeit sind ebenfalls nicht gegeben, da meist keine wirtschaftliche Abhängigkeit gegenüber einem bestimmten Plattformbetreiber oder einem Unternehmen vorliegt.[10] Dies spricht auch gegen die Anwendbarkeit des Heimarbeitsgesetzes.[11]

Auch im Zivil- und Wirtschaftsrecht existiert in gewissem Umfang ein Schutz des Schwächeren. Instrumente sind die AGB-Kontrolle nach den §§ 305 ff. BGB sowie die vom Bundesverfassungsgericht entwickelten Grundsätze, wonach bei einer strukturellen Unterlegenheit eines Vertragspartners eine Korrektur durch den Gesetzgeber oder den Richter erfolgen muss, wenn der Vertrag für den schwächeren Teil »ungewöhnlich belastend« wirkt.[12] Von erheblicher Bedeutung kann schließlich das Gesetz gegen Wettbewerbsbeschränkungen (GWB) sein, das in § 19 den Missbrauch einer marktbeherrschenden Stellung und in § 20 die Benachteiligung ohne sachlichen Grund (»Diskriminierung«) und die unbillige Behinderung eines anderen Marktteilnehmers verbietet.

Spezifische Probleme ergeben sich bei grenzüberschreitenden Rechtsbeziehungen. Wer sich bei *Amazon Mechanical Turk* in Massachusetts um einen Auftrag bemüht, wird US-amerikanischem Recht unterliegen und deshalb kaum in der Lage sein, sich auf die §§ 305 ff. BGB zu berufen. Wann welche Rechtsordnung eingreift, ist zentraler Gegenstand des Kollisionsrechts. Aus Gründen der besseren Verständlichkeit soll jedoch zuerst der vergleichsweise einfacher gelagerte Fall eines rein deutschen Crowdsourcings behandelt werden; im Anschluss soll es dann um die grenzüberschreitenden Fälle gehen.

II. AGB-Kontrolle der Verträge

1. Der Crowdworker als Verbraucher oder als Unternehmer

Die in den §§ 307–310 BGB geregelte inhaltliche Überprüfung von Standardverträgen (»Inhaltskontrolle« genannt) enthält in § 307 Abs. 1 BGB eine allgemeine Regel, wonach der Vertragspartner des »Verwenders« – also der Plattform oder im Ausnahmefall des Unternehmens – nicht entgegen Treu und Glauben unangemessen benachteiligt werden darf. Eine solche Benachteiligung kann auch darin liegen, dass eine Bestimmung nicht »klar und verständlich« ist. Insoweit ist von fehlender Transparenz die Rede. Die §§ 308 und 309 BGB enthalten Kataloge mit bedenklichen und unzulässigen Klauseln.

Die Inhaltskontrolle ist unterschiedlich ausgestaltet, je nachdem, wer sich gegenübersteht. Ist der Verwender ein Unternehmer – was hier immer der Fall sein wird –, die andere Seite aber ein Verbraucher, so ist die Kontrolle schärfer: Nach § 310 Abs. 3 BGB muss es sich nicht um einen Standardvertrag handeln; vielmehr reicht es aus, dass er vom Unternehmer zugrunde gelegt wurde. Auch wird vermutet, dass über die Vertragsbedingungen nicht verhandelt wurde, sondern dass sie einseitig verordnet wurden. Schließlich sind die besonderen Umstände des Vertragsabschlusses zu berücksichtigen.

Stehen sich zwei Unternehmer gegenüber, so gelten diese Sondervorschriften nicht. Außerdem finden nach § 310 Abs. 1 BGB die §§ 308 und 309 keine Anwendung; die Inhaltskontrolle kann sich ausschließlich auf § 307 Abs. 1 und Abs. 2 BGB stützen. Der dritte Fall, dass zwei Verbraucher einen Vertrag schließen und einer von ihnen allgemeine Geschäftsbedingungen benutzt, interessiert im vorliegenden Zusammenhang höchstens am Rande.

Crowdworker – Schutz auch außerhalb des Arbeitsrechts?

Wolfgang Däubler

13
S. etwa BGH NJW 2006,
2250 Tz 14

14
Münchener Kommentar zum
BGB (im Folgender: MüKo) –
Micklitz, Band 1, 6. Aufl. 2012,
§ 14 Rn. 18; Staudinger-
Habermann, Neubearbei-
tung 2013, § 14 Rn. 36;
Jauernig-Mansel, BGB,
15. Aufl. 2014, § 14 Rn. 2;
Palandt-Ellenberger, BGB,
73. Aufl. 2014, § 14 Rn. 2

15
MüKo-Micklitz § 14 Rn. 31;
Palandt-Ellenberger
§ 14 Rn. 2

16
BGH NJW 2002, 368;
MüKo-Micklitz § 14 Rn. 19;
Jauernig-Mansel § 14 Rn. 2:
»Bank- und Börsengeschäfte
eines Ingenieurs«; Pfeiffer,
in: Wolf / Lindacher / Pfeiffer,
AGB-Recht. Kommentar,
6 Aufl. 2013, § 310 Abs. 1 Rn. 9

249   Ist der Crowdworker ein Verbraucher mit der Folge, dass er bei der Inhaltskontrolle, aber auch in anderen Zusammenhängen einen verstärkten
Schutz genießt? Die einschlägige Regelung findet sich in den §§ 13, 14
BGB. Nach § 14 Abs. 1 ist Unternehmer, wer beim Abschluss eines Rechts-
geschäfts »in Ausübung seiner gewerblichen oder selbständigen beruflichen Tätigkeit« handelt. Wer diese Voraussetzungen nicht erfüllt, also
nicht für Zwecke einer gewerblichen oder selbständigen beruflichen
Tätigkeit handelt, ist nach § 13 BGB automatisch Verbraucher. Dieses ist
also eine »Auffanggröße«, die sehr viel weiter ist als das, was der alltägliche Sprachgebrauch unter »Verbraucher« versteht, der im Super-
markt einkauft oder bei Amazon ein Buch bestellt. Entscheidende Aus-
gangsfrage ist daher, ob der Crowdworker die Voraussetzungen des § 14
Abs. 1 BGB erfüllt.

Nach der Rechtsprechung[13] und der damit übereinstimmenden Literatur[14]
muss ein selbständiges, planmäßiges, auf eine gewisse Dauer angeleg-
tes Verhalten vorliegen. Dies gilt gleichermaßen für die gewerbliche wie
für die sonstige berufliche Tätigkeit.[15] Wer nur gelegentlich bestimmte
Geschäfte tätigt, etwa Sammlerbriefmarken oder auch mal einen Old-
timer erwirbt oder verkauft, ist deshalb noch nicht Unternehmer. Maßstäbe ergeben sich unter anderem daraus, dass die Verwaltung des
eigenen Vermögens grundsätzlich nicht unter § 14 Abs. 1 BGB fällt, es
sei denn, sie würde einen erheblichen zeitlichen und organisatorischen
Aufwand erfordern.[16] Ein Crowdworker, der sich nur hin und wieder
um einen Auftrag bemüht, ist daher Verbraucher, nicht Unternehmer.
Auf den Anteil an der Arbeits- oder Lebenszeit kommt es nicht so sehr
an; vielmehr entscheidet die »Planmäßigkeit«, also das systematische
Suchen nach Aufträgen.

17
S. Palandt-Grüneberg
§ 305 b Rn. 5; vgl. auch
Lindacher/Hau, in: Wolf/
Lindacher/Pfeiffer § 305 b
Rn. 33 ff.

250   Im vorliegenden Zusammenhang führt dies zu etwas überraschenden Ergebnissen. Ein Arbeitnehmer oder Rentner, der hin und wieder mal bei
twago oder *clickworker* nachschaut, ob etwas Passendes für ihn angeboten wird, unterliegt den Schutzvorschriften des Verbraucherrechts. Wer
dagegen die Ausführung von Aufträgen zu seiner Haupterwerbsquelle
machen will, ist Unternehmer, weil er einem Gewerbe nachgeht. Dass
er sehr viel abhängiger ist, spielt dabei bedauerlicherweise keine Rolle.
Auch der Kleinstunternehmer ist Unternehmer im Rechtssinne. Bei den
sozialpolitisch wichtigen Fällen kommt das AGB-Recht also nur in der
Form zur Anwendung, die zwischen Unternehmern gilt. Bei der Handhabung der Inhaltskontrolle nach § 307 Abs. 1 BGB kann allerdings auf
die besonderen Umstände Rücksicht genommen werden.

2. Anwendungsfälle der Inhaltskontrolle

Die allgemeinen Geschäftsbedingungen der Plattformbetreiber enthalten
einzelne Bestimmungen, die nach den Maßstäben der §§ 305 ff. BGB
bedenklich oder ersichtlich nicht haltbar sind.

a) Schriftformklauseln

Ein deutscher Anbieter sieht in seinen AGB vor, dass individuelle Absprachen
zwar den Standardbedingungen vorgehen, dass sie aber der Schriftform
oder mindestens der schriftlichen Bestätigung bedürfen. Die zwingende
Vorschrift des § 305 b BGB weist aber allen – auch den mündlichen –
Individualabreden den Vorrang vor den AGB zu, sodass das Erfordernis der Schriftform unwirksam ist.[17] Mündliche oder konkludente Abre-
den bleiben daher wirksam. Dies ist praktisch wichtig, wenn etwa im
Zusammenhang mit dem Vertragsschluss Sonderabreden zugunsten des

18
EGMR NJW 1995, 1413;
BVerfG NJW 2001, 2531;
BAG NZA 2007, 885.
Zur Entwicklung dieser
Rechtsprechung s. Däubler,
Arbeitsrecht 2, 12. Aufl. 2
009, Rn. 2221

19
BGH NJW 2008, 360 Tz. 21;
zustimmend Dammann, in:
Wolf/Lindacher/Pfeiffer,
§ 308 Nr. 4 Rn. 33

251

Crowdworkers getroffen wurden, ihm beispielsweise eine bestimmte Mindestvergütung pro Monat zugesagt wurde. Allerdings müsste er in einem solchen Fall beweisen, dass eine solche Abrede getroffen wurde. Dies kann bei Telefon- oder Vier-Augen-Gesprächen schwierig sein, da sich die für die Plattform oder das Unternehmen handelnde Person häufig nicht an Dinge erinnern wird, die für ihren Arbeitgeber ungünstig sind oder die ihr selbst Schwierigkeiten bereiten könnten. Dem trägt die Rechtsprechung dadurch Rechnung, dass im gerichtlichen Verfahren der Kläger auch selbst als Partei befragt werden kann und seine Aussage keinen geringeren Stellenwert hat als die des Gesprächspartners, der als Zeuge vernommen wird.[18]

b) Änderungsvorbehalte

Derselbe deutsche Anbieter sieht in seinen AGB vor, dass der Vertragsinhalt mit einer Ankündigungsfrist von sechs Wochen geändert werden kann. Ist der Crowdworker mit der Änderung nicht einverstanden, hat jede Seite das Recht, die Vertragsbeziehung zu beenden.

Diese Klausel ist zunächst am Maßstab des § 308 Nr. 4 BGB zu messen, wonach der Verwender von AGB Änderungsvorbehalte in Bezug auf die von ihm zugesagte Leistung nur vereinbaren darf, wenn diese für den Vertragspartner unter Berücksichtigung der beiderseitigen Interessen zumutbar sind. Ob eine Vertragsänderung zumutbar ist, bestimmt sich nach den konkreten Umständen, insbesondere nach den Gründen, die der Verwender für sich ins Feld führen kann. Diese müssen sich aus dem Vertrag ergeben. Die Rechtsprechung verlangt, dass für den Vertragspartner »zumindest ein gewisses Maß an Kalkulierbarkeit der möglichen Leistungsänderungen« vorhanden ist.[19] Dies ist nicht zuletzt auch

20
OLG Hamburg NJW-RR 1986,
1440; ebenso MüKo-Wurm-
nest § 308 Nr. 4 Rn. 8;
Dammann in:
Wolf/Lindacher/Pfeiffer
§ 308 Nr. 4 Rn. 30

21
»We may revise these Terms
of Use at any time without
prior notice by updating this
page and such revisions will
be effective upon posting to
this page. Please check this
page periodically for any
changes.«

22
OLG München NJW-RR 2009,
458: MüKo-Wurmnest § 308
Nr. 4 Rn. 13; Palandt-Grüneberg § 308 Rn. 26; leicht
einschränkend Dammann,
in: Wolf/Lindacher/Pfeiffer
§ 308 Nr. 4 Rn. 70

252

eine Konsequenz aus dem Transparenzprinzip des § 307 Abs. 1 Satz 2 BGB. Unzulässig ist deshalb zum Beispiel die Klausel in einem Vertrag über eine Flugreise, wonach Flugänderungen »aus wichtigen Gründen« erlaubt sein sollen, »soweit dies zumutbar ist«, weil weder der wichtige Grund noch die Maßstäbe für die Zumutbarkeit irgendwie konkretisiert sind.[20] Erst recht hat eine Klausel keinen Bestand, bei der nicht einmal diese allgemeinen Formeln verwendet werden, sondern die Vertragsänderung einfach als gegeben unterstellt wird. Daran ändert auch das Auflösungsrecht nichts, weil es ja denkbar ist, dass der Vertragspartner ein legitimes Interesse an der Aufrechterhaltung des Vertrages hat. Ein ausländischer Anbieter geht noch weiter und erklärt alle von ihm vorgenommenen Änderungen für wirksam, sobald sie auf seiner Website erscheinen; dem Kunden wird empfohlen, die Website regelmäßig zu überprüfen.[21]

Der § 308 Nr. 4 BGB ist allerdings nur im Verhältnis zwischen einem Unternehmer und einem Verbraucher und in Verträgen zwischen Verbrauchern anwendbar. Geht es um einen hier besonders interessierenden Fall des Verhältnisses zwischen zwei Unternehmen, kommt nur § 307 BGB zur Anwendung. In Rechtsprechung und Literatur ist man sich jedoch einig, dass der Grundgedanke des § 308 Nr. 4 auch im Rechtsverkehr zwischen Unternehmen Beachtung verdient.[22] Dies rechtfertigt sich mit dem Gedanken der Vertragstreue, der infrage gestellt wäre, würde sich der Verwender von AGB weitgehende Änderungen vorbehalten können. Dazu kommt die auch für den Geschäftsverkehr zwischen Unternehmen unmittelbar geltende Vorschrift des § 307 Abs. 1 Satz 2 BGB, wonach Bestimmungen in AGB dem Transparenzerfordernis entsprechen müssen. Daran fehlt es ersichtlich, wenn keinerlei Gründe für die

**Crowdworker – Schutz
auch außerhalb des
Arbeitsrechts?**

Wolfgang Däubler

23
Palandt-Grüneberg
§ 308 Rn. 26 mwN

24
BGH NJW 1992, 1097, 1099;
BGH NJW 1994, 1798, 1799;
dazu weiter Däubler, in:
Däubler / Bonin / Deinert,
AGB-Kontrolle im
Arbeitsrecht, 4. Aufl.
2014, § 305 c Rn. 35

25
S. als Beispielsfall BGH NJW
2011, 139 – Reitturnier

26
Palandt-Sprau § 661 Rn. 1

253

Änderung angegeben oder wenn diese nur in höchst pauschaler Form (»wichtiger Grund«) benannt werden. Unzulässig sind beispielsweise Klauseln, wonach sich der Verwender gegenüber einem Vertragshändler, der gleichfalls selbständiger Unternehmer ist, vorbehält, dessen Handelsspanne frei abzuändern.[23] Ein pauschaler Änderungsvorbehalt in den Plattform-AGB würde auch den Fall abdecken, dass das Entgelt für den Crowdworker abgesenkt wird; schon die Möglichkeit einer solchen rechtswidrigen Handhabung macht eine derartige Klausel – von allen anderen Bedenken abgesehen – unzulässig.[24]

c) Bezahlung wie bei einem Preisausschreiben

Eine Besonderheit des Crowdworkings ist das Modell, dass bei der Ausschreibung nicht nach Angeboten, sondern nach fertigen Lösungen gefragt wird. Nur derjenige, der die »beste« Arbeit einreicht, erhält dafür auch eine Vergütung; alle anderen gehen leer aus. Dies ist eine bislang in unserer Rechtsordnung singuläre Erscheinung, der im Arbeitsleben keine Bedeutung zukommt. Das BGB regelt das Preisausschreiben in § 661. Es findet sich in der Realität zum Beispiel bei sportlichen Wettkämpfen, bei denen dem Sieger eine Prämie winkt.[25] Daneben geht es um wissenschaftliche und künstlerische Leistungen, mit denen man Anerkennung erreicht, die sich später auch wirtschaftlich niederschlagen wird. Bei Architektenwettbewerben werden ausschließlich die Pläne für künftige Bauwerke begutachtet und gegebenenfalls prämiiert.[26] Auch die Ausschreibung öffentlicher Aufträge gehört in diesen Rahmen; bei ihnen geht es jedoch gleichfalls nur um eine Beschreibung der Leistung und nicht um deren Erbringung. Weder bei der abhängigen Arbeit noch bei

27
Einzelheiten bei Däubler,
Arbeitsrecht 2, Rn. 163 ff.,
167 ff.

28
BAG ZTR 2007, 505
(monatliche Leistungszulage);
BAG NZA 2012, 620 Ls. 1
(Bonus für Zielerreichung)

29
Traditionelles Beispiel:
Der Kunde kommt nicht
zum Schneider, um den
bestellten Anzug
anzuprobieren

254

Leistungen durch Selbständige spielt eine Vergütung nur für »eingereichte Werke« bisher eine Rolle. Dies hat seine guten Gründe.

Bei der abhängigen Arbeit existiert der selbstverständliche und deshalb selten angesprochene Grundsatz, dass jede mit Zustimmung des Arbeitgebers erbrachte Arbeit auch vergütet werden muss. Dies ergibt sich aus der – allerdings nicht zwingenden – Vorschrift des § 612 BGB sowie aus den Grundsätzen über das fehlerhafte Arbeitsverhältnis: Die effektiv erbrachte Arbeit muss – von Extremfällen einmal abgesehen – immer bezahlt werden, auch dann, wenn der Arbeitsvertrag nicht ordnungsgemäß zustande gekommen war.[27] Damit stimmt die neuere Rechtsprechung überein, wonach Gegenleistungen des Arbeitgebers für erbrachte Arbeitsleistungen, zum Beispiel Boni für Zielerreichung, nicht unter Freiwilligkeitsvorbehalt gestellt werden dürfen.[28]

Auch bei der selbstständigen Arbeit im Rahmen eines Werkvertrags gilt derselbe Grundsatz. Da zu erstellende Werke häufig einige Zeit in Anspruch nehmen und eine erhebliche Vorleistung des Unternehmers voraussetzen, sieht § 632 a BGB Abschlagszahlungen des Auftraggebers vor. Scheitert die Ausführung eines Werkvertrags daran, dass der Kunde eine Mitwirkungshandlung unterlässt,[29] so kann der Unternehmer nach § 642 BGB eine angemessene Entschädigung verlangen und muss sich nur das anrechnen lassen, was er an Aufwendungen erspart oder durch anderweitigen Einsatz seiner Arbeitskraft verdient hat. Er darf also in der Vergangenheit nicht umsonst gearbeitet haben. Nach § 649 BGB hat der Besteller zwar ein jederzeit ausübbares Kündigungsrecht; macht er davon Gebrauch, so muss er aber das vereinbarte Entgelt bezahlen. Der Unternehmer muss sich genau wie im Fall des § 642 BGB lediglich ersparte Aufwendungen und anderweitigen Erwerb anrechnen lassen.

Crowdworker – Schutz
auch außerhalb des
Arbeitsrechts?

Wolfgang Däubler

30
Ähnlich Rehm, in: IG Metall
Vorstand (Hrsg.),
Crowdsourcing, S. 15

31
OLG Köln NJW-RR 1993, 949
und OLG Karlsruhe NJW-RR
2012, 504 halten sogar zwei
Tage für möglich

255

Von diesem Grundsatz in AGB abzuweichen und bei Werkverträgen das Entgelt nur demjenigen zu geben, der die »beste« Leistung erbracht hat, versieht die Vergütung mit einer Bedingung, die mit wesentlichen Grundgedanken der gesetzlichen Regelung über den Werkvertrag nicht zu vereinbaren und deshalb nach § 307 Abs. 2 Nr. 1 BGB unwirksam ist. Das Entgelt darf auch bei selbstständiger Arbeit – zugespitzt formuliert – nicht Gegenstand einer Lotterie sein, aus der nur einer als Gewinner hervorgeht. Soweit man davon ausgehen muss, dass der einzelne Crowdworker für seinen Lebensunterhalt auf die Entgelte angewiesen ist, liegt auch Sittenwidrigkeit nach § 138 Abs. 1 BGB vor, da die Situation schlechter als die des traditionellen Tagelöhners ist: Dieser konnte wenigstens darauf vertrauen, für die erbrachte Tagesleistung entlohnt zu werden.[30]

d) Nachbesserungsfristen

Entspricht die vom Crowdworker erbrachte Leistung nicht den Erwartungen, so wird diesem in manchen AGB eine Nachbesserungsfrist von drei Tagen eingeräumt. Nach dem gesetzlichen Modell (§ 323 Abs. 1 BGB) muss dem Schuldner (hier: dem Crowdworker) eine angemessene Frist zur Nacherfüllung gesetzt werden, wobei »Nacherfüllung« sowohl Beseitigung des erkannten Mangels als auch Neuerbringung der geschuldeten Leistung bedeuten kann. Bei ganz besonderer Eilbedürftigkeit können drei Tage angemessen sein,[31] doch lässt sich dies nicht als allgemeine und verbindliche Regelung bestimmen. Es stellt eine unangemessene Benachteiligung des Crowdworkers im Sinne des § 307 Abs. 1 Satz 1 BGB dar, ihn auch dort zu einer Nachbesserung innerhalb von drei Tagen zu zwingen, wo keinerlei Eilbedürftigkeit vorliegt oder wo es um ein so komplexes Vorhaben geht, dass drei Tage auch bei Aufbietung aller Kräfte nicht

256

ausreichen. Deckt eine AGB-Bestimmung ihrer allgemeinen Fassung wegen auch Fälle ab, in denen eine unangemessene Benachteiligung des Vertragspartners vorliegt, so ist sie insgesamt unwirksam. [32]

e) Leistungsreduzierung der Plattform

Die Betreiber von Plattformen sorgen bei der Ausgestaltung von AGB auch dafür, dass ihre eigenen wirtschaftlichen Interessen nicht zu kurz kommen und dass sie nicht etwa bei Störungen auf Schadensersatz in Anspruch genommen werden können. So bestimmt etwa ein deutscher Anbieter, dass der Nutzer keinen Anspruch auf Aufrechterhaltung bestimmter Funktionalitäten habe; werden diese reduziert, ist keine Minderung des Entgelts vorgesehen. Außerdem behält sich der Betreiber das Recht vor, den Zugang zu einzelnen Inhalten zu sperren oder diese Inhalte zu löschen. Als Beispiel wird der Fall genannt, dass ein Projekt vollständig abgeschlossen ist oder dass die gespeicherten Inhalte gegen geltendes Recht oder gegen Rechte Dritter verstoßen. Auch hier sind wiederum Fälle miterfasst, bei denen der Crowdworker in unangemessener Weise benachteiligt ist – so wenn er plötzlich keinen Zugang mehr zu bestimmten Erkenntnissen aus früheren Projekten hat und außerdem nicht erkennen kann, weshalb diese »Sperre« verhängt wurde. Auch hier ist § 307 Abs. 1 BGB verletzt.

f) Abtretung aller Rechte des Crowdworkers

Das Arbeitsergebnis steht nach herkömmlicher Auffassung bei abhängiger Arbeit grundsätzlich dem Arbeitgeber zu. Bei Werkverträgen gehört es dem Besteller. Insoweit ist nichts dagegen einzuwenden, wenn Urheberrechte auf den Plattformbetreiber übergehen und dieser beispielsweise

33
Ebenso im Ergebnis Klebe/
Neugebauer AuR 2014, 6.
Zu Honorarklauseln bei
Verlagsverträgen s. Stoffels,
in: Wolf/Lindacher/Pfeiffer,
Anhang, Klauseln (U)
Rn. U 26

34
Die Rechtswidrigkeit wird
bejaht von LAG Mecklen-
burg-Vorpommern AuR
2010, 343

35
LAG Hamm DB 1989, 783;
Mengel, Compliance und
Arbeitsrecht, 2009, Rn. 92;
Maschmann/Sieg/Göpfert-
Bodem, Vertragsgestaltung
im Arbeitsrecht, 2012,
Nr. 540 Rn. 53; Preis-Rolfs,
Der Arbeitsvertrag, 4. Aufl.
2011, II V 20 Rn. 34. Weiter
Däubler in: Däubler/Bonin/
Deinert, AGB-Kontrolle im
Arbeitsrecht, Anhang Rn. 157

257 die entwickelte Software verwerten kann. Allerdings muss man sich die Frage stellen, ob die Vergütung höher ist als bei einem anderen Crowd-worker, aus dessen Arbeit sich keine Urheberrechte ableiten lassen; hier könnte eine sachlich nicht gerechtfertigte, schematische Gleichbehand-lung vorliegen. Eindeutig rechtswidrig ist eine bei ausländischen Anbie-tern auftauchende Regelung, wonach die Abtretung von Schutzrechten auch dann erfolgt, wenn das Arbeitsergebnis selbst nicht abgenommen wird, weil ein anderer das »Preisausschreiben« gewann: Eine Abtretung, der nur dann ein Entgelt gegenübersteht, wenn der Leistende gegenüber allen anderen den Vorzug erhält, stellt eine unangemessene Benachtei-ligung des Crowdworkers dar.[33]

g) Verletzung des allgemeinen Persönlichkeitsrechts

Erstaunlich sind aus deutscher Sicht Klauseln, die jede Kontaktaufnahme mit einem User eines anderen Plattformbetreibers verbieten. Geht die Kontaktaufnahme von einem solchen aus, muss dies sofort dem Platt-formbetreiber gemeldet werden. Dies rückt die Arbeit in die Nähe einer geheimdienstlichen Tätigkeit und greift unangemessen in die Privat-sphäre des Crowdworkers ein. Im Vergleich dazu ist die verbreitete, aber gleichwohl rechtswidrige Klausel harmlos, wonach mit Arbeitskollegen nicht über das Gehalt gesprochen werden darf.[34] Im Arbeitsrecht ist man sich einig, dass eine derart umfassende Verschwiegenheitspflicht, wie sie von den Crowdworkern verlangt wird, nicht mit dem Persönlichkeits-recht des Arbeitnehmers vereinbar ist.[35] Für Selbstständige kann nichts anderes gelten, da sie insoweit nicht weniger schutzwürdig sind. Wei-tere persönlichkeitsrechtliche Probleme ergeben sich im Zusammenhang mit sehr weitgehenden Ermächtigungen, zahlreiche Daten zu speichern und gegebenenfalls an Dritte zu übermitteln. So heißt es etwa in den AGB eines deutschen Anbieters: »Beim Besuch unserer Website speichern unsere Server temporär jeden Zugriff in einer Protokolldatei. Folgende Daten werden dabei ohne Ihr Zutun erfasst und bis zur automatischen Löschung von uns gespeichert: die IP-Adresse des anfragenden Rechners, das Datum und die Uhrzeit des Zugriffs, der Name und die URL der abgerufenen Datei, die Website, von der aus der Zugriff erfolgte, das Betriebssystem Ihres Rechners und der von Ihnen verwendeten Browser und andere technische Daten, der Name Ihres Internet-Access-Providers, Spracheinstellungen und geographische Herkunft.«

Ob dies alles mit den hier anwendbaren §§ 12–15 TMG vereinbar ist, wird man bezweifeln müssen. Die zulässig zu erhebenden Bestandsdaten nach § 14 TMG und die Nutzungsdaten nach § 15 TMG beziehen sich längst nicht auf alle die Angaben, die effektiv erfasst werden. Die Einwilligung des Betroffenen scheidet als Rechtfertigung schon deshalb aus, weil kein Hinweis auf das Widerrufsrecht nach § 13 Abs. 2 Nr. 4 TMG erfolgt ist. Dazu kommt, dass der Zweck der Erhebung und Speicherung von Daten durchaus eng bestimmt ist: Es geht darum, die Nutzung der Plattform zu ermöglichen, es geht um Gewährleistung der Systemstabilität, um die technische Administration der Netzinfrastruktur, um die Optimierung des Angebots sowie um interne statistische Zwecke. Muss man dafür wirklich auch das Betriebssystem des Rechners, den Browser und den Ort kennen, von wo aus der Zugriff erfolgte? Insoweit fehlt es an der Erforderlichkeit, ohne die Daten nicht erhoben und verarbeitet werden dürfen.

Crowdworker – Schutz auch außerhalb des Arbeitsrechts?

Wolfgang Däubler

h) Nicht erfasste Bereiche

Die AGB-Kontrolle erstreckt sich nach § 307 Abs. 3 Satz 1 BGB nicht auf das Verhältnis von Leistung und Gegenleistung, es sei denn, dieses wäre – wie zum Beispiel im Rechtsanwaltsvergütungsgesetz – ausdrücklich gesetzlich geregelt. Weiter ist das Bestehen eines Vertragsverhältnisses vorausgesetzt: Die Frage, ob der Plattformbetreiber einen Vertragsabschluss ohne Grund verweigern kann, ist in den §§ 305 ff. BGB nicht angesprochen.

3. Individualklage und Verbandsklage

Sind Bestimmungen in AGB unwirksam, braucht sie der Vertragspartner (hier: der Crowdworker) nicht zu beachten. Werden Ansprüche ausgeschlossen, die ihm nach geltendem Recht zustehen, kann er diese gleichwohl gerichtlich geltend machen. Besteht Streit über die Gültigkeit einzelner Bestimmungen, kann eine Klärung mithilfe einer Feststellungsklage nach § 253 ZPO herbeigeführt werden.

In mindestens 99 von 100 Fällen hat dies keine praktische Wirkung. Anders als im Arbeitsrecht gibt es deshalb im Recht der allgemeinen Geschäftsbedingungen eine Verbandsklage: Nach § 1 des Unterlassungsklagengesetzes (UKlaG) kann der Verwender unzulässiger Klauseln auf Unterlassung in der Zukunft und gegebenenfalls auf Widerruf einer entsprechenden Empfehlung in Anspruch genommen werden. Dies gilt auch dann, wenn die unwirksamen Klauseln im Verhältnis zu einem Unternehmer im Sinne des § 14 BGB verwendet werden; lediglich die Unterlassungsklage nach § 2 UKlaG setzt ausschließlich die Verletzung verbraucherrechtlicher Bestimmungen voraus. Klagebefugt sind die in § 3 UKlaG genannten Stellen. Neben den Industrie- und Handelskammern und den

36
Stoffels, AGB-Recht, 2. Aufl.
2009, Rn. 1149 unter
berechtigter Berufung
auf den Bericht des
Rechtsausschusses zur
Schuldrechtsmodernisierung
(BT-Drucksache 14/7052,
S. 190); anders Palandt-
Bassenge §4 UKlaG Rn. 6

37
Fn. 12

260

Handwerkskammern gehören dazu insbesondere die registrierten Verbraucherverbände, im Gesetz als »qualifizierte Einrichtungen« bezeichnet. Dazu kommen »rechtsfähige Verbände zur Förderung gewerblicher oder selbständiger beruflicher Interessen«, soweit sie insbesondere nach ihrer personellen, sachlichen und finanziellen Ausstattung imstande sind, diese Aufgaben tatsächlich wahrzunehmen. Damit sind – im weitesten Sinne verstanden – Verbände von Selbständigen gemeint.

Kann auch eine Gewerkschaft eine solche Verbandsklage erheben? In der Literatur wird darauf verwiesen, dass der Arbeitnehmer nach der Rechtsprechung Verbraucher ist, sodass sich die Gewerkschaft als Verbraucherverband registrieren lassen könnte und damit klagebefugt wäre.[36] Will sie diesen Weg nicht beschreiten, kann sie nur verstärkt wirtschaftlich abhängige Selbstständige organisieren und so als »Selbständigenverband« eine Klagebefugnis erreichen. Pragmatiker könnten auch auf den Gedanken kommen, sich an einen gewerkschaftlichen Positionen nahe stehenden Verbraucherverband zu wenden und dort eine Klageerhebung anzuregen.

Hat eine Verbandsklage Erfolg, so kann sich nach §11 Satz 1 UKlaG jeder Betroffene auf die Unwirksamkeit der fraglichen Bestimmung berufen. Ein der Klage stattgebendes Urteil wirkt also zugunsten aller Betroffenen. Wird die Klage abgewiesen, bleibt es gleichwohl dem Einzelnen unbenommen, die Unwirksamkeit einer bestimmten Klausel geltend zu machen. Es tritt also keine Wirkung zulasten der übrigen ein.

Crowdworker – Schutz
auch außerhalb des
Arbeitsrechts?

Wolfgang Däubler

III. Vertragskontrolle auf der Grundlage der Rechtsprechung des Bundesverfassungsgerichts

Wie oben[37] ausgeführt, verlangt das Bundesverfassungsgericht Korrekturen,

38
BAG NZA 2009, 837.
Überblick über den
Stand der Rechtsprechung
insgesamt s. Nassibi,
Schutz vor Lohndumping
in Deutschland, 2012,
S. 48 ff.

261

wenn zwischen den Vertragsparteien eine strukturelle Abhängigkeit besteht und der Vertrag für den schwächeren Teil inhaltlich ungewöhnlich belastend ist. Bei der Umsetzung dieses Grundsatzes ist anders als bei der AGB-Kontrolle auch das Verhältnis von Leistung und Gegenleistung einzubeziehen. Muss deshalb von Rechts wegen eine Korrektur erfolgen, wenn sich bei der Übernahme einer Vielzahl von Aufträgen gleichwohl nur ein Stundenlohn von 2 bis 3 Euro ergibt?

Man kann den Versuch unternehmen, diese Frage durch unmittelbare Subsumtion unter die vom Bundesverfassungsgericht entwickelten Grundsätze zu beantworten. Dies wird nicht sehr schwerfallen. Für den Crowdworker besteht eine strukturelle Abhängigkeit vom Betreiber der Plattform beziehungsweise vom Unternehmen: Er hat praktisch keinerlei Verhandlungsmacht, ja, er steht noch schlechter als ein Arbeitnehmer da, weil er sich gegebenenfalls sogar auf die Bedingung einlassen muss, dass er nur dann ein Entgelt erhält, wenn sein Produkt als besonders gut ausgewählt wird. Angesichts eines Mindestlohns von 8,50 Euro für Arbeitnehmer sind 2 bis 3 Euro pro Stunde auch ein Betrag, den man als ungewöhnlich gering bezeichnen muss, zumal ja zusätzlich noch die Vorsorge für Lebensrisiken, die bei Arbeitnehmern durch die Sozialversicherung übernommen wird, Sache des Crowdworkers bleibt. Methodisch könnte man auch so verfahren, dass man § 138 BGB anwendet und dabei die vom Bundesverfassungsgericht entwickelten Kriterien berücksichtigt, was zum selben Ergebnis führt. Dabei kann man weiter auf die Rechtsprechung des BAG verweisen, wonach die Unterschreitung des Tariflohns um mehr als ein Drittel gegen die guten Sitten verstößt [38] – dasselbe muss nunmehr auch für den gesetzlichen Mindestlohn gelten. Einen Selbständigen zu solchen Bedingungen zu beschäftigen, lässt

39
Bechtold, GWB, 6. Aufl. 2010,
§ 19 Rn. 5; Götting, in:
Loewenheim / Meessen /
Riesenkampff, Kartellrecht.
Kommentar, 2. Aufl. 2009,
§ 19 GWB Rn. 13

262

sich nicht mit grundlegenden Wertentscheidungen unserer Rechtsordnung vereinbaren.

IV. Kartellrecht als Bremse?

Der Schutz des Schwächeren ist im Zivilrecht nicht allein ein vertragsrechtliches Problem. Das Gesetz gegen Wettbewerbsbeschränkungen (GWB) ist an sich nur dafür bekannt, dass es Preisabsprachen und Kartelle im Grundsatz verbietet. Daneben enthält es jedoch in den §§ 19 ff. Vorschriften gegen missbräuchliches Verhalten marktbeherrschender und sogenannter marktstarker Unternehmen. Diese Bestimmungen verdienen im vorliegenden Zusammenhang ein gewisses Maß an Aufmerksamkeit, geht es doch bei den Crowdworkern um Mikro-Unternehmer, die faire Bedingungen auf dem Markt erwarten können. Dazu einige wenige Vorüberlegungen.

1. Verbot des Missbrauchs einer marktbeherrschenden Stellung

§ 19 GWB verbietet missbräuchliches Verhalten marktbeherrschender Unternehmen. Um zu beurteilen, wann eine »Marktbeherrschung« vorliegt, muss zunächst der relevante Markt bestimmt werden. § 19 Abs. 2 Satz 1 GWB spricht ausdrücklich vom »sachlich und räumlich relevanten Markt«, was die Fragestellung ein wenig eingrenzt. Von sachlicher Relevanz ist dann die Rede, wenn es um Waren oder gewerbliche Leistungen geht, die nach dem Urteil der Marktgegenseite gleich oder jedenfalls gegeneinander austauschbar sind.[39] Unter räumlicher Relevanz wurde früher das Bundesgebiet oder ein Teil desselben verstanden, in dem sich ein Unternehmen betätigt. Nunmehr sagt § 19 Abs. 2 Satz 3 GWB ausdrücklich, dass der räumlich relevante Markt weiter reichen könne als der

Crowdworker – Schutz auch außerhalb des Arbeitsrechts?

Wolfgang Däubler

263 Geltungsbereich des GWB, also das Bundesgebiet. Wie weit der Markt tatsächlich reicht, lässt sich nicht abstrakt bestimmen, sondern hängt von den jeweiligen Umständen ab. Im Bereich des Crowdworking wird man zwischen deutschsprachigen und anderen, meist englischsprachigen, Plattformen unterscheiden müssen. Sehr viele Leistungen, die in dieser neuen Arbeitsform erbracht werden, sind sprachlich vermittelt; selbst der Designer, der ein neues Firmenlogo entwickeln soll, wird sein Konzept nicht nur bildlich darstellen, sondern auch mit Worten erklären müssen. Eine solche Unterscheidung entspricht dem sogenannten Bedarfskonzept der Marktgegenseite und findet sich in ähnlicher Form im Pressebereich: Dort wird zwischen überregionalen und regionalen Zeitungen, aber auch zwischen Straßenverkaufs- und Abonnementzeitungen unterschieden, weil für jedes dieser Segmente eine bestimmte Gruppe von Nachfragern vorhanden ist.[40] Nicht anders verhält es sich bei deutschsprachigen Plattformen, bei denen der relevante Markt im Zweifel auch Österreich und die Schweiz umfasst. Sie sind daher auf einem speziellen Markt tätig.

Eine »Beherrschung« liegt dann vor, wenn das Unternehmen keinem wesentlichen Wettbewerb ausgesetzt ist oder wenn es im Verhältnis zu seinen Wettbewerbern eine überragende Marktstellung besitzt (§ 19 Abs. 2 Satz 1 Nr. 1 und 2 GWB). Hat ein Unternehmen einen Marktanteil von einem Drittel, so wird nach § 19 Abs. 3 Satz 1 GWB vermutet, dass es marktbeherrschend ist. Inwieweit im hier interessierenden Bereich eine Marktbeherrschung in diesem Sinne vorliegt, kann ohne empirische Untersuchungen nicht beurteilt werden. Insoweit wäre das Bundeskartellamt gefragt, die Verhältnisse auf dem Crowdsourcing-Markt näher zu analysieren.

41
Zur Handhabung des
Differenzierungsverbots im
Einzelnen s. Loewenheim,
in: Loewenheim / Meessen /
Riesenkampff, § 20 Rn. 84 ff.

42
Näher Bechtold § 20 Rn. 19 ff.

264

Angenommen, eine der Plattformen hätte eine marktbeherrschende Stellung, so läge ein Missbrauch insbesondere dann vor, wenn einer der vier Tatbestände des § 19 Abs. 4 GWB gegeben wäre. Von Bedeutung könnte insbesondere die Nr. 2 sein, wonach es einen Missbrauch darstellt, wenn das Unternehmen Entgelte oder sonstige Geschäftsbedingungen fordert, die von denjenigen abweichen, die sich bei wirksamem Wettbewerb mit hoher Wahrscheinlichkeit ergeben hätten.

Nach § 20 Abs. 1 GWB dürfen marktbeherrschende Unternehmen andere nicht unbillig behindern und gleichartige Unternehmen nicht ohne sachlich gerechtfertigten Grund unmittelbar oder mittelbar unterschiedlich behandeln. Das erstere wäre der Fall, wenn ein Geschäftsabschluss von vorneherein abgelehnt würde oder wenn einem Crowdworker ohne sachlichen Grund die weitere Benutzung der Plattform unmöglich gemacht würde. Das zweite wäre anzunehmen, wenn Crowdworker bei gleicher Leistung unterschiedlich vergütet würden. [41]

2. Erstreckung auf marktstarke Unternehmen

Laut § 20 Abs. 2 Satz 1 GWB erstreckt sich das Behinderungs- und Benachteiligungsverbot auf sogenannte marktstarke Unternehmen, von denen kleine oder mittlere Unternehmen »als Anbieter oder Nachfrager einer bestimmten Art von Waren oder gewerblichen Leistungen in der Weise abhängig sind, dass ausreichende und zumutbare Möglichkeiten, auf andere Unternehmen auszuweichen, nicht vorhanden sind«. Beispiel sind etwa Händler, die ein bestimmtes Produkt in ihrem Sortiment haben müssen, um gegenüber ihren Konkurrenten bestehen zu können. [42] Sie vom Bezug auszuschließen, wäre eine ungerechtfertigte Behinderung. Eine ähnliche Situation wäre bei Crowdworking dann gegeben, wenn

265

ein Crowdworker nur bei einem bestimmten Anbieter seine spezifische Qualifikation ins Spiel bringen kann, weil allein dieser entsprechende Aufgaben in seiner Angebotspalette hat.

V. Grenzüberschreitendes Crowdworking

1. Das anwendbare Recht

Plattformen sowie Unternehmen vereinbaren mit Crowdworkern in der Regel das Recht, das am Plattform- beziehungsweise am Unternehmenssitz gilt. Bei *twago* und *clickworker* gilt deutsches Recht, bei *Amazon Mechanical Turk* das Recht von Massachusetts, beim australischen *Freelancer. com* das Recht von New South Wales. Dies beruht in aller Regel auf ausdrücklichen Vereinbarungen in den AGB. Diese sind aus der Sicht deutscher und europäischer Gerichte nach Art. 3 Abs. 1 der Rom-I-Verordnung grundsätzlich zulässig.

Fehlt es an einer solchen Abrede, greift Art. 4 Abs. 1 Rom-I-Verordnung ein. Nach seinem Buchstaben b unterliegen »Dienstleistungsverträge« dem Recht des Staates, in dem der Dienstleister seinen gewöhnlichen Aufenthalt hat. Dabei wird der Begriff »Dienstleistungen« dem unionsrechtlichen Sprachgebrauch nach sehr weit interpretiert, sodass er jede Form von Tätigkeiten weit über den Dienstvertrag nach §§ 611 ff. BGB hinaus erfasst. [43] Auch das Crowdsourcing fällt darunter, sodass bei einem in Deutschland ansässigen Crowdworker mangels ausdrücklicher Rechtswahl deutsches Recht zur Anwendung kommen würde.

2. Ausnahme im Verbraucherrecht

Findet – wie in der Regel – das Recht des Staates Anwendung, in dem der Plattformbetreiber beziehungsweise das Unternehmen seinen Sitz hat, so wäre es für einen in Deutschland wohnenden Crowdworker sehr nützlich, wenn man ihn als Verbraucher klassifizieren könnte. In diesem Fall würde Art. 6 Rom-I-Verordnung eingreifen. Danach würde die Wahl eines ausländischen Rechts nur eine beschränkte Wirkung haben, sofern die Plattform beziehungsweise das Unternehmen seine Geschäftstätigkeit auch auf Deutschland ausrichtet, was in den hier interessierenden Fällen ohne Schwierigkeiten anzunehmen wäre. Dem Crowdworker blieben in einem solchen Fall alle Rechte erhalten, die im deutschen Verbraucherrecht zwingend vorgeschrieben sind. Dies wären beispielsweise die gesamte AGB-Kontrolle sowie die Grundsätze, die das Bundesverfassungsgericht zum Schutz des schwächeren Vertragsteils entwickelt hat. Wie oben unter II 1 ausgeführt, ist aber nur derjenige Verbraucher, der »gelegentlich« als Crowdworker arbeitet; sobald es sich um eine planmäßige und auf Dauer angelegte Tätigkeit handelt, verliert er diese Eigenschaft und wird zum Unternehmer im Sinne des §14 BGB.

3. Vorliegen von Eingriffsnormen?

Ist kraft Rechtswahl definitiv ausländisches Recht anwendbar, so stellt sich die Frage, ob einzelne Vorschriften des deutschen Rechts als sogenannte Eingriffsnormen im Sinne des Art. 9 Rom-I-Verordnung dennoch Anwendung finden können. Nach der dort gegebenen Definition muss es sich dabei um zwingende Vorschriften handeln, »deren Einhaltung von einem Staat als so entscheidend für die Wahrung seines öffentlichen Interesses, insbesondere seiner politischen, sozialen oder wirtschaftlichen Organisation, angesehen wird, dass sie ... auf alle Sachverhalte anzuwenden sind, die in ihren Anwendungsbereich fallen«. Ob dies für bestimmte Normen oder Normengruppen gilt, ist meist im Wege der Auslegung zu ermitteln.

Crowdworker – Schutz
auch außerhalb des
Arbeitsrechts?

Wolfgang Däubler

267 Im Arbeitsrecht wird etwa das BetrVG dazugerechnet, sofern sich ein Betrieb im Inland befindet. Bei den hier anwendbaren Vorschriften ist zu differenzieren.

Was das GWB betrifft, so enthält es in § 130 Abs. 2 eine ausdrückliche Regelung, wonach es auch dann Anwendung findet, wenn eine Maßnahme im Ausland getroffen wurde, sich aber im Inland auswirkt. Der Text der Vorschrift spricht zwar nur von »Wettbewerbsbeschränkungen«, doch ist damit der ganze erste Teil des Gesetzes gemeint, also auch die Vorschriften, die sich auf marktbeherrschende und marktstarke Unternehmen beziehen.[44] Soweit die in diesen Bestimmungen genannten Voraussetzungen vorliegen, würden sie auch Anwendung finden, wenn auf die vertraglichen Beziehungen zwischen Crowdworker und Betreiber der Plattform beziehungsweise Unternehmen ausländisches Recht anwendbar wäre.

Die §§ 305 ff. BGB enthalten demgegenüber keine ausdrückliche Bestimmung über ihren internationalen Anwendungsbereich. Sie sind Teil des deutschen Vertragsrechts und wollen die schwächere Seite schützen. Das in Art. 9 Rom-I-Verordnung vorausgesetzte öffentliche Interesse ist nicht eindeutig erkennbar. Weder die Entstehungsgeschichte noch die heutige Praxis enthalten Anhaltspunkte dafür, dass es sich um Vorschriften handelt, die ihrer Bedeutung wegen auch gegenüber einem an sich anwendbaren ausländischen Vertragsrecht durchgesetzt werden müssten. Anders stellt sich dies aber für die vom Bundesverfassungsgericht entwickelten Grundsätze zur Vertragskontrolle dar, da sie für die soziale und wirtschaftliche Organisation unseres Staates von wesentlicher Bedeutung sind. Bei ihnen handelt es sich gewissermaßen um ein Strukturprinzip

45
Die folgenden Ausführungen
sind eine kurze Zusammen-
fassung von Däubler,
Representation of Workers'
Interests outside Collective
Bargaining? FS Antonio
Ojeda, 2014 (im Erscheinen)

der Wirtschaftsordnung, nicht nur um Schutzvorschriften zugunsten der
unterlegenen Vertragspartner.

4. Der Rückgriff auf den Ordre public

Führt die Anwendung ausländischen Rechts zu »untragbaren« Ergebnissen,
so muss die fragliche ausländische Vorschrift nach Art. 21 Rom-I-Verordnung ohne Anwendung bleiben. Dabei handelt es sich um Extremfälle;
sie herauszuarbeiten, wird Aufgabe der Gerichte sein.

VI. Gegenwehr – nur auf dem Rechtsweg?

Das Recht kann die gemeinsame Vertretung der Interessen von Arbeitenden behindern oder erleichtern, aber nicht ersetzen. Sozial aufgeschlos-
sene Richter werden gegebenenfalls Hungerlöhne beim Crowdsourcing
für illegal erklären, aber niemand kann ausschließen, dass andere den
Kräften des Marktes freien Lauf lassen. Nicht anders als bei abhängiger
Arbeit müssen deshalb auch die Interessen der Crowdworker kollektiv
zur Geltung gebracht werden.

Für die Gewerkschaften ist es eine große Herausforderung, Menschen zu
organisieren, die keinen Arbeitnehmerstatus haben und die auch nicht
Teil einer Belegschaft mit ihrem Zusammengehörigkeitsgefühl und mit
ihren Interaktionsformen sind: Ihre Tätigkeit ist individualisiert, Kontakte
zu Personen in gleicher Lage kommen allenfalls durch Zufall zustande.
Gibt es Beispiele dafür, dass trotz einer solchen Ausgangssituation kollektives Handeln und Verbesserungen der sozialen Lage möglich werden?
Es liegt nahe, auf die Erfahrungen der IG Medien beziehungsweise heute
von ver.di mit der Organisierung von Selbständigen im Medienbereich
und bei Schriftstellern zurückzugreifen, doch soll eine Reihe anderer

Crowdworker – Schutz
auch außerhalb des
Arbeitsrechts?

Wolfgang Däubler

46
Näheres unter
http://ndlon.org

47
Dazu Däubler, Arbeits-
kampfrecht, 3. Aufl. 2012,
§ 1 Rn. 5 ff. m. w. N.

269

Beispiele aus dem In- und Ausland aufgegriffen werden, die einen geringeren Bekanntheitsgrad aufweisen.[45]

1. Das Netzwerk der Tagelöhner

In den USA gibt es verbreitet *day laborers*, also Tagelöhner, die sich an
bestimmten Orten an Interessenten verdingen. Meist handelt es sich um
Angehörige von Minderheiten, insbesondere um Latinos oder Bürger afri-
kanischer Herkunft. Eine gewerkschaftliche Organisierung traditioneller
Art existiert für diese Gruppen nicht. Obwohl es sich um einen Extremfall prekärer und individualisierter Beschäftigung handelt, ist kollektives
Handeln möglich geworden. Insbesondere in Kalifornien ist das *National Day Laborer Organizing Network* aktiv,[46] das auch in anderen Bun-
desstaaten der USA existiert. Während eine traditionelle Gewerkschaft
in gewisser Weise einem Industriebetrieb nachgebildet ist – mit einem
Vorstand samt Präsidenten, den Abteilungsleitern, den Projektgruppen
und den Filialleitern mit mehr oder weniger großem eigenem Spielraum
–, ist das hier anders. Wie schon der Name sagt, handelt es sich um ein
Netzwerk. Es besteht aus meist ehrenamtlich tätigen Kontaktpersonen,
die jeweils in einem Stadtteil tätig sind. Sie geben den Mitgliedern Auskunft darüber, wie viel üblicherweise für eine bestimmte Arbeit bezahlt
wird und wer ein guter und wer ein schlechter Arbeitgeber ist. Vor dem
schlechten wird gewarnt, sodass er oft in Gefahr gerät, niemanden mehr
zu finden, solange er sein Verhalten nicht grundsätzlich ändert. Da in
bestimmten Städten die Tagelöhner fast alle im *Network* organisiert sind,
kann eine solche Warnung auf einen Boykott hinauslaufen. Der schlechte
Arbeitgeber gerät in Verruf. Entsprechendes gab es – dem historisch
Interessierten vertraut – bei der Gesellenbewegung im Mittelalter.[47]

Das war zwar eine völlig andere Zeit, aber es ging im Grunde um dasselbe Organisationsproblem: Auch damals standen die Beteiligten vor der Aufgabe, viele Individuen, die sich nicht aus einem betrieblichen Zusammenhang heraus kannten, aus eigener Einsicht zu einem einheitlichen Verhalten zu veranlassen. Warum sollte etwas Derartiges von vorneherein bei Crowdworkern ausgeschlossen sein? Ist die Kommunikation im Netz nicht sogar viel leichter machbar, als wenn man erst eine Kontaktperson aufsuchen und diese nach den Arbeitsbedingungen fragen muss? Druck wegen niedriger Vergütungen wird allerdings nur dort möglich sein, wo die Arbeitenden aus einem wirtschaftlich relativ homogenen Raum kommen, was beispielsweise bei Aufgaben der Fall ist, die gute deutsche Sprachkenntnisse voraussetzen. In anderen Fällen dürften die nationalen Lohnunterschiede wirksam bleiben.

2. Mobilisierung der Öffentlichkeit

Das Verhalten unsozial handelnder Unternehmen zum Gegenstand öffentlicher Diskussion zu machen, kann erheblichen Druck aufbauen. Beispiele lassen sich insbesondere im konsumnahen Bereich finden, wo die Sensibilität gegenüber kritischer Presseberichterstattung sehr viel höher ist als bei einem Maschinenbau- oder einem Chemiebetrieb.

Aus Deutschland lässt sich das Beispiel des Arbeitskräfteverleihs innerhalb der Schlecker-Firmen nennen: Bei der Umstellung auf größere Filialen wurden die Beschäftigten der kleineren Filialen zunächst gekündigt. Kurze Zeit später erhielten sie ein Angebot von der Schlecker-Tochter *Meniar* (Menschen in Arbeit), als Leiharbeitnehmer zu (mindestens) 30 Prozent weniger Lohn in den neuen Filialen weiterzuarbeiten. Dieses »Geschäftsmodell« hatte eine so negative Publizität, dass Schlecker

Crowdworker – Schutz auch außerhalb des Arbeitsrechts?

Wolfgang Däubler

271 nach einiger Zeit von sich aus auf eine Fortsetzung verzichtete. Damit
war mehr erreicht, als mit traditioneller Tarifpolitik erreichbar gewesen
wäre: Eine Tarifforderung, die Verleihfirma solle geschlossen werden,
würde im Falle ihrer Realisierung in den Kern unternehmerischer Entscheidungsfreiheit eingreifen; dafür zu streiken, würde vermutlich sehr
schnell von den Arbeitsgerichten für illegal erklärt. Berichterstattungen
und Beiträge in den Medien, die dasselbe bewirken, sind demgegenüber rechtlich völlig unproblematisch.

Auch aus China lässt sich von einem Fall berichten, in dem der öffentliche
Druck unsoziales Verhalten unmöglich machte. Das am 1. Januar 2008
in Kraft getretene Arbeitsvertragsgesetz sieht vor, dass derjenige, der
zehn Jahre ununterbrochen beim selben Unternehmen auf der Grundlage befristeter Verträge tätig war, einen Anspruch auf Entfristung hat.
Die Firma Huawei aus dem IT-Sektor hatte zahlreiche Beschäftigte, die
diese Voraussetzung erfüllten. Mit mehr oder weniger unsanftem Zwang
wurden sie ab September 2007 dazu veranlasst, Aufhebungsverträge
abzuschließen, um so die zehn Jahre zu unterbrechen. Nach dem 1. Januar
2008 sollten die Mitarbeiter dann auf der Grundlage neuer befristeter
Verträge weiterbeschäftigt werden. Die Zeitungen berichteten in vielen
Teilen des Landes über diese Form der Gesetzesumgehung und übten
deutliche Kritik an Huawei. Nach einiger Zeit gab die Firma nach und
stellte alle Betroffenen auf Dauer ein. Offensichtlich befürchtete man, mit
dem Ansehensverlust könne auch ein Rückgang des Absatzes verbunden
sein. Auch hier ist im Übrigen nicht sicher, dass die Gerichte zugunsten
der Arbeitnehmer entschieden hätten; schließlich hatten diese ja Aufhebungsverträge unterschrieben, die ein Richter möglicherweise als »freiwillig« oder jedenfalls »bindend« qualifiziert hätte.

272 Voraussetzung ist in solchen Fällen immer, dass es wenigstens einige Journalisten gibt, die den Anspruch ihres Berufes auf objektive und umfassende Berichterstattung ernst nehmen, und dass eine Öffentlichkeit existiert, die Extremformen von Ausbeutung ablehnt und ein Minimum an
sozialer Gerechtigkeit für unabdingbar hält. Darüber hinaus ist es auch
sehr wichtig, dass Kritik nicht daran scheitert, dass sich die Vorwürfe
im Ergebnis nicht oder nicht in vollem Umfang belegen lassen. Wer sich
um Aufklärung bemüht, muss auch ein Recht auf Irrtum haben; nur bei
leichtfertigen Anschuldigungen kann anderes gelten. [48] Dies gilt auch für
Beschäftigte des kritisierten Unternehmens, wobei es häufig vorzuziehen
ist, nicht selbst als *whistleblower* in Erscheinung zu treten, sondern die
Presse oder das Fernsehen zu informieren, sofern man sicher sein kann,
dass die Medien ihre Quellen nicht offenbaren.

Das Internet bietet die Möglichkeit, einen Blog einzurichten und dort gegebenenfalls seine Meinung unter Pseudonym oder anonym kundzutun. In
Deutschland ist dieses Recht durch §13 Abs. 6 TMG geschützt, doch wird
davon im Bereich der Vertretung von Arbeitnehmerinteressen noch relativ wenig Gebrauch gemacht. Dies kann sich ändern. Auch eine kritische
Internet-Öffentlichkeit kann einem Unternehmen unangenehm sein und
deshalb zu einer Verhaltenskorrektur führen. Warum sollte dies nicht
auch für Crowdworking gelten?

3. Kollektive Aktionen im Internet

Crowdworker – Schutz
auch außerhalb des
Arbeitsrechts?

Wolfgang Däubler

Die Verlagerung von Kommunikation ins Internet hat dazu geführt, dass sich
dort auch Handlungsformen wiederfinden, die irgendwo zwischen zivilem
Ungehorsam und traditionellen Arbeitskampfmaßnahmen angesiedelt
sind. Dazu ein Beispiel.

273   In der italienischen Niederlassung von IBM fanden vor einigen Jahren Tarifverhandlungen statt, die das Ziel hatten, die Einkommen zu reduzieren,
um so den Standort im bisherigen Umfang beibehalten zu können. Die
Beschäftigten waren davon verständlicherweise wenig begeistert und
erdachten eine neue Form von kollektiver Aktion. Sie gingen auf die Plattform *Second Life*, wo man sich einen Avatar, eine künstliche Zweitexistenz,
zulegen kann, die der Einzelne mit bestimmten Eigenschaften ausstattet.
Auch IBM-Beschäftigte aus anderen Ländern taten dasselbe. Die Ava-
tare spielten nun die Tarifverhandlungen nach, ergänzten sie allerdings
um einige wichtige Elemente: Es gab große Demonstrationen, Hunderte
von Streikposten standen vor den Eingängen, und eine Vorstandssitzung
musste abgebrochen werden, weil Streikende die Oberen hinauswarfen.
Dies alles blieb nicht ohne Eindruck in der realen Welt. Auch wenn keines-
wegs sicher war, ob dieselben Aktionen mit Menschen aus Fleisch und
Blut möglich gewesen wären, gab die Unternehmensleitung nach und
verzichtete auf den Absenkungstarifvertrag.

Die Benutzung von Informationstechnologien kann auch gestört oder vorübergehend unmöglich gemacht werden. Im Jahre 2002 richtete sich
eine derartige Aktion gegen die Deutsche Lufthansa. Diese hatte im Auftrag der Bundesregierung abgewiesene Asylanten in ihre Heimatländer
zurückgeflogen, was diese Menschen meist in große persönliche Gefahr
brachte. Eine Bürgerinitiative hatte dagegen protestiert und unter anderem die von der Lufthansa angebotenen Leistungen in »Economy Class«,
»Business Class« und »Deportation Class« unterteilt. Der Konflikt eska-
lierte, als ein Nigerianer während des Fluges aus ungeklärten Gründen
verstarb, obwohl er von zwei deutschen Polizeibeamten begleitet wurde.
Die Sprecher der Bürgerinitiative beschlossen, das Buchungssystem

49
Beschluss vom 22.5.2006 –
1 Sa 319/05, MMR 2006,
547 = CR 2006, 684

274

der Lufthansa lahmzulegen, und konstruierten zu diesem Zweck eine besondere Software, die jede Sekunde drei E-Mails an den Lufthansa-Computer sandte. Dies hatte zur Folge, dass das Buchungssystem ein bis zwei Stunden tatsächlich nicht mehr funktionierte, ehe die Lufthansa auf andere Computer ausweichen konnte und wieder handlungsfähig war. Ein gerichtliches Nachspiel wegen Nötigung endete mit einem Freispruch durch das OLG Frankfurt. [49]

4. Perspektiven

Die möglicherweise bei manchen Arbeitgebern vorhandene Vorstellung, Crowdworking könne sich praktisch im rechtsfreien Raum vollziehen, trifft so nicht zu. Zahlreiche zivilrechtliche Bestimmungen dienen dem Schutz der schwächeren Seite; soweit deutsches Recht anwendbar ist, können sie auch zur Geltung gebracht werden. Daneben gibt es Möglichkeiten der kollektiven Interessenvertretung, die noch überdacht und verfeinert werden müssen. Die Diskussion über diese Fragen sollte bald beginnen.

**Crowdworker – Schutz
auch außerhalb des
Arbeitsrechts?**

Wolfgang Däubler

Workers of the crowd unite?

Betriebsratsrechte bei Crowdsourcing

Thomas Klebe

Welche Bedeutung Crowdworking in der Zukunft tatsächlich bekommt, ist abzuwarten. Fest steht allerdings, dass zurzeit ebenso wie bei den Solo-Selbstständigen starke Zuwächse zu verzeichnen sind. Es besteht also für Betriebsräte und Gewerkschaften Gestaltungsbedarf. Ein Appell.

Dr. Thomas Klebe, Leitung des Hugo Sinzheimer Instituts in Frankfurt / Main, Rechtsanwalt, langjähriger Justitiar der IG Metall, ehrenamtlicher Richter am Bundesarbeitsgericht und Autor und Herausgeber diverser Aufsätze und Kommentare zum Arbeitsrecht.

Ausgangspunkt dieser Betrachtung sind die Interessenlage und Rechte des Betriebsrats im Zusammenhang mit Crowdsourcing. Sie unterscheiden sich danach, ob das Crowdsourcing intern im Unternehmen mit festangestellten Beschäftigten, die ihre Hauptpflicht aus dem Arbeitsverhältnis erfüllen, erfolgt oder extern mit Selbstständigen oder in einer Kombination von beidem. Bei internem Crowdsourcing wird der Betriebsrat eine Regulierung der Arbeitsbedingungen anstreben: Zum Beispiel beim Datenschutz, wenn die Arbeit permanent transparent ist, bei der Regelung fairer Entgeltsysteme – soweit keine tariflichen Regelungen bestehen – oder gegen eine permanente Verfügbarkeit der Beschäftigten rund um die Uhr und auch für eine klare Struktur in den Projekten (wer führt, koordiniert, hat die Verantwortung?). Bei externem Crowdsourcing stellen sich die gleichen Fragen wie bei jeder Fremdvergabe von Arbeiten. De facto kann hierbei eine zweite Entgeltlinie entstehen und damit erheblicher Druck auf die Stammbelegschaft ausgeübt werden. Crowdsourcing ist in aller Regel auf den ersten Blick jedenfalls deutlich billiger als eine Ausführung der Arbeiten durch die Stammbelegschaft. Bei genauerer Analyse allerdings wird es darum gehen, eine Gesamtbetrachtung des Aufwands und der Kosten anzustellen, die berücksichtigt, dass die vergebenen Aufgaben exakt zu definieren sind, die Qualität der Ausführung gesichert werden muss und Ergebnisse zu koordinieren und zusammenzufügen sind. Weiterhin kann eine Fremdvergabe zu einem Kompetenzverlust für das Unternehmen und damit auch zur Gefährdung von Zukunftsperspektiven führen. Dabei ist hier schon festzuhalten: Schlechte Arbeitsbedingungen mit geringem Entgelt sind nicht nur ein privates Thema oder Problem für Crowdworker, die solche Arbeitsbedingungen akzeptieren. Schlechte Arbeitsbedingungen bedeuten auch

Workers of the crowd unite?

Thomas Klebe

1
BAG 22.07.08, NZA 08, 1248
(1254); Däubler/Kittner/
Klebe/Wedde (DKKW) –
Klebe, BetrVG, 14. Auflage
(2014), § 87 Rn. 21 m. w. N.

279 Konkurrenz für andere Crowdworker und für die Stammbeschäftigten und berühren damit deren Interessen. In vielem ist diese Ausgangssituation bei externem Crowdsourcing vergleichbar mit der Vereinzelung und der Konkurrenzsituation von Beschäftigten im 19. Jahrhundert vor Gründung von Gewerkschaften.

Rechte bei internem Crowdsourcing

Die Betriebsratsrechte bestehen bei beiden Formen des Crowdsourcings auch dann, wenn die maßgeblichen Entscheidungen bei einer Konzernzentrale im Ausland für den deutschen Betrieb beziehungsweise das deutsche Unternehmen fallen und der nationale Arbeitgeber keinen eigenen Entscheidungsspielraum hat: Es gilt in jedem Fall das Territorialprinzip, das heißt deutsches Arbeitsrecht.[1]

Beabsichtigt der Arbeitgeber eine interne Plattform einzurichten, auf der fest angestellte Beschäftigte Lösungen entwickeln, ist es selbstverständlich zunächst für den Betriebsrat wichtig, sich einen genauen Überblick über die Absichten des Unternehmens zu verschaffen. Entsprechende Informationsrechte ergeben sich zum Beispiel aus § 80 Absatz 2 BetrVG, wonach der Betriebsrat zur Durchführung seiner Aufgaben rechtzeitig und umfassend vom Arbeitgeber zu unterrichten ist. Dies ist schon im Hinblick darauf erforderlich, dass der Betriebsrat prüfen wird, ob er Mitbestimmungsrechte hat und wie er sie gegebenenfalls ausüben will. Ebenso kommt § 90 Absatz 1 BetrVG in Betracht, da es bei der Einführung von Crowdsourcing um die Planung von Arbeitsverfahren und Arbeitsabläufen beziehungsweise Arbeitsplätzen geht. Darüber hinaus sind Fragen der Personalplanung (§ 92 Absatz 1 BetrVG), der Beschäftigungssicherung (§ 92 a BetrVG), Fragestellungen für den Wirtschaftsausschuss

2
Vgl. z. B. DKKW – Busch-
mann §§ 80 Rn. 96 ff., 105 f.
und 112 ff.; DKKW – Klebe
§ 90 Rn. 19 ff.; DKKW –
Däubler, § 92 a Rn. 5 ff.;
§ 106 Rn. 89; § 111 Rn. 111 a;
Fitting, Betriebsverfassungsgesetz, 27. Auflage (2014),
§ 80 Rn. 48, 54 ff.;
§ 90 Rn. 9, 12, 34 f.

3
Fitting, § 90 Rn. 10

280

mittelbar oder direkt (zum Beispiel § 106 Abs. 3 Nr. 10 BetrVG) und auch eine Einführung grundlegend neuer Arbeitsmethoden und grundlegender Änderungen der Betriebsorganisation (§ 111 Nr. 4 und 5 BetrVG) betroffen. Nach all diesen Vorschriften ist der Arbeitgeber verpflichtet, den Betriebsrat rechtzeitig über geplante Veränderungen zu informieren. Dies muss zu einem Zeitpunkt geschehen, wo der Betriebsrat noch die Möglichkeit hat, die Entscheidungen zu beeinflussen. Die Information hat mit den erforderlichen Unterlagen und Begründungen zu erfolgen; falls notwendig, sind die Unterlagen dem Betriebsrat auf Dauer zu überlassen.[2] Die Information ist in diesem Zusammenhang als dynamischer Prozess zu begreifen, das heißt, der Arbeitgeber hat sie ständig zu aktualisieren und jeweils die erforderlichen Beratungen vorzunehmen.[3] Diese setzen ein, wenn der Betriebsrat die erforderlichen Informationen erhalten hat. Erst wenn ausreichende Informationen gegeben worden sind, kann er seine Rechte sinnvoll ausüben. Auch die Beratungen müssen so rechtzeitig erfolgen, dass die Vorstellungen und Ideen, die der Betriebsrat einbringt, bei der Planung vom Arbeitgeber noch berücksichtigt werden können. Der Arbeitgeber ist verpflichtet, die Vorschläge und Forderungen dann mit dem ernsten Willen zur Verständigung mit dem Betriebsrat zu besprechen.

Daneben hat der Betriebsrat auch Mitbestimmungsrechte. Kommt dabei keine Einigung mit dem Arbeitgeber zustande, muss dieser, wenn er an seinen Plänen festhält, die Einigungsstelle nach § 76 BetrVG anrufen. Nur im Rahmen einer dann folgenden Entscheidung der Einigungsstelle kann der Arbeitgeber seine Pläne realisieren. Als Mitbestimmungsrechte kommen insbesondere in Betracht: § 87 Absatz 1 Nr. 6 BetrVG (technische Überwachungseinrichtungen), § 95 (Auswahlrichtlinien) und § 111 BetrVG

Workers of the crowd unite?

Thomas Klebe

281

(Betriebsveränderung) mit der Möglichkeit für den Betriebsrat, gegebenenfalls einen Interessenausgleich und Sozialplan nach § 112 BetrVG abzuschließen. Nach § 87 Absatz 1 Nr. 6 BetrVG hat der Betriebsrat die Möglichkeit, eine völlige Transparenz der Arbeit des Crowdworkers zu verhindern, indem in einer Betriebsvereinbarung zum Beispiel klare Regeln darüber festgelegt werden, welche personenbeziehbaren Daten erfasst werden, wann sie zu löschen sind und wer überhaupt Zugriff auf die Daten hat. Nach § 95 BetrVG kann zum Beispiel der Anteil der Fremdfirmenarbeit, also der externen Crowdworker, festgelegt werden. [4] Daneben können je nach Struktur des internen Crowdsourcings auch die Mitbestimmungsrechte nach § 87 Absatz 1 Nr. 1 (Ordnung des Betriebes), Nr. 7 (Arbeits- und Gesundheitsschutz) oder Nr. 10 und 11 BetrVG (Entgeltfragen) betroffen sein. Werden Beschäftigungsprofile in Skill-Datenbanken gestellt, kommt § 94 Absatz 1 BetrVG infrage, bei einer Leistungsbewertung der Einsätze können Beurteilungsgrundsätze (§ 94 Absatz 2 BetrVG) vorliegen. [5] Schließlich können auch Weiterbildungsfragen entsprechend den §§ 96–98 BetrVG zu regeln sein, oder es kann sich bei der Veränderung der Arbeit um eine Versetzung handeln, gegebenenfalls mit einer neuen Eingruppierung, und damit § 99 BetrVG betroffen sein.

Rechte bei externem Crowdsourcing

Auch bei externem Crowdsourcing bestehen die Informations- und Beratungsrechte gemäß §§ 80, 90, 92, 92 a, 106 und 111 BetrVG. So ist zum Beispiel bei § 80 Absatz 2 BetrVG im Gesetz klargestellt, dass sich die Unterrichtung »auch auf die Beschäftigung von Personen, die nicht in einem Arbeitsverhältnis zum Arbeitgeber stehen«, erstreckt. Bei § 92 a BetrVG werden in Absatz 1 als Thema für die Beratung ausdrücklich »neue

Formen der Arbeitsorganisation, Änderungen der Arbeitsverfahren und Arbeitsabläufe, ... Alternativen zur Ausgliederung von Arbeit oder ihrer Vergabe an andere Unternehmen ...« genannt. Auch hier hat der Betriebsrat also alle Möglichkeiten, sich mit dem Thema kompetent auseinanderzusetzen. Wie auch bei internem Crowdsourcing kann es erforderlich sein, dass er die Unterstützung seiner Gewerkschaft und auch die von Sachverständigen (§§ 80 Absatz 3, 111 Absatz 2 BetrVG) in Anspruch nimmt. Die Einschaltung von Sachverständigen ist dabei in Betrieben mit mehr als 300 Arbeitnehmern bei Betriebsänderungen im Sinne des § 111 BetrVG ohne vorherige Vereinbarung mit dem Arbeitgeber, anders als nach § 80 Absatz 3 BetrVG, möglich.

Auch Mitbestimmungsrechte können in Frage kommen. So kann, wie bereits oben erläutert, nach § 95 BetrVG der Anteil der Fremdfirmenarbeit festgelegt werden. Darüber hinaus kann bei externem Crowdsourcing eine Betriebsänderung wegen einer grundlegenden Änderung der Betriebsorganisation und/oder der Einführung grundlegend neuer Arbeitsmethoden (§ 111 Nr. 4 und 5 BetrVG) vorliegen und der Betriebsrat einen Interessenausgleich und Sozialplan verhandeln. Schließlich können auch auf freiwilliger Basis zwischen Betriebsrat und Unternehmen Vereinbarungen geschlossen werden, die zum Beispiel Mindestarbeitsbedingungen für Crowdworker festlegen, die für das Unternehmen arbeiten.

Darüber hinaus stellt sich die Frage, ob Crowdworker nicht als Heimarbeiter anzusehen sind.

Würden sie dann in der Hauptsache für einen Betrieb arbeiten, wären sie gem. § 5 Abs. 1 BetrVG dessen Arbeitnehmer und Arbeitnehmerinnen. Das Betriebsverfassungsrecht und alle Mitbestimmungsrechte des Betriebsrats fänden auf sie Anwendung.

Workers of the crowd unite?

Thomas Klebe

6
DIW Wochenbericht
Nr. 7/2013 vom 13.2.2013,
S. 17; Klebe/Neugebauer,
Arbeit und Recht 2014, S. 4

283

Ausblick

Es bleibt abzuwarten, welche Bedeutung Crowdworking in der Zukunft tatsächlich bekommt. Fest steht allerdings, dass zurzeit ebenso wie bei den Solo-Selbstständigen starke Zuwächse zu verzeichnen sind.[6] Es besteht also für Betriebsräte und Gewerkschaften Gestaltungsbedarf. Nicht ohne Grund hat das EU-Parlament am 14. Januar 2014 die Gewerkschaften aufgefordert, für selbstständig Erwerbstätige stärker aktiv zu werden. In seiner Entschließung »Sozialschutz für alle, einschließlich selbstständig Erwerbstätiger« führt das Parlament aus, »dass die selbstständige Erwerbstätigkeit als Form der Erwerbstätigkeit anzuerkennen ist und von geeigneten Maßnahmen zu sozialen Absicherung begleitet werden muss«, und weiter, dass Gewerkschaften gemeinsam mit Politik und Verbänden der Unternehmen »einen geeigneten Rechtsrahmen für die soziale Absicherung von Selbstständigen aufbauen ... und untersuchen, ob und wie selbstständig Erwerbstätige in Tarifverhandlungen einbezogen werden können«. Diese Aufgabenbeschreibung ist zutreffend, weil sie nicht nur die eigenverantwortlichen Regulierungsmöglichkeiten von Gewerkschaften und Unternehmen / Arbeitgeberverbänden anspricht, sondern auch die Verantwortung der Politik. Hier stellen sich in der Tat eine Reihe von Fragen. So erscheint zum Beispiel eine Erweiterung des Arbeitnehmerbegriffs durch die Rechtsprechung oder den Gesetzgeber und auch die Einführung eines Mindestlohns ebenso erforderlich wie eine teilweise Einbeziehung von externen Crowdsourcees in die Betriebsverfassung. Zudem sollte der Betriebsrat ein Mitbestimmungsrecht bei der Fremdvergabe erhalten, mindestens aber ein erzwingbares Recht, mit dem Arbeitgeber eine Verfahrensordnung für diese Fälle zu vereinbaren. Die Informations- und Beratungsrechte sollten, so wie bei allgemeinen Werkverträgen gefordert, präzisiert werden.

Schließlich sollten Gewerkschaften verstärkt auch dadurch dem Appell des Europäischen Parlaments folgen, dass sie Plattformen zum Informationsaustausch und zur Koordinierung der Interessen von Crowdworkern schaffen (»Unite?!«), wie dies in den USA mit *Turkopticon* geschehen ist, und für diese auch Angebote für Beratung und Rechtsschutz entwickeln. Je eher diese Gestaltungsaufgabe angegangen wird, desto besser sind die Möglichkeiten, diese Form der Arbeit sozial zu beeinflussen.

Workers of the crowd unite?

Thomas Klebe

We hunt hits all day
Sometimes we find good work here
Other times we are slaves

I turk to pay bills
With surveys, tasks and much more
Work from dusk till dawn

Turking is hard work
Good hits are seldom brought on
You have to be fast

Bored on a summer break
Too lazy to find a job
Turking too easy

Bound in poverty
Cause doing good doesn't pay
Turking to survive

Where are the batches
Sitting here for three hours now
I shoud get a real job

Approve or reject
Need to grind to make that cash
Hard work little pay

Amazonisierung oder Humanisierung der Arbeit durch Crowdsourcing?

Gewerkschaftliche Perspektiven in einer digitalen Arbeitswelt

Christiane Benner

Es gibt drei wesentliche Gründe, warum sich Gewerkschaften mit Crowdsourcing beschäftigen müssen: Erstens, weil die Arbeitsbedingungen in der Online-Arbeitswelt massiven Einfluss auf die Arbeitsbedingungen aller Beschäftigten haben; zweitens, weil auch die digitale Arbeitswelt eine Arbeitswelt ist, in der Menschen gegen Entgelt Arbeit leisten. Folglich muss diese Arbeitswelt reguliert werden, damit es zu einem möglichst fairen Ausgleich von Interessen kommt. Und drittens, um einen sozialen Rückschritt zu verhindern, der uns an den Beginn des industriellen Zeitalters zurückkatapultieren kann.

Christiane Benner

ist seit 2011 geschäftsführendes Vorstandsmitglied der IG Metall. Nach ihrer Ausbildung zur Fremdsprachenkorrespondentin und ihrem Engagement als Jugendvertreterin und Mitglied des Betriebsrats bei Schenck studierte sie Soziologie in Frankfurt, Marburg und in den USA und war danach in unterschiedlichen Funktionen für die IG Metall tätig, unter anderem als Tarifsekretärin und Bereichsleiterin. Sie ist verantwortlich (u. a.) für die Aktivitäten der IG Metall in der ITK-Branche und in Forschung und Entwicklung sowie für die Zielgruppen- und Kampagnenarbeit. Weitere Beiträge von ihr zur Digitalisierung der Arbeitswelt sind im Feuilleton der Frankfurter Allgemeinen Zeitung, bei Computer und Arbeit sowie in der Zeitschrift Mitbestimmung erschienen (2014).

1
Schirrmacher, Frank.
Seine Waffe: Aufklärung.
FAZ vom 6.6.2014

290

Wir stehen am Anfang der digitalen Revolution. Die Digitalisierung der Arbeit führt zu riesigen Umbrüchen: mit fortschreitender Globalisierung und Informatisierung von Arbeit wird die Wissensarbeitsteilung weiter zunehmen. Ein Ende der Entwicklung ist nicht in Sicht. Das wirtschaftliche Potenzial, das in Crowdsourcing steckt, ist noch lange nicht ausgeschöpft. Durch weltweit immer bessere IT-Infrastruktur, besseren Zugang zum Internet und durch die technische Weiterentwicklung von Sourcing-Plattformen wird der Zugang zu digitaler Arbeit global für noch mehr Menschen möglich. Es gibt gezielte Investitionsprogramme, wie von der Weltbank, um Zugänge zu digitaler Arbeit weltweit zu ermöglichen. Die fortschreitende Suche nach technischen Lösungen, wie global und unabhängig von Raum und Zeit möglichst optimiert Wissen zusammengetragen werden kann, wird weitergehen. Es wird keine Rückwärtsentwicklung geben. Keine Stagnation, kein Verharren. Deshalb ist es höchste Zeit, die Folgen unseres Tuns zu begreifen. »Was könnte optimistischer sein als die Hoffnung, dass Menschen, Gesellschaft und Politik imstande sind, die normative Kraft von Technologien zu regulieren«, fragt Frank Schirrmacher anlässlich der Verleihung des Friedenspreises des Buchhandels an Jaron Lanier.[1] Gewerkschaften sind mit ihrer Tradition und kollektiven Erfahrung hierbei ein wichtiger Akteur. Denn letztlich läuft vieles auf ein gemeinsames Grundverständnis hinaus. Was ist gute Arbeit? Wie wollen wir leben und arbeiten? Wie stellen wir sicher, dass Arbeit so vergütet wird, dass Menschen von ihrer Hände oder ihrer Gedanken Arbeit würdig leben können? Crowdsourcing ist ein Aspekt von Digitalisierung der Arbeit. Wie kann eine gewerkschaftliche Perspektive in einer Arbeitswelt aussehen, die vermehrt aus virtualisierten, digitalisierten Wertschöpfungssystemen besteht? Wie kann digitale Arbeit

Amazonisierung oder Humanisierung der Arbeit durch Crowdsourcing?

Christiane Benner

291

nachhaltig und ethisch gestaltet werden? Vielleicht ist es naiv zu glauben, dass dies überhaupt möglich ist. Die meisten Artikel, auch in den Feuilletons einschlägiger amerikanischer Wirtschaftszeitungen, sind kulturpessimistisch. Jonathan Zittrain, Autor des Buches *The Future of the Internet. And how to stop it*, beschreibt bereits 2010 in der Newsweek die Janusköpfigkeit der Entwicklungen. »Diese neue Form der Arbeit fängt an, in der Nachfinanzkrisenwelt erfolgreich zu sein. Sie könnte Effizienzen und Möglichkeiten schaffen, von denen Ökonomen hierzulande bislang nur zu träumen wagten. Sie könnte aber auch ein neues Zeitalter digitaler Sweatshops einleiten.«[2]

Es gibt drei wesentliche Gründe, warum sich Gewerkschaften mit Crowdsourcing beschäftigen müssen: Erstens, weil die Arbeitsbedingungen in der Online-Arbeitswelt massiven Einfluss auf die Arbeitsbedingungen aller Beschäftigten haben; zweitens, weil auch die digitale Arbeitswelt eine Arbeitswelt ist, in der Menschen gegen Entgelt Arbeit leisten. Folglich muss diese Arbeitswelt reguliert werden, damit es zu einem möglichst fairen Ausgleich von Interessen kommt. Und drittens, um einen sozialen Rückschritt zu verhindern, der uns an den Beginn des industriellen Zeitalters zurückkatapultieren würde. Deshalb müssen Politik, Gewerkschaften und Betriebsräte faire Standards für digitale Arbeit definieren, sichern und etablieren, und zwar mit den Beschäftigten gemeinsam und weiteren gesellschaftlichen Gruppen.

Crowdsourcing – Jeff Howe spricht 2006 erstmals in seinem Artikel »The Rise of Crowdsourcing« davon – ist begrifflich an Outsourcing angelehnt. In Unternehmen, in denen es Betriebsräte, engagierte Beschäftigte und eine aktive Gewerkschaftsarbeit gibt, ruft Outsourcing negative

3
Puscher, Digitale
Akkordarbeit. Crowd-
sourcing: Minijobs im
Internet, in: c't 10/2011,
156 f., clickworker.com/
wp-content/uploads/
2011/05/ct_April_2011.pdf

4
http://business.chip.de/
news/Mechanical-Turk-A-
mazon-Jobs-fuer-Hunger
loehne_53643285.html
8.1.2012

292

Assoziationen hervor. Outsourcing bedeutet für Interessenvertretungen Wettbewerbsdruck, Standortkonkurrenz, Auseinandersetzungen mit Verlagerung und oft eine Absenkung der Arbeitsstandards bei Entgelt oder Arbeitszeit, damit Arbeitsplätze erhalten bleiben. In IT-Unternehmen, IT-Bereichen und in der Forschung und Entwicklung heißt diese Spielart Near-, Off- oder euphemistisch Bestshoring. Aus der Perspektive der Interessenvertretung eines mitbestimmten Unternehmens und von Gewerkschaften kommt nun zu Leiharbeit, Werkverträgen und Offshoring das Crowdsourcing als neue Spielart des Outsourcings hinzu. In der IT-Anwenderliteratur wird Crowdsourcing kritisch diskutiert. Das *c't Magazin* bezeichnet Crowdsourcing bereits 2011 als digitale Akkordarbeit und wittert Gefahr durch neue Minijobs im Internet.[3] Auf dem Online-Portal der Computerzeitschrift Chip lautet die Überschrift »Mechanical Turk: Amazon-Jobs für Hungerlöhne«.[4] Während jedoch Akkordarbeit in der Produktion gut reguliert ist, findet im Internet das Gegenteil statt: Sie ist nicht reguliert, schlecht bezahlt und sozialversicherungsfrei. Und sie boomt. Ein *Clickworker*, so werden die digitalen Heimarbeitenden genannt, bringt es oft nur auf fünf Euro pro Stunde oder weniger. Verschiedene Beiträge in diesem Buch setzen sich mit der schlechten Bezahlung von *Clickworkern* auseinander.

Es gibt keine zweigeteilte Arbeitswelt: hier drinnen die heile, gut regulierte mitbestimmte Arbeitswelt und da draußen der wilde Westen des Crowdsourcings. Die beiden Welten sind durch industrielle und digitale Wertschöpfungssysteme über das Internet miteinander verbunden und wirken aufeinander. Anhand der Wertschöpfungskette nach Porter lässt sich darstellen, dass es inzwischen für die einzelnen Glieder einer Wertschöpfungskette Crowdsourcing-Plattformen gibt. Also ist

**Amazonisierung
oder Humanisierung
der Arbeit durch
Crowdsourcing?**

Christiane Benner

293 inzwischen keine Abteilung in einem Unternehmen vor Crowdsourcing »sicher« (siehe Leimeister / Zogaj / Blohm S. 9). Crowdworking als Methode der Arbeitserbringung im Netz ist keine Privatsache, sondern hat Auswirkungen auf die Arbeitsbedingungen aller Beschäftigten. Es verändert die Arbeitsbedingungen in der Forschung und Entwicklung und in den IT-Abteilungen der Unternehmen, in denen es Betriebsräte gibt und Betriebsvereinbarungen sowie Tarifverträge gelten – also Spielregeln, die einen Ausgleich zwischen Arbeitnehmer- und Arbeitgeberinteressen organisieren. Wie kann es gelingen, die positiven Aspekte und kreativen Potenziale von Crowdworking freizusetzen und faire, digitale Arbeit zu gestalten? Wie verhindern wir, dass Crowdsourcing am Ende zur Verschlechterung der Arbeitsbedingungen vieler führt und zu einer Gewinnmaximierung für wenige?

Um Handlungsfelder zu definieren, ist es sinnvoll, eine Unterscheidung in internes und externes Crowdsourcing vorzunehmen. Es gibt inzwischen in fast allen Unternehmen Modelle, die Charakteristika von Crowdsourcing aufweisen. Der Reifegrad variiert stark, da Unternehmensstrategie, Unternehmenskultur und Qualität der Führung sehr unterschiedlich sind. Das Medium für internes Crowdsourcing sind interne soziale Netze. In diesen wird über Abteilungen hinweg weltweit an Problemen gearbeitet. Akteure berichten, dass sie mit internem Crowdsoucing sehr schnell Lösungen für Probleme finden. Beispiele hierfür sind *Innovation Jam* bei T-Systems International, *Business Innovation* bei Daimler (siehe Bernd Öhrler und Jörg Spies, S. 43), *Social Business* bei Bosch oder *Blue Community* bei IBM.

Das interne Crowdsourcing kann für einen Betriebsrat unweigerlich und »naturgegeben« Probleme nach sich ziehen. Sie liegen in der Eigenschaft

des Netzes selbst begründet, da sich das Verhalten der Akteure im Netz schlechter kontrollieren lässt als in Offline-Zusammenhängen. Es ist die gesetzliche Aufgabe von Betriebsräten, sicherzustellen, dass geltende Gesetze und Schutzvorschriften zugunsten der Beschäftigten durchgesetzt werden. Die Durchsetzung dieser Rechte ist in der Online-Arbeitswelt nicht einfach. Crowdsourcing ist hierfür nur ein Beispiel neben mobilem Arbeiten.

Dennoch bleiben Arbeitnehmerschutzrechte beim internen Crowdsourcing erhalten, da sich am Arbeitnehmerstatus der Akteure nichts ändert. Es gelten Gesetze, Betriebsvereinbarungen, Tarifverträge und Mitbestimmung. Handlungsbedarf besteht dennoch. Die Themen Datenschutz, Leistungskontrolle, Entgeltgestaltung, Arbeitszeit und Entgrenzung von Arbeits- und Privatzeit, psychische Belastungen müssen auch für die Online-Welt gelten. Dies zu gewährleisten, ist die große Herausforderung.

Externes Crowdsourcing hat Erwerbscharakter und reorganisiert Erwerbsarbeit – mit weitreichenden Folgen. Es geht um das Auslagern von Arbeit, die ehemals von Angestellten verrichtet wurde, an eine undefinierte Menge von Menschen mittels eines öffentlichen internetbasierten Aufrufs. Externes Crowdsourcing funktioniert mit drei Akteuren: dem Auftraggeber, dem Intermediär, der die technische Plattform bietet, und dem Auftragnehmer (Crowdsourcee). Die deutsche Plattform *Clickworker*[5] wirbt mit »500.000 Workers on Demand« und »branchenspezifischen Lösungen für alle Unternehmen«. Die größte Plattform stellt *Amazon Mechanical Turk* mit über einer Million sogenannter *Clickworker*. Die Anzahl der Menschen, die über Plattformen ihre Arbeitskraft anbieten, wächst kontinuierlich. Crowdworking ist also keine Randerscheinung oder Nische, sondern eine Industrie. Prominente Arbeitgeber sind hier

Amazonisierung
oder Humanisierung
der Arbeit durch
Crowdsourcing?

Christiane Benner

295

beispielsweise die Telekom, Google, Intel, Honda. Und BMW beauftragt die Crowdsourcing-Plattform Local Motors mit der Ideenfindung zu einem nachhaltigen Premiumfahrzeug.[6] Externe Crowdworker sind bisher Selbstständige und keine Arbeitnehmer. Im Gegensatz zum internen Crowdsourcing greifen beim externen keine Arbeitnehmerschutzrechte wie Kündigungsschutz, Urlaub, Entgeltfortzahlung im Krankheitsfall, Mindestlohn, Mutterschutz, Sozialversicherung, Tarifverträge oder Mitbestimmungsrechte durch einen Betriebsrat.

Für Betriebsräte und Gewerkschaften gibt es deshalb Handlungsbedarf. Grundsätzlich stellt sich die gleiche Frage wie bei jeglicher Form von Verlagerung: Welche Arbeiten werden zu welchen Bedingungen ausgelagert? Verhindert werden muss, dass Druck auf die Stammbelegschaft entsteht – durch niedrigere Entgelte und die Umgehung der oben genannten Schutzvorschriften. Verhindert werden muss, dass sich die Arbeitsbedingungen in den Kernunternehmen verschlechtern – gerade weil Standardisierung, Arbeitsteilung und Portionierung von Arbeit vorangetrieben werden, damit diese verlagert werden kann – häufig als sogenannte Mikro-Aufgaben, die noch nicht maschinell erledigt werden können. Die Praxis in den Unternehmen zeigt, dass es zu einer Art Taylorisierung von Arbeit und einem hohen Kontroll- und Dokumentationsaufwand kommt. Die Fragmentierung von Arbeit und die unterschiedlichen Sourcing-Strategien führen zu einem enormen Steuerungs- und Koordinierungsaufwand für die Beschäftigten, die Projekte verantworten. Richten wir den Blick auf die externen Crowdsourcees. Die bisherigen Erfahrungen zeigen, dass durch die Nichtregulierung dieser Arbeit ein erhebliches Ungleichgewicht zwischen den Anbietern von Arbeit (Crowdsourcers) und den Nachfragenden nach Arbeit (Crowdsourcees) entsteht.

Crowdwork wird von Menschen zu Bedingungen erbracht, die häufig
unsozial und höchst unfair sind. So sind die allgemeinen Geschäftsbedingungen (AGB) der Plattformen oft rechtswidrig. Wolfgang Däubler
verdeutlicht in seinem Streifzug durch zahlreiche AGB der Plattformen
deren oft grobe Unfairness. In der »normalen« Arbeitswelt greifen
Gesetze, um das Ungleichgewicht zwischen Arbeitgebern und Arbeitnehmern zu verringern. Im Wirtschaftsleben bestehen Schutzrechte, die
von den Plattform-Betreibern bisher umgangen werden. Zudem haben
Crowdsourcees bisher noch nicht geklagt. Darüber hinaus sind die Ver-
gütungsstrukturen der Plattformen völlig intransparent. Eine Variante
des Crowdsourcings ist die Auftragsvergabe in Form von Wettbewerben
oder Versteigerungen: Der Gewinner erhält die Prämie, die anderen
haben gratis gearbeitet.

Aus Sicht von Gewerkschaften muss es darum gehen, bestehende Schutzrechte des Wirtschaftslebens wie zum Beispiel Urheberrechte, AGB-Kontrolle, Ausschluss sittenwidriger Bezahlung auch in der Crowd wirksam
zu machen. Zudem müssen auch für Beschäftigte geltende Schutzrechte
wie zum Beispiel Mindestentgelt, die Regeln des Heimarbeitsgesetzes
oder Sozialversicherungssysteme angewendet beziehungsweise auf
Crowdsourcees erweitert werden. Die gesetzlichen Rahmenbedingungen
müssen gewährleisten beziehungsweise so verändert werden, dass digitale Arbeit besser geschützt wird. Digitale Arbeit darf kein rechtsfreier
Raum sein, in dem allein der Auftraggeber die Regeln vorgibt. Digitale Arbeit muss rechtlich gestaltet werden, um Mindestbedingungen
abzusichern.

Allein als Instrument zur Kostensenkung ist Crowdsourcing nicht zu verstehen. Es geht nicht nur darum, Arbeit billiger zu machen, sondern

**Amazonisierung
oder Humanisierung
der Arbeit durch
Crowdsourcing?**

Christiane Benner

sie durch den Zugriff auf potenziell weltweites Wissen auch besser und gegebenenfalls schneller zu organisieren. Von daher richten sich gewerkschaftliche Konzepte nicht gegen Crowdsourcing, sondern sind sie für eine Regulierung digitaler Erwerbsarbeit. Denn ob analog oder digital, beschäftigt oder selbstständig: Es sind Menschen, die diese Arbeit erbringen. Die von ihrem Einkommen Mieten bezahlen müssen, Kinder ernähren, Versicherungen bezahlen und die Rente finanzieren.

Es wird Zeit für eine (Selbst)Organisation der Crowd. »Crowd Workers of the World Unite« lautet das Motto von Crowdsourcees bei *Amazon Mechanical Turk* (AMT). Die Gegenbewegung auf dieser Plattform formiert sich über das Browser Plug-in *Turkopticon*, ein Reputationssystem, mit dem die Crowdsourcees ihre Auftraggeber bewerten. *Turkopticon* kritisiert acht Kernpunkte. Von Unsicherheiten bei der Bezahlung bis zu unrealistischen Zeitvorgaben. Den Initiatoren von *Turkopticon* geht es darum, eine Art *Workers' Bill of Rights* in der Crowd zu etablieren. »*Turkopticon* wurde entwickelt als eine ethisch motivierte Antwort auf die im Design von AMT angelegte Unsichtbarkeit der Arbeiter«, schreiben die Vordenker von *Turkopticon*, Lilly C. Irani und M. Six Silberman in ihrem Beitrag zu diesem Buch (S. 131).

Die deutschen Gewerkschaften können von dieser Initiative lernen. Crowdsourcing wird in den USA schon länger praktiziert, und es gibt erste Erfahrungen mit einer Gegenbewegung. In Deutschland haben wir höhere soziale Standards als in den USA, ein System der Mitbestimmung durch Betriebsräte und Tarifvertragsparteien. Warum sollte es uns nicht gelingen, diese Standards auf die digitale Welt zu übertragen? Wie kann es deutschen Gewerkschaften gelingen, eine Organisation von

Beschäftigten der digitalen Arbeitswelt zu werden? Wie kann eine angemessene Form der Organisierung aussehen?

Es gibt unterschiedliche strategische Überlegungen und bereits praktische Ansätze. Erstens wäre eine technische Lösung denkbar und machbar. Crowdsourcing ist grenzüberschreitend. Dennoch haben die Plattformen einen Firmensitz. Im ersten Schritt könnten auf Plattformen, die ihren Sitz in Deutschland haben, Reputationssysteme programmiert werden. Ziel ist, dass Crowdsourcees direkt die Auftraggeber anhand von Kriterien wie Entgelt, Zahlungsmoral, realistische Aufgabenstellung bewerten. Diese Kriterien sind mit den Crowdsourcees zu konkretisieren. Umgekehrt will die IG Metall Plattformbetreiber motivieren, faire Standards einzuhalten, um sie dann mit einem »Fair Crowd Work«-Label zu zertifizieren. Unternehmen, die Leistungen aus dem Netz beziehen, greifen auf qualifizierte Menschen zu. Von daher müssen Crowdsourcer an den Kosten für Weiterqualifizierung beteiligt werden. Eine Zertifizierung wäre für Betriebsräte bei externem Crowdsourcing eine Entscheidungsgrundlage. Heute schon entscheiden Betriebsräte darüber mit, dass nur von solchen Unternehmen Leiharbeitskräfte eingesetzt werden, die bestimmte Standards einhalten. Dieser Mechanismus kann auch auf die Vergabe von virtueller Arbeit übertragen werden.

Die Politik nimmt sich des Themas an. Es gibt zahlreiche Programme von unterschiedlichen Ministerien, die die technische Förderung von Digitalisierung vorsehen. Auf Drängen der Gewerkschaften ist der »Gegenstand Arbeit« in staatliche Förderprogramme aufgenommen worden. Zielsetzung ist hier eine Art Neuauflage von Humanisierung der Arbeit 2.0. Mit der »Digitalen Agenda für Deutschland« ist die Gestaltung der digitalen Arbeitswelt programmatisch im Zentrum der Politik der großen Koalition

Amazonisierung oder Humanisierung der Arbeit durch Crowdsourcing?

Christiane Benner

7
Deutschlands Zukunft
gestalten. Koalitionsvertrag
zwischen CDU, CSU und
SPD, S. 142

8
DIW-Wochenbericht Nr. 7,
2013, S. 17

9
vgl. die Artikel von Cherry,
Däubler und Klebe

10
vgl. auch Benner, Christiane.
Wer schützt die *Clickworker*.
FAZ, 19.3.2014, S. 11

299   angekommen. Die Umsetzung solle von Wirtschaft, Tarifpartnern, Zivil-
gesellschaft und Wissenschaft begleitet werden.[7] Das alleine jedoch wird
nicht ausreichen. Die Politik ist für die sozialrechtliche Gestaltung der
digitalen Arbeitswelt verantwortlich. Auch für Crowdworker muss ein
Mindestentgelt zur Anwendung kommen. Es gibt in Deutschland immer
mehr Solo-Selbstständige. Knapp 30 Prozent verdienen unter 8,50 Euro.[8]
Die juristischen Beiträge in diesem Buch weisen nach, dass Crowdworker
eben keine typischen Selbstständigen sind, sondern arbeitnehmerähn-
lichen Beschäftigungsverhältnissen nachgehen.[9] Von daher muss vonseiten der Politik der rechtliche Rahmen für Solo-Selbstständige verändert werden. Die Systeme der sozialen Sicherung müssen erweitert
werden. Die Politik muss die Mitbestimmungsrechte von Betriebsräten
bei Leiharbeit, Werkverträgen und Outsourcing generell stärken. Eine
der Aufgaben von Gewerkschaften und Betriebsräten wird sein, die von
Beschäftigten und *Clickworkern* als positiv empfunden Möglichkeiten
der digitalen Arbeit in normative Regelungen umzusetzen. Arbeitszeit
kann so geregelt werden, dass sie nicht zu Entgrenzung, sondern zu
einer besseren Vereinbarkeit von Arbeit und Leben führt. Diese Notwendigkeit besteht für beide Arbeitswelten gleichermaßen, offline wie
online. Dafür ist eine Klärung nötig, dass digitale Arbeitszeit tatsächlich
Arbeitszeit ist. Arbeitszeit ist zu erfassen und zu vergüten. Regelungen
zu mobiler Arbeit wie beispielsweise bei BMW und Bosch basieren auf
einer solchen Klarstellung.

Es ist höchste Zeit zu handeln, denn wir stehen an einem Scheideweg.[10]
Die Technologien werden komplexer und damit die Auswirkungen auf Mensch und Arbeitswelt. Für eine verantwortungsvolle, auf
die Zukunft gerichtete Technikfolgeabschätzung ist ein systematischer,

300

interdisziplinärer, internationaler Dialog zwischen den Disziplinen Ingenieurwissenschaft, Informatik, Soziologie, Politik, Psychologie und der Arbeitswelt erforderlich.

Es geht um die Gestaltung von Arbeit im 21. Jahrhundert. Die IG Metall will mit Crowdworkern zusammen eine nachhaltige, digitale Arbeitswelt gestalten. Es wird auch von den Gewerkschaften abhängen, ob und in welchem Maße Arbeitnehmer die Deutungshoheit über ihre eigenen Interessen in der digitalen Arbeitswelt (zurück-)erlangen. Die Art, wie sie den Prozess organisieren, wird mit darüber entscheiden, welche Rolle die Gewerkschaften als kollektive Interessenvertretung in Zukunft spielen.

**Amazonisierung
oder Humanisierung
der Arbeit durch
Crowdsourcing?**

Christiane Benner

United States of Crowd Workers

Wie sich Crowdarbeiter organisieren lassen

Larry Cohen

In jedem Moment rackern sich Hunderttausende Arbeiter für den spärlichen Lohn von 1,50 Dollar pro Stunde vor ihren Bildschirmen ab. Sie sind dabei weder krankenversichert noch haben sie irgendeine Form von Arbeitsschutz. Sie können nicht einmal dann Ansprüche erheben, wenn die von ihnen bereits geleistete Arbeit von ihrem Arbeitgeber zurückgewiesen und die Bezahlung verweigert wird. Die Rede ist hier nicht von Arbeit, die nach Indien und China ausgelagert wird. Die eben beschriebene Form der Ausbeutung findet in den Vereinigten Staaten statt. Ein Aufruf.

Larry Cohen
ist Präsident der Gewerkschaft Communications Workers of America, Mitglied im Organizing-Komitee der AFL-CIO und aktiv in der globalen Gewerkschaftspolitik, unter anderem bei UNI Global Union.

1
Howe, Jeff. »The Rise of Crowdsourcing.« Wired. Condé Nast, June 2006

2
Biewald, Lukas, Sharon Chiarella, Lilly Irani, Leila C. Janah and Brad Stone. »Crowdsourcing.« Crowdsourcing. Commonwealth Club of California, San Francisco. 3.3.2010. YouTube. Web. 19 May 2014. http://youtube.com/watch?v=IxyUaWSblaA

3
»The U. S. Army Research Laboratory Uses Amazon Mechanical Turk to Validate Machine Learning Algorithms.« Amazon Mechanical Turk. Amazon.com. Web. 19.5.2014. https://requester.mturk.com/case_studies/cs/usarl

4
»Not Just a Call Center.« LiveOps. Web. 19.5.2014. http://liveops.com/solutions/not-just-call-center

304 **Wie wir hier gelandet sind**

Um diese neue, erst durch das Internet ermöglichte Form der Billigarbeit zu beschreiben, verschmolz der für das Magazin *Wired* tätige Journalist Jeff Howe 2006 die Begriffe »Crowd« und »Outsourcing«. Howe schrieb, dass »technologischer Fortschritt in allen möglichen Bereichen, von Produktdesign-Software bis hin zu digitalen Filmkameras, die kostenbedingten Einstiegshürden, die einst Amateure von Profis trennten, obsolet macht. Hobby-Arbeiter, Amateure und Teilzeitkräfte hatten plötzlich einen eigenen Marktplatz, während zugleich findige Firmen, aus so unterschiedlichen Wirtschaftszweigen wie der Pharmaindustrie und der Fernsehproduktion, Wege entdeckten, die Arbeit dieses bisher ungenutzten Potentials abzuschöpfen. Die Arbeit ist nicht immer kostenlos, aber sehr viel billiger als von herkömmlichen Angestellten. Es handelt sich nicht um Outsourcing, sondern um Crowdsourcing.«[1] (...)

Wie Lukas Biewald, Geschäftsführer von *CrowdFlower*, einer der zahlreichen Plattformen für die globale Verteilung von Crowdarbeit, es unumwunden ausdrückte: »Vor dem Internet-Zeitalter wäre es sehr schwer gewesen, jemanden zu finden, den man für zehn Minuten für sich arbeiten lassen und dann wieder feuern kann. Dank der neuen Technologie findet man jetzt solche Leute, zahlt ihnen winzige Beträge und wird sie wieder los, sobald man sie nicht mehr braucht.«[2]

*CrowdFlower*s Konkurrenten im Wettbewerb um die virtuelle Arbeiterschaft sind Firmen wie *CrowdSource*, *oDesk*, *Clickworker*, *ManPower* und eine Reihe kleinerer Websites. Bekannteste Plattform und Branchenführer ist jedoch *Mechanical Turk*, Amazons virtuelles schwarzes Brett für Mikrotasks, das ungefähr zu der Zeit, als Jeff Howe den Begriff Crowdsourcing prägte, seinen Betrieb aufnahm.

United States of Crowd Workers

Larry Cohen

5
»Deutsche Telekom AG.«
Clickworker.
Web. 19.5.2014.
http://clickworker.com/
en/2010/04/01/deutsche-
telekom-ag/

6
Griffith, Erin. »The
Ouroboros Is Complete:
Forbes Outsourced
Contributor Outsources
Journalism to Actual
Journalists.« PandoDaily.
17.12.2013.
Web. 19.5.2014.
http://pando.com/2013/12/17/
the-ouroboros-is-complete-
forbes-outsourced-
contributor-outsources-
journalism-to-actual-
journalists/

305

Diese Zwischenhändler betreiben heute die wichtigen Umschlagplätze, auf denen internetbasierte Arbeit feilgeboten und zu Schnäppchenpreisen verkauft wird. Weil sich auf diesem Wege sehr schnell sehr viele Menschen erreichen lassen, nutzen auch Forscher die Plattformen für Umfragen und Studien und zahlen Teilnehmern dafür oftmals nicht mehr als Centbeträge. Startups nutzen die Crowd wiederum für die Gestaltung von Webdesign sowie zum Verfassen von Produktinformationen und anderen Texten. Fortune-500-Unternehmen wie Microsoft und eBay setzen die kostengünstigen Arbeitskräfte hingegen ein, um Algorithmen zu trainieren, Probleme aus der Forschung und Entwicklung zu lösen, Medieninhalte zu kategorisieren oder unangemessene Inhalte auf ihren Websites auszufiltern. Selbst Regierungsorganisationen, wie das Forschungsinstitut der US-Armee (DARPA), nutzen *Mechanical Turk*.[3]

Als Communications Workers of America (CWA) beobachten wir in unseren Zuständigkeitsbereichen, dass immer mehr Arbeitgeber darauf aus sind, dieses neue Heer an Online-Arbeitern ohne Arbeitnehmerschutzrechte und Tarifverhandlungen zur Erledigung von Aufgaben anzustellen. Die Firma *LiveOps* bestreitet den Betrieb ihrer Callcenter für Kundenservice, Versicherungen, Spendensammlungen und Direktmarketing mit einer Crowd von 20.000 Arbeitern, die von zu Hause tätig sind.[4] Die Deutsche Telekom, die auch in den USA mit T-Mobile vertreten ist, nutzt Crowdarbeiter, um die eigenen Produktpräsentationen im Internet zu verbessern.[5] Forbes, Buzzfeed, Medium, CNN und andere haben die Produktion ihrer Inhalte zum Teil auf unbezahlte Mitwirkende ausgelagert, die auf den jeweiligen Plattformen Texte ohne redaktionelle Kontrolle veröffentlichen.[6] General Electric hat zusammen mit Alaska Airlines einen Crowdsourcing-Wettbewerb ausgerufen, um Flugreisen verlässlicher und

7
»GE Flight Quest.«
GE Quest. GE.
Web. 19.5.2014.
http://gequest.com/
c/flight

306

effizienter zu machen – mit 500.000 Dollar ein stattliches Preisgeld, das einigen wenigen Gewinnern winkt, während geschickt darauf verzichtet wird, all die anderen Teilnehmer für ihre Zeit und Mühe zu entlohnen. [7] Jeden Tag erledigen *Human Processing Units* – menschliche Recheneinheiten – sogenannte *Human Intelligence Tasks* (HITs). Viele dieser Arbeiter haben keine Vorstellung davon, wie eigentlich das Produkt, an dem sie arbeiten, am Ende aussehen wird oder wie sich die Summe der Kleinstaufgaben zu den größeren und komplexeren Projekten der jeweiligen Firma verhält.

So wie in der Warenfertigung schon seit langem Aufgaben in kleine und besser zu verwaltende Komponenten heruntergebrochen werden, nutzen Arbeitgeber nun Crowdwork, um Tätigkeiten, die einst von Vollzeitangestellten verrichtet wurden, zu zerstückeln und per offenem Aufruf an ein dezentral strukturiertes Heer von Zeitarbeitern auszulagern. Was gestern noch die Fließbandarbeiter waren, die in der Fertigungsstraße die Stoßstangen an Karosserien schraubten, sind heute die Mikrotasker, die über das Internet ein Video transkribieren. Man könnte das Phänomen auch als eine neue Form des Taylorismus bezeichnen.

Im digitalen Sweatshop

Beim Crowdsourcing herrschen Zustände wie im Wilden Westen – die Gesetze in diesem noch nicht kartografierten Gebiet werden von den Pionieren geschrieben und sind ungeregelt. Es besteht die Gefahr, dass diese Entwicklung die Errungenschaften der letzten 100 Jahre amerikanischer Arbeiterkämpfe, wie der Acht-Stunden-Arbeitstag, vom Arbeitgeber geförderte Krankenversicherung, bezahlten Urlaub und Mindestlohn, vollständig zunichte macht.

**United States of
Crowd Workers**

Larry Cohen

307   In den Vereinigten Staaten lassen sich Mikrotasker in zwei Gruppen von Beschäftigten aufteilen: in vermeintliche Angestellte beziehungsweise scheinselbstständige Arbeitnehmer der Auftraggeber oder in selbstständige Vertragspartner. Dem Gesetz nach ist ein Angestellter jemand, der in der Ausführung seiner Tätigkeit der Kontrolle und Steuerung durch den Arbeitgeber unterworfen ist. Deswegen hat der US-Kongress für diese Beschäftigten besondere Schutzvorkehrungen getroffen.

Im Gegensatz dazu erklären sich Selbstständige bereit, eine konkrete Aufgabe zu erledigen, bei der nur das Endprodukt der Arbeit unter der Kontrolle des Auftraggebers steht. Anders als Angestellte fallen die Selbstständigen nicht unter den Schutz arbeitsrechtlicher Bestimmungen auf Landes- oder Bundesebene, wie den *Fair Labor Standards Act* (FLSA), der einen Mindestlohn und die Bezahlung von Überstunden gewährleistet, den *Occupational Safety and Health Act* (OSHA), der Gesundheitsschutz und Sicherheit am Arbeitsplatz gewährleistet; den Title VII des Civil Rights Act von 1964, der Diskriminierung aufgrund von Rasse, Hautfarbe, Religion, Geschlecht oder Herkunftsland verbietet; den *Family and Medical Leave Act* (FMLA), der es Arbeitern ermöglicht, aus familiären oder medizinischen Gründen bis zu zwölf Wochen unbezahlte Auszeit zu nehmen, ohne den Arbeitsplatz zu verlieren; den *Age Discrimination in Employment Act* (ADEA), der Diskriminierung aufgrund von Alter verbietet; den *Americans with Disabilities Act* (ADA), der die Diskriminierung qualifizierter, aber behinderter Menschen verbietet, sowie den National Labor Relations Act (NLRA), der Angestellten das Recht zusichert, sich zu organisieren, Gewerkschaften zu bilden und gemeinsame Tarifverhandlungen zu führen.

8
»Amazon Mechanical Turk
Participation Agreement.«
Amazon Mechanical Turk.
Amazon.com.
Web. 19.5.2014.
http://mturk.com/mturk/
conditionsofuse

9
»About Clickworker.«
Clickworker.
Web. 19.5.2014.
http://clickworker.com/
en/about-us/

10
»Our Company.«
CrowdFlower.
Web. 19.5.2014.
http://crowdflower.com/
company

11
»User Agreement.« oDesk.
Web. 19.5.2014.
http://odesk.com/info/terms/

308

Selbstständige haben auch keine Arbeitsunfall- oder Arbeitslosenversicherung, es sei denn, sie zahlen selbst in staatliche Kassen ein. Es gibt außerdem keinerlei Verpflichtungen für Auftraggeber, eine Krankenversicherung, Urlaub oder Altersversorgung anzubieten. Es gibt weder den Acht-Stunden-Arbeitstag noch Beschäftigungssicherheit.

Um also die Kosten und gesetzlichen Verpflichtungen auf ein Minimum beschränken zu können, definieren die US-Crowdsourcing-Firmen ihre Arbeiterschaft explizit als Selbstständige. So steht beispielsweise in den Teilnahmebedingungen von *Mechanical Turk*: »Als Provider (Bereitstellender) erfüllen Sie eine Dienstleistung für einen Requester (Anfordernder), und zwar in ihrer Funktion als Selbständige und nicht als Angestellte des Anfordernden.«[8] Die Firma *Clickworker* wird in der Beschreibung der Arbeitsbedingungen sehr deutlich: »Unsere *Clickworker* sind Selbstständige, die ihre Dienste mit ihren eigenen Computern und in ihrem eigenen Zeitplan bereitstellen.«[9] Die Plattform *CrowdFlower*, die damit wirbt, die »größte On-Demand-Arbeiterschaft« überhaupt zu haben, beschreibt die eigenen Arbeiter etwas vage als »Beitragende« (Contributors).[10] Und *oDesk* merkt an: »Diese Vereinbarung führt nicht zu einer dauerhaften vertraglichen Bindung oder einem Agenturverhältnis zwischen dem Kunden (Client) und dem Freelancer.«[11]

All dies hat die Bedeutung arbeitsrechtlicher Vorschriften weiter geschwächt und die seit Jahrzehnten zu beobachtende Abwärtsspirale der Löhne weiter beschleunigt. Das Internet lässt die Firmen bei ihrer stetigen Suche nach den niedrigsten Löhnen und Regulierungen fündig werden. Bei Mechanical Turk verdienen Arbeiter um die 2 Dollar pro Stunde (eine andere Schätzung liegt bei 1,25 Dollar).[12] *CrowdFlower* zahlt 2 bis 3 Dollar pro Stunde.[13] Da für eine einzelne Aufgabe mitunter nur 1 Cent gezahlt

**United States of
Crowd Workers**

Larry Cohen

12
Cushing, Ellen. »Dawn of the Digital Sweatshop.« East Bay Express. 1.8.2012

13
Gorman, Tricia. »›Crowd-sourcing‹ Employer Denies Minimumwage Violations.« Web log post. The Knowledge Effect. Thomson Reuters. Web. 19.5.2014. http://blog.thomsonreuters.com/index.php/crowdsourcing-employer-denies-minimum-wage-violations/

14
»Amazon Mechanical Turk Participation Agreement«

15
Schmidt, Florian A. »For a Few Dollars More: Class Action Against Crowd-sourcing.« A Peer-Reviewed Journal About 2.1 (2013). A Peer-Reviewed Journal About #BWPWAP. Digital Aesthetics Research Centre

wird, ist es sehr schwer, auch nur annähernd ein Einkommen in Höhe des Mindestlohns zusammenzuklauben. Aufgaben, die mindestens 7,25 Dollar in der Stunde abwerfen, gibt es zwar, aber nur selten. Ganz gleich, wie man rechnet: Es ist fast unmöglich, auf diese Weise auch nur das Existenzminimum zu erreichen.

Zusätzlich droht die Gefahr, um den Lohn gebracht zu werden. Die Teilnahmebedingungen von *Mechanical Turk* enthalten Regelungen, die es den Arbeitgebern erlauben, die Arbeit von Mikrotaskern ohne Angabe von Gründen zurückzuweisen, wenn sie »nicht hinreichend zufrieden sind«.[14] Und obgleich dann der Lohn nicht gezahlt wird, müssen die Arbeiter davon ausgehen, dass die Ergebnisse ihrer Arbeit genutzt werden. Amazon selbst weigert sich, in derartige Abläufe und Ungerechtigkeiten auf der Plattform einzugreifen.

Websites wie *CrowdSpring*, *DesignCrowd* und *99designs* nutzen Wettbewerbe als eine Methode, Menschen dahingehend zu manipulieren, dass sie kostenlos Grafikdesign-Arbeiten zur Verfügung stellen. Ein Kunde bietet für die Durchführung eines Logo-Wettbewerbs 300 Dollar an. Im Gegenzug erhält er 116 unterschiedliche Entwürfe. Die Wettbewerbs-Plattform *99designs* streicht 120 Dollar ein. Für die Designer stehen die Chancen 1 zu 166, die verbleibenden 180 Dollar zu erhalten.[15]

Die von dem Pharmakonzern Eli Lilly gestartete Plattform *InnoCentive* ist zu einem eBay für Probleme geworden, die Firmen mit ihren eigenen Entwicklungsabteilungen nicht lösen können. Obwohl viele der teilnehmenden Firmen sich leisten könnten, Teams von Vollzeitforschern anzustellen, ist es sehr viel günstiger, mit Wettbewerben tausende Arbeitsstunden abzugreifen. Für eine Firma lohnt es sich, am Ende einem einzelnen Arbeiter, der zum Beispiel eine Lösung findet, Verfärbungen von Orangensaft in

16
Zittrain, Jonathan. »The Internet Creates a New Kind of Sweatshop.« Newsweek. 7.12.2009

17
Ross, Joel, Lilly Irani, M. S. Silberman, Andrew Zaldivar, and Bill Tomlinson. »Who Are the Crowdworkers? Shifting Demographics in Mechanical Turk«. Proc. of CHI 2010, Hyatt Regency Atlanta, Atlanta. April 2010

18
Ipeirotis, Panos. »Why People Participate on Mechanical Turk, Now Tabulated.« Web log post. A Computer Scientist in a Business School. 11.9.2008.
Web. 19.5.2014. http://behind-the-enemy-lines.com/2008/09/why-people-participate-on-mechanical.html

19
Crowdsourcing Industry Report. Rep. Massolution, February 2012

20
Ipeirotis, Panos. »How Big Is Mechanical Turk?« Web log post. A Computer Scientist in a Business School. 18.11.2012.
Web. 19.5.2014. http://behind-the-enemy-lines.com/2012/11/is-mechanical-turk-10-billion-dollar.html

21
»CrowdSource.« CrunchBase. Web. 19.5.2014.
http://crunchbase.com/organization/scalable-workforce

Weißglasflaschen zu verhindern, ein Preisgeld von 20.000 Dollar auszuzahlen. [16]

Warum lassen sich US-amerikanische Arbeiter diese Bedingungen gefallen? Der Aufstieg der Crowdarbeit fiel im Zuge der letzten großen Wirtschafts- und Finanzkrise mit dem Verlust von Millionen von regulären Anstellungen zusammen. Umfragen zufolge haben sich viele Arbeiter aus einer finanziellen Notlage heraus *Mechanical Turk* zugewandt. [17] »In meiner Gegend gibt es einfach keine freien Stellen«, so ein Mikrotasker. »Ich habe mich bereits auf 40 Jobs beworben und seit drei Monaten keine Antwort erhalten. Ich bin Crowdarbeiter, um meine Rechnungen bezahlen zu können, und mache das solange, bis ich wieder eine richtige Arbeit finde.« [18]

Das Schlimme ist, dass diesen schlecht bezahlten Arbeitsplätzen eine florierende Industrie gegenübersteht beziehungsweise diese aus Profitgier auf Kosten der schlecht bezahlten Arbeiter entsteht. Dem letzten Bericht der Crowdsourcing-Industrie zufolge machte die Branche 2011 einen Gewinn von 375 Millionen Dollar, ein Anstieg um 75 Prozent innerhalb nur eines Jahres. [19] Auf der Plattform *Mechanical Turk* werden jährlich Umsätze zwischen 10 und 150 Millionen Dollar getätigt, von denen Amazon etwa 10 bis 20 Prozent erhält. [20] Eine ganze Reihe der Plattformen haben Millionen an Risikokapital einsammeln können. [21 22 23] Die Konzerne erhöhen ihre Gewinnmarge durch Billigarbeit, und die Crowdsourcing-Plattformen schlagen Profit aus der Verzweiflung der Unterbeschäftigten. In dieser Kombination ist dieses System keinen Deut besser als das von Walmart, wo ebenfalls auf der einen Seite riesige Profite eingefahren werden, den Arbeitern jedoch ein ausreichender Lohn zur Bestreitung der Lebenshaltungskosten vorenthalten wird.

United States of Crowd Workers

Larry Cohen

22
»CrowdSource.« CrunchBase.
Web. 19.5.2014.
http://crunchbase.com/
organization/crowdflower

23
»CloudCrowd.« CrunchBase.
Web. 19.5.2014.
http://crunchbase.com/
organization/cloudcrowd

24
Lee, Ellen. »As Wikipedia
Moves to S. F., Founder
Discusses Planned
Changes.« San Francisco
Chronicle. 30.11.2007

25
»Overview.« Amazon
Mechanical Turk.
Amazon.com.
Web. 19.5.2014.
https://requester.mturk.com/

311

Infolgedessen wird Crowdsourcing heute mit den Schattenseiten des Internets assoziiert. Ein Jahr, nachdem Jeff Howe den Begriff geprägt hatte, gab der Wikipedia-Gründer Jimmy Wales zu Protokoll: »Ich rege mich sehr über den Begriff Crowdsourcing auf, denn er offenbart eine abstoßende Sicht auf die Welt. Es ist verrückt zu glauben, es sei ein gutes Geschäftsmodell, die Öffentlichkeit umsonst für sich arbeiten zu lassen – und es ist respektlos den Menschen gegenüber. Es ist, als würde man sie mit List dazu kriegen wollen, umsonst für einen zu arbeiten.«[24]
Es ist also wenig überraschend, dass Crowdworking häufig als Arbeiten im digitalen Sweatshop beschrieben wird.

Noch mehr Jobs in Gefahr

Die neue Sorge ist, dass Crowdsourcing die Arbeitslosigkeit sogar noch verstärken wird. Wenn die Crowdsourcing-Industrie weiter so schnell wächst, werden nicht mehr nur Vollzeitstellen über das Internet durch Selbständige besetzt werden. Amerikanische Jobs könnten bald ganz verschwinden. Zu einem Zeitpunkt, wo die Hersteller bereits ihre Produktion wegen niedriger Löhne und Umweltauflagen ins Ausland verlagert haben, könnte sich Crowdsourcing als die nächste Stufe der Verlagerung von Arbeit erweisen. Tatsächlich wirbt *Mechanical Turk* für seine Dienste sogar mit dem folgenden Zitat eines zufriedenen Geschäftsführers: »Im Vergleich zu anderen Outsourcing-Methoden erwarten wir (durch Crowdsourcing) Einsparungen von 50 Prozent«.[25] Fehlgeleitete Handelsabkommen haben die großen multinationalen Konzerne bereits dazu ermutigt, Jobs aus dem amerikanischen Dienstleistungssektor ins Ausland zu verlagern. Crowdsourcing macht dies noch sehr viel leichter. Da weder Büros noch Beschäftigte von einem Ort zum anderen umziehen müssen,

26
Ross, et al

27
Ipeirotis, Panos.
»Mechanical Turk Account
Verification: Why Amazon
Disables so Many Accounts.«
Web log post. A Computer
Scientist in a Business
School. 28.6.2013.
Web. 19.5.2014

312

kann das Offshoring innerhalb weniger Tage oder sogar Stunden durchgeführt werden. Schon jetzt haben US-amerikanische Arbeiter das Problem, mit Arbeitern aus Entwicklungsländern wie Vietnam konkurrieren
zu müssen – einem Land mit einer Bevölkerung von 90 Millionen Menschen und einem Mindestlohn von 0,25 Dollar pro Stunde. Während es
Amerikanern als Abzocke erscheinen mag, für einen so niedrigen Betrag
beispielsweise Feedback zu Webdesign zu geben, mag dies in Vietnam
immer noch als gute Bezahlung angesehen werden. Schließlich sind die
auf Crowdsourcing-Plattformen angebotenen Jobs nicht auf bestimmte
Nationalitäten oder sozioökonomische Klassen beschränkt. Die Bereit-
schaft von Menschen aus Ländern, in denen Subsistenzwirtschaft vor-
herrscht, Aufgaben auch gegen sehr geringe Bezahlung auszuführen,
zeigt sich auch auf *Mechanical Turk*: Hier ist eine plötzliche Verschiebung
zu beobachten – von einer US-amerikanischen Arbeiterschaft, gewohnt
an moderate Löhne, hin zu einer internationalen Arbeiterschaft, die sich
durch ihren hohen Anteil an jungen, sehr gut ausgebildeten Indern auszeichnet. [26] Zwar hat *Mechanical Turk* erst kürzlich die Konten internationaler Arbeiter – unter anderem wegen Betrugsproblemen und schlecht
ausgeführter Arbeit – gesperrt, doch es wird nicht lange dauern, bis
eine andere Crowdsourcing-Plattform einen effektiveren Weg findet, die
globale Crowd für sich einzuspannen. [27]

Durch die Zerstückelung von Arbeit in Kleinstaufgaben kann Crowdarbeit auch
dazu dienen, Facharbeit teilweise durch ungelernte Arbeiter erledigen
zu lassen. Jeder Job hat Anteile, die sich auf den kleinsten gemeinsamen Nenner herunterbrechen und von der Crowd ausführen lassen. Wir
sehen diese Tendenz bereits beim Verfassen und Übersetzen von Texten
sowie bei Transkriptionen, die von ungelernten Kräften in der Crowd

**United States of
Crowd Workers**

Larry Cohen

313 ausgeführt werden. Autoren, Fotografen und Designer sind gezwungen, in einem Markt mitzuhalten, in dem ihre Berufserfahrung, ihre Reputation und ihre Referenzen keine Rolle mehr spielen. Aufgaben, die einst besonderes Talent und Kreativität erforderten, sind besonders gefährdet. In diesem Szenario werden Menschen zu Zahnrädern in der Maschine. Letztlich machen wir uns selbst arbeitslos. Derzeit können Computer weder Ironie noch Voreingenommenheit erkennen und auch keine Witze erzählen. Doch mit jedem unserer Klicks trainieren wir die Algorithmen darin, in Zukunft bessere Arbeit abzuliefern. Ein Forscher von Microsoft stellte auf *Mechanical Turk* kürzlich die Aufgabe, Reihen von Tierbildern zu verschlagworten. Während die Arbeiter Hunde und Katzen in den Bildern identifizieren, wird eine Datenbank erstellt, die es schließlich einer Software ermöglichen soll, Hunde von Katzen unterscheiden zu können. Wurden bei diesem Forschungsprojekt noch 0,05 Dollar pro bearbeiteter Bildreihe gezahlt, so kann die Software diese Aufgabe demnächst alleine erledigen.

Die Crowd revoltiert

Doch die Arbeiter wehren sich. Ende 2012 reichte der Online-Arbeiter Christopher Otey eine Sammelklage gegen die in San Francisco ansässige Plattform *CrowdFlower* ein, weil die Firma es versäumt, dem in den USA ansässigen Anteil der Arbeiterschaft einen Mindestlohn gemäß FLSA zu zahlen. Gegenstand der Klage ist, dass die Arbeiter auf *CrowdFlower* deutlich weniger als 7,25 Dollar pro Stunde verdienen und von der Plattform stattdessen mit nichtmonetären Kompensationen, Online-Spielepunkten und diversen anderen Bonuspunktprogrammen, abgespeist werden. Der Sammelklage könnten sich theoretisch bis zu vier Millionen

28
Marvit, Moshe Z.
»How Crowdworkers
Became the Ghosts in
the Digital Machine.«
The Nation. 4.2.2014

29
Rutherford Food Corp. v.
McComb. U. S. Supreme
Court. 16.6.1947

314

Mitkläger anschließen und sie so zu einem der größten Gerichtsverfahren dieser Art in der Geschichte werden lassen.[28]

Das gegen *CrowdFlower* eingeleitete Verfahren hat das Potenzial, die Grundfeste der Crowdsourcing-Industrie in den USA zu erschüttern. Der US Supreme Court hat bei verschiedenen Gelegenheiten bereits darauf hingewiesen, dass es keine einzelne Klausel oder Regelung gibt, mit der sich ein Selbstständiger von einem Angestellten unterscheiden lässt. Stanley Reed, einst Richter am Obersten Gerichtshof in den USA, schrieb in Bezug auf den FLSA: »Dort, wo Arbeit im Wesentlichen wie in einem Angestelltenverhältnis erbracht wird, ändert auch das Etikett Selbstständiger nichts daran, dass der Beschäftigte durch den FLSA entsprechend als Arbeitnehmer geschützt bleibt.«[29] Zur Klärung des Status' rät das Arbeitsministerium der Vereinigten Staaten, sich an folgenden Punkten zu orientieren:

- Das Ausmaß, in dem die erbrachte Dienstleistung zum Kerngeschäft des Auftraggebers gehört.
- Die Dauer der Vertragsbeziehung.
- Der Umfang an Investitionen des mutmaßlichen Auftragnehmers in Räumlichkeiten und Ausrüstung.
- Art und Ausmaß der durch den Auftraggeber ausgeübten Kontrolle.
- Die Chancen und Risiken des vermeintlichen Auftragnehmers, Gewinne zu erzielen oder Verluste zu erleiden.
- Das Ausmaß an Eigeninitiative, Entscheidungsfreiheit und Vorausplanung im offenen Wettbewerb mit anderen am Markt, das von dem mutmaßlichen Auftragnehmer aufgebracht werden muss, um erfolgreich zu sein.

United States of Crowd Workers

Larry Cohen

30
United States. Department of Labor. Wage and Hour Division. United States Department of Labor. July 2009. Web. 19 May 2014. http://dol.gov/whd/regs/compliance/whdfs13.pdf

31
Felstiner, Alek. »Working the Crowd: Employment and Labor Law in the Crowdsourcing Industry.« Berkeley Journal of Employment and Labor Law 32.1 (2011)

32
Felstiner, Alek. »Regulating Distributed Work (Part One: Employment Classification).« Blogpost, CrowdFlower, 25 May 2010. Web. 19 May 2014. http://crowdflower.com/blog/2010/05/regulating-distributed-work-part-one-employment-classification

• Der Grad der Unabhängigkeit des Auftragnehmers bei der Organisation und Durchführung seiner Geschäfte.[30]

Es herrscht hier große Unsicherheit, da sich nicht die gesamte Crowdsourcing-Community in eine Schublade stecken lässt. Aber man muss auch nicht lange suchen, um Fälle zu finden, in denen Crowdarbeiter viele dieser Kriterien erfüllen.

Man ziehe beispielsweise den Fall von Jane in Betracht, einer Crowdarbeiterin, die für *SpunWrite* Aufgaben erledigt. Diese Firma bittet die Crowd, verschiedene Versionen ein und desselben Artikels zu schreiben, um auf diese Weise Suchmaschinen auszutricksen. Es handelt sich um ein Geschäftsmodell, das ohne die sogenannten Skaleneffekte – Vorteile, die durch die schiere Größe von *Mechanical Turk* entstehen – nicht denkbar wäre.[31] *SpunWrite* hat bereits Hunderte unterschiedliche Aufgaben zur Umformulierung bestimmter Artikel auf die Plattform gestellt und Jane verbringt oft mehrere Tage in Folge ausschließlich damit, für diese Firma zu arbeiten. Dies legt das Bestehen eines längeren Arbeitsverhältnisses nahe. Schließlich wäre es lächerlich, die Serie zwanzigminütiger Aufgaben von der immer gleichen Firma als jeweils unabhängig ausgehandelte Verträge zu betrachten. Alek Felstiner, eine der wichtigsten Stimmen, wenn es um die rechtliche Einschätzung von Crowdarbeit geht, merkt dazu an: »Ich vermute, selbst ein konservativer Richter würde sich bei einer solchen Behauptung das Lachen nicht verkneifen können.«[32] Jane besitzt zwar die Ausrüstung, die sie für die Erledigung der Aufgaben benötigt – einen Laptop und eine verlässliche Internetverbindung –, darüber hinaus verlangt ihr Job aber keine Investitionen oder Werkzeuge. Sie muss das von *SpunWrite* entwickelte Interface benutzen, um ihre

33
Folbre, Nancy. »The
Unregulated Work of
Mechanical Turk.«
Web log post. Economix.
The New York Times,
18 March 2013.
Web. 19 May 2014.
http://economix.blogs.
nytimes.com/2013/03/18/
the-unregulated-work-of-
mechanical-turk/

Artikel neu zu schreiben. Wenn sie dabei nicht ganz genau den Anweisungen der Firma folgt, kann ihre Arbeit zurückgewiesen werden. Sie hat praktisch keine Möglichkeiten, Gewinne zu erwirtschaften, und die einzige strategische Entscheidung, die sie fällen kann, ist, ob sie eine Aufgabe übernimmt oder nicht.

Ein Teil des Problems ist unser Verständnis von »Arbeit«. Bei dem Begriff denken die meisten Menschen an Büros oder Fabriken. Als die US-Regierung die Arbeitsgesetzgebung verfasste, war es in der Tat so, dass eine Anstellung durch einen physischen Ort der Arbeit und regelmäßige Arbeitszeiten gekennzeichnet war. Das Wort »work« hat seine Wurzeln im Griechischen »erg«, was so viel heißt wie Energieeinheit. Wir halten deshalb an der Definition fest, dass Crowdsourcing Arbeit ist.

Es stimmt allerdings auch, dass viele Crowdarbeiter dieser Tätigkeit in ihrer Freizeit nachgehen. In einer Studie wurde festgestellt, dass etwa 70 Prozent der Arbeiter auf *Mechanical Turk* Frauen sind, die niedrige Löhne akzeptieren, weil es schwer ist, eine andere Heimarbeit mit so flexiblen Arbeitszeiten zu finden.[33] Jane ist also vielleicht Studentin, oder Hausfrau und Mutter, sie ist vielleicht arbeitslos oder befindet sich im Ruhestand. Sie entspricht nicht der Vorstellung einer typischen Arbeitnehmerin, auf die sich das Arbeitsrecht und die Gesetzgebung der Landes- und Bundesbehörden beziehen. Deshalb passiert es so leicht, dass Janes Arbeit falsch eingeordnet und ihr Einkommen aus dem Crowdsourcing als Hobby abgeschrieben wird. Sie ist aber auch kein unternehmerisch agierender, unabhängiger Vertragspartner. Sie mag zwar mitunter Verhandlungsspielraum haben, aber nur innerhalb spezifischer Crowdsourcing-Plattformen. Tatsächlich hat Jane jenseits der abzuarbeitenden Aufgaben nur sehr wenige Möglichkeiten für unternehmerische

**United States of
Crowd Workers**

Larry Cohen

Initiativen und wirtschaftliches Wachstum. Eigentlich ähneln ihre Anstellungsmöglichkeiten eher denen einer Erntehelferin als einer hoch technisierten Unternehmerin.

Über die Gesetzgebung hinausgehende Lösungen

Die Gesetzeslage in den Vereinigten Staaten kann das oben beschriebene Dilemma nicht auflösen. Das US-amerikanische Arbeitsrecht hat keine Regelungen für anonyme Arbeitgeber und Beschäftigte. Es gibt auch keine Regulierungen für Mikropayments – die Bezahlung in Kleinstbeträgen. Bislang haben sich die Gerichte, die Landesgesetzgebung, das Arbeitsministerium und die Bundessteuerbehörde der USA zu dem Thema nicht geäußert. Und darauf zu hoffen, dass der Kongress der Vereinigten Staaten das Problem in den Griff bekommt, ist so erfolgversprechend, wie im Juli auf Schnee zu warten.

Was können die Arbeiter also jetzt selbst unternehmen? Es erscheint vielversprechend, außerhalb des Rechtsapparats die Kraft gemeinschaftlicher Initiativen zu nutzen – auch wenn die Frage nach dem Angestelltenstatus der Crowdarbeiter noch ungeklärt ist und es deshalb keine Deckung durch den NLRA gibt.

Obwohl es keine Tarifverträge gibt, schließen sich die Arbeiter zusammen. Die Browser-Erweiterung *Turkopticon* unterstützt Arbeiter auf *Mechanical Turk* darin, sich gegenseitig vor schlecht zahlenden, ausbeuterischen und unverantwortlichen Arbeitgebern zu schützen. Websites wie NO!SPEC und SPECWATCH beobachten den Bereich der Designwettbewerbe und warnen vor denen, die Designer ausbeuten und den Beruf entwerten. Crowdarbeiter nutzen Online-Foren wie *CloudMeBaby*, Reddit

34
»MobileWorks.«
MobileWorks.
Web. 19.5.2014.
http://mobileworks.com/

35
Bloom, Jonathan. »Berkeley
Startup MobileWorks
Revolutionizes Outsourcing,
Raises Millions of Dollars.«
ABC 7 News. ABC. KGO-TV,
San Francisco, California,
18.2.2014. ABC 7

36
Hyman, Paul. »Software
Aims to Ensure Fairness in
Crowdsourcing Projects.«
Communications of the ACM.
August 2013

318

und *TurkerNation*, um den Überblick über die Arbeitsplätze im Internet zu behalten und die Arbeitsbedingungen zu verbessern.

Die 2011 gegründete Plattform *MobileWorks* versteht sich als eine Alternative zu *Mechanical Turk*, die besser dazu geeignet ist, Auftragnehmer vor missbräuchlichen Praktiken der Auftraggeber zu schützen. Die Auftragnehmer erhalten hier einen fairen Lohn, der an die Lebenshaltungskosten in ihrem Heimatland gekoppelt ist. Sie erhalten zudem die Möglichkeit, neue Computertechniken zu erlernen und können auch innerhalb der Firma aufsteigen. Die Arbeiter sind nicht mehr anonym und unterstehen einem Manager, der ihre Weiterentwicklung im Blick hat.[34]

»Unser großes Geheimrezept ist, dass wir an faire Löhne glauben. Außerdem glauben wir, dass Menschen bessere Arbeit leisten, wenn sie sich in Projekte einbringen können«, so Anand Kulkarni, einer der Gründer von *MobileWorks*.[35] Er vergleicht *MobileWorks* in verschiedenen Punkten mit »einer Art digitaler Gewerkschaft«.[36] Dies ist ein guter Anfang. Im nächsten Schritt gilt es, die Online-Arbeitsplätze über die Bindung an eine spezifische Plattform und spezifische Mikrotasks hinaus auszuweiten. Die Mikrotasker müssen sich aufeinander zubewegen und mithilfe von Foren, E-Mails und sozialen Netzwerken den Austausch über mögliche Verbesserungen der Crowdarbeit pflegen.

Manch einer wird einwenden, dass die Arbeitgeber gemäß dem NLRA nicht dazu verpflichtet sind, mit Selbstständigen zu verhandeln, selbst wenn diese sich zu einer Gewerkschaft zusammenschließen. Doch wie die Beispiele von Tänzern und Taxifahrern gezeigt haben, können auch für Berufe, für die es in der Vergangenheit schwierig war, Kollektivverträge abzuschließen, Mitgliederorganisationen gebildet werden – sogenannte »Workers Alliances« oder »Altlabor Groups«. Diese helfen dabei,

**United States of
Crowd Workers**

Larry Cohen

37
Ruiz, Albor. »Domestic Workers Bill of Rights Law Finally Grants Protection for over 200,000 People.« New York Daily News. 2.2.2010

319

Arbeitsbedingungen zu vergleichen und Fairness für alle sicherzustellen. Mit ihnen kann die Industrie verändert werden, auch ohne formale Anerkennung als Gewerkschaft. In mancher Hinsicht ähneln Crowdarbeiter Hausangestellten, die ebenfalls täglich mit ihrem Arbeitgeber kommunizieren, aber selten mit ihren Kollegen sprechen. Beide Gruppen sind von FLSA und NLRA ausgeschlossen, was von Arbeitgebern dahingehend missverstanden werden kann, dass man mit ihnen beliebig verfahren kann. Beide Gruppen gehören zur unsichtbaren Arbeiterschaft des Landes, für die es keine Regulierungen gibt und aus der heraus Ausbeutung oft nicht gemeldet wird. Doch für die Hausangestellten beginnen sich die Bedingungen zu verbessern, nachdem sich im Jahre 2000 in New York die Vereinigung *Domestic Workers United* gegründet hat. Nach Jahren hartnäckiger Kampagnen und Lobbyarbeit verabschiedete New York 2010 die erste *Workers' Bill of Rights* des Landes, die bezahlte Überstunden und Urlaub sowie Schutz vor sexuellen Übergriffen sicherstellt. [37]

Wenn die Crowdarbeiter zusammenhalten, können auch sie Lobbyarbeit für ihre Anliegen leisten: zum Beispiel wenn es um die Festlegung einer unteren Lohngrenze und um faire, den Angestellten vergleichbare Arbeitsbedingungen geht. Crowdarbeiter brauchen eine gemeinschaftliche Stimme, um ein Bewusstsein für die rechtliche Lage zu entwickeln und um Know-how, Referenzen wie Zeugnisse von Arbeitgebern, von einer Plattform auf die nächste übertragen zu können – zum Beispiel von *oDesk* zu *CrowdFlower*. Der Schlüssel, um ausbeuterische Arbeitgeber zu boykottieren und den Rahmen zur Lösung von Streitigkeiten zu schaffen, liegt in der Mobilisierung der Crowdarbeiter.

Anstatt zuzulassen, dass Arbeiter in Entwicklungsländern Amerikaner aus der Arbeit drängen, sollten sich die Arbeiter darum bemühen, gemeinsam die Lebensstandards für alle zu erhöhen. Das Internet eröffnet Arbeitern mit unterschiedlichen Hintergründen und Ressourcen Zugang zu den gleichen Jobs und Möglichkeiten. Derzeit trägt Crowdsourcing dazu bei, die globalen Ungleichgewichte zu verstärken, doch es hat auch das Potenzial, die Lücke zwischen Arm und Reich zu verringern. Was, wenn die Crowdarbeiter der Welt zusammenstünden, um gemeinsam höhere Löhne für alle zu fordern? Man stelle sich vor, die Mikrotasker würden sich grundsätzlich weigern, bestimmte Aufgaben unterhalb einer Mindestbezahlung auszuführen. Die Crowdarbeiter haben das Potential, die Standards der Industrie zu verbessern und sich gegen Firmen zu wehren, die an Wildwest-Geschäftsgebaren festhalten.

Crowdsourcing gibt es seit zehn Jahren. Es ist damit eine junge Industrie. Das System umzugestalten und die Dinge anders als bisher zu regeln, dafür ist jetzt der richtige Zeitpunkt.

Wir stehen hinter den Crowdarbeitern. Durch Mobilisierung gewinnen wir an Stärke. Wir sind dazu bereit, neue Ideen zu erkunden und neue Strategien zu entwickeln. Wir wissen, dass wir scheitern werden, wenn wir uns nur auf die bereits gewerkschaftlich organisierten Arbeitgeber konzentrieren. Crowdsourcing ist ein Beispiel für Restrukturierung und erfordert die Organisation neuer Strategien. Wird es schwer werden? Ja. Aber ist es hoffnungslos? Nein.

**United States of
Crowd Workers**

Larry Cohen

Crowdsourcing von Arbeitsleistung

Ansätze für eine faire Vergütung

Juan-Carlos Rio Antas

323

Bei Crowdworking handelt es sich um eine Arbeitsform, die wächst und die Potenzial für weiteres Wachstum hat. Die bisherigen Regelungen allerdings reichen nicht aus, um faire und angemessene Arbeitsbedingungen zu gewährleisten. Der Regulierungsbedarf liegt auf der Hand. Es ist auch die Aufgabe der Gewerkschaften, dies einzufordern. So lange aber eine rechtliche Regulierung nicht in befriedigender Weise erfolgt ist, sollten Gewerkschaften in den auslagernden Unternehmen für Fairness sorgen und den Crowdarbeitern die Rahmenbedingungen für Austausch, Kommunikation und Organisation bieten.

Juan-Carlos Rio Antas,
Gewerkschaftssekretär im Funktionsbereich Tarifpolitik des IG Metall Vorstands, unter anderem zuständig für die Tarifpolitik in der ITK-Branche, ist seit Jahren in unterschiedlichen Funktionen in der Branche beratend und gestaltend aktiv.

1
Siehe dazu IG Metall
Vorstand: Crowdsourcing,
Beschäftigte im globalen
Wettbewerb um Arbeit – am
Beispiel IBM, Februar 2013

324

Die Omnipräsenz des Internets verändert viele Bereiche unserer Gesellschaft. Die ständige Gegenwärtigkeit und der Zugang zum weltweiten Netz nehmen Einfluss auf die Art und Weise, wie wir kommunizieren, uns informieren, lernen, konsumieren oder die Freizeit verbringen. Warum also sollte sich dadurch nicht auch die Art und Weise verändern, wie wir arbeiten. Schon seit Jahren wird im Zusammenhang mit dem Internet über die Produktivität, Innovationsfähigkeit und Intelligenz des Schwarms, der unbekannten Masse im Internet, diskutiert. Kein Wunder also, dass es seit einiger Zeit Versuche gibt, diese Produktivität und Innovationsfähigkeit zu systematisieren und wirtschaftlich produktiv zu machen.

Als eine mögliche nachhaltige Form der Organisation von Arbeit mittels des Internets wird zunehmend das Crowdsourcing von Arbeitsleistungen thematisiert, auch Crowdworking genannt. Abgesehen von einzelnen Fällen eines unternehmensinternen Crowdsourcings, bei dem die Beschäftigten innerhalb des Unternehmens als Crowd organisiert werden,[1] handelt es sich beim Crowdsourcing um eine besondere Form der Auslagerung, das digitale Outsourcing von Tätigkeiten. Statt gezielt selbst nach Dienstleistern für die Aufgabe zu suchen, wird die Aufgabe über das Crowdsourcing-Portal ausgeschrieben.

Digitalisierung als Voraussetzung für Crowdsourcing von Arbeitsleistung
Noch ist unklar, wie sehr sich Crowdsourcing verbreiten wird und ob es tatsächlich geeignet ist, in der zukünftigen Organisation von Arbeit einen breiten Raum einzunehmen. Das Potenzial aber wächst mit der zunehmenden Digitalisierung von Arbeitsinhalten und Arbeitsergebnissen in den Unternehmen. Sie ist eine Voraussetzung, damit Arbeitsleistungen

Crowdsourcing
von Arbeitsleistung

Juan-Carlos Rio Antas

2
Siehe dazu IG Metall
Vorstand: Crowdsourcing,
Beschäftigte im globalen
Wettbewerb um Arbeit – am
Beispiel IBM, Februar 2013

325

über das Internet vermittelt und erbracht werden können. Waren es zunächst vor allem Unternehmen der Informations- und Telekommunikationstechnologie (ITK), die Crowdsourcing betrieben haben, so ändert sich das Bild. Der Siegeszug des Internets und die Integration von ITK-Technologien in Produkte, Produktions- und Dienstleistungsprozesse haben mittlerweile bewirkt, dass Wirtschaft und Gesellschaft vor einer umfassenden Digitalisierung stehen. Diese führt zu ganz neuen Produkten und Dienstleistungen, erzeugt neue Formen von Märkten, Kundenbeziehungen und Leistungsangeboten. Ob Forschung und Entwicklung, Produktionsplanung, Einkauf, Produktionssteuerung, Buchhaltung, Personalplanung, selbst Kundenkontakte und -schnittstellen, alle Prozesse basieren auf Informationstechnologien oder bestehen sogar ausschließlich aus digitalen Prozessen.[2] Hinzu kommt aufgrund der sinkenden Preise für mobile Kommunikation und die dazugehörigen Endgeräte die Implementierung von entsprechenden Schnittstellen, um auch mobil auf die Prozesse zugreifen zu können.

Die Voraussetzungen für digitales Outsourcing, zum Beispiel in die Crowd, breiten sich also aus. Hinzu kommt, dass in den Unternehmen in den letzten Jahren insgesamt die Tendenz zur Auslagerung von Tätigkeiten und Leistungen ansteigt. Zum einen werden Fixkosten, Investitionen und die unternehmerischen Risiken abgewälzt, um dadurch möglichst große Kostenanteile variabel und skalierbar zu halten. Zum anderen geht es um direkte Kosteneinsparung, indem Druck auf die Zulieferer ausgeübt wird und es zu vermehrten Einsätzen von prekären Arbeitsverhältnissen kommt. Auch deshalb ist eine zunehmende Tendenz des Outsourcings in Form von Crowdsourcing zu erwarten.

3
Eiger et al. 2011 zitiert nach
Leimeister, Zogaj: a. a. O.

4
Plattformen wie clickworker.
de oder twago.de werben
mit Kunden wie Telekom,
Honda, Siemens; Siehe
auch IG Metall Vorstand:
Crowdsourcing, ebd.

5
Vgl. Klebe, Neugebauer:
Crowdsourcing: Für eine
handvoll Dollar oder
Workers of the crowd
unite?, ArbuR 2014, S. 4,5

6
Ausführlich dazu Klebe,
Neugebauer a. a. O.

7
Vgl. Leimeister / Zogay: Neue Arbeitsorganisation durch
Crowdsourcing: eine Literaturstudie, Düsseldorf 2013, S. 73 f.;
Frank Puscher: Digitale Akkordarbeit in c't 2011, Heft 10, vom
26.4.2011, S. 156–158; http://manager-magazin.de/politik/
deutschland/a-864822.html vom 2.11.2012;
http://spiegel.de/netzwelt/web/crowdsourcing-zwei-cent-
fuer-den-schafzeichner-a-453450.html vom 11.12.2006

326

Effekte des Crowdsourcings von Arbeitsleistung

Die Idee, die über das Internet ansprechbare und erreichbare Crowd als Quelle für Arbeitsleistung anzuzapfen, hat für die Verfechter des Crowdsourcings drei interessante Aspekte: Erstens ist die Anzahl an potenziellen Arbeitskräften (Crowdsourcees), die man als Unternehmen (Crowdsourcer) erreichen kann, anscheinend unübertroffen hoch. Damit haben Unternehmen bezüglich Quantität und Qualität von Arbeitskräften eine größtmögliche Auswahl und können so ihren Bedarf optimal decken. Zweitens verbessert sich die Marktmacht der Unternehmen als Anbieter von Arbeit auf dem globalen Arbeitsmarkt. Die internationale Organisation des Crowdsourcings von Arbeitsleistung führt drittens dazu, dass auch globale Lohnkostenunterschiede unmittelbar genutzt werden können. Diese drei Effekte sollen den Unternehmen, die in die Crowd auslagern, möglichst hohe Kosteneinsparungen bringen.

Grenzen werden dem Crowdsourcing durch den notwendigen internen Aufwand gesetzt, mit dem die Voraussetzung für das Outsourcen in die Crowd geschaffen werden müssen,[3] durch die Risiken der quantitativ oder zeitlich begrenzten Verfügbarkeit von notwendigen Qualifikationen und durch den möglichen Verlust von Know-how.

Es ist wahrzunehmen, dass Crowdsourcing von Arbeitsleistungen immer öfter auch in etablierten Unternehmen ausprobiert wird[4] und dass Crowdworking insgesamt zunimmt. So berichten alle Internetplattformen, die die Vermittlung von Arbeitsaufgaben organisieren, über eine steigende Zahl angemeldeter Nutzer.[5]

Crowdsourcing von Arbeitsleistung

Juan-Carlos Rio Antas

Mit zunehmender Ausbreitung des Crowdworkings werden auch die Probleme für die Crowdworker immer sichtbarer. In der Kritik stehen dabei die allgemeinen Geschäftsbedingungen (AGB), denen sich die

8
Vgl. Leimeister / Zogay:,
S. 61 ff., Übersicht S. 74;
Vgl. Andreas Kraft: Ich bin
Teil der Crowd in Magazin
Mitbestimmung 12/2013,
Hrsg: Hans Boeckler
Stiftung, Düsseldorf 2013

9
Vgl. c't vom 26.04.2011

10
Klebe, Neugebauer, a. a. O.
weisen auf ein anhängiges
Verfahren in San Francisco
hin, bei dem Crowdworker
auf die Anwendung des
Mindestlohns klagen

327

Crowdworker unterwerfen müssen, genauso wie die Rahmenbedingungen der Vertragsabwicklung und untragbare Zeitvorgaben.[6] Kritisiert wird auch, dass, von Ausnahmen abgesehen, insbesondere die Vergütung der Arbeit problematisch ist.[7] So sind höher dotierte Tätigkeiten meist als Wettbewerb organisiert, bei dem nur die siegreiche Lösung prämiert wird. Das führt zu einer unsicheren Vergütung und dem hohen Risiko, dass erbrachte Leistungen unbezahlt bleiben. Tätigkeiten mit sicherer Bezahlung werden dagegen häufig niedrig bis sehr niedrig entlohnt.[8] Laut einem Bericht in der Fachzeitschrift c't verdient ein Clickworker durchschnittlich 5 Euro pro Stunde brutto.[9] Bei den amerikanischen Plattformen liegt die Entlohnung meist deutlich unter dem amerikanischen Mindestlohn von zurzeit 7,25 Dollar.

Crowdworking regulieren, Crowdsourcees unterstützen

Die vorhandenen Regulierungen sind also zur fairen Gestaltung dieser Arbeitsform offensichtlich nicht ausreichend oder nicht geeignet. Dies hängt auch damit zusammen, dass die Crowdsourcees einerseits rechtlich keine Arbeitnehmer sind und damit Vorschriften des Arbeitnehmerschutzes wie zum Beispiel Mindestlohnvorschriften oder Tarifverträge keine Anwendung finden können.[10] Grund dafür sind die Eigenarten ihres Rechtsverhältnisses. Die Crowdsourcees haben in der Regel ein Vertragsverhältnis mit den Crowdsourcing-Portalen. Diese vermitteln ihnen Aufträge, deren Inhalt die Erstellung einer definierten Dienstleistung oder eines Werkes ist. Die Art und Weise sowie Ort und Zeitpunkt der Erbringung können sie überwiegend selbst bestimmen. Und sie können entscheiden, ob sie eine bestimmte Aufgabe annehmen. Das sind typische Kennzeichen einer selbstständigen Tätigkeit. Dagegen mangelt es an Merkmalen eines Arbeitsverhältnisses, wie die Bereitstellung der Arbeitskraft für eine vereinbarte Zeit und das Weisungsrecht des Arbeitgebers. Als Selbstständige in dieser speziellen Konstellation aber sind sie auch nicht in der Lage, die Vertragsbestimmungen so zu beeinflussen, dass gute Arbeitsbedingungen und eine angemessene Vergütung für sie abgesichert wären.

Weitere Nachteile können in den Unternehmen entstehen, die die Arbeitsaufträge in die Crowd vergeben. So könnten interne, möglicherweise gut bezahlte und gut regulierte Arbeitsplätze durch Crowdsourcing ersetzt werden. Ähnlich wie bei den Entwicklungen durch den vermehrten Einsatz von Leiharbeit und Werkverträgen in der Industrie steht zu befürchten, dass die Fremdvergabe dazu genutzt wird, Einsparungen zu erzielen und Kostendruck auf die Stammbelegschaft und mittelbar auch auf die Arbeitsbedingungen auszuüben.

Gründe genug also für Gewerkschaften und die betrieblichen Interessenvertretungen, sich des Problems anzunehmen. Dabei kann es nicht darum gehen, die Anwendung von Crowdworking insgesamt zu verhindern oder abzuschaffen. Diese Form der selbstständigen Arbeit kann zum Beispiel für IT-Fachleute und Freelancer sehr wohl attraktiv sein. Es gilt deshalb, die Bedingungen für die Crowdsourcees zu verbessern.

Neben dem Schutz vor unfairen Vertragsbedingungen zum Beispiel durch die AGB muss das zentrale Anliegen die faire Vergütung der Crowd-Dienstleistungen sein. Fair bedeutet in diesem Kontext, dass über den Stundensatz sowohl ein angemessenes Arbeitsentgelt, als auch Nebenkosten und soziale Absicherung abgedeckt sein müssen. Bei Ausschreibungen von Aufgaben als Wettbewerb muss die Vergütung so bemessen sein, dass dieses Ausschreibungsrisiko berücksichtigt ist. Die Festlegung

Crowdsourcing von Arbeitsleistung

Juan-Carlos Rio Antas

11
Vgl. Klebe, Neugebauer,
a. a. O.

329 einer solchen fairen Vergütung in einem System, das dem Anspruch nach Arbeitsaufgaben weltweit ausschreiben will, ist angesichts der weltweit großen Einkommens- und Kaufkraftdisparitäten allerdings nicht einfach. Angemessen könnte eine Vergütung zum Beispiel sein, wenn sie im nationalen Vergleich des Landes, in dem der oder die Crowdsourcee lebt, eine für diese Tätigkeit durchschnittliche Höhe hätte.

Es ist davon auszugehen, dass sich die Reichweite der Crowdsourcing-Plattformen in der Regel zum wohl überwiegenden Teil auf das Land ihres Sitzes konzentriert. Dabei könnte dem genannten Grundsatz folgend für die Bemessung einer fairen Vergütung die am Sitz des Crowdsourcing-Portalbetreibers übliche Vergütung sein. Absolute Untergrenze wäre die Einhaltung der geltenden Mindestlohnregelungen. Dabei ist darauf zu achten, dass diese auch nicht mittelbar zum Beispiel durch überhöhte Leistungsvorgaben oder unangemessen hohen Zeitaufwand unterschritten werden.

Eine Schwierigkeit, angemessene und faire Vergütungen zu sichern, besteht in der Rechtsform für eine solche Regulierung. Die Vorschrift eines bestimmten Entgeltes würde in diesem Falle einen Eingriff in die Vertragsfreiheit darstellen. Ein solcher Eingriff ist grundsätzlich nur durch Gesetz oder aufgrund eines Gesetzes zulässig. Arbeitsrechtliche Regulierungsmöglichkeiten, das Tarifvertragssystem oder Mindestlöhne, greifen wegen der fehlenden Arbeitnehmereigenschaft der Crowdsourcees nicht. [11]

Regulierung bei outsourcenden Unternehmen

Eine erfolgreiche Herangehensweise an die Regulierung der Fremdvergabe von Arbeit hat die IG Metall in den vergangenen Jahren in Bezug auf die

12
Internationale Rahmenab-
kommen bestehen z. B. mit
Schwan Stabilo, Faber
Castell, Staedler, Hartmann,
Triumph, Volkswagen,
Daimler, Rheinmetall, Bosch,
BMW EADS, GM Europe,
Ford Europe

330

Leiharbeit erprobt. Kern der Ende der 2000er-Jahre begonnenen Strategie war es, in den Entleihbetrieben, also den Nutzern von Leiharbeit,
auf die Regulierung zu drängen und dort diesbezüglich Druck zu entwickeln. Dies könnte auch in Bezug auf digitale Fremdvergabe durch
Crowdsourcing ein möglicher Ansatz sein.

Schaut man sich andere Fälle von Verlagerungen von Tätigkeiten oder Produktion im internationalen Kontext an, findet man als gängiges Maß
für faire Bedingungen neben der Einhaltung der Kernarbeitsnormen
der internationalen Arbeitsorganisation der Vereinten Nationen (ILO)
auch die Orientierung der Entgelte am nationalen Einkommensniveau
und an den nationalen Mindestlöhnen. Es hat sich als ein erfolgreiches
Mittel erwiesen, dass Betriebsräte und IG Metall bei international tätigen Unternehmen die Einhaltung dieser Standards durch entsprechende
Abkommen bei den outsourcenden oder einkaufenden Unternehmen
absichern. [12] Eine analoge Verpflichtung derjenigen Unternehmen, die
Arbeitsaufträge über die Crowd anbieten, wäre eine hilfreiche Regelung. Des Weiteren mehren sich in Unternehmen interne Regelungen zu
Outsourcing und zu Werk- und Dienstverträgen. Bei solchen Unterneh-
mensregelungen sollte klargestellt werden, dass diese auch für Auftrags-
vergaben über Crowdsourcing-Portale Anwendungen finden. Ebenso
wichtig ist es, ein Reklamationsrecht einschließlich eines dazugehörigen Verfahrens direkt beim anbietenden Crowdsourcer zu etablieren
und eine Haftungsübernahme des vergebenden Unternehmens auch auf
intermediäre Unternehmen auszuweiten.

**Crowdsourcing
von Arbeitsleistung**

Juan-Carlos Rio Antas

13
Siehe dazu auch das
Interview auf der IG Metall
Website: http://igmetall.de/
reputationssystem-fuer-
amazons-mechanical-
turk-12321.htm

331

Crowdsourcees unterstützen

Eine zentrale Ursache für die beschriebenen Probleme beim Crowdsourcing von Arbeitsleistung ist, dass die erzeugte Marktsituation zuungunsten der Crowdsourcees angelegt ist und – von Ausnahmen abgesehen – deren Interessen durch die Marktmechanismen nicht zur Geltung kommen können. So stehen die Crowdsourcees dem Anbieterportal als Einzelne gegenüber. Das führt zu einer schwachen Verhandlungs- und Vertragsposition.

Dass hier Angebote zu Austausch und zur Selbstorganisation von Crowdsourcees helfen können, beweist eindrucksvoll das US-amerikanische Projekt *Turkopticon*,[13] das als Plug-in für den Internetbrowser installiert werden kann und als Austauschplattform für Clickworker bei Amazon *Mechanical Turk* wichtige Informationen über die Auftraggeber und deren Verlässlichkeit, Zahlungsmoral et cetera gibt. Ähnliche Angebote könnten die Position von Crowdsourcees stärken und eine Selbstorganisation fördern.

Gewerkschaften sollten überlegen, ob sie solche Angebote schaffen und anbieten können. Ähnlich wie die ITK-Entgeltanalyse der IG Metall könnte die Transparenz im Hinblick auf gezahlte Vergütungen die Verhandlungsposition der Auftragnehmer stärken. Darüber hinaus könnten Crowdsourcees ein solches Angebot nutzen, um sich zu organisieren und zum Beispiel gemeinsam für eine Verbesserung der Bedingungen bei einem Portalanbieter einzutreten. Für die Gewerkschaft wäre eine solche Plattform als Quelle an Wissen und Erfahrung eine Bereicherung bei der Gestaltung von neuen Arbeitsformen.

14
Vgl. http://fokus-werk
vertraege.de/werkvertraege/
#hl268483 aufgerufen am
21.5.2014.

Rechtspolitische Überlegungen

Neben den Problemen bei der Entlohnung weisen viele Crowdsourcees auf weitere Schwachstellen hin. Dazu gehört die Organisation und Vertragsgestaltung von Crowdworking als neuer Arbeitsform. Und dazu gehört ebenfalls, dass in Bezug auf Crowdsourcing von Arbeitsleistung die Mitbestimmungsrechte der Betriebsräte in den beauftragenden Unternehmen ausgeweitet werden müssen, um Missbrauch zu verhindern.[14]

Bei Crowdworking handelt es sich um eine Arbeitsform, die wächst und die Potenzial für weiteres Wachstum hat. Die bisherigen Regelungen allerdings reichen nicht aus, um faire und angemessene Arbeitsbedingungen zu gewährleisten. Der Regulierungsbedarf liegt auf der Hand. Es ist auch die Aufgabe der Gewerkschaften, dies einzufordern. So lange aber eine rechtliche Regulierung nicht in befriedigender Weise erfolgt ist, sollten Gewerkschaften in den auslagernden Unternehmen für Fairness sorgen und den Crowdarbeitern die Rahmenbedingungen für Austausch, Kommunikation und Organisation bieten.

Sozial. Digital.

Der Weg in die digitale Marktwirtschaft
Yasmin Fahimi

Die Digitalisierung verändert, wie wir arbeiten, wie wir leben und wahrscheinlich in wenigen Jahren auch, wie wir denken. Seltsamerweise findet diese rasante technische Entwicklung, die sich über wenige Jahre und Jahrzehnte vollzogen hat, viel zu selten Eingang in unsere arbeitsmarkt- und gesellschaftspolitischen Debatten. Wie soll sich die Politik dieser Debatte nähern? Ein Leitfaden.

Yasmin Fahimi
ist seit Januar 2014 Generalsekretärin der SPD. Sie studierte Chemie in Hannover und arbeitete im Anschluss als wissenschaftliche Assistentin bei der Stiftung Arbeit und Umwelt der Industriegewerkschaft Bergbau, Chemie, Energie (IGBCE). Von 1998 bis 2014 leitete sie dort die Grundsatz- und Organisationsabteilung. Sie ist Mitglied im Vorstand des Denkwerks Demokratie.

Technologische Innovationen bergen das Potenzial, mehr zu sein als eine bloße Verschiebung der Grenze des bisher in einer Gesellschaft technisch Machbaren. Sie können über die marktförmig organisierten Austauschprozesse hinaus die gesellschaftlichen Beziehungen bis in die kleinsten Verästelungen fundamental verändern. Dann entfalten sie revolutionären Charakter. Die Industrialisierung im 19. Jahrhundert war eine solche Revolution. Die technologische Leistungsfähigkeit verwandelte die menschliche Arbeitskraft in einen Produktionsprozess, in Massenproduktion. Der Fordismus gewann an Dominanz gegenüber dem Werkstattprinzip. Aus Agrarländern wurden Industriegesellschaften.

Aber schon dieser Sprachgebrauch zeigt, dass mehr stattfand als ein technologischer Innovationssprung. Die Veränderungen waren so tiefgreifend, dass wir eben nicht von einer Industriewirtschaft sprechen, sondern von einer Industriegesellschaft. Ausgehend von den Veränderungen der Arbeitsbeziehungen veränderten sich auch die sozialen und gesellschaftlichen Beziehungen fundamental. Das Urbane gewann an Bedeutung gegenüber dem Landleben. Das Unternehmen löste die Familie und die Dorfgemeinschaft als alleinigen Lebens- und Arbeitsmittelpunkt ab. Nicht zuletzt dadurch wurde so der Abschied vom Leben in der Großfamilie eingeläutet.

Diese Transformation hatte auch dramatische Auswirkungen für den Einzelnen. Der Weg dieser Veränderung war gepflastert von Elends-, Demütigungs- und Entrechtungserfahrungen der Arbeiter und ihrer Familien. Das technologisch-ökonomisch Machbare überschritt vielfach das menschlich Verkraftbare. Aus diesen Erfahrungen heraus entstand der Impuls für das Entstehen der Arbeiterbewegung. Einer Bewegung, die eben nicht nur Antworten auf die betrieblich-technologischen

Sozial. Digital.

Yasmin Fahimi

Herausforderungen anstrebte, sondern den gesellschaftlichen Wandel in all seinen Dimensionen gestalten wollte – der sozialen, der ökonomischen und nicht zuletzt der ökologischen.

Erst durch die hart erkämpfte Neugestaltung der sozialen und gesellschaftlichen Bedingungen konnten die technologisch-ökonomischen Veränderungen ein Potenzial entfalten, das wirklichen Fortschritt für die Menschen bedeutete: Die soziale Marktwirtschaft ersetzte den frühen Industriekapitalismus.

Die neue Revolution – die Digitalisierung der Arbeit

Mit der Entwicklung des Mikro-Prozessors haben die Industriegesellschaften Anlauf für einen weiteren, revolutionären Veränderungsprozess genommen. Wie bei der industriellen Revolution im vorletzten Jahrhundert ist die Arbeitswelt der Ausgangspunkt für Veränderungen, die alle gesellschaftlichen Bereiche erfassen.

Es geht längst nicht mehr nur um eine digitale Bohème, über die das Feuilleton schwärmt. Inzwischen hat die Digitalisierung nahezu alle Bereiche unserer Volkswirtschaft durchdrungen. Immer mehr Beschäftigte arbeiten immer häufiger und immer intensiver digital. Ging es am Anfang noch darum, dass einzelne Arbeitsplätze mit Rechnern ausgestattet wurden und in Produktionshallen einzelne Großrechner die Steuerung einer Maschine unterstützten, ist es heute die komplette betriebliche und überbetriebliche Vernetzung, die die Digitalisierung der Arbeit vorantreibt. In den meisten Betrieben und Unternehmen ist die massenhafte und sekundenschnelle Aufarbeitung und Auswertung von Daten bereits Standard. Digitalisierung wird so auch zum Treiber für eine immer weiter fortschreitende Beschleunigung.

Dabei geht es damals wie heute vor allem um eins: Effizienz. Für viele Unternehmen ist Digitalisierung gleichbedeutend mit Rationalisierung. Wofür früher mehrere Arbeitnehmer(innen) nötig waren, reichen heute wenige mit den richtigen digitalen Werkzeugen. Die Lasten dieser Entwicklung tragen die Arbeitnehmerinnen und Arbeitnehmer. Immer mehr klagen über die sogenannte Arbeitsverdichtung, also immer mehr Arbeit, die sie in immer weniger Zeit abarbeiten sollen. Hinzu kommt die Tendenz für viele Branchen, auch am Wochenende Erreichbarkeit und Arbeit einzufordern. Längst gilt sie als Ursache für schlechte Gesundheit. Und nicht nur das: Auch die Kreativität leidet. Wer nimmt sich noch die Minuten Zeit, die ein guter Einfall braucht, wenn das Mailfach immer voller wird und die nächste Besprechung bereits begonnen hat?

Schon seit dem Jahr 1980 sind mehr Menschen in Deutschland in Berufen tätig, in denen die Informationsverarbeitung stärker im Vordergrund steht als in anderen Berufen. Seit knapp 20 Jahren arbeitet sogar schon mehr als die Hälfte aller Erwerbstätigen in solchen Berufen. Diese Situation bezieht sich nicht nur auf Menschen, die im primären Informationssektor mit der Herstellung und dem Vertrieb von Informationsprodukten und Informationsdienstleistungen beschäftigt sind, wie bei den Massenmedien, im Bildungsbereich, in der Werbebranche oder auch bei den Herstellern von Informations- und Kommunikationstechniken. Sondern dazu zählen auch die Manager(innen), Sekretär(innen), Rechtsanwälte oder Makler(innen), die im sekundären Sektor tätig sind. Also all diejenigen Gruppen, die mit der Wissensproduktion, der Wissensverteilung, -vermittlung und -koordination beschäftigt sind.

Das digitale Zeitalter ist längst Realität in den Unternehmen. Bei einer Befragung durch das Fraunhofer Institut gaben 2009 nur noch 3,6 Prozent

Sozial. Digital.

Yasmin Fahimi

der Befragten an, Papier würde als Informationsträger ihren Büroalltag dominieren. Bei 41,2 Prozent lagen bereits mehr als drei Viertel aller benötigten Daten digital vor, bei weiteren 41 Prozent war immerhin die Hälfte aller Daten digitalisiert.

Der Anteil der Personen, die bei der Arbeit mindestens einmal pro Woche einen Computer nutzen, stieg von 46 Prozent im Jahr 2003 auf 63 Prozent im Jahr 2011 an. Im Baugewerbe und im Gastgewerbe ist der Anteil naturgemäß mit 36 beziehungsweise 31 Prozent vergleichsweise gering. Bei Finanz- und Versicherungsdienstleistungen hingegen liegt er bei mehr als 98 Prozent. Mehr als die Hälfte der Beschäftigten war im Jahr 2011 am Arbeitsplatz per Computer mit dem Internet verbunden, acht Jahre zuvor lag ihr Anteil noch bei 31 Prozent.

85 Prozent der befragten Unternehmen gaben an, Computer einzusetzen. Je größer die Firmen, desto höher dieser Anteil. Firmen mit mehr als 250 Beschäftigten setzen alle – also zu 100 Prozent – Computer ein. Wenn wir über die Digitalisierung der Arbeitswelt sprechen, reden wir wahrlich nicht mehr über ein Randphänomen, sondern über den Arbeitsalltag eines Großteils der Beschäftigten.

Mit dem Aufkommen des Smartphones erreicht diese Entwicklung eine neue Qualität. Die Welt ist von jedem Ort aus erreichbar. Im Umkehrschluss sind wir aber auch an jedem Ort der Welt erreichbar – und das permanent.

Die Digitalisierung verändert, wie wir arbeiten, wie wir leben und wahrscheinlich in wenigen Jahren auch, wie wir denken. Seltsamerweise findet diese rasante technische Entwicklung, die sich über wenige Jahre und Jahrzehnte vollzogen hat, viel zu selten Eingang in unsere arbeitsmarkt- und gesellschaftspolitischen Debatten. Dabei werden

Arbeitsbeziehungen und Gesellschaft bereits digital restrukturiert. Mit der Gefahr, dass ein Teil der Gesellschaft zurückgelassen wird. Es droht eine digitale Kluft.

Die politischen Debatten zu den tief greifenden Konsequenzen der rasant voranschreitenden Digitalisierung folgen in der Regel zwei Linien: Einerseits gibt es die Optimisten, die im digitalen Wandel den Fortschritt schlechthin sehen. Für sie kündet die Technik von einer neuen, einer goldenen Zeit. Sie verheißt Freiheit, Autonomie, Entfaltung. Auf der anderen Seite des Argumentationsgrabens kauern die Verweigerer und Pessimisten. Sie fühlen sich durch die technischen Neuerungen bedroht, glauben, dass nur wenige davon profitieren werden – und lehnen sie ab.

Wie sollte sich die Politik dieser Debatte nähern? Die technischen Revolutionen zuvor, wie die Industrialisierung im 19. und 20. Jahrhundert, haben uns eines vor Augen geführt: Technik ist per se weder gut noch schlecht. Jede Technik, jede Innovation lebt in einer gesellschaftlichen und politischen Wirklichkeit – und fügt sich in die vorherrschenden Strukturen ein. Wenn diese Strukturen von Ungleichheit und asymmetrischer Macht geprägt sind, wird selbst eine revolutionäre technische Innovation daran kaum etwas ändern. Neue Technologien bergen dabei das Potenzial, bestehende Macht- und Ressourcenverteilungen zu vertiefen, aber auch überkommene Strukturen aufzubrechen und bestehende Machtverhältnisse infrage zu stellen. Ob eine Innovation tatsächlich Fortschritt für die Gesellschaft, für die Menschen bringt, das ist Teil von gesellschaftlichen Aushandlungsprozessen, die nicht unwesentlich von politischen Machtfragen beeinflusst werden.

Sozial. Digital.

Yasmin Fahimi

Das Internet ist eine Technologie mit großem, ja revolutionärem Potenzial. Wer aber glaubt, das Internet sei schon allein aufgrund seiner

341

dezentralen, grenzüberschreitenden Beschaffenheit ein sich selbst regulierender Ort von Demokratie und Freiheit, der dürfte spätestens nach den Enthüllungen über die massenhafte Überwachung des Netzes durch Geheimdienste und die allumfassende Marktmacht einiger weniger globaler Unternehmen im Internet eines Besseren belehrt sein.

Naiver Fortschrittsglaube bringt uns in diesen Debatten deshalb genauso wenig weiter wie blanke Technikverweigerung. Vielmehr gilt es, diese beiden Strömungen klug miteinander zu versöhnen. Nicht indem Ängste ignoriert oder Interessen zerredet werden, sondern durch eine nüchterne Analyse der Situation und durch gehaltvolle politische Angebote. Im Idealfall lernen wir aus dieser Debatte, dass wir es selbst in der Hand haben zu entscheiden, in was für einer Gesellschaft wir leben wollen. Das nimmt uns keine Technik ab und keine Innovation.

Die neuen Gerechtigkeitsfragen im digitalen Kapitalismus

Mit Blick auf die Arbeitsbeziehungen erleben wir die Verschränkung zweier Mega-Trends: der Globalisierung und der Digitalisierung. Es geht um die Ausdehnung der Handlungsradien ökonomischer Tätigkeit der Unternehmen und die durch die Digitalisierung ermöglichte Verflechtung von globalen Ökonomien bei gleichzeitig schrumpfender Bedeutung räumlicher Distanzen für die Wirtschaftätigkeit. Die Wechselbeziehung beider Trends entfaltet eine enorme ökonomische Dynamik – mit tiefgreifenden politischen Konsequenzen.

Die Bedingungen der Globalisierung haben den Wettbewerb verschärft, das Tempo von Innovationen gesteigert und dadurch unser Arbeitsleben massiv verändert. Die altbewährten Aushandlungsprozesse in den Betrieben und die notwendigen Regulierungen und Flankierungen durch die Politik halten in Tempo und Komplexität kaum mehr Schritt. Fortschritt und Mitbestimmung fallen auseinander. Zwar gilt das klassische Normalarbeitsverhältnis mit unbefristeter, sozial versicherter und tarifvertraglich geregelter Arbeit und der Beschäftigung beim gleichen Arbeitgeber noch für die Mehrzahl der Arbeitnehmerinnen und Arbeitnehmer. Doch ist es längst nicht mehr die alles prägende Norm. Selbst für die sogenannten Normalarbeitsverhältnisse haben Schicht-, Feiertags- und Wochenendarbeit zugenommen, spielt die ständige Erreichbarkeit eine immer wichtigere Rolle und muss der verlässliche Feierabend gesichert oder sogar zurückgewonnen werden.

Die Erwerbsbiografien vieler Menschen sind zudem häufiger von einem Wechsel zwischen abhängiger Beschäftigung, Nichterwerbstätigkeit und Phasen der Familienarbeit oder selbstständiger Tätigkeit geprägt, insbesondere bei Frauen. Alte Gewissheiten lösen sich auf.

Digitales Arbeiten mit seinen Möglichkeiten für schnelle Kommunikation, den Prozessen der technologischen Rationalisierung, der Möglichkeit zu internationaler Arbeitsteilung und seinen immer neuen Formen der Arbeitsorganisation verdichtet Arbeit und diversifiziert Arbeitsinhalte. Darüber hinaus entstehen immer häufiger unregulierte und prekäre Arbeitsverhältnisse. Für immer mehr Menschen in Deutschland wird es schwierig, mit regelmäßiger, abhängiger Erwerbsarbeit ihren Lebensunterhalt zu verdienen; insbesondere jungen Menschen fehlt es an beruflicher Sicherheit und einer längerfristigen Perspektive.

Nur noch etwas mehr als die Hälfte der Arbeitnehmerinnen und Arbeitnehmer ist in einem tarifgebundenen Betrieb beschäftigt. Leiharbeit und Werkverträge haben deutlich zugenommen. Fast jeder zweite neue Arbeitsvertrag wird heute nur noch befristet abgeschlossen.

343   Die digitale Revolution ist wahrlich nicht die Ursache dieser Entwicklung. Die Digitalisierung beschleunigt diese Entwicklung. Diese schöne neue Arbeitswelt hat bereits ein Heer von digitalen Freelancern geschaffen, die spontan und projektorientiert und bestenfalls mit Werkverträgen ausgestattet in der *Cloud* arbeiten. Sie sind einem gnadenlosen Wettbewerb ausgeliefert, in dem allein das günstigste Angebot entscheidet. Es entstehen also neue Beschäftigungsmodelle, die bestehende Arbeitsplätze verändern oder schlimmstenfalls ersetzen können. Dadurch entwickeln sich neue Selbstständige, die sich als »digitale Tagelöhner« ohne jede soziale Absicherung verdingen und sich – bewusst oder unbewusst – selbst ausbeuten. Mit ebenso fatalen Folgen für die traditionell Beschäftigten, deren tarifvertraglich abgesicherte Arbeitsverhältnisse und -bedingungen weiter unter Druck geraten.

Keine Frage: Kreative wollen größtenteils so arbeiten, wie sie es tun: entkoppelt von Arbeitszeit und -ort und frei von den Zwängen einer Festanstellung. Dennoch muss die Frage erlaubt sein, ob alles erlaubt sein soll.

Diskussionswürdig ist diese Frage insbesondere im Zusammenhang mit dem sogenannten Crowdsourcing – einer internetgetriebenen Form des Outsourcings bestimmter, bisher im Unternehmen erbrachter Leistungen. Da gibt es beispielsweise Plattformen wie *jovoto* – einen Online-Marktplatz für kreative Leistungen. Dieser Marktplatz bringt Kreativschaffende und Kreativsuchende zusammen und beide Seiten – so scheint es – haben etwas davon. Anbieter vergeben dort einen kreativen Auftrag, formulieren ihre Anforderungen und jeder kann sein Angebot dazu entwickeln. Die Auftraggeber erhalten zahlreiche kreative Vorschläge zur Lösung des gestellten Problems, bezahlen am Ende aber nur einen Vorschlag. Nämlich den, für den sie sich entscheiden. *The winner takes it all.*

Alle anderen gehen leer aus. Ein öffentlicher Pitch ohne Risiko oder Verpflichtungen für den Auftraggeber.

Dabei haben alle ihre Ideen zur Problemlösung beigesteuert. Und oftmals ist derjenige Vorschlag, der gewonnen hat, nur aus der Modifikation eines anderen eingereichten Beitrages entstanden – denn die Teilnehmer solcher Kreativwettbewerbe sehen die Beiträge der anderen und können sich aufeinander beziehen. Wird hier die kreative Menge der sich beteiligenden Personen nicht ausgenutzt? Die einen sagen Ja und verweisen auf die Marktmacht, die das Unternehmen mit dem vagen Versprechen, einem Großen dienen zu können, ausnutzt. Denn nicht selten sind es große Namen, die sich auf diesem Weg jenseits ihrer bestehenden Agenturverträge eine kreative Frischzellenkur verpassen. Nein, sagen viele Kreative, die glauben, sich nur über eine solche Plattformen großen Firmen präsentieren zu können und allein für diese Chance alles geben. Um vielleicht nie etwas dafür zu bekommen.

Das Problem kennen Kreative schon so lange, wie sie kreativ tätig sind. Aber das Netz und solche Plattformen heben den Konkurrenzdruck auf ein noch nicht dagewesenes Niveau. Online-Marktplätze gibt es viele und es werden immer mehr. Doch zu welchen Regeln sollen Angebot und Nachfrage zusammenkommen dürfen?

Soll es erlaubt sein, dass Kreative überwacht werden und Auftraggeber sechsmal pro Stunde ein Foto vom Bildschirm des von ihnen Beauftragten erhalten, wie bei *oDesk* möglich? Wir brauchen eine Verständigung über den Rahmen, innerhalb dessen neue Arbeitsformen wie das Crowdsourcing möglich sein sollen. Denn Kreativität ist eine Arbeitsleistung, die entlohnt werden muss. Was ist uns also Wissen und Können wert? Darauf müssen wir eine Antwort formulieren. Vor allem auch deswegen,

Sozial. Digital.

Yasmin Fahimi

weil die Crowdsourcing-Plattformen nicht nur ein potenzielles Instru-ment dafür sind, mit dem sich externe Dienstleister preislich gegenseitig unterbieten, sondern auch die tariflich entlohnten Stammbeschäftigen einem enormen wirtschaftlichen Konkurrenzdruck aussetzen.

Dies zeigt auch, dass die zunehmenden Entgrenzungstendenzen durch die digitale Arbeit eben nicht ein Phänomen von Selbstständigen und Free-lancern sind. Sie werden auch für die abhängig Beschäftigen in einem klassischen Normalarbeitsverhältnis immer mehr zur Regel. Immer öfter ist die Arbeit nicht mehr in dem Moment beendet, in dem man das Büro oder die Werkshalle verlässt und nach Hause geht. Sie kann zum ständi-gen Begleiter werden. Wenn Arbeitnehmerinnen und Arbeitnehmer auch abends beim Feierabendbier die E-Mails ihres Vorgesetzten lesen, ist ihre Freizeit, also ein von den Regeln der Erwerbsarbeit befreiter Raum, gefährdet. Dann kolonialisiert Arbeit immer mehr Teile des Lebens. So wächst die Gefahr einer Selbstausbeutung, in der man länger arbeitet, rund um die Uhr verfügbar ist und nicht mehr wirklich abschaltet. Eine solche Entwicklung ist nicht nur unbequem, sie birgt auch erhebliche gesundheitliche Risiken, wie die extreme Zunahme psychischer Erkran-kungen zeigt.

Erste Unternehmen haben das erkannt. Betriebsräte und Geschäftsleitun-gen gehen dazu über, durch klare betriebliche Vereinbarungen dieser Entgrenzung vorzubeugen. VW beispielsweise schickt seinen Beschäf-tigten eine halbe Stunde nach Dienstschluss keine Mails mehr auf die dienstlichen Smartphones. Dazu wird der Serverbetrieb 30 Minuten nach Gleitzeitende eingestellt und 30 Minuten vor Beginn des nächsten Arbeitstages werden die Verbindungen wieder geöffnet. Auf den ersten Blick wirkt es konsequent, doch auch ein wenig hilflos. Wir müssen erkennen, dass die Ebenen sich weiter verkleinern, auf denen Verabredungen zum Schutz der Beschäftigten passgenau ausgehandelt werden können. Gesetzliche Rahmen sind wichtig, mussten aber immer schon um tarifliche Vereinbarungen ergänzt werden. In den vergangenen Jahren sind immer mehr Betriebsvereinbarungen verabredet worden, die versuchen, wirksame Verabredungen für eine Belegschaft zu treffen. Vermutlich werden künftig Verabredungen auf der Teamebene diese Rahmenkette ergänzen und Beschäftigte absichern.

Neue Freiheiten und neue Chancen der digitalen Arbeitswelt

Die digitale Arbeit bietet eine Menge an Potenzialen für eine Verbesserung des Arbeitsalltags in unseren modernen Volkswirtschaften. Viele Beschäftigte gewinnen beispielsweise mehr Zeitautonomie. Sie müssen seltener den Vorgaben einer Stechuhr genügen. Die Digitalisierung ermöglicht flexiblere Arbeitszeiten, was es Beschäftigten oftmals erleichtert, Familie und Beruf besser miteinander zu vereinbaren. Allein die Möglichkeit, die Arbeit von unterwegs oder von zu Hause aus erledigen zu können, hilft ungemein, um Kinder aus der Kita oder der Schule abholen oder im Krankheitsfall betreuen zu können.

Die Vernetzung sorgt dafür, dass Menschen ihren Gedanken, Ideen, Wünschen und Sorgen öffentlich Ausdruck verleihen und gemeinsam daran arbeiten können, diese Probleme zu lösen. Dies eröffnet Chancen auch für den Arbeitskontext.

In der Praxis vollzieht sich die digitale Vernetzung nicht in einem luftleeren Raum, sondern sie entwickelt sich innerhalb bestehender Strukturen und unterliegt damit natürlich auch den dort herrschenden Interessen und

Machtverhältnissen. Dies müssen wir mit in den Blick nehmen, wenn wir die Digitalisierung der Arbeit diskutieren.

Die Vernetzung kann die bestehenden Machtverhältnisse stärken und befördern, sie kann sie aber auch aufbrechen und verändern. Es kommt darauf an, zu verstehen, wie diese Prozesse sich vollziehen, und sie aktiv im Sinne der Menschen zu beeinflussen. Digitalisierung darf nicht nur reiner Selbstzweck sein oder der Profitmaximierung dienen. Wenn das digitale Arbeiten in unserem Leben immer mehr Raum einnimmt und beginnt, unser Leben zu bestimmen, ist es höchste Zeit, darüber zu sprechen, wie viel Raum wir der digitalen Arbeit zubilligen wollen.

Das Cluetrain-Manifest (Anm. d. Red.: Titel einer Sammlung von 95 Thesen für die neue Unternehmenskultur im digitalen Zeitalter) hat bereits 1999 die Veränderungen beschrieben, die durch die Vernetzung auf uns zukommen werden. Eine These lautete: »Hyperlinks untergraben Hierarchien.« In der digitalen Welt verbreitet sich Wissen nicht mehr entlang der Hierarchien von Organigrammen und Meldewegen, sondern in einem herrschaftsfreien Raum. Die Unternehmen, die an starren Hierarchien festhielten, Wissensweitergabe verlangsamten oder an bestimmten Stellen horteten, hätten deshalb mit massiven Nachteilen am Markt zu rechnen und würden über kurz oder lang vom Markt verschwinden.

Längst zeigt sich, wie zutreffend diese These war. Die digitale Vernetzung bietet große Vorteile für den einzelnen Mitarbeiter und für das Unternehmen oder die Organisation, in der er arbeitet. Digitale Vernetzung baut Wissensbarrieren ab und sorgt für mehr Austausch unter Kolleg(innen). Beschäftigte waren früher an ihrem Arbeitsplatz zur Erledigung der ihnen übertragenen Aufgaben eingesetzt, an deren Beschreibung sich in gewissen Abständen, aber mit Sicherheit nicht täglich etwas änderte. Heute kann es sein, dass durch das Entstehen immer neuer Teams und Projekte immer neue Herausforderungen formuliert werden. Und durch Kommunikationsorte wie dem Intranet kann Engagement für und Identifikation mit dem Unternehmen bottum up wachsen. Diese internen Netzwerke sammeln das Wissen, das in einem Unternehmen existiert. Mehr noch: Sie bereiten es so auf, dass es schnell auffindbar wird und an die Stellen gelenkt werden kann, an denen es am dringendsten benötigt wird.

Die Digitalisierung verändert auf diese Weise die Arbeitswelt, weil die Arbeitnehmerinnen und Arbeitnehmer von Beschäftigten, die nur eine ihnen zugeteilte Aufgabe erfüllen, zu emanzipierten Mitarbeiterinnen und Mitarbeitern werden, die das Unternehmen stärker mitgestalten und sich ihm so viel enger verbunden fühlen.

In der praktischen Arbeit verbessert sich die Möglichkeit, im Team zusammenzuarbeiten und an Arbeitsprozessen teilzunehmen, unabhängig von Zeit und Raum. Bislang ist es oft die Präsenz, die in hohem Maße über Ansehen und Respekt unter den Mitarbeiter(innen) entscheidet. Eine gute Unternehmenskultur kann nun dazu beitragen, dass nicht mehr entscheidend ist, wer am längsten im Büro sitzt, sondern wer die eigene Kompetenz unabhängig von Zeit und Ort am besten in den Arbeitsprozess einspeist. Damit entspräche eine Firma zwar dem vielfach geäußerten Wunsch vieler Beschäftigten nach einer sinnstiftenden Tätigkeit, die Identifikation schafft. Zugleich aber öffnet sie sich gegenüber ganz neuen Gefahren. Denn Arbeitszeit und Anwesenheit sind noch immer die Grundlage vieler vertraglicher und tariflicher Vereinbarungen. Fällt »Zeit« als Indikator für erbrachte Arbeit aus, wie soll dann genau gemessen werden, was geleistet wurde? Zählt dann nur noch die »richtige« Idee? Sollte erbrachte Arbeitszeit tatsächlich aus

Sozial. Digital.

Yasmin Fahimi

dieser Rechnung verschwinden, stehen wir vor nicht weniger als einem gewaltigen Paradigmenwechsel. Zwar träfen die Ansprüche an eine neue Arbeitskultur auf sehr produktive Weise auf die Digitalisierung, mit einem völlig neuen Zeit-Raum-Verständnis. Aber ohne Absicherung bliebe das Freiheitsversprechen ein leeres. Wenn die digitale Arbeitswelt ihr Freiheitsversprechen einlösen möchte, dann kann dies nicht zulasten der Beschäftigten gehen, die am Ende mit der Entscheidung zwischen Selbstverwirklichung und Selbstausbeutung allein gelassen werden.

Digitales Arbeiten bedeutet aber noch mehr: Heute steht der Ingenieur mit seinem Smartphone an der Baustelle und greift auf eine App zu, die ihm die aufwändige Koordinationsleistung abnimmt. Sie verbindet die unterschiedlichen Bauprozesse miteinander, kontrolliert die einzelnen Arbeitsschritte und erleichtert die Kommunikation mit den Dienstleistern. Anwendungen können Dienstpläne koordinieren. Ein Blick und man erfährt, wie der Schichtplan für die kommenden Wochen aussieht. Intelligentes Scheduling ermöglicht es den Beschäftigten, Präferenz und Vorlieben für anstehende Einsatzzeiten anzugeben, um den Anforderungen der Familie gerecht zu werden. Das ist insbesondere dann wichtig, wenn beide Partner arbeiten und sich auch untereinander stark koordinieren müssen. Aushandlungsprozesse werden Anwendungen aber nie völlig ersetzen können.

Sonst wäre der Beschäftigte ein »Arbeitnehmer im Wartestand«, der jederzeit vom System gerufen werden kann, wenn es zu Produktionsspitzen kommt. Die Sorgen, nach einer Stechuhr-Kultur nun einer Smartphone-Kultur unterworfen zu werden, sind groß – und nicht unberechtigt.

Bei aller nachvollziehbaren Skepsis sollten wir kreativ sein und überlegen, wie Beschäftigte zumindest einen Teil ihrer Arbeit erbringen können, ohne am Arbeitsplatz präsent sein zu müssen. Darf es eine Vier-Tage-Präsenz-Woche geben und einen ortsfreien Arbeitstag? Soll es ein Recht auf Telearbeit geben? Wie stelle ich sicher, dass die Arbeit außerhalb des Betriebs tatsächlich erbracht wird? Was ist noch Kontrolle und was schon Überwachung? Fragen, auf die es lohnt, Antworten zu finden.

Sozial. Digital – der Weg in die digitale Marktwirtschaft

Niemand sollte davon ausgehen, dass sich Chancen und Risiken dieser Entwicklung quasi automatisch harmonisch zueinander entwickeln werden. Im Gegenteil, hier ist politischer Wille gefragt. Die Arbeitswelt wird erneut zum Ausgangspunkt, um die gesellschaftlichen Auswirkungen einer technologischen Revolution zu gestalten.

Die politischen Kernfragen mit Blick auf das Crowdsourcing drehen sich um die Komplexe der rechtlichen Absicherung der Crowdsourcees, die Bezahlung und Entlohnung der erbrachten Leistungen, die notwendige Rolle der Mitbestimmung, den Faktor Sozialversicherung und internationale Regelungen. Das Leitbild der digitalen Arbeit zielt auf einen zeitgemäßen Kompromiss zwischen individueller und unternehmerischer Freiheit und Flexibilität und dem notwendigen Niveau sozialer Sicherung, das eine starke internationale und rechtliche Komponente haben muss – ohne dabei die wünschenswerte Dynamik abzuwürgen.

Ein großer Teil der erbrachten Leistungen wird verhältnismäßig schlecht vergütet. Die Zahlen reichen von skandalösen 1,25 Euro pro Stunde bis rund 5 Euro brutto die Stunde – natürlich gibt es auch Löhne über diesem Niveau, aber die sind nach der derzeitigen Datenlage eher die Ausnahme. Auch kommt vor, dass eine erbrachte Leistung überhaupt nicht bezahlt

Sozial. Digital.

Yasmin Fahimi

351 wird. Diese Form der freiwilligen Selbstausbeutung ist politisch, aber auch ökonomisch nicht akzeptabel.

Flächendeckende Niedrigstlöhne erodieren das Wachstumsmodell Deutschlands, das in Anbetracht unkalkulierbarer Risiken in wichtigen Exportmärkten verstärkt auch auf dem Bein der Binnenkonjunktur stehen muss. Politisch betrachtet muss auch für die *Clickworker* der gesetzliche Mindestlohn gelten. Die Durchsetzung des Mindestlohns muss Voraussetzung der Ausschreibung beziehungsweise der Vergabe via Wettbewerb oder Versteigerung sein. Ein Geschäftsmodell, das auf (Selbst-)Ausbeutung basiert, hat in der sozialen Marktwirtschaft keinen Platz.

Die betriebliche Mitbestimmung spielt hier eine zentrale Rolle. Deren Einfluss muss auf den Bereich Crowdsourcing erweitert werden. Der Betriebsrat muss an der Vergabe und damit an der Definition der Vergabebedingungen beteiligt werden – gerade wenn es sich um einen Wettbewerb oder eine Versteigerung mit nachträglicher Vergütung handelt. Hierbei müssen wir uns auch der Frage stellen, wie es um die Standards und Löhne in den Ländern bestellt ist, aus denen heraus die Crowdsourcees arbeiten – und welche Konsequenzen das für eine Vergabe haben kann.

Ein Crowdsourcee mit wenigen Euro Bruttovergütung hat zudem keinen Spielraum, in die eigene Vorsorge zu investieren. Das soziale Netz wird für ihn zum Raster, durch das er fällt. Diese Art der modernen Arbeitsform ruft gewissermaßen das Konzept der Bürgerversicherung auf den Plan und liefert weitere gute Argumente. Die Verbreiterung der Finanzierungsbasis im sozialen Sicherungssystem wäre der strukturelle Schritt in Richtung Absicherung des »digitalen Prekariats«.

Die oben genannten Schritte bei der Verrechtlichung der Arbeits- und Lohnverhältnisse dienen der individuellen Stärkung der digitalen

Erwerbsarbeit. Die politische Aufgabe ist es, zusammen mit den Beteiligten den Mittelweg zwischen der notwendigen Sicherheit und gewünschten individuellen Freiheit zu finden. Die »digitale soziale Marktwirtschaft« schafft nur in einer solchen Kombination die Voraussetzungen für gute Arbeit und profitable Unternehmen.

Vieles spricht dafür, dass die Prinzipien der sozialen Marktwirtschaft geeignet sind, erneut die notwendige Balance zwischen den ökonomischen, sozialen, ökologischen und demokratischen Ansprüchen in unserer Gesellschaft herzustellen. Vieles spricht aber auch dafür, dass sich die Institutionen und Instrumente der sozialen Marktwirtschaft nicht immer problemlos auf die Verhältnisse einer sich zunehmend digitalisierenden Ökonomie übertragen lassen können. Je vielfältiger sich die Arbeitsbeziehungen ausgestalten werden, desto mehr werden sich auch die gesellschaftlichen und sozialen Spielregeln diversifizieren und flexibel zeigen müssen.

Eine Politik für gute Arbeit in der sozial.digitalen Marktwirtschaft muss sich dabei an drei Grundsätzen orientieren. Sie muss erstens für möglichst viele Erwerbstätige ein möglichst hohes Maß an Freiheit und Flexibilität ermöglichen. Sie muss zweitens Mitbestimmung und gesetzliche Rahmenbedingungen ausweiten, um Sicherheiten für eine freie Lebensgestaltung zu geben. Und sie muss drittens den Zugang zur digitalen Welt für alle schaffen.

Diese technologisch-gesellschaftliche Revolution, die wir gegenwärtig erleben, ist in vielfacher Weise anders und mit den Industrialisierungsprozessen der vergangenen beiden Jahrhunderte nur begrenzt vergleichbar. Sie stellt darum auch die Sozialdemokratie vor neue Herausforderungen, insbesondere auch dabei, politische Mehrheiten in der Gesellschaft für

Sozial. Digital.

Yasmin Fahimi

eine soziale und demokratische Gestaltung dieses Wandels zu organisieren.

Die industrielle Revolution im 19. Jahrhundert brachte eine Klasse von Menschen hervor, die das Gemeinsame zwischen sich erkannten und darum eine kollektive Antwort gaben, um ihr Schicksal in die eigene Hand zu nehmen und die politischen Verhältnisse zu ändern. Der digitalen Revolution ist dieses kollektivistische Gen nicht direkt eingebaut – im Gegenteil. Formen wie das Crowdsourcing bergen eine Tendenz zum ökonomischen wie politischen Einzelkämpfertum. Gleichwohl wird es auch in der digitalen Marktwirtschaft notwendig bleiben, kollektive Antworten zu geben. Aber vielleicht liegt der Schlüssel in den Potenzialen zur digitalen Vernetzung selbst. Dieser Herausforderung will sich die Sozialdemokratie auf ein Neues stellen.

Wir brauchen soziale Leitplanken in der neuen Arbeitswelt

Was der Wandel von Arbeitsformen für unsere Gesellschaft bedeutet

Beate Müller-Gemmeke

Crowdworking als Arbeitsform birgt innovative Möglichkeiten für die Beschäftigten und Unternehmen gleichermaßen. Doch wenn sich die Arbeitswelt verändert, dann müssen die Rahmenbedingungen angepasst werden, um Beschäftigte zu schützen. Da Crowdworking jedoch ein globales Phänomen ist, das keine Grenzen und nationalstaatlichen Regelungen kennt, müssten langfristig auch gemeinsame europäische – wenn nicht gar internationale – Regelungen gefunden werden. Die Politik ist am Zuge.

Beate Müller-Gemmeke,
Bundestagsabgeordnete und Sprecherin für ArbeitnehmerInnenrechte der Fraktion BÜNDNIS 90/DIE GRÜNEN, Mitglied im Ausschuss Arbeit und Soziales, Sprecherin von GewerkschaftsGrün, zuvor selbstständige Sozialpädagogin.

Swimmy ist ein kleiner Fisch, der zusammen mit vielen anderen Fischchen im Ozean lebt. Weil die Gefahr besteht, von einem größeren Fisch gefressen zu werden, hat Swimmy die Idee, dass sein Schwarm sich wie ein riesiger dicker Fisch formiert. Große Fische haben jetzt Angst vor ihm, so dass der Schwarm mit Swimmy sich gefahrlos durch die Weltmeere bewegen kann. Rund 50 Jahre, nachdem Leo Lionni 1963 »Swimmy« veröffentlichte, gibt es ein Plagiat der Bilderbuchgeschichte als Film im Internet. Diesmal heißt die Geschichte: »What is Crowdsourcing?« Der Held des Zeichentrickfilms ist Zak – ein kleiner Fisch. Zak ist ein Freelancer, also ein Solo-Selbstständiger. Bei großen Aufträgen hat er kein Glück. Die schnappt ihm immer die Agentur weg, die als dicker fetter Wal an ihm vorbeischwimmt. Doch eines Tages hat Zak eine Idee. Er organisiert eine Crowdworking-Plattform im Internet und übernimmt mit vielen Crowdworkern die fetten Aufträge, die bisher dem Wal vorbehalten waren. Denn Zak und Co. sind schneller, vielfältiger und billiger. Viele kleine Fische flitzen jetzt munter am Wal vorbei, der schwerfällig und langsam im Ozean schwimmt. Am Ende, so behauptet jedenfalls der Film, hat Zak die Freelancer befreit. Er hat sie reicher gemacht, und er hat dafür gesorgt, dass die Kunden wieder lächeln. Letzteres stimmt wohl, wenn vom Crowdsourcing die Rede ist. Doch ob Freelancer und Beschäftigte als Teil der Crowd tatsächlich reicher werden, ist mehr als fraglich. Die Zahlen sprechen eher dagegen.

Crowdsourcing ist häufig Lohn- und Sozialdumping

Wir brauchen soziale Leitplanken in der neuen Arbeitswelt

Beate Müller-Gemmeke

Die schöne neue Arbeitswelt, die der kleine Fisch Zak sich ausdachte, hat einen großen Haken. Denn die Situation der Crowdworker ist häufig alles andere als rosig. Der durchschnittliche Stundenlohn von Crowdworkern

in den USA liegt nach einer Untersuchung von John Joseph Horton und Lydia B. Chilton bei 1,38 Dollar, das sind nach jetzigem Wechselkurs 0,99 Euro. Der US-amerikanische Mindestlohn wird damit weit unterschritten. Natürlich gibt es auch einige Internetplattformen, auf denen gut dotierte Aufträge ausgeschrieben werden. Meist sind das jedoch solche im Wettbewerb. Das heißt, am Ende profitiert nur einer aus der Crowd. Alle anderen gehen leer aus – und verlieren gleichzeitig auch noch alle Rechte an ihrem Werk. Die Unternehmen, die mithilfe von Crowdsourcing ihre Lohn- und Arbeitskosten senken, praktizieren gleichzeitig ausgiebiges Lohn- und Sozialdumping. Sie drücken sich so vor jeglicher gesellschaftlicher Verantwortung. Denn unsere Gesellschaft ist es, die am Ende die Crowdworker nicht allein lässt. Sie finanziert diejenigen unter ihnen, die aufstocken müssen, wenn das Geld aus den Aufträgen nicht zum Leben reicht. Und sie wird zukünftig vielleicht mithilfe des Steueraufkommens die Löcher in den Sozialversicherungskassen stopfen müssen, in die crowdsourcende Arbeitgeber und Arbeitgeberinnen ihren Anteil nicht mehr einzahlen.

Äußerst bedenklich ist in diesem Zusammenhang, dass Unternehmen in Deutschland, wie etwa IBM, auf diesen Zug aufspringen. Sind Crowdworker in einem solchen Betrieb tätig, der nach und nach immer mehr Arbeitsschritte im Internet ausschreibt, dann stehen bisher festangestellte Beschäftigte plötzlich in direkter Konkurrenz zu Programmierenden in China, Indien oder anderen Ländern der Welt. Wird das Modell zu Ende gedacht, dann wird ein Unternehmen wie IBM in Deutschland über kurz oder lang immer weniger Fachkräfte benötigen. IT-Spezialisten könnten ihren Job an die Crowd verlieren und müssten als Solo-Selbstständige in die weltweite Konkurrenz zu anderen Crowdworkern treten. Sie hätten dann keinerlei Arbeitsrechte mehr, keinen Arbeitsschutz, und der Ausbeutung wären Tür und Tor geöffnet.

Crowdsourcing perfektioniert und globalisiert den Werkvertrag
Natürlich braucht die Wirtschaft eine gewisse Flexibilität, aber das ist schon lange nicht mehr das Thema. In Teilen der Wirtschaft geht es anscheinend nur noch um den Wettbewerb um die billigsten Löhne. Und in diesem Wettbewerb könnte Crowdworking einen prominenten Platz einnehmen. Schon heute wird Stammpersonal zunehmend durch Werkvertragsbeschäftigte ersetzt. Crowdworking setzt dem Ganzen nur noch die Krone auf. Crowdsourcing könnte den Werkvertrag perfektionieren und gleichzeitig globalisieren.

Wenn die schöne neue Arbeitswelt des Fisches Zak Wirklichkeit für viele heute noch Beschäftigte wird, dann muss die Politik sich fragen: Was bedeutet ein solcher Wandel langfristig für unsere Gesellschaft? Was bedeutet er für die Belegschaften? Was bedeutet er für den Einzelnen? Existiert dann überhaupt noch die Balance der Sozialpartnerschaft? Wird unsere Arbeitswelt nicht völlig auf den Kopf gestellt durch ein Arbeitsmodell wie Crowdsourcing? Und was passiert dann mit unseren gesellschaftlichen Werten?

Die Arbeit der Zukunft kann nicht so aussehen, dass alles nur schneller und billiger wird. Made in Germany ist nicht ohne Grund ein Markenzeichen in der ganzen Welt. Denn Ramsch verkauft sich nicht so gut. Aber für die Entwicklung guter Produkte braucht es kluge Köpfe, Engagement, Loyalität, Zeit für innovative Ideen – und das gibt es nur mit guten Arbeitsbedingungen. Heute festangestellte Beschäftigte könnten per Crowdsourcing jedoch zu modernen Tagelöhnern werden. Das ist definitiv keine

Wir brauchen soziale Leitplanken in der neuen Arbeitswelt

Beate Müller-Gemmeke

gute Arbeit. Und es hat überhaupt nichts mehr mit Wertschätzung und Anerkennung der Beschäftigten und ihrer Arbeit zu tun.

Wenn Crowdworker gefragt werden, wie sie ihre Arbeitsbedingungen bewerten, schwärmen nur wenige vom unabhängigen Laptop-Job. Das Abarbeiten vieler kleiner Computeraufgaben ist nämlich eine reichlich monotone Arbeit, bei der es darauf ankommt, möglichst schnell zu sein, da ja per Stück bezahlt wird. Letztlich ist das nichts anderes als Akkordarbeit. Monotonie, Arbeitszeiten, die aus den Fugen geraten: All das führt schon heute bei vielen Menschen zu arbeitsbedingten psychischen Erkrankungen. Hinzu kommen im Niedriglohnsektor Existenzängste und die permanente Unsicherheit, ob das Geld am Ende des Monats reicht. Diese Situation stresst auch die Crowdworker.

Psychische Belastungen durch die Arbeit sind schon heute der Hauptgrund für Frühverrentungen. Doch die Erwerbsminderungsrenten reichen nicht aus für ein würdevolles Leben im Alter. Die niedrigen Entgelte führen aber auch ohne Frühverrentung dazu, dass das Geld im Alter nicht reicht. Zumal Solo-Selbstständige wie die Crowdworker häufig keine ausreichende Absicherung für ihr Alter treffen können. Was vielen Crowdworkern daher droht, ist Altersarmut. Und auch diese Tendenz wird zulasten der öffentlichen Haushalte gehen.

Wenn Crowdworking sich zukünftig zum neuen Werkvertragsmodell entwickelt, dann werden insbesondere gewerkschaftliche Errungenschaften über Bord gehen. Die neue Arbeitswelt von Fisch Zak kennt weder Kündigungsschutz noch Mitbestimmung oder gar tarifliche Bezahlung. Kein Crowdworker kann sich über Mutterschutz, Sonderzahlungen, Sonntags-, Feiertags- oder Nachtzuschläge freuen. Belegschaften zersplittern nicht nur – sie existieren einfach gar nicht mehr. Das stellt unsere klassischen

Vorstellungen von Beschäftigung völlig auf den Kopf – und auch die klassischen Rollen von Betriebsräten und Gewerkschaften werden durch solch ein Modell ad absurdum geführt. Alle bisherigen gewerkschaftlichen Errungenschaften verschwimmen künftig im weltweiten Meer der Internet-Plattformen. Und auch der Jahrzehnte gelebte gesellschaftliche Konsens der Sozialpartnerschaft wird kaum noch erkennbar sein.

Gleichzeitig birgt die Arbeit in der Crowd große Datenschutzprobleme, denn hier herrscht bleibende Transparenz. Häufig werden Arbeitsergebnisse direkt im Netz bewertet. Crowdworker werden mit positiven oder negativen Punkten markiert. Einfluss darauf, wie die Bewertungen zustande kommen, haben sie nicht. Und häufig werden Urheberrechte mit Füßen getreten. Denn die meisten Plattformen fordern mit der Zustimmung zu den allgemeinen Geschäftsbedingungen einen Verzicht auf sämtliche Rechte am eigenen Werk.

Manche werden versuchen, das alles mit der unternehmerischen Freiheit zu entschuldigen. Aber die unternehmerische Freiheit hört spätestens beim Lohn- und Sozialdumping auf. Alle arbeitenden Menschen haben Wertschätzung und Anerkennung verdient, egal, ob sie in einem Betrieb beschäftigt oder selbstständig sind. Zentrale Werte unserer Gesellschaft in Deutschland, die für alle diese Menschen gelten, sind bisher eben immer noch Humanität, Solidarität und Gerechtigkeit. Wer das infrage stellt, stellt den Wert von Arbeit in Frage und ebenso die Würde des Menschen.

Wir brauchen soziale Leitplanken in der neuen Arbeitswelt

Beate Müller-Gemmeke

Notwendig ist eine vorausschauende Politik

Crowdsourcing verändert die Arbeitswelt auf eine so massive Weise, dass niemand wegschauen darf. Das Verlagern von Arbeit in die Crowd bietet

Unternehmen die Möglichkeit, Arbeitsgesetze und Mindestlöhne einfach zu umgehen. Denn die Crowd ist im Blick auf Gesetze eine völlige Grauzone. Wenn Politik und Gesellschaft hier nach dem Motto verfahren: »Augen zu und durch!«, dann ist das völlig unangebracht. Wir brauchen soziale Leitplanken auch auf dem neuen Arbeitsmarkt der Crowdworker. Und wenn gesetzliche Regelungen gefunden werden, dann gelten diese für alle Solo-Selbstständigen. Das ist längst überfällig, denn schon heute zählen viele Solo-Selbstständige zu den Geringverdienenden in Deutschland. Seit dem Jahr 2000 ist ihre Zahl um etwa 700.000 gestiegen. Besonders stark hat sich die Zahl selbstständiger Frauen erhöht. Auch wenn ein Teil hohe Einkünfte erzielt, liegt das mittlere Einkommen dieser Erwerbstätigen unter dem von sozialversicherungspflichtig Beschäftigten. Knapp ein Drittel aller Solo-Selbstständigen haben 2012 einer Studie des Deutschen Instituts für Wirtschaftsforschung zufolge weniger als 8,50 Euro in der Stunde verdient. Der Anteil ist unter Selbstständigen damit deutlich größer als unter abhängig Beschäftigten mit 15 Prozent.

Politik und Sozialpartner dürfen sich angesichts solcher Tendenzen nicht abwartend verhalten. Sie müssen vorausschauend handeln. So muss die Politik frühzeitig Rahmenbedingungen vorantreiben, die es Gewerkschaften und Betriebsräten ermöglichen, die Beschäftigten vor den negativen Auswirkungen von Crowdworking zu schützen. Wenn sich die Arbeitswelt verändert, dann müssen sich generell die Mitbestimmungsrechte entsprechend verändern. Hier muss die Politik dringend tätig werden. Und die Crowd braucht tatkräftige Interessenvertretungen. Gleichzeitig muss endlich ein echter Beschäftigtendatenschutz geschaffen werden, der seinen Namen auch verdient. Solch ein Datenschutz darf nicht nur die Stammbeschäftigten von Unternehmen schützen, sondern muss auch für die Crowd gelten.

Durch das Crowdworking sollte insbesondere der traditionelle Arbeitnehmerbegriff endlich weiter entwickelt werden. Auch das EU-Parlament hat sich unlängst Gedanken zu selbstständigen Erwerbstätigen gemacht. In seiner Entschließung »Sozialschutz für alle, einschließlich selbstständig Erwerbstätiger« vom 14. Januar 2014 unterstreicht die Volksvertretung, »dass die selbstständige Erwerbstätigkeit als Form der Erwerbstätigkeit anzuerkennen ist und von geeigneten Maßnahmen zur sozialen Absicherung begleitet werden muss«. Für eine entsprechend gleichberechtigte Teilhabe am Arbeitsleben und an den Sozialsystemen müsse aber noch einiges getan werden. Das EU-Parlament schlägt vor, Gewerkschaften sollten gemeinsam mit Politik und Arbeitgeberverbänden »einen geeigneten Rechtsrahmen für die soziale Absicherung von Selbstständigen aufbauen ... und untersuchen, ob und wie selbstständig Erwerbstätige in Tarifverhandlungen einbezogen werden können«. Letzteres ist in Deutschland wenigstens für arbeitnehmerähnliche Selbstständige immerhin möglich, aber nicht gerade verbreitet. Wo eine gewerkschaftliche Vertretung Selbstständiger im nationalen Recht nicht vorgesehen ist, so findet die EU-Volksvertretung, sollen die Sozialparteien »besondere Strategien entwickeln, mit denen die Berücksichtigung der Belange der selbstständig Erwerbstätigen erreicht werden kann«. Von der EU und den nationalen Regierungen fordert die Entschließung – leider unverbindlich – ebenfalls Aktivitäten: So soll beispielsweise die unzureichende Definition der Selbstständigkeit in den Rechtsordnungen präzisiert werden, weil sie die »angemessene soziale Absicherung möglicherweise erschwert«.

Wir brauchen soziale Leitplanken in der neuen Arbeitswelt

Beate Müller-Gemmeke

Auch Crowdworker brauchen einen besseren sozialversicherungsrecht-
lichen Schutz. Hier müsste geprüft werden, inwiefern alternative Sozial-
versicherungsmodelle für alle Crowdworker greifen – zum Beispiel in
Anlehnung an die Künstlersozialkasse. Außerdem könnte geprüft werden,
inwiefern auch in Deutschland die Notwendigkeit besteht, ein Gesetz für
Solo-Selbstständige zu entwerfen, wie es in Spanien schon existiert, um
auf diese Weise Rechte und Pflichten von Solo-Selbstständigen verbind-
licher zu regeln, aber auch ihre soziale Absicherung und ihren Arbeitsschutz. Zu prüfen wäre insbesondere, ob nicht im Tarifvertragsgesetz die
Möglichkeit geschaffen werden sollte, Mindesthonorare als allgemein-
verbindlich festzuschreiben. Immerhin hat das Bundesverfassungsge-
richtsurteil im Oktober 2013 im Streit um Übersetzungshonorare klargemacht, dass der Bundestag durchaus die Vertragsfreiheit einschränken
darf, um Solo-Selbstständige vor übermächtigen Auftraggeber oder Auf-
traggeberinnen zu schützen.

Crowdworking darf sicherlich nicht grundsätzlich abgelehnt werden. Denn
diese Arbeitsform birgt innovative Möglichkeiten für die Beschäftigten
und Unternehmen gleichermaßen. Doch wenn sich die Arbeitswelt verändert, dann müssen die Rahmenbedingungen angepasst werden, um
Beschäftigte zu schützen. Denn die Verantwortung für diejenigen, die
arbeiten, bleibt, egal ob beschäftigt oder selbstständig. Da Crowdworking jedoch ein globales Phänomen ist, das keine Grenzen und nationalstaatlichen Regelungen kennt, müssten langfristig auch gemeinsame
europäische – wenn nicht gar internationale – Regelungen gefunden
werden. Es kann nicht darum gehen, dass die Welt sich immer stärker
individualisiert und alle für sich allein kämpfen. Es kann auch nicht darum
gehen, dass die Wirtschaft jegliche gesellschaftliche Verantwortung

einfach über Bord wirft. Auch wenn Fische wie Zak meinen, das Arbeiten in der Crowd wäre das Nonplusultra einer schönen neuen Arbeitswelt. Die Politik darf sich von solchen Illusionen nicht beeindrucken lassen. Ihre Aufgabe ist es, vorausschauend tätig zu werden und soziale Leitplanken für gute digitale Arbeit auf den Weg zu bringen.

Wir brauchen soziale Leitplanken in der neuen Arbeitswelt

Beate Müller-Gemmeke

The Good,
the Bad and
the Ugly

Warum Crowdsourcing eine Frage der Ethik ist

Florian Alexander Schmidt

Der Text ordnet die unübersichtliche Crowdsourcing-Landschaft in vier Grundkategorien, basierend auf der Art der in Aussicht gestellten Anreize für die Crowdarbeit und erörtert die spezifischen ethischen Fragen, die sich für jede Kategorie ergeben. Der Schwerpunkt liegt auf der in der Kreativwirtschaft besonders verbreiteten Organisationsform von Crowdsourcing als Design- oder Ideen-Wettbewerb.

Florian Alexander Schmidt
ist Forscher, Journalist und Designer.
In seiner Doktorarbeit am Royal College of
Art in London untersucht er die Methoden
des Crowdsourcings im Design. Schmidt
schreibt für Publikationen wie form, eye,
design report und bauhaus. Er ist Autor
des Buches Parallel Realitäten (2006)
und Co-Autor des Buches Kritische
Masse (2010).
www.FlorianAlexanderSchmidt.de

1
Tapscott, Don, »From Crowd-sourcing to Kony 2012: Macrowikinomics: New Solutions for a Connected Planet«, 2012 (YouTube Video: http://youtu.be/rK4If-FFjW8)

2
Tapscott, Don, and Anthony D Williams, »Wikinomics: How Mass Collaboration Changes Everything«, London: Atlantic, 2008

3
Howe, Jeff, »Is Crowd-sourcing Evil? The Design Community Weighs In«, Wired Business, 2009

4
Fuller, Matthew, »Evil Media« (Cambridge, Mass: MIT Press, 2012)

5
Scholz, Trebor, »Digital Labor: The Internet as Playground and Factory«, New York: Routledge, 2013

6
Wales, Jimmy, Interview im San Francisco Chronicle »As Wikipedia moves to S. F., founder discusses planned changes«, 2007

368

Crowdsourcing als neue Form der Arbeitsorganisation hat sich in den letzten Jahren von einem Nischenphänomen zu einer millionenschweren, sehr schnell wachsenden Industrie entwickelt. Crowdsourcing.org, eine Website, die sich als Knotenpunkt dieser Industrie versteht, listet inzwischen über 2.000 unterschiedliche Plattformen. Die Crowdsourcing-Landschaft ist unübersichtlich geworden und spaltet die Geister. Auf der einen Seite stehen die Bekundungen der Enthusiasten, die arbeitende Crowd könne bisher unlösbare globale Probleme durch die Weisheit, Kreativität und Kollaboration der Vielen lösen. Der Wirtschaftsberater und Manager Don Tapscott beispielsweise glaubt, dass »social production«, wie er es nennt, das Potential habe, unsere »kaputte Welt zu reparieren« und durch eine Wirtschaftsordnung nach dem Wikipedia-Prinzip eine »neue Zivilisation« zu errichten[1] – »Wikinomics« nennt er das.[2] Kritiker hingegen sehen in Crowdsourcing ein ausbeuterisches und manipulatives Verfahren,[3][4] das sämtliche in den letzten 150 Jahren erkämpften arbeitsrechtlichen Errungenschaften zunichte macht.[5] Für den Wikipedia-Gründer Jimmy Wales beispielsweise ist Crowdsourcing »ein Geschäftsmodell, das darauf basiert, die Öffentlichkeit mit List umsonst für sich arbeiten zu lassen«.[6] Crowdsourcing offenbart in seinen Augen eine »abstoßende Sicht auf die Welt«. Seine Einschätzung mag im ersten Moment überraschen, schließlich basiert Wikipedia vollständig auf unbezahlter Arbeit. Der entscheidende Unterschied ist jedoch, dass diese unbezahlte Arbeit der Allgemeinheit zugute kommt und nicht der Erwirtschaftung von Profiten einiger weniger dient. Es gibt viele Varianten des Crowdsourcing – und gerade deshalb ist es schwer, die sich aufdrängenden ethischen Fragen zu diskutieren, ohne in Verallgemeinerungen zu verfallen. Kein Crowdsourcing-Projekt ist wie das andere, und die Stellschrauben, die

The Good, the Bad and the Ugly

Florian Alexander Schmidt

7
Le Bon, Gustave, »The crowd: a study of the popular mind« (Minneapolis, MI: Filiquarian Publishing, 2005)

8
Freud, Sigmund, »Group Psychology and the Analysis of the Ego« (London: The International Psycho-Analytical Press, 1922)

9
Bernays, Edward L, and Mark Crispin Miller, »Propaganda« (Brooklyn, N. Y.: Ig Pub., 2005)

369

das Verhältnis zwischen Plattformbetreiber, Auftraggeber und ausführender Crowd bestimmen, sind zahlreich. Ziel des vorliegenden Beitrags ist deshalb, die wesentlichen Kategorien mit ihren jeweiligen Kontroversen voneinander abzugrenzen.

Die Crowd – Annäherung an einen Begriff

Crowdsourcing im engeren Sinne ist das Auslagern von Arbeit an eine nicht näher definierte Menge von Menschen, üblicherweise über das Internet. Es ist deshalb getrennt zu betrachten von Crowdfunding, wo die Menschenmenge primär als Geldquelle dient. »Schwarmauslagerung«, die etwas sperrige deutsche Übersetzung für Crowdsourcing, wird hier vermieden, da dieser Begriff die Menschen in der Menge auf die Wahrnehmungsebene und das Handlungsspektrum von Ameisen, Bienen oder Fischen reduziert. Auch historisch betrachtet ist die Bezeichnung »Crowd« nicht wertfrei. Ihre Wiederentdeckung weckt Assoziationen an die im ausgehenden 19. Jahrhundert aufblühende Crowd-Psychologie des Franzosen Gustave Le Bon,[7] die in Deutschland von Sigmund Freuds Massenpsychologie fortgeführt wurde[8] und schließlich in den USA durch Edward Bernays, einem Neffen Freuds, Widerhall fand.[9] Insbesondere Le Bon, aber auch Freud, ging es um den »Pöbel« auf der Straße, der im Zuge fortschreitender Demokratisierung zu immer mehr politischer Macht gelangte. Die historische Crowd, das waren immer die anderen, diejenigen, die ihre Individualität und ihren gesunden Menschenverstand in der Masse eingebüßt hatten und in ein vorzivilisatorisches, animalisches Stadium zurückgefallen waren – und die es mit allen möglichen psychologischen Tricks zu kontrollieren galt. Edward Bernays wiederum

10
Surowiecki, James, »The
Wisdom of Crowds: Why the
Many Are Smarter than the
Few« (London: Abacus,
2005)

11
Howe, Jeff, »The Rise of
Crowdsourcing«, Wired,
14 June 2006

12
Massolution, Enterprise
Crowdsourcing Research
Report, Massolution.com,
February 2012

nutzte Crowd-Psychologie anfänglich in der Kriegspropaganda und vor allem, um aus der Masse Konsumenten zu machen.

Die Rückkehr des Crowd-Begriffs unter positiven Vorzeichen ist zum Teil auf James Surowiecki und sein 2004 erschienenes Buch *The Wisdom of Crowds* zurückzuführen (zu Deutsch: *Die Weisheit der Vielen: Warum Gruppen klüger sind als Einzelne*).[10] Gut einhundert Jahre nach Le Bon wurde die Crowd plötzlich nicht mehr als primitiv und destruktiv, sondern als weise betrachtet. Bevor der Crowd-Begriff seine heutige Bedeutung annehmen konnte, brauchte es noch eine weitere Komponente. Die Entdeckung, dass die Internet Crowd nicht nur viel weiß, sondern sich auch für kommerzielle Produktion einspannen lässt. Bei der Wortneuschöpfung Crowdsourcing ging es um eben diesen Aspekt. Sie stammt von dem Journalisten Jeff Howe und tauchte erstmals 2006 in einem Artikel des amerikanischen Magazins *WIRED* auf.[11] »Erinnern Sie sich noch an Outsourcing?«, schrieb Howe. »Arbeit nach China und Indien auszulagern ist so 2003. Der neue Niedriglohnsektor: ganz normale Menschen, die mit ihrer überschüssigen geistigen Kapazität Inhalte produzieren, Probleme lösen und für Firmen Innovationen entwickeln«. Jeff Howe hatte keinen Zweifel daran, dass das beschriebene Phänomen ganze Berufszweige zerstören würde. Als erstes Beispiel hierfür nannte er *iStockphoto*, eine Web-Plattform, die zum Zeitpunkt, als sein Beitrag erschien, mit einer Crowd von Amateuren die Einnahmen von professionellen Archivfotografen um 99 Prozent gedrückt hatte.

The Good, the Bad and the Ugly

Florian Alexander Schmidt

Angesichts solcher ökonomischen Wucht ist es kein Wunder, dass sich Crowdsourcing in den letzten acht Jahren von einem Schlagwort zu einer florierenden Industrie entwickelt hat, die sich nach eigenen Angaben jährlich verdoppelt.[12] Auch wenn solche Selbstbekundungen mit Vorsicht

13
Howe, Jeff, »Crowdsourcing:
A Definition«, 2006

371

zu genießen sind, so ist die rapide Zunahme an Plattformen, Umsätzen und Crowdarbeitern sowie die Ausweitung auf immer mehr Berufsfelder und Aufgabenstellungen unbestreitbar. Auch Risikokapitalspritzen im höheren zweistelligen Millionenbereich sind für Crowdsourcing-Unternehmen keine Seltenheit und lassen darauf schließen, dass sich die Investoren in diesem Bereich weiterhin eine große Rendite versprechen. Crowdsourcing ist so von einem Nischenphänomen zu einem Problem gesamtgesellschaftlicher Relevanz geworden: Es geht um nicht weniger als die Zukunft der Arbeit. Es braucht dringend eine breit angelegte Debatte, die dem Getöse von Marketing- und Managementliteratur zum Thema Crowdsourcing eine Auseinandersetzung mit den tatsächlichen Arbeitsbedingungen entgegensetzt.

Crowdsourcing: Definitionen und Kategorien

Die Kontroverse um Crowdsourcing ist teilweise auf eine Unschärfe in der Definition von Jeff Howe zurückzuführen. 2006 schrieb er auf seiner Website: »Crowdsourcing ist die von einer Firma durchgeführte Auslagerung von einst bezahlter Arbeit mittels eines offenen Aufrufs an eine große, nicht näher definierte Masse von Internetnutzern.«[13] Howe bot jedoch an selber Stelle noch eine zweite Definition an: »Crowdsourcing ist die Anwendung von Open-Source-Prinzipien auf Bereiche außerhalb von Software.« Diese zweite Definition widerspricht der ersten und ist hochproblematisch, denn nur ein Teilaspekt der Open-Source-Prinzipien, nämlich die Koordination kleinteiliger Arbeitsleistung über das Internet, findet sich im Crowdsourcing wieder. Wesentliche Grundsätze der Open-Source-Bewegung werden hingegen außer Acht gelassen, denn Crowdsourcing ist typischerweise nicht selbstorganisiert, und vor allem stehen

14
Benkler, Yochai, »Coase's
Penguin, or Linux and the
Nature of the Firm«, 2001

372

die Ergebnisse der gemeinschaftlichen Arbeit am Ende nicht der Allgemeinheit zur Verfügung. Betriebswirtschaftliche und juristische Risiken werden an die Crowd ausgelagert, die Früchte der Arbeit werden hingegen privatisiert. Hierin liegt der wesentliche Unterschied zu Projekten wie GNU/Linux, Wikipedia oder OpenStreetMap, die besser mit Yochai Benklers »commons-based peer production« umschrieben sind, also der gemeinschaftlichen Produktion unter Gleichen.[14] Gleiche Augenhöhe ist im Crowdsourcing nicht gegeben. Es besteht ein Machtgefälle und eine Informationsasymmetrie zwischen den Initiatoren und der arbeitenden Masse. Gearbeitet wird zwar freiwillig, aber entsprechend den Anweisungen der Auftraggeber.

Um diese Unterschiede deutlich zu machen, halte ich es für wichtig, an Howes enger gefasster erster Definition von Crowdsourcing festzuhalten. Des Weiteren empfiehlt sich neben der bereits eingangs erwähnten Abgrenzung zu Crowdfunding auch die Betonung der Unterschiede zu Data-Mining, wo zwar ebenfalls die Crowd geschröpft wird, dabei jedoch passiv bleibt. Auch nutzergenerierte Inhalte wie Blogs und YouTube-Videos sind etwas anderes als Crowdsourcing, da die Inhalte hier in Eigenregie für Gleichgesinnte erstellt werden. Für Crowdworker hingegen hat das, was sie produzieren, oft keinen direkten Gebrauchswert.

Bei Crowdsourcing im engeren Sinne gibt es mindestens zwei Parteien: eine die Arbeit auslagernde Firma oder Institution und eine ausführende Crowd. Typischerweise gibt es noch eine dritte Partei, nämlich die Betreiber spezialisierter Crowdsourcing-Plattformen, auf welchen Arbeitgeber und Arbeitnehmer einander zugeführt und wo viele Auslagerungsprozesse parallel und in ständiger Folge abgewickelt werden. Die Arbeit ist nicht durch eine Community organisiert, sondern folgt sehr konkreten

The Good, the Bad
and the Ugly

Florian Alexander
Schmidt

15
Felstiner, Alek L., »Working
the Crowd: Employment
and Labor Law in the
Crowdsourcing Industry«,
2010

373

zeitlichen, inhaltlichen und formalen Vorgaben durch Arbeitgeber und Plattformbetreiber. In den meisten Fällen ist es deshalb sinnvoll, direkt von Crowdwork zu sprechen und somit der Tendenz zur Verschleierung entgegenzuwirken. Es handelt sich hier ganz klar um die Verrichtung von Arbeit in der Wertschöpfungskette profitorientierter Unternehmen.

Da die Crowd per definitionem beliebig groß sein kann, ist eine Entlohnung im herkömmlichen Sinne nicht möglich. Wenn potenziell unbegrenzt viele Menschen unterschiedlichster Qualifikation gleichzeitig um begrenzte Mittel für die Erledigung eines Jobs konkurrieren, bleiben nur wenige Möglichkeiten für die Entlohnung: Entweder erhalten alle eine außerordentlich geringe Entlohnung für jede erledigte Aufgabe, oder es gibt einen Wettbewerb, in dem nur die Gewinner entlohnt werden, oder es erhält niemand eine Entlohnung. Insbesondere im letzten Fall müssen dann andere Anreize für die Mitarbeit geschaffen werden.

Die tatsächlichen Motive der einzelnen Arbeiter sind oft vielgestaltig und sowohl intrinsischer als auch extrinsischer Natur. Auch die Plattformen bieten eine Mischung aus Anreizen, lassen sich aber dennoch gut anhand des vorherrschenden Motivationsmechanismus charakterisieren. Ich schlage eine Kategorisierung von Crowdsourcing gemäß der in Aussicht gestellten Anreize vor. Die Kategorisierung stützt sich auf Einteilungen des amerikanischen Arbeitsrechtlers Alek Felstiner,[15] stellt jedoch eine weitere Reduktion dar. In der Beschreibung der Kategorien werde ich auf die jeweils spezifischen Probleme und mögliche Lösungsansätze kurz eingehen. Der Schwerpunkt liegt hier auf Crowdworking mit finanziellem Anreiz.

16
Ahn, Luis von, et al.,
»reCAPTCHA: Human-Based
Character Recognition via
Web Security Measures«,
Science, 321 (2008), 1465–68

17
Zittrain, Jonathan,
»Ubiquitous Human
Computing«, Rochester, N. Y.,
Social Science Research
Network, 2008

374

Crowdarbeit ohne finanziellen Anreiz:
- Covert Crowdwork – verdeckte beziehungsweise nicht als solche wahr-genommene Arbeit
- Volunteer Crowdwork – quasi ehrenamtlich erledigte Arbeit

Crowdarbeit mit finanziellem Anreiz:
- Cognitive Piecework – Akkordarbeit, Kleinstaufgaben für Kleinstbeträge
- Contest-based Crowdwork – als Wettbewerb organisierte Arbeit

Covert Crowdwork

Covert Crowdwork ist verdeckte beziehungsweise nicht als solche wahrge-nommene Arbeit. Anschaulichstes Beispiel ist »reCAPTCHA«, eine Soft-ware-Anwendung, die dazu dient, menschliche Nutzer von Spam-Bots zu unterscheiden. Jeder Internetnutzer kennt die Aufforderung,verzerrte Worte oder Zahlen zu entziffern und einzutippen, zum Beispiel beim Ein-richten eines neuen E-Mail-Kontos. Die wenigsten wissen jedoch, dass sie zugleich auch Google Books oder Streetview dabei helfen, für den Computer schwer lesbare Worte und Hausnummern zu digitalisieren. Erfunden hat dieses Prinzip der amerikanische Forscher Luis von Ahn. Er nennt es »Human Computation«. [16] Menschen werden behandelt wie Prozessoren. [17]

Es ist strittig, wie weit diese Kategorie gefasst werden sollte, denn auch das ständige Bewerten, Verlinken und Verschlagworten von Inhalten in soge-nannten sozialen Netzwerken ist arbeitsintensive Wertschöpfung. Ein weiterer Grenzfall sind produktspezifische Foren, in denen sich Nutzer beispielsweise Rat im Umgang mit Computerproblemen geben. Diese

The Good, the Bad
and the Ugly

Florian Alexander
Schmidt

Form der unbezahlten Kundenarbeit erspart Firmen die Einstellung von Servicekräften. Die Grenzen zur nächsten Kategorie sind fließend.

Volunteer Crowdwork

Bei Volunteer Crowdwork spenden die Mitmachenden, ähnlich einem Ehrenamt, ganz bewusst oft beträchtliche Zeit und Arbeitskraft für ein Projekt, »für die gute Sache« oder was als eine solche wahrgenommen wird. Das vielleicht bekannteste Beispiel hierfür in Deutschland ist die Plattform GuttenPlag, mittels welcher Tausende Helfer in kleinteiliger Analyse die zahllosen plagiierten Stellen in der Doktorarbeit von Karl-Theodor zu Guttenberg ausfindig gemacht und den Politiker so zu Fall gebracht haben. Das Projekt versteht sich als investigatives Crowdsourcing. Ähnliche Verfahren finden gemeinnützige Anwendung bei der Auswertung astronomischen Bildmaterials im Dienste der Wissenschaft sowie bei der Suche nach der Absturzstelle vermisster Flugzeuge. Die massenhafte Bildverarbeitung durch die Crowd wird aber auch von der London Metropolitan Police eingesetzt, die eigens eine Smartphone Anwendung namens Facewatch ID entwickelt hat, damit die Crowd über das Mobiltelefon verdächtigte Personen identifizieren und melden kann. Ebenfalls in Großbritannien gab es den Versuch, die Auswertung von privaten Überwachungskameras in Echtzeit an die Crowd auszulagern (Internet Eyes). Für das Entdecken von Dieben gab es Prämien. In Texas ging man 2007 sogar so weit, die Kameraüberwachung der mexikanischen Grenze für die Volunteer Crowd zu öffnen, um illegale Einwanderer zu melden (*Blue Servo / Virtual Deputy*). An virtuellen Hilfssheriffs mangelte es nicht, doch das System erwies sich nicht als effizient – zu viele Kameras, zu wenige Erfolge. Die Bandbreite der Beispiele zeigt,

18
Irani, Lilly C., »Tweaking
Technocapitalism«,
Turkopticon, 2009

19
Cushing, Ellen, »Amazon
Mechanical Turk: The Digital
Sweatshop«, Utne Reader,
2013

376

dass die Grenzen von bürgerlichem Engagement hin zu einer virtuellen Blockwartmentalität hier fließend sind. Fraglich ist nicht nur die Motivation derer, die ihre Freizeit darauf verwenden, andere Menschen mutmaßlicher Fehltritte und Straftaten zu überführen, sondern insbesondere ob solche staatlich-polizeilichen Aufgaben überhaupt an Ungeschulte ausgelagert und mit Bonuspunkten und Prämien vergütet werden sollten.

Cognitive Piecework

Diese für das Crowdsourcing zentrale Kategorie beschreibt die Verrichtung von Kleinstaufgaben zu Kleinstbeträgen und wird von der Industrie selbst häufig als »Mikrotasking« bezeichnet. Der Begriff *Cognitive Piecework* wurde geprägt von der Crowdsourcing-Forscherin Lilly Irani und lässt sich übersetzen mit »geistiger Akkordarbeit«.[18] Die erste Plattform dieser Art und heute prominentestes Beispiel ist Amazons *Mechanical Turk*. Die einzelnen Aufgaben bezeichnet Amazon als Human Intelligence Tasks (HITs), den Service selbst »künstliche künstliche Intelligenz«. 2005 hatte das Online-Warenhaus das Verfahren entwickelt, um doppelte Einträge im Warenkatalog zu erkennen und zusammenzuführen.[19] Eine Tätigkeit, zu der Computer viel schlechter in der Lage sind als Menschen. Nachdem Arbeiterschaft und Infrastruktur erst mal aufgebaut waren, ermöglichte Amazon auch anderen Firmen, Aufgaben an die Crowd zu vergeben. Jede absolvierte Miniaufgabe wird mit Centbeträgen entlohnt, wer schnell arbeitet, verdient mehr Geld. Etwa eine halbe Million Menschen haben sich bei Amazon der Crowdarbeit zu Centbeträgen verschrieben. Das Problem hier ist, ähnlich wie beim *Human Computation*, dass die Arbeiter ganz bewusst wie Prozessoren in einem Computer adressiert werden: namenlos, gesichtslos, unsichtbar, austauschbar. Wie bei dem

20
Mack, Eric, »The Lawsuit
That Could Help Undo
(or Cement) Crowdsourcing
in the U. S.«,
http://www.crowdsourcing.
org/editorial/the-lawsuit-
that-could-help-undo-or-
cement-crowdsourcing-in-
the-us/22968

377

namensgebenden Schachtürken täuschen hier Menschen vor, Maschinen zu sein und werden auch so behandelt. Kritikpunkt von Seiten der Arbeiter ist neben den ohnehin extrem niedrigen Löhnen das Problem des Lohndiebstahls, denn Auftraggeber können auch ohne Angabe von Gründen die Zahlung verweigern und dennoch über die Ergebnisse der Arbeit verfügen. Außerdem werden Arbeiter außerhalb der USA und Indien lediglich in Gutscheinen für Amazon bezahlt und so ein zweites Mal übervorteilt. Ferner verstärkt die extreme Zerstückelung und Verteilung der Arbeit das Problem der Entfremdung. Die Arbeiter wissen häufig nicht, was sie für wen produzieren und ob sie womöglich gerade für dubiose oder gar kriminelle Praktiken eingesetzt werden. Bezeichnenderweise sieht sich Amazon für keinen dieser Einwände in der Verantwortung und beruft sich darauf, lediglich Vermittler zu sein, indem sie die Plattform zur Verfügung zu stellen.

Inzwischen gibt es neben Amazon zahlreiche andere Anbieter mit ähnlicher Aufstellung. In Kalifornien lief eine Sammelklage gegen *CrowdFlower*,[20] eine der weltweit größten Plattformen für über das Internet verteilte Akkordarbeit (Details dazu siehe im Beitrag von Miriam Cherry, S. 231).

Auf globaler Ebene haben die Firmen durch nationale Rechtsprechung wenig zu befürchten, und in kaum einem anderen Bereich ist die Globalisierung so spürbar wie im Crowdsourcing. Auf den Plattformen finden sich Arbeiter aus bis zu 200 Nationen. Und die neue Verteilung der Arbeit bietet in den ärmeren Regionen der Welt tatsächlich ganz neue Chancen.

Für die Linderung der Missstände über nationale Grenzen hinaus erscheinen Initiativen wie *Turkopticon* erfolgsversprechender als Gesetzgebungen. Nach dem Motto, »wir helfen der Crowd auf sich selbst aufzupassen, da es offenbar sonst niemand tut«, haben Lilly Irani und Six Silberman ein

21
Schmidt, Florian Alexander,
»For a Few Dollars More:
Class Action Against
Crowdsourcing«, Digital
Aesthetics Research Center,
Aarhus University,
transmediale Berlin, 2013

Browser-Plug-In entwickelt, das wirkungsvoll die auf *Mechanical Turk* vorherrschende Informationsasymmetrie zugunsten der Arbeiter korrigiert. Mittels *Turkopticon* können diese sich über das Gebaren dubioser und betrügerischer Arbeitgeber austauschen und diese künftig meiden.

Contest-based Crowdwork

ist die zentrale Form von Crowdsourcing in der Kreativwirtschaft.

Dies ist dem Umstand geschuldet, dass sich Ideen, Konzepte und Entwürfe nicht in beliebig kleine Teile zergliedern und objektiv oder gar automatisiert bewerten lassen. *Cognitive Piecework* funktioniert hier nicht. Kreativwettbewerbe gab es natürlich schon lange vor dem Internet, neu ist jedoch das Auftauchen großer und fortlaufend betriebener Plattformen zur Ideengenerierung und Formgestaltung sowie die Tatsache, dass hier die Crowd auch für die eigentliche Produktion eingespannt wird. Anders als bei Wettbewerben in der Architektur konkurrieren die Teilnehmer im Crowd-Design nicht um die Vergabe bezahlter Aufträge. Sondern sie leisten die Arbeit vollständig vorab, in der Hoffnung zu gewinnen. [21]

Eine der größten und bekanntesten Plattformen für das Crowdsourcing von Grafikdesign ist *99designs*, ein Unternehmen, das im Wettbewerb Logos, Illustrationen und Webdesign für Firmen erstellen lässt. Inzwischen verzeichnet die Plattform eine »Community« von knapp 300.000 Designern. Auch wenn darunter vermutlich viele Karteileichen sind, zeichnet sich *99designs* aus durch stetiges Wachstum. Bis März 2014 hatte die Plattform schon mehr als 288.000 Wettbewerbe abgehalten und dafür über 71 Millionen US Dollar ausgezahlt. Das klingt viel, bedeutet aber dennoch, dass pro Wettbewerb im Schnitt nur knapp 250 US-Dollar ausgezahlt wurden. Dieser Betrag ist für ein einziges Logo schon sehr gering.

379 Wenn nun auf der Plattform im Schnitt 116 Logos pro Wettbewerb eingereicht werden, so bedeutet dies, dass der Preis pro Entwurf etwa bei 2 US-Dollar oder 1,45 Euro vor Steuern liegt. Noch problematischer als dieses magere Salär aber ist die Tatsache, dass die Entlohnung Lotteriecharakter hat und sich der Auftraggeber wie bei *Mechanical Turk* auch dazu entschließen kann, gar nicht zu zahlen. Während eine Entlohnung für geleistete Arbeit also die statistische Ausnahme ist, streicht die Plattform pro Wettbewerb 40 bis 45 Prozent des vom Kunden für den Entwurf eines Logos gezahlten Geldes ein, ohne am Kreations- und Produktionsprozess beteiligt zu sein oder anderweitig in der Verantwortung zu stehen und Risiko zu tragen.

Das schnelle Wachstum von *99designs* und ähnlichen Plattformen in den letzten Jahren hat gezeigt, dass sich Grafikdesign für diese extreme Form der Ausbeutung offenbar besonders gut eignet. Gründe hierfür sind die Überzahl an professionellen Designern am Markt sowie die Tatsache, dass kreative Tätigkeiten von vielen Amateuren als so attraktiv angesehen werden, dass sie auch ohne finanzielle Entlohnung noch ausgeführt werden. Hinzu kommt die leichte Zugänglichkeit von Werkzeugen, Anleitungen und Archiven mit Bildvorlagen. Im Gegensatz zur anonymen und entfremdeten Welt des *Cognitive Piecework* greift im Contestbased Crowdwork das umgekehrte Problem. Die Arbeit der Design Crowd ist aufgrund von Portfolioseiten auf den Plattformen sichtbar, zum Beispiel für potenzielle Auftraggeber. In Kombination mit der Tatsache, dass nur ein Entwurf gewinnen kann, verleitet dieses System in besonderem Maße zur Selbstausbeutung. Die Designer sind geneigt, ihren Entwurf immer weiter zu verbessern gemäß spezifischer Kundenwünsche, um die Chance auf einen Gewinn zu erhöhen und ein vorzeigbares Portfolio zu haben. Eine andere Strategie ist, für die Gestaltung so wenig Zeit wie möglich aufzuwenden. Plagiarismus ist deshalb gängige Praxis auf diesen Plattformen. Die systematische Ausbeutung führt unweigerlich zu einem vergifteten Arbeitsklima im Gerangel zwischen Selbstausbeutern und Tricksern um den knappen Lohn.

Zwar gibt es Initiativen wie *NO!SPEC* in den USA, die durch Aufklärung versuchen, Designer von der Teilnahme an solchen Wettbewerben abzubringen – doch dies gelingt nur mit mäßigem Erfolg. Der in Deutschland von der Juristin Sabine Zentek jahrelang betriebene Verein *Fidius – Faire Designwettbewerbe e. V.*, der nicht nur Aufklärung, sondern auch rechtliche Hilfe bot, hat inzwischen aufgrund fehlender politischer Unterstützung und mangelnder Kapazitäten angesichts der immer größeren Zahl von Designwettbewerben aufgegeben.

Es gibt durchaus Crowd-Design-Plattformen wie zum Beispiel Jovoto, die mehr um Fairness bemüht sind und wo von etablierten Firmen sehr viel größere Summen ausgeschüttet werden, bis zu 30.000 Euro pro Wettbewerb. Das Honorar wird an mehrere Teilnehmer gezahlt, und zwar bereits für Idee und Konzept, nicht erst für die Ausführung. Die Lizenzierung wird noch mal gesondert vergütet. Zudem kann die Gemeinschaft der teilnehmenden Designer mitentscheiden, für welche Entwürfe das Preisgeld vergeben werden soll. Doch das Grundproblem, dass Entlohnung ein Glücksspiel ist, bleibt bestehen, und selbst die erfolgreichsten Designer verdienen hier im Schnitt nur 100 bis 200 Euro für ausgefeilte, sehr individuelle Designkonzepte, die sie im Auftrag großer internationaler Marken erarbeiten. Diese Bedingungen sind für die Designer mit Sicherheit kein nachhaltiges Geschäftsmodell.

The Good, the Bad and the Ugly

Florian Alexander Schmidt

22
Herz, J. C., »Harnessing the
Hive: How Online Games
Drive Networked
Innovation«, Esther Dyson's
Release 1.0, 2002

23
Bogost, Ian, »Persuasive
Games: Exploitationware«,
Gamasutra, 2011

381

Entlohnung in Gummipunkten

Da die Crowdarbeit entweder gar nicht oder nur sehr gering entlohnt wird und da zudem auch das Verhalten der Arbeiter innerhalb der Plattformen gesteuert werden soll, spielt die sogenannte Gamification, also Spielifizierung, in allen oben genannten Kategorien eine immer wichtigere Rolle. Dabei handelt es sich um die Einführung von nichtmonetären Anreizen und öffentlichen Feedbacks wie zum Beispiel Ranglisten, Punkten, Abzeichen und Trophäen: Mechanismen, wie es sie einst vorwiegend in Computerspielen gab und die nun zu einer Art Pseudowährung für Mitarbeiterführung und Crowdcontrol geworden sind. Ältere Beispiele von Gamification außerhalb von Crowdsourcing sind der »Mitarbeiter des Monats«, ein Motivationsanreiz, und Bonuspunktsysteme zur Bindung, Überwachung und Steuerung von Kunden und Kaufverhalten. Gamification belohnt durch die Vergabe von »Gummipunkten« stetige Leistungssteigerung und konformes Verhalten und führt den Arbeitern zudem vor Augen, dass jeder ihrer Schritte auf der Plattform beobachtet und ausgewertet wird. Anstelle des Gefühls, Zeit zu verschwenden, zeigen die Trophäen, dass man in Hinblick auf das soziale Kapital am digitalen Arbeitsplatz stetig Fortschritte macht. [22] Doch haben die verdienten Punkte außerhalb der jeweiligen Plattformen natürlich keinen Wert. Eine trügerische und manipulative Form des Verdiensts. [23]

Der alte Affe Ausbeutung

In der auf die Crowd gestützten Wertschöpfungskette ist eine Trennung zwischen Arbeit und Freizeit oft nicht mehr möglich. Die vormals getrennten Bereiche sind, wie Trebor Scholz in seiner Definition von »Digital

24
Mayer, Robert, »What's
Wrong with Exploitation?«,
Journal of Applied
Philosophy, 24 (2007),
137–50

382

Labor« (siehe auch S. 387) schreibt, bis zur Unkenntlichkeit miteinander verworren.

Das Mischverhältnis wechselt zudem drastisch von Plattform zu Plattform. Eine einfache Lösung ist deshalb nicht in Sicht. Die Gretchenfrage ist jedoch, ob und wie sich Crowdsourcing in einer Form gestalten lässt, die für alle Beteiligten fair und nachhaltig praktikabel ist. Dem profitorientierten Crowdsourcing wohnt das Problem der Ausbeutung unweigerlich inne. Doch ist es nicht leicht zu definieren, wo Ausbeutung anfängt, obwohl vermutlich jeder Mensch eine intuitive Vorstellung davon hat.

Der amerikanische Philosophieprofessor Robert Meyer bietet mit seinem Artikel *What's Wrong With Exploitation*? einen aktuellen Ansatz zur Definition von Ausbeutung.[24] Ihm zufolge fügen Ausbeuter ihren Opfern Verluste und somit Schaden zu, da sie es versäumen, diese in einem Maß zu beteiligen, wie es die Fairness erfordern würde, selbst wenn beide Seiten durch die gemeinsame Transaktion am Ende mehr zur Verfügung haben als vorher. Meyer macht deutlich, dass selbst wenn Arbeiter in absoluten Zahlen betrachtet am Ende mit einem Stundenlohn von 1,50 Euro besser dran sind, als wenn sie in der Zeit gar nichts verdient hätten, sie dennoch ausgebeutet werden, wenn sie keinen fairen Anteil an den Werten erhalten, die sie erschaffen. Die Ausübung von Zwang hingegen, so Meyer, ist ein unabhängig davon zu betrachtendes, separates Unrecht und keine notwendige Grundvoraussetzung. Nicht erst Zwangsarbeit ist Ausbeutung, es reicht bereits, eingestrichene Gewinne zu einem so geringen Teil an die Arbeiter zurückfließen zu lassen, dass es der Fairness zuwider läuft. Welches Verhältnis als fair zu betrachten ist, das muss verhandelt werden. In seinem Aufsatz weist Robert Meyer auch auf die ambivalenten Konsequenzen gesetzlicher Regelungen hin.

The Good, the Bad
and the Ugly

Florian Alexander
Schmidt

Ein Verbot ausbeuterischer Arbeitsbedingungen kann für die Arbeiter kurzfristig zu einer Verschlechterung ihrer Lage führen, da sie selbst auf die unfairen Mikrolöhne dringend angewiesen sind. Genau dies ist der Einwand, der häufig in Foren von Crowdarbeitern, wie zum Beispiel *TurkerNation*, auftaucht. Eine Regulierung des ausbeuterischen Arbeitsmarktes ist von den Arbeitern in diesem Markt paradoxerweise nicht gewünscht, sondern gefürchtet.

Die Zukunft der Crowdarbeit
Angesichts der Tatsache, dass Crowdsourcing ein globales Phänomen ist und zudem Arbeit und Freizeit sich wie geschildert nicht mehr auseinanderdividieren lassen, sind rechtliche Schritte nur sehr bedingt erfolgversprechend. Neben einer Selbstorganisation der Arbeiter und neben Werkzeugen wie *Turkopticon*, die die Informations- und Machtasymmetrie im Crowdsourcing zugunsten der Arbeiter verbessern können, ist ein weiterer möglicher Ansatz, die Forderung nach mehr Fairness öffentlich an die Plattformbetreiber selbst heranzutragen. Da sich Crowdsourcing als Industrie zu konsolidieren scheint, wird auch das Image für die Plattformen wichtiger, denn diese konkurrieren nicht nur um die kompetentesten und zuverlässigsten Crowdarbeiter, sondern auch um Firmen, die ihre Arbeit an die Massen auslagern wollen. Wenn es jedoch einen öffentlichen Diskurs über die ausbeuterischen und manipulativen Methoden gibt, schafft dies Anreize, die Standards für die Arbeiter zu erhöhen. Herrscht ein allgemeines Bewusstsein für das Problem der Ausbeutung, wird es zum Wettbewerbsvorteil, die ethischen Fragen selbst zu adressieren und mit den Arbeitern zu verhandeln, anstatt sich dem Dialog vollständig zu verweigern, wie im Fall von *Mechanical Turk*, oder hinter einer

25
Kittur, Aniket, et al.
»The Future of Crowd Work«
CSCW Conference paper,
San Antonio, Texas, 2013

384

vermeintlich verständnisvollen Rhetorik der Offenheit zu kaschieren, wie zum Beispiel im Crowdsourcing von Designaufgaben häufig zu beob-achten. Derzeit zeichnet sich die Selbstdarstellung der Crowdsourcing-Industrie leider noch durch eine Unterrepräsentation von Fragen aus, die sich auf Fairness und die Situation der Arbeiter beziehen. Die offizi-elle, auch juristisch begründete Haltung der meisten Plattformbetreiber ist, dass sie lediglich den Marktplatz bereitstellen, auf dem sich Arbeit-geber und Arbeitnehmer finden und damit für die Situation der Arbeiter nicht verantwortlich sind. Überdies sind diesem Verständnis zufolge die Arbeiter keine Angestellte, für die ein Mindestlohn fällig wäre, sondern freischaffende Auftragnehmer.

Eine bemerkenswerte Ausnahme von der sonst allgemeinen Vermeidung einer ernsthaften Debatte ethischer Standards seitens der Crowd-sourcing-Industrie ist der 2013 erschienene Aufsatz »The Future of Crowd Work«. [25] Die Autoren, eine Gruppe von amerikanischen Ingenieuren und Forschern um Aniket Kittur, allesamt stark involviert in die Entwick-lung von Crowdsourcing-Werkzeugen, stellen hier die entscheidende Frage: »Können wir uns einen Crowd-Arbeitsplatz vorstellen, an dem wir unsere Kinder gern arbeiten sehen?« Indem Kittur et al. das Thema auf diese Weise angehen, dringen sie ohne Ausschweifungen zum Kern des Problems vor: Es geht um nichts Geringeres als um Ethik und Moral. Ihre Frage macht deutlich, dass in der Welt des Crowdsourcings Funda-mentales im Argen liegt. Die Missstände lassen sich verklären, solange man sich die Crowd nur als abstrakte Masse vorstellt, als Menschen im Sammelbegriff, die unabhängig und freiwillig handeln und für die man folglich nicht verantwortlich ist. In dem Moment jedoch, wo die Crowd nicht mehr die anderen sind, sondern man die eigenen Kinder und die

The Good, the Bad
and the Ugly

Florian Alexander
Schmidt

langzeitliche Perspektive ins Spiel bringt, wird deutlich, dass es hier darum geht, wie die Arbeitsplätze der Zukunft gestaltet werden. Bislang wurden das Individuum, seine Erlebniswelt und seine Entwicklungsmöglichkeiten weitgehend außer Acht gelassen. Das Design von Crowdsourcing-Plattformen, von deren Struktur, von deren Machtverhältnissen, insbesondere im Bereich *Cognitive Piecework*, ist geprägt von einer entmenschlichenden, technokratischen Sichtweise, bei der es primär um Effizienz, Effektivität und Reaktionszeiten bei der Verteilung und Erbringung der Arbeitsleistung geht. Digitaler Taylorismus in Extremform. Die Erkenntnis, dass es sich hier um das Design künftiger Arbeitsplätze handelt und somit um Ergonomie, Sicherheit und Umgang mit menschlichem Maß, ist der erste entscheidende Schritt zur Etablierung von ethischen Standards für das Crowdsourcing.

Die Zukunft der Crowdworker

Wofür es sich zu kämpfen lohnt

Trebor Scholz

Es ist durchaus vorstellbar, dass wir eines Tages auf diese Ära mit der Erkenntnis zurückblicken werden, dass es sich um eine Phase des drastischen Wandels im Wesen der Arbeit und der Organisation des Alltags gehandelt hat. Im Rückblick werden wir leichter erkennen können, wie Lebensentwürfe umgestaltet werden mussten, um sich der Umstrukturierung der Arbeit anzupassen. Ein Blick in die Zukunft.

Professor Trebor Scholz
ist Autor, Künstler und Professor für Kultur und Medien an der New School in New York City. Er arbeitet an den Schnittstellen von Internet, Gesellschaft, digitaler Arbeit, Internetaktivismus und E-Learning. Er veröffentlicht Aufsätze und Bücher, zum Beispiel »From Mobile Playgrounds to Sweatshop City« (mit Laura Y. Liu, 2011), und ist Herausgeber unter anderem von »Learning Through Digital Media«, »Digital Labor« (beide 2012), »The Art of Free Cooperation« (2007). scholzt@newschool.edu sowie auf Twitter unter @trebors.

Es ist ein herrlich warmer Tag im Juni, als ich die großzügige Eingangs-halle der zur New York University gehörenden Bobst-Bücherei betrete. Ich bin dort, um Kate Donovan zu treffen, Bibliothekarin des Robert-F.-Wagner-Arbeiterarchivs. Als ich die Tür zum Archiv öffne, sehe ich mich einem fast lebensgroßen Ölgemälde eines Arbeiters gegenüber. So was scheinen Künstler heute überhaupt nicht mehr zu machen, denke ich. Ich bin erstaunt. Wo finden sich heute noch zeitgenössische Darstellungen von Arbeitern? Wo können wir ihre Gedichte lesen und ihren Liedern lauschen? Woran liegt es wohl, dass man diesen Kunstformen nur noch im Archiv begegnet? Vielleicht deshalb, weil wir fast alle nur noch vor dem Bildschirm sitzen und lediglich unsere Hände bewegen – für den künstlerischen Ausdruck vermutlich kein sonderlich ergiebiges Motiv. Doch dahinter steckt mehr.

Kate Donovan berichtet äußerst lebhaft über das Archiv, die aktuellen Kämpfe der *Taxi Workers Alliance* in New York[1] und den einstigen Streik der Textilarbeiter in Lawrence (Massachusetts) von 1912, an dem sich damals 20.000 Arbeiter beteiligten. Die Gewerkschaft der *International Workers of the World* (IWW), die damals den Streik anführte, war auch die erste, die sowohl Facharbeiter als auch Hilfsarbeiter, Afroamerikaner und Frauen aufnahm. Und natürlich erwähnt sie auch Elizabeth Gurley Flynn, eine der Anführerinnen. Vorsichtig zieht sie einige der Publikationen der IWW aus dem Regal, darunter die *One Big Union Monthly* und das Little *Red Song-book*, das uns Lieder wie »Die Internationale« und »Solidarity Forever« nahebrachte. Ich frage Kate Donovan nach ihrer Einschätzung zur Zukunft der Arbeiter und der Gewerkschaften, und sie antwortet, dass die Hoch-phase der Gewerkschaften vorbei sei und vermutlich nicht so schnell wiederkehren werde.

**Die Zukunft
der Crowdworker**

Trebor Scholz

2
http://robohub.org/
will-robots-take-our-
jobs-or-wont-they.

389 Die Zukunft der Arbeit könnte sein, dass es keine mehr gibt. Uns erreichen bereits Berichte von chinesischen Roboterköchen, von Restaurantketten, in denen die Gäste ihre Bestellung über das iPad aufgeben, sowie von Krankenhäusern, in denen Roboter sogar als Chirurgen den Dienst aufnehmen – und Google schickt uns launige Videos, in denen Blinde »am Steuer« selbstlenkender Autos sitzen. Und dennoch gibt es auch Stimmen, die einwerfen, dass es noch längst nicht entschieden ist, ob die Arbeiter tatsächlich nachhaltig durch Automatisierung ersetzt oder lediglich zwischen den vorherrschenden Industrien hin und her geschoben werden. [2]

Einerseits hat Donovan natürlich Recht. Wir leben nicht mehr in der Zeit von »On the Waterfront«, und ein 20-jähriger, der bei »Solidarity Forever« mit einstimmen könnte, ist mir noch nicht untergekommen. Andererseits sind einige der Entwicklungen der letzten Jahre extrem ermutigend. Da ich New Yorker bin, möchte ich zuerst darauf hinweisen, dass die Stadt ein Gesetz für die Lohnfortzahlung im Krankheitsfall verabschiedet hat. Und 2013 wurde nicht nur in New York, sondern im ganzen Land der erste, länger anhaltende Streik von Walmart-Mitarbeitern durchgeführt – ausgerechnet in der verkaufsintensiven Phase vor dem Black Friday blieben 500 Einzelhandelsangestellte zehn Tage lang ihrer Arbeit fern. Um die Bedeutung dieser Zahlen würdigen zu können, muss man wissen, dass Walmart in der Vergangenheit seine Manager dazu angehalten hat, gezielt gegen Mitarbeiter vorzugehen, die mittels Selbstorganisation versuchen, die Arbeitsbedingungen zu verbessern (vergleiche Eidelson). Und um diese Liste der fast unglaublichen Ereignisse fortzusetzen: Am 15. Mai 2014 wurde von Mitarbeitern der Fastfood-Industrie, von New York City über Mumbai bis Paris und Tokio, ein globaler Streik organisiert, im

Zuge dessen Streikposten unter anderem vor Filialen von McDonald's, Burger King, Pizza Hut und aufgestellt wurden. Dies war Teil einer Kampagne, die sich für einen Mindestlohn von 15 Dollar einsetzte und die zu Demonstrationen in 150 Städten in den USA und in ganz Europa führte. Die Arbeiter wehren sich dagegen, in sogenannten McJobs festzustecken: ohne feste Arbeitszeiten, bezahlte Urlaubstage, Krankenversicherung und Lohnfortzahlung im Krankheitsfall. Selbst in China akzeptieren die Arbeiter nicht mehr alles. Im Frühjahr 2014 blieben bei der Yue Yue Industrial Holdings 40.000 Arbeiter dem Fließband fern, an dem sie eigentlich Turnschuhe für Adidas und Nike fertigen sollten. Die Arbeiter hatten sich über die mobile Text-Nachrichten-App Weixin organisiert, nachdem bekannt wurde, dass sich die Firma weigerte, den gesetzlich vorgeschriebenen Zahlungen in die Sozialversicherungskasse nachzukommen (vergleiche Levin).

Ein Überblick

An dieser Stelle möchte ich Ihnen verraten, wo ich mit Ihnen hin möchte, in der Hoffnung, Sie mögen mir folgen.

Zuerst teile ich mit Ihnen einige Überlegungen zur Zukunft der Arbeiter. Es handelt sich dabei nicht bloß um eine Diskussion über die Zukunft der Arbeit. Ich spreche nicht nur über neue Geschäftsmodelle und wie sich diese am besten regulieren ließen. Sondern ich frage auch, wer eigentlich auf die Arbeiter aufpasst, deren Leben sich durch die neuen Formen der Arbeit unweigerlich verändert.

Im Anschluss frage ich, stelle ich mir die gleiche Frage wie die Occupy-Bewegung: Warum ist die Lage so »fucked up and bullshit«? Welche soziale Vorstellungswelt (*Social Imaginary*) liegt den Verschiebungen der

Die Zukunft der Crowdworker

Trebor Scholz

391   Arbeitsmärkte in Bezug auf das Internet zugrunde? Wie Sie sich schon
       gedacht haben, geht es hier um ökonomische Gerechtigkeit.

Als Drittes möchte ich die Gretchenfrage stellen, nämlich ob die Gewerkschaften nicht für einen Großteil der Arbeiterschaft eigentlich irrelevant
sind, beziehungsweise ob sie in zwanzig oder dreißig Jahren die vielen
Millionen Arbeiter, deren Tätigkeit sich nur noch mit dem Begriff Digital Labor beschreiben lässt, noch schützen können.

Ich werde einige der Hürden beschreiben, die die Gewerkschaften überwinden müssen, um diesem Teil der Arbeiterschaft wirkungsvoll zu helfen.
Dies führt mich auch zu einer Erörterung des Gewerkschaftsbegriffs.
Außerdem werde ich kurz auf die Frage eingehen, ob Computer oder
»das Internet« – wenn es für sich genommen überhaupt existiert – nicht
gleich zur Hölle fahren sollten. Liegt die Schuld bei den Technologien?

Lassen Sie mich auch erklären, was ich nicht tun werde und was im Anschluss
passiert. Ich schließe mich nicht der These an, dass es sich schon allein
bei der Nutzung von Facebook um Ausbeutung handelt und es deshalb
Löhne und Gewerkschaften für die spielerisch produzierenden Nutzer
(*Playboring Produser*) braucht. Es ist nicht mein Ziel, die *Soul at Work*
herabzusetzen,[3] aber ich bin der Ansicht, dass sich die Aufmerksamkeit
auf die am stärksten ausgebeuteten Arbeiter im Bereich der *Digital Labor*
richten sollte. Ich spreche hier von etwas, das ich in anderen Publikationen als das Melken der Crowd (*Crowdmilking*) bezeichnet habe – die
Plackerei der ärmsten Arbeiter auf *Mechanical Turk* und ähnlichen Plattformen, die versuchen, mit einem Stundenlohn von zwei bis drei Dollar
über die Runden zu kommen.

In meinem Fazit werde ich allerdings nicht mit einem Entwurf für die Zukunft
der Gewerkschaften aufwarten können. Ich glaube, dass zum jetzigen

Zeitpunkt niemand so genau sagen kann, wohin sich die Gewerkschaften entwickeln sollten. Ich hoffe jedoch, dass meine hier vorgenommene Auseinandersetzung mit neuen Organisationsformen, wie zum Beispiel *Social Movement Unionism*, breit angelegten Strategien und Design-Interventionen zur Unterstützung der Arbeiter als Inspiration dienen wird.

Die Zukunft – nicht bloß der Arbeit, sondern der Arbeiter
Es ist durchaus vorstellbar, dass wir eines Tages auf diese Ära mit der Erkenntnis zurückblicken werden, dass es sich um eine Phase des drastischen Wandels im Wesen der Arbeit und der Organisation des Alltags gehandelt hat. Im Rückblick werden wir leichter erkennen können, wie Lebensentwürfe umgestaltet werden mussten, um sich der Umstrukturierung der Arbeit anzupassen.

Sowohl in den Vereinigten Staaten als auch in Europa gibt es inzwischen eine immer größere Zahl an politischen Strategiegruppen beziehungsweise *Think-Tanks* zur »Zukunft der Arbeit«. Diese Einrichtungen befassen sich mit dem ganzen Spektrum: von der Ethik des Crowdsourcing bis hin zur Zukunft der Dienstleistungsgewerkschaften. Letzteres ist vor allem ein Interesse der EU. Dennoch kann man tagelang an Präsentationen zur »Zukunft der Arbeit« teilnehmen, ohne auch nur irgendwelche Überlegungen zur Zukunft der Arbeiter oder zu den Auswirkungen neuer Formen der Arbeit auf deren Lebensqualität zu vernehmen.

In seinem Buch *The Future of Work*[4] beschreibt Thomas Malone, Professor an der MIT Business School, die Nutzbarmachung demokratischer Prinzipien (*Harnessing of Democracy*) am Arbeitsplatz als einen zentralen Aspekt für die Zukunft. Er schließt mit der Ermahnung, dass menschliche Werte nicht außer Acht gelassen werden dürfen. Von dieser Ausnahme

**Die Zukunft
der Crowdworker**

Trebor Scholz

einmal abgesehen, geht es im Jargon der Business-Community eher darum, zerstörerisch (being disruptive) gegenüber alten Geschäftsmodellen zu sein: selbst organisiert, selbstverwaltet und natürlich peer-to-peer. Dazu kommt noch, dass sich die »360°-Persönlichkeit« erst in einem vorwiegend auf berufliche Selbstständigkeit ausgerichteten Arbeitsmarkt, gekennzeichnet durch Flexibilität, Wahlfreiheit und einen erlebnisorientierten Lebensstil, wirklich entfalten kann.

Sie kennen sicherlich auch die sprachlichen Verrenkungskünste mancher Unternehmen, die versuchen, Begriffe wie »Arbeiter« ganz zu vermeiden. Vergessen wir doch einfach all diese unbequemen Konnotationen von schwitzenden Körpern. Firmen wie *TaskRabbit* verleiten uns dazu, Arbeiter als »Häschen« zu betrachten. *Mechanical Turk* wiederum spricht von »Providern«, also Leistungserbringern, oder »Turkern«. Und die Arbeiter auf *Mechanical Turk* bezeichnen sich manchmal sogar als »Turkeys«, zu deutsch Truthähne. Es lässt tief blicken, wenn Arbeiter auf diese Weise mit Tieren gleichgesetzt werden.

Die Zukunft der Arbeit, so will man uns glauben machen, liegt darin, Einzelkämpfer im Namen der Kreativität zu werden, Mikrounternehmer auf der Suche nach einer Do-it-yourself-Beschäftigung, ein Sichdurchschlagen von Auftritt zu Auftritt, ohne die Gewissheit, dass gezahlt wird. Es ist schon bemerkenswert, wie Freelancing in der sogenannten »Gig Economy« à la Zaarly.com – eine Erwerbstätigkeit wie die von Live-Musikern, die nur pro Auftritt (Gig) bezahlt werden und deren Lebenssituation sehr prekär ist – als Lifestyle-Entscheidung verkauft wird. Ich bestreite überhaupt nicht, dass einige Freelancer den Spielraum, den diese Art von Arbeit mitunter ermöglicht, durchaus genießen. Doch es muss auch anerkannt werden, dass die Flucht vor der langweiligen Festanstellung

5
Der Gouverneur von Wisconsin steht auf der Gehaltsliste der
in den Vereinigten Staaten sehr einflussreichen Koch-Brüder
(siehe auch Fußnote 15). Die Koch-Brüder haben allein 2008
etwa 20,5 Millionen Dollar für politische Einflussnahme
ausgegeben. Koch Industries beschäftigt mindestens
30 Lobbyisten, die sich wiederum für die Deregulierung, zum
Beispiel im Umgang mit Giftstoffen wie Dioxin, Benzol und
Asbest, einsetzen. Weitere Ziele sind die Lockerung von
Gesetzen zum Ausstoß von Treibhausgasen, die Diskreditie-
rung von Forschung zum Klimawandel durch Lobbyarbeit.

394

nur für einige das Motiv ist – andere werden in diese flexible Prekarisierung hineingezwungen.

Pünktlichkeit, flauschige T-Shirts, rosa Turnschuhe und Gehorsamkeit am
Arbeitsplatz: solche Dinge sind heute immer weniger wichtig. Was zählt
sind Flexibilität, Begeisterungsfähigkeit, persönliche Verantwortung und
Kommunikationsfähigkeit.

Wir alle kennen sie. Die unbezahlten Praktikanten, die Crowdarbeiter, die
Kreativen, die sich in der Hoffnung auf einen Gewinn auf *99designs* als
Gestalter versuchen, die Ehrenamtlichen, die Künstler, die Assistenten,
die Aushilfskräfte im Büro, die auch nach Feierabend noch auf E-Mails
antworten. Sie sind die digitalen Arbeiter.

In nicht allzu ferner Zukunft wird es keine Jobs mehr geben und auch nur
noch wenig Karrieren. Der unternehmerische Traum einer Umstellung
des Arbeitsmarktes von Angestellten mit entsprechendem Arbeitsschutz
auf Selbstständige, die alle Risiken selbst tragen, ist zum Greifen nahe.
Firmen wie *Workmarkets.com* zielen darauf ab, die prekäre Situation der
Freischaffenden auch im Bereich von Tätigkeiten für den immer gleichen
Arbeitgeber zu verankern. Der Gouverneur von Wisconsin, Scott (Koch)[5]
Walker wäre sicherlich begeistert.

Das traditionelle Beschäftigungsverhältnis, das Angestellten auch Rechte
zusichert, wird bald ein Relikt der Vergangenheit sein. In Zukunft wird
man seinen Unterhalt mit verschiedensten Tätigkeiten und Einkommensquellen bestreiten müssen, von denen keine konstant sein wird. Wenn
man diese neue Realität anerkennt, muss man auch einräumen, dass
die Methoden der Arbeiterbewegung nicht mehr greifen. Die großen,
technologiegetriebenen Umwälzungen machen auch nicht vor Industrien
halt, die lange Zeit Schauplätze erbitterter Arbeitskämpfe waren. Gerade

**Die Zukunft
der Crowdworker**

Trebor Scholz

als die gewerkschaftliche Organisation bei Hotelangestellten und Taxifahrern anfing Fuß zu fassen, begann auch in diesen beiden Wirtschaftszweigen der Umbruch durch Firmen wie *Airbnb* und *Uber*. In der Folge
müssen wir nun einsehen, dass *Digital Labor* die Uhren gewerkschaft-
licher Organisation auf den Stand der zweiten Hälfte des 19. Jahrhunderts zurückgestellt hat. Einer Zeit, als die 80-Stunden-Woche noch die
Norm war.

Nicht mehr die, die sie einmal war
Manche Arbeitsforscher werden die Hände über dem Kopf zusammenschla-
gen und ausrufen, dass es sich um genau die gleiche Dynamik der Ausbeutung, die gleiche Art von *Sweatshops* handelt, wie wir sie seit Jahr-
hunderten kennen – es gibt nichts Neues unter der Sonne, lediglich alte
Arbeitsmuster, die in neuer Form wieder auftauchen. Ihnen möchte ich
entgegnen, dass ich durchaus eine Wesensveränderung der Arbeit fest-
stelle und dass Technologie eine Schlüsselrolle für die Zukunft der Arbeit
und der Arbeiter spielt. Natürlich lässt sich die Arbeit nicht isoliert von
Gesundheit, Politik, Kultur und vor dem Finanzmarkt betrachten, doch es
zeigt sich, dass das Wesen all dieser Prozesse durch Technologie, insbesondere durch das Internet, beeinflusst und umgestaltet wird. Das heißt
natürlich nicht, dass nun jeder unmittelbar im Internet arbeitet – es wäre
absurd zu glauben, dass bald alle Arbeit digital oder immateriell sei.
Dies ist ausdrücklich nicht der Fall. Aber bei genauer Betrachtung muss
man eingestehen, dass die Logistik eines jeden Arbeitsplatzes, zumindest in den USA, von Walmart über Amazon bis *Uber*, von Technologie
getrieben ist. Zwar gibt es viele Kontinuitäten, zum Beispiel im Hinblick

6
Leadgenius.com hat zum
Beispiel das erklärte Ziel,
»Armut durch Zugang zu
digitaler Arbeit zu fairen
Löhnen für Frauen,
Jugendliche und Arbeitslose
auf der ganzen Welt zu
mindern.«

7
Man schaue sich
beispielsweise die
Arbeitsweise von Firmen
wie MobileWorks an

396

auf die Ökonomie von *Sweatshops*, aber die Arbeit ist nicht mehr die, die sie einmal war.

Warum es auch Sie etwas angeht

Selbst im engeren Sinne ist *Digital Labor* heute die alltägliche Wirklichkeit für Millionen von Menschen. Sie werden es inzwischen schon häufig gehört haben: Es ist für Arbeiter in der Crowdsourcing-Industrie durchaus nicht unüblich, nur etwa zwei bis drei Dollar in der Stunde zu verdienen. Das haben uns *CrowdSpring* und Amazon klargemacht. Kann es denn wirklich sein, dass die Früchte digitaler Arbeit nicht einmal dazu ausreichen, die monatlichen Kosten für den eigenen Internetanschluss zu tragen? Tatsächlich ergeht es einigen der Arbeiter so. Die Zukunft der Arbeit sieht also einerseits so aus: ungewisse Anstellungen und eine Arbeiterschaft mit extrem niedrigem Einkommen, die nicht nur verzweifelt, sondern auch komplett austauschbar ist. Andererseits gibt es auch Crowdsourcing-Firmen, die sich sehr ethisch verhalten und ihren Arbeitern einen Mindestlohn in Relation zu ihrem Herkunftsland auszahlen. [6] Die etwas schlichte Argumentation, dass die Crowdsourcing-Industrie durch die Einführung eines Mindestlohns ruiniert werden würde, stellt sich angesichts der Tatsache, dass solche Firmen profitabel sind, als zu kurz gegriffen dar. [7]

Wenn man sich über die Zukunft der Arbeit Gedanken macht, kommt man kaum an all den Twitter-Kanälen, Webseiten und Nachrichtenportalen vorbei, die sich mit den aus der *Gig Economy* und der *Sharing Economy* hervorgehenden Innovationen befassen. *TaskRabbit, Sweetch, Lift, Uber, Airbnb.* Noch bevor Sie sich Ihren nächsten Kaffee einschenken, wird bereits der nächste Wirtschaftszweig durch eine neue App aufgerollt

Die Zukunft
der Crowdworker

Trebor Scholz

und so in nur wenigen Monaten die Arbeitssituation für Tausende Beschäftigte verändert. Vertreter der kommerziellen Seite der *Sharing Economy* rücken sich selbst oftmals in die Nähe der Occupy-Bewegung, der Demonstranten in den nordafrikanischen Ländern (auch bekannt unter dem Begriff »arabischer Frühling«) und der spanischen Indignados (der Empörten). Tatsächlich gibt es sogar eine Verbindung zwischen diesen aufständischen Besetzern und den Emporkömmlingen der *Sharing Economy*, allerdings nicht so, wie Letztere es gerne sehen würden. Es ist eben nicht so, dass beide Gruppen »die Welt zu einem besseren Ort machen wollen«, sondern dass die jungen Demonstranten von ihrer Arbeitslosigkeit und der ökonomischen Aussichtslosigkeit getrieben sind. Es gibt hier eine sehr reale Verbindung zwischen den Anliegen der Protestierenden und den Bemühungen der Gewerkschaften um mehr Relevanz. Man spricht im englischsprachigen Raum auch von *Social Movement Unionism* – es geht darum, die Rolle der Gewerkschaften zu erweitern und sich nicht bloß um Fragen von Arbeitsplatz und Lohn herum zu organisieren, sondern sich auf breiterer Basis politisch zu engagieren. So können sich die Gewerkschaften und Protestorganisationen gegenseitig unterstützen.

Soll das Internet zur Hölle fahren? Keinesfalls!
Eines muss an dieser Stelle unbedingt klargestellt werden. Obwohl die Automatisierung und die Einführung neuer Technologien das Wesen der Arbeit verändern und so die Lebensgrundlage der Arbeiter gefährden, kann man weder der Technologie noch dem Internet die Schuld zuschieben. Dennoch sind beides Faktoren in einer Entwicklung, die zu

8
Die Rede ist hier von:
Bank of America, Citigroup,
Wells Fargo, JP Morgan
Chase, Goldman Sachs und
Morgan Stanley (Ross)

398

wirtschaftlicher Ungerechtigkeit führt. Sie können als Werkzeuge zur Verstärkung von Ungleichheiten eingesetzt werden.

Warum die Lage noch immer »fucked up and bullshit« ist

Ich hoffe, Sie sitzen gut, wenn ich Ihnen jetzt mitteile, dass amerikanische Banken zwischen April und Juni 2013 einen Rekordgewinn von 42,2 Milliarden Dollar eingefahren haben, wohlgemerkt allein in diesem einen Quartal.[8] Bedenken Sie nun, dass die Einkommen amerikanischer Beschäftigter bereits in den späten 1970er-Jahren zu stagnieren begannen, während die Gehälter der Führungsspitzen im Finanzsektor sowie bei Homeland Security, den Versicherungen, Football-Vereinen und Universitäten, wie zum Beispiel der University of Phoenix, in für Normalsterbliche unermessliche Höhen geschnellt sind. Reich ist gar kein Ausdruck. Und vergessen Sie dabei auch nicht, dass dieses eine Prozent der Gesellschaft zudem absolut nicht dazu bereit ist, auch nur ein kleines bisschen mehr Steuern zu zahlen.

»Das wärmere Wetter hilft«

Wenn ich über die soziale Vision spreche, die dem Ruck in Richtung *Digital Labor* zugrunde liegt, dann meine ich das Ziel, in unserer Gesellschaft die Mittelschicht abzuschaffen. Nehmen Sie zum Beispiel das kürzlich erschienene Buch *Average Is Over* des Wirtschaftswissenschaftlers und Koch-Brüder-Ideologen Tyler Cowen. Er prognostiziert darin, dass es eine »Überklasse«, eine »Hyper-Meritokratie« geben wird, bestehend aus den etwa 10 bis 15 Prozent der Bevölkerung mit jährlichen Einkommen über 1 Million Dollar – für den Rest der Bevölkerung würden die Löhne heruntergeschraubt auf 5.000 bis 10.000 Dollar pro Jahr. Auf die

**Die Zukunft
der Crowdworker**

Trebor Scholz

9
(Cowen) eBook ohne
Seitenangabe

10
2012 lebten 21,2 Prozent der New Yorker unterhalb der
Armutsgrenze (Roberts). Folgt man jedoch einem vom MIT
entwickelten »Lebensunterhalts-Rechner«, sollte die von der
Regierung für einen dreiköpfigen Haushalt mit 19.790 Dollar
festgelegte Armutsgrenze eigentlich zwischen 46.000 und
67.000 Dollar liegen. Folglich würden sehr viel mehr
Familien unterhalb der Armutsgrenze leben.
http://livingwage.mit.edu

399

Frage, ob er glaube, dass die Menschen sich damit abfinden werden, antwortete Cowen: »Ach, in Mexiko sind viele Menschen doch auch glücklich, obwohl sie noch viel weniger verdienen. Sie sind zwar nicht unbedingt wohlsituiert, aber sie haben Zugang zu billigem Essen und billigen Häusern. Die Unterbringungen sind, wenn auch nicht spektakulär, so doch zufriedenstellend, und natürlich hilft auch das wärmere Wetter.«[9] Vielleicht sollte Walter White in diesem Sinne eine »*Hunger Games*«-Ratgeberkolumne eröffnen. Walt, die Hauptfigur in der amerikanischen Fernsehserie *Breaking Bad*, ist ein Chemielehrer, der das Geld für die exorbitanten Behandlungskosten seiner Krebserkrankung dadurch aufbringt, dass er anfängt, im großen Stil Crystal Meth zu produzieren. Aber vielleicht könnten die Armen ja auch einfach alle ihre Besitztümer in der *Sharing Economy* vermieten und ihre Essensreste über die Plattform *Leftoverswap.com* untereinander aufteilen.

Viele von uns fühlen sich hilflos, was wiederum zu Passivität führt – es hat ja eh alles keinen Zweck! Und auf uns allein gestellt sind wir tatsächlich hilflos – unsere Mobiltelefone verstärken in mancherlei Hinsicht sogar noch das Problem. Eine genossenschaftliche Organisation der Arbeiter sowie jede Form von Zusammenschluss oder Koalition sind auf jeden Fall ein guter Anfang, um die noch verschlossenen Gewerkschaften zu knacken und für mehr Menschen zugänglich zu machen. Solange wir jedoch dem Irrglauben anhängen, unsere Anliegen seien nicht kollektiv, sondern reine Privatsache, werden wir keine politischen Lösungen finden.

Schon heute ist es so, dass ein Doppelverdienerhaushalt mit zwei Erwerbstätigen in traditionellen Mittelschichtberufen nicht mehr genug abwirft, um den Lebensstandard halten zu können.[10] Es scheint vielmehr so, dass die 10 Prozent, von denen Cohen spricht, nicht einmal bereit sind, der

11
Sehen Sie hierzu die
Kommentare von David
Graeber in »The Sadness
of Post-Workerism« –
Operaisten: Eine
marxistisch-anarchistische
Strömung der Arbeiterbe-
wegung, die ihre Ursprünge
im Italien der 1960er Jahre
hat; im Englischen auch
bekannt als Workerism,
Post-Workerism
beziehungsweise
Autonomism.

12
In den frühen 1960er Jahren gründete Cesar Chavez die
später als United Farm Workers (UFW) bekannt gewordene
Gewerkschaft. Unter seiner Leitung gelang es der UFW, die
Wanderarbeiter in der Landwirtschaft, die im Trauben- und
Salatanbau in Kalifornien arbeiteten, gewerkschaftlich zu
organisieren. Das Ziel höherer Löhne wurde durch einen
fünfjährigen Boykott außergewerkschaftlich produzierter
Erzeugnisse in diesen beiden Bereichen erstritten.

13
Ein interessantes Beispiel ist
hier das Buch »Code Red«,
des Künstlers Tadej Pogacar.
http://mottodistribution.
com/shop/code-red.html

400

Unterschicht ihre abgenagten Knochen zuzuwerfen. Ihr bestes Angebot ist: nichts.

Anstatt mit Zorn und Empörung reagieren italienische Operaisten (Anm. d. Red.: der Begriff ist von dem italienischen Wort *operaio*, deutsch: *Arbeiter* abgeleitet) wie Franco »Bifo« Beradi auf diese Situation mit einer Mischung aus mystischem Pessimismus und Obskurantismus, der überhaupt keine Zukunftsperspektiven mehr bietet.[11] Doch für all die Arbeiter, die bisher als unorganisierbar galten, ist es an der Zeit, sich zu wehren, anstatt die Zukunft einfach abzuschreiben. Es gilt, um das Über-leben zu kämpfen, um Lebensqualität, um einen Lebensunterhalt, der auch eine Familie ernährt, um eine vom Arbeitgeber bezahlte Kranken-versicherung, bezahlbaren Wohnraum, Schulen und anständigen öffent-lichen Personennahverkehr.

Nicht so unorganisierbar, wie Sie vielleicht denken

Es wäre nicht das erste Mal, dass Arbeiter, von denen man glaubte, sie ließen sich nicht organisieren, am Ende doch von Gewerkschaften vertre-ten werden. Man denke nur an Cesar Chavez's Einsatz von Verbraucher-Boykotten (zum Beispiel gegen außergewerkschaftlich angebauten Salat und Trauben), der schließlich in den späten 1960er-Jahren zur gewerkschaftlichen Organisation von Wanderarbeitern führte.[12] Oder man denke an die Organisation von Sexarbeitern,[13] den Kampf der Gastarbeiter in den Vereinigten Arabischen Emiraten oder die Erfolge der Walmart-Mitarbeiter.

Lassen Sie uns die Aufmerksamkeit der Öffentlichkeit lieber auf diese Fragen lenken als auf eine Flotte niedlicher, selbstfahrender Autos. Der Kampf, wie es das Wort schon nahe legt, erfordert einen Sinn für Gegnerschaft,

Die Zukunft der Crowdworker

Trebor Scholz

und es muss mit neuen Formen des Kampfes experimentiert werden. Von »neuen Kollektiven« ist inzwischen die Rede. Aber sind dies die Leute, die sich gegenseitig ihre Gästezimmer vermieten oder sollten wir uns die »neuen Kollektive« eher als Widerstandsgruppen vorstellen – zum Gesang von Billy Bragg: »Which side are you on, boys, which side are you on?« [14] Oder denken Sie an die Zapatisten (Anm. d. Red.: revolutionäre Gruppierungen im Süden Mexikos). Die setzten vor gerade mal zwanzig Jahren *Tactical Media* im Kampf gegen die mexikanische Regierung ein, die gerade NAFTA unterzeichnet hatte. Als Reaktion darauf bildeten die Zapatisten lokale, auf Autarkie ausgerichtete Allianzen.

Die ökonomischen Verschiebungen, die ich hier beschreibe, sind weder beliebig, noch von einer abstrakten Krise abhängig, die ohnehin niemand beeinflussen könnte. Von Regierungen und Unternehmen beschlossene Gesetze und Regeln drücken die Ideologie der Sparpolitik (*Austerity*) durch und versuchen so, die sozialen und ökonomischen Ungleichheiten zu zementieren. Wenn Sie mir bis hierhin gefolgt sind, werden Sie verstehen, dass die Verlagerung von Marktplätzen in das Internet ein wichtiges Instrument zur Realisierung dieser Ziele ist.

Ein weiterer Schauplatz in diesem Spiel ist das Hochschulwesen, zumindest in Hinblick auf die Entwicklung kommerzieller, offener Online-Massenkurse, sogenannter MOOCs (*Massive Open Online Courses*). Diese Fernstudienkurse sind unter anderem deshalb so beunruhigend, weil sie die durch Institutionen gestützten Referenzen hinfällig machen, die Beschäftigten bei der Verhandlung mit Arbeitgebern traditionell Verhandlungsmacht eingeräumt haben. Gerade in den Vereinigten Staaten hängt ein gesellschaftliches Weiterkommen stark von dem Ruf der Universität ab, die man besucht hat. Aber es geht noch weiter. Durch die Einführung von Kursen, die Hunderttausende von Studierenden gleichzeitig absolvieren können, wird es leichter, Berufs- und Fachhochschulen zu schließen, die traditionell den ärmeren Bevölkerungsschichten dienen. Frei nach dem Motto: sollen die Armen doch Hundefutter fressen und sich ihre Bildung abgepackt im Internet abholen, während die Hyper-Elite weiterhin eine erstklassige Ausbildung genießt und sich unter ihresgleichen tummelt. In seiner kommerziellen Variante ist *Distributed Learning*, also der über das Internet angebotene Massenunterricht, ein weiterer Schritt hin zur Verwirklichung von Tyler Cowen's Vision unserer nahen Zukunft. Die frühen Formen der MOOCs in den 1990er-Jahren waren noch nicht durch diese kommerzielle Ausrichtung geprägt, sondern hatten die Lernenden im Sinn. Das Problem liegt also nicht bei den Online-Massenkursen, sondern in ihrer neuerdings engen Verknüpfung mit kommerziellen Interessen.

Wie Sie sehen, ist dies nicht mehr die Welt von Frederick Taylor und Henry Ford, die den Fertigungsprozess noch produktiver machen wollten, weil sie, zumindest im Fall von Ford, verstanden hatten, dass Arbeiter auch Konsumenten der produzierten Waren seien können.

»Eliten ermächtigen und Regierungsformen neu bewerten«

An dieser Stelle fragen Sie sich möglicherweise, wie es überhaupt so weit kommen konnte. Nun ja, wir könnten in die noch nicht allzu ferne Vergangenheit zurückspringen, so circa 1995 bis 2000. Diese Phase war geprägt von der Digitalisierung, der allgemeinen Einführung von PCs, der wachsenden Macht immer kleinerer Gruppen global agierender Konzerne, der Ausbreitung von Mobiltelefonen, schnelleren Internetanschlüssen und billiger Rechenleistung. Und all diese Faktoren zusammen

**Die Zukunft
der Crowdworker**

Trebor Scholz

boten die Grundvoraussetzung für neue Industrien, die das von Thatcher und Reagan in den 1980er-Jahren gestartete Projekt zu Ende führten: das Propagieren von Individualismus und Selbstständigkeit bei gleichzeitiger Reduktion von Sozialausgaben, mit ständig neuen Schüben von Sparprogrammen, die Demontage des gewerkschaftlichen Geistes bei Fluglotsen und Minenarbeitern und letztlich die Infragestellung der Effektivität von Gewerkschaften an sich. Vielleicht war es genau das, was der Gefolgsmann der amerikanischen Rechten, Newt Gingrich, damals im Sinn hatte, als er sich begeistert zeigte über die »Abwärtsspirale des Internets der 1990er als ein Mittel, um die Eliten zu ermächtigen, neue Unternehmen zu gründen und Regierungsformen neu zu bewerten«. (vergleiche Turner, S. 9)

Man kann bei der Suche nach Ursachen natürlich auch beim Fall der Mauer 1989 und bei dem darauf folgenden Zusammenbruch der Sowjetunion ansetzen. Seit es kein real existierendes alternatives Gesellschaftssystem als Vergleich mehr gibt, muss sich die besitzende Klasse nicht mehr davor fürchten, dass sich die Arbeiter massenhaft dem Kommunismus verschreiben und dann anfangen, die Chalets zu stürmen. Was folgte, war eine Zeit verstärkter Deregulierung sowie die Erschließung eines globalen Marktes, dem nun auch die ehemaligen sozialistischen Staaten einverleibt wurden. Vor diesem Hintergrund spielt sich der seit 50 Jahren anhaltende Mitgliederschwund der Gewerkschaften ab – öffentliche Einrichtungen sind heute die letzten verbliebenen Hochburgen.

Wie steht es also um die Gewerkschaften?

Die Krise der Gewerkschaften ist zum Teil auf ihre öffentliche Wahrnehmung zurückzuführen. Erzlibertäre Milliardäre wie die Koch-Brüder setzten

15
http://motherjones.com/
mojo/2011/02/wisconsin-
scott-walker-koch-brothers

16
Im Oktober 2012 reichte
Christopher Otey eine
Sammelklage gegen
CrowdFlower, eine der
größten Crowdsourcing-
Firmen, ein. Es geht um die
Frage, ob die amerika-
nischen Arbeiter des
Unternehmens Anspruch
auf Mindestlohn, von derzeit
7,25 Dollar pro Stunde
gemäß dem Fair Labor
Standards Act haben.

404

Politiker wie den republikanischen Gouverneur von Wisconsin, Scott Walker, auf ihre Gehaltsliste, um für eine gewerkschaftsfeindliche Politik zu sorgen. [15] Auch dadurch wird das Bild der Gewerkschaften geprägt.

Angesichts solcher Entwicklungen überrascht es wenig, dass der Crowd-sourcing-Industrie bisher anscheinend wenig Widerstand vonseiten der Arbeiter entgegengeschlagen ist. Aber es formieren sich erste Gegen-maßnahmen. So wurde inzwischen eine Sammelklage gegen eine Crowdsourcing-Firma eingereicht, die Angestellte fälschlich als Selbst-ständige klassifiziert. [16] Darüber hinaus gibt es auch technologische Inter-ventionen, wie zum Beispiel eine Browser-Erweiterung, die es Arbeitern ermöglicht, sich miteinander auszutauschen, Arbeitergenossenschaften, *Social Movement Unionism* und vieles mehr.

Eines wird deutlich: Angesichts unregulierter Märkte, Ausbeutung der Arbeiter, Trostlosigkeit der Mittelschicht, extrem prekärer Beschäfti-gungsverhältnisse, Scheinselbstständigkeit, zunehmender Isolierung der einzelnen Arbeiter und des Umsichgreifens einer Ideologie, die auf Individualismus, Eigenverantwortlichkeit, Flexibilität und Wahlfreiheit ausgerichtet ist, brauchen wir Lösungen, die es den Arbeitern ermög-lichen, aufeinander aufzupassen.

Zum jetzigen Zeitpunkt kann meiner Ansicht nach niemand genau sagen, wie diese Lösungen aussehen sollen. Wir wissen noch nicht einmal, ob die Gewerkschaften eine entscheidende Rolle in der Diskussion spielen werden. Im Moment erscheint dies unwahrscheinlich. Traditioneller-weise sahen sich kapitalistische Eigentümer mit einer Masse an Arbei-tern konfrontiert, die häufig von einer Gewerkschaft vertreten wurde. Heute haben wir es jedoch mit anonymen Individuen und in manchen Fällen sogar mit anonymen Arbeitgebern zu tun. Gewerkschaften können

**Die Zukunft
der Crowdworker**

Trebor Scholz

Änderungen am US-
amerikanischen Arbeitsrecht
könnten globale Aus-
wirkungen haben, da der
weltweite Markt für Digital
Labor von Firmen wie
Amazon und oDesk
dominiert wird, die ihre
Gerichtsbarkeit in den
Vereinigten Staaten haben.

405

die Interessen der Beschäftigten in Lohnverhandlungen mit spezifischen Unternehmen nicht mehr so einfach vertreten, da die Arbeiter heute mit vielen verschiedenen Firmen gleichzeitig in Vertragsbeziehungen stehen.

Wofür lohnt es sich zu kämpfen?

Ist das traditionelle Gewerkschaftsmodell also schlichtweg passé? Wer vertritt die Interessen der Arbeiter in Bangkok, Peking, Toronto und Cleveland, wenn die Gewerkschaften diese Rolle nicht mehr erfüllen? Wer schützt sie vor den negativen Auswirkungen des Kapitalismus auf ihr Leben? Die Gewerkschaften könnten sich für die Anerkennung unsichtbarer Arbeitsstätten und die Aufdeckung obskurer Formen der Scheinselbstständigkeit einsetzen. Sie könnten sich für ein bedingungsloses Grundeinkommen und für kürzere Arbeitszeiten engagieren. Sie könnten Lobbyarbeit leisten, damit das amerikanische *Federal Labor Law* auch im Internet anwendbar und durchsetzbar wird.[17] Oder sie könnten Regulierungen vorantreiben, die den Gegebenheiten heutiger Arbeitsverhältnisse gerecht werden. Die Grundlage kann nicht mehr das altmodische Ideal einer Festanstellung im Stil der in den 1960er-Jahren angesiedelten Fernsehserie *Mad Man* sein. Sie könnten auch Crowdsourcing-Firmen, die ethisches Verhalten an den Tag legen und Mindestlöhne zahlen, lobend hervorheben und ihnen den Rücken stärken. Sie könnten sich auch für mehr Zeit zum Denken und Träumen einsetzen.

Die Gewerkschaften könnten auch Arbeiter über ihre Rechte aufklären, für ökologisch nachhaltigere Arbeitsplätze kämpfen, Kampagnen gegen Scheinselbstständigkeit führen und unfaires Geschäftsgebaren dokumentieren und öffentlich machen. Sie könnten auf faire Arbeitsbedingungen, Respekt und klare, professionelle Kommunikation zwischen

406

Auftraggebern und Auftragnehmern drängen. Und vielleicht könnten sie auch auf eine umfassendere Definition des Begriffs »Anstellung« hinwirken, um den Verschiebungen im Wesen zeitgenössischer Arbeit Rechnung zu tragen (vergleiche Cowie).

Was meinen wir, wenn wir von Gewerkschaften sprechen?
Unsere Diskussion könnte auch mit einer Neubestimmung des Gewerkschaftsbegriffes beginnen. Sprechen wir über demokratische Institutionen der Selbstorganisation in der Arbeiterklasse, oder sind wir bereit, auch weiter gefasste Formen von Koalitionen, Verbindungen und organisierten Netzwerken,[18] die sich überhaupt nicht mehr wie traditionelle Organisationen anfühlen, mit einzubeziehen?
Interessieren sich die Gewerkschaften auch für die vielen Millionen Arbeiter auf der ganzen Welt, die nicht unter ihrem Schutz stehen? Wie begegnen wir denjenigen, die in der sogenannten *Gig Economy*, zum Beispiel bei *TaskRabbit* tätig sind? Oder den 42 Millionen Freischaffenden in den USA? Befassen sich japanische Arbeiteraktivisten mit den 20.000 Arbeitern, die dort jedes Jahr an Überarbeitung (*Karoshi*) sterben?
In zwanzig bis dreißig Jahren werden die herkömmlichen Gewerkschaften für den Großteil der Arbeiterschaft irrelevant sein, wenn sie sich nicht einer Neuorientierung unterziehen, die der Arbeitswirklichkeit des 21. Jahrhunderts entspricht.
Die 2001 von Sara Horowitz in den USA gegründete *Freelancers Union* bietet ihren 225.000 Mitgliedern eine Krankenversicherung. Zu den Mitgliedern zählen Zeitarbeiter, Freischaffende, Teilzeitkräfte und andere Beschäftigte, die nicht über ihre Arbeitgeber krankenversichert sind. Eine wenig zielführende Kritik an dieser Gewerkschaft folgt der hartnäckigen

**Die Zukunft
der Crowdworker**

Trebor Scholz

407 alt-marxistischen Argumentation, dass eine solche Vereinigung die prekären Verhältnisse dieser Arbeitnehmer durch Krankenversicherung und Altersvorsorge lediglich erträglicher mache, jedoch dadurch den Umsturz des kapitalistischen Systems verzögere. Und »wenig zielführend« ist meiner Meinung nach hier noch sehr höflich ausgedrückt. Ich begrüße die *Freelancers Union* schon allein deshalb, weil sie die Arbeiter zusammenbringt und das Potenzial für den politischen Kampf in sich trägt.

Für die *Freelancers Union* hat sich die Lage durch die Einführung des *Affordable Care Act* (Obama Care) verkompliziert. Dieser hat, nachdem er zunächst ein Jahr lang erlassen worden war, für die Mitglieder der *Freelancers Union* zu einer durchschnittlichen Erhöhung ihrer jährlichen Versicherungs-Prämien um 2.000 Dollar geführt,[19] – der zentrale Vorteil, den die Gewerkschaft bot, wird so auf eine harte Probe gestellt.

Social Media oder was auch immer
Eine sehr naheliegende Diskussion in diesem Kontext, in die ich jedoch hier nicht tiefer einsteigen möchte, dreht sich um den Nutzen von *Social-Media*-Werkzeugen für die Organisation von Arbeitern. Solche Werkzeuge können mitunter sehr hilfreich sein, doch sind sie immer noch der Vorstellung verpflichtet, dass sich die Arbeiter zweifelsfrei ausmachen lassen und sich nach wie vor innerhalb der Grenzen von Nationalstaaten befinden. Doch wie ich schon weiter oben ausgeführt habe, leben wir nicht mehr in der Zeit von »On the Waterfront«. Heute wäre Marlon Brando alias Terry Malloy zwar auf Facebook, doch wir könnten ihn nicht als Arbeiter erkennen, da in vielen Bereichen der Crowdsourcing-Industrie sowohl die Beschäftigten als auch die Auftraggeber anonym bleiben.

21
In den USA müssen Arbeiter rechtlich als Interessengemeinschaft (Community of Interest) anerkannt werden, um in
gemeinsame Tarifverhandlungen treten zu können. Die letzte
diesbezügliche Entscheidung des National Labor Relations
Board (NLRB) wurde 1995 gefällt. Damals ging es um aus der
Ferne ausgeführte Arbeit (Remote Work) – heute würde man
wohl von »Telearbeit« sprechen – für die Firma Technology
Service Solutions. Man entschied, dass eine elektronisch
vernetzte Gemeinschaft keine rechtmäßige Grundlage für
gemeinsame Tarifverhandlungen sei (Felstiner 41). Professor
Felstiner, der sich als Jurist mit Crowdsourcing befasst,

408

Natürlich könnten die Arbeiter bei *Foxconn* auch soziale Netzwerke wie *Qzone*
oder *RenRen* nutzen, um sich gegenseitig über gewerkschaftliche Aktivitäten in Shenzhen in Kenntnis zu setzten – doch das wäre nicht unbedingt ratsam, da die Arbeitgeber unmittelbar die Rädelsführer und alle
anderen Umtriebigen ausmachen und abstrafen könnten. Für eine derartige Organisation der Arbeiter gibt es aber auch entsprechend ausgerichtete soziale Netzwerke wie *Crabgrass*, die Technologie nutzen, um die
Aktivisten zu schützen. Ein weiteres Beispiel ist die Plattform *coworker.
org*, bei der es vor allem um Arbeitsschutzrechte und schnell zu mobili-
sierende Angestellten-Netzwerke geht. Die AFL-CIO[20] wiederum bietet
mit *FixMyJob.com* und *OrganizeWith.us* ihre eigenen Werkzeuge zur Organisation von Arbeitern an.

Ein möglicher Ansatz wäre, die Anliegen der Online-Arbeiter mit denen
anderer Bewegungen wie der *National Domestic Workers Alliance* und
der Beschäftigten in der Fast-Food-Industrie zusammenzuführen. Zwar
gibt es natürlich Unterschiede zwischen diesen Berufsgruppen, doch die
prekären Verhältnisse verbinden.

Welche aktuellen Herausforderungen stellen sich der Organisierung?
Welches sind die größten Hürden, die sich den Bemühungen um Organisierung in dieser veränderten Erwerbslandschaft in den Weg stellen?
Beginnen wir mit der schieren Größe. Die Plattform *Elance*, die inzwischen auch den ehemaligen Konkurrenten oDesk mit einschließt, verwaltet etwa fünf bis sechs Millionen über den ganzen Erdball verteilte
Arbeiter. Ein solcher Maßstab ist eine echte Herausforderung.

Ein weiterer wichtiger Faktor ist die Automatisierung. Wie zuletzt die Übernahme der Roboter- Firma *KIVA* durch Amazon wieder gezeigt hat, wird

schließt daraus: »Wenn Telearbeiter, die beim selben Arbeitgeber beschäftigt und sogar ungefähr in der gleichen geographischen Region tätig sind, keine Interessengemeinschaft im rechtlichen Sinne bilden können, ist eine Anerkennung für über den Globus verstreute Crowdarbeiter noch sehr viel schwerer vorstellbar.« (Felstiner 42). Obwohl der gesunde Menschenverstand einem sagt, dass hier eine Revision fällig sein müsste, sind entsprechende Forderungen von Experten wie Prof. Felstiner bisher auf taube Ohren gestoßen.

hier der Weg geebnet, um Lagerarbeiter durch Maschinen zu ersetzen. Amazon ist also nicht nur Vorreiter für die Zukunft des Shoppings, sondern praktiziert schon heute die Zukunft der Arbeit.

Identität ist ein weiteres ernst zu nehmendes Hindernis. Ähnlich wie bei Fast-Food-Restaurants üben manche Beschäftigte im Bereich *Digital Labor* ihre Tätigkeit vielleicht nur einige Stunden pro Woche aus und sehen sich selbst überhaupt nicht als Arbeiter. NYU Professor Ross Perlin erinnert uns daran, dass auch eine Vollzeitpraktikantin sich durchaus noch selbst als Studentin sehen kann. Praktika werden oft nur als Durchgangstätigkeit verstanden. Auf *Mechanical Turk* wiederum geht für manche die Arbeit erst nach Feierabend richtig los. Aus Interviews geht hervor, dass die Arbeit hier nicht unbedingt als solche verstanden wird, sondern wie Fernsehen oder Computerspielen als Unterhaltung angesehen wird.

Und dann ist da noch der Coolness-Faktor, im Sinne einer John-Wayne-Saga, allein an vorderster Front im techno-utopischen Wilden Westen. Es gilt als hip, sich für eine Firma aus dem Silicon Valley abzurackern. Ähnliches gilt für die sogenannten »Gold Farmer« in *World of Warcraft*, bei denen es keine klare Trennung zwischen Spiel und Arbeit beziehungsweise zwischen Unterhaltung und Arbeit mehr gibt und auf diese Weise die sonst mit Erwerbstätigkeit verbundenen Spannungen gemildert werden.

Außerdem gibt es auch rechtliche Herausforderungen, die unter anderem die Anerkennung von digitalen Arbeitern als eine *Community of Interest* erschweren. Eine solche Interessengemeinschaft muss in den USA rechtlich anerkannt werden, um in gemeinsame Lohnverhandlungen treten zu können. Da die Arbeiterschaft jedoch über viele Nationen, Kulturen und Sprachen verteilt ist, steht eben diese Anerkennung infrage.[21] Professor Ursula Huws berichtet von erfolgreichen Organisationsbestrebungen

22
Die Mitglieder der International Workers of the World bezeichnen sich selbst als Wobblies. http://iww.org Siehe auch die Dokumentation »The Wobblies« von 1979

410

unter *E-Workern* in der Karibik und in Brasilien, doch sie betont auch, dass derartige Bemühungen bisher immer an nationalen Grenzen Halt gemacht haben. Es erscheint durchaus denkbar, zwei gesonderte Gewerkschaften für die Arbeiter auf *Mechanical Turk* zu etablieren, eine in Indien und eine in den USA.

Vincent Mosco und Katherine McKercher haben sich mit dem Traum einer großen Gewerkschaft der Gewerkschaften, die weltweit unterschiedlichste Formen von Solidarität bündeln könnte, befasst (vergleiche Mosco und McKercher). Das Problem bei einem solchen Vorschlag ist, dass viele Arbeiter vielleicht gar nicht vertreten werden wollen. Es werden Erinnerungen an die Wobblies wach: »Ein Angriff auf einen ist ein Angriff auf alle.«[22]

Von wem kommt also der Ruf nach Regulierung und nach Gründung von Gewerkschaften? Was es noch komplizierter macht: Unter den meisten Arbeitern gibt es kein erkennbares politisches Bewusstsein oder gar Klassenbewusstsein. In ihrem Buch *The Making of a Cybertariat* schreibt Ursula Huws: »Es ist offenkundig, dass ein neues Cybertariat im Entstehen ist. Ob es sich selbst auch als solches wahrnimmt, ist eine ganz andere Frage.« (vergleiche Huws und Leys, 20)

Ausbeuterische Situationen verhindern

Als wenn nicht alles schon schwierig genug wäre, lehnen es viele Arbeiter ab, von Leuten vertreten zu werden, die nicht aus ihren eigenen Reihen stammen. Dies ist ein sehr wichtiger Aspekt, mit dem Arbeiterorganisationen schon in der Vergangenheit immer wieder konfrontiert waren. Zwar habe ich selbst auch schon einmal Mikrotask-Aufgaben abgearbeitet, aber es stimmt natürlich, dass ich nicht jeden Tag rund um die

Die Zukunft der Crowdworker

Trebor Scholz

23
http://turkernation.com
Es gibt auch zahlreiche
andere, z. B. CloudMeBaby
sowie diese Gruppe auf
Reddit http://reddit.com/
r/mturk

411

Uhr auf *Mechanical Turk* maloche. Ist es also für mich ethisch vertretbar, über diese Angelegenheiten zu sprechen? Habe ich beispielsweise das Recht, diese Arbeit als ausbeuterisch zu bezeichnen? Wenn Akademiker aus ihrer privilegierten Position heraus sprechen, wird es noch komplizierter. Die Arbeiter von *Mechanical Turk* versammeln sich in verschiedenen Foren, aber das bekannteste ist *Turker Nation*. Obwohl die Arbeiter hier häufig ihre Enttäuschung und Frustration über bestimmte Arbeitgeber zum Ausdruck bringen, lehnen sie zugleich vehement jegliche Vorschläge, die in Richtung Arbeitersolidarität oder Boykott von Amazon gehen, ab und vermeiden es sogar weitestgehend, von »ausbeuterischen Arbeitsbedingungen« zu sprechen. Einer der Arbeiter schrieb auf *Turker Nation*:[23]

»Obwohl wir eine UNGLAUBLICH heterogene Gruppe sind, mit vielen verschiedenen Gedankengängen und kulturellen Unterschieden, kommen wir doch zusammen, um Menschen zu helfen, um einander anzufeuern und zu verteidigen.«

»Dies sind die Arbeitgeber (*Requesters*), mit denen ich NIEMALS Geschäfte machen werden, es sei denn aus Versehen. Das kann vorkommen. Diese Requester wollen uns nur benutzen und ausnutzen, indem sie uns weniger als das Existenzminimum bezahlen. Das ist Ausbeutung. Ich WEIGERE MICH, für solche Personen zu arbeiten.«

Natürlich ist es für Akademiker problematisch, vor den Fabriktoren zu agitieren und zu rufen: »Ihr werdet ausgebeutet!« Um dann den Arbeitern, wenn sie es nicht einsehen wollen, womöglich noch vorzuwerfen, sie seien sich dessen einfach nicht bewusst. Einerseits habe ich vor den einzelnen Arbeitern, die ihre eigenen Meinungen haben und Entscheidungen treffen, tiefsten Respekt. Andererseits bin ich aber davon überzeugt,

24

Das Ziel von SOPA war die Kontrolle und Zensur von Internetnutzern, um Copyright-Verletzungen zu verhindern. Obwohl dies erst einmal nichts mit Arbeiterorganisationen zu tun hatte, zeigte die Gegenkampagne, wie Netzbürger mit großen Unternehmen wie Google zusammenarbeiten können, um die eigenen Anliegen umzusetzen. Am 18. Januar 2012 trugen Tausende Websites Schwarz oder gingen für 24 Stunden ganz vom Netz, um deutlich zu machen, dass SOPA einer Zensur gleichkommen würde.

Millionen von Beschwerdeanrufen, Briefen und E-Mails, die in der Folge an Volksvertreter in den Vereinigten Staaten geschickt wurden, machten diesen den Unmut der Wähler deutlich und führten zu einem Kurswechsel. Die Unternehmen sahen SOPA als eine Gefahr für das Geschäft, die Bürger als Gefahr für die Meinungsäußerung und den Datenschutz. Für die Notlage der Arbeiter gibt es also Hoffnung, auch mit demokratischem politischem Druck etwas bewirken zu können.

dass die Gesellschaft keine ausbeuterischen Arbeitsbedingungen dulden darf. Alan Wertheimer besteht darauf, dass die Gesellschaft das Recht dazu hat, ausbeuterische Handlungen zu unterbinden, da sie im Widerspruch zu zentralen sozialen Werten stehen. Ausbeuterische Geschäfte sind falsch und sollten von der Gesellschaft verboten werden, selbst wenn Arbeiter sich diesen Bedingungen freiwillig unterwerfen. Denn Ausbeutung schädigt immer auch Dritte, die nicht eingewilligt haben. Deshalb ist es gerechtfertigt, solche Arbeitsbedingungen zu verbieten, im Namen der Arbeiter (vergleiche Wertheimer, 245).

In den vorangegangenen Abschnitten habe ich die Frage erörtert, ob die Gewerkschaften in ihrer heutigen Form für die Arbeiter in neuen Industrien wie dem Crowdsourcing überhaupt noch relevant sind. Ich bin auch kurz auf die Problematik eingegangen, als Außenseiter über ausbeuterische Arbeitsbedingungen zu sprechen. Und ich habe einige der Hindernisse, die sich der Organisation der Arbeiter in den Weg stellen, besprochen.

Der nächste logische Schritt ist die Frage: Was machen wir jetzt aus alledem? Ross Perlin schreibt, dass »Streik, für sich genommen, und selbst gewerkschaftliche Organisation, sich als nicht effektiv erweisen könnten, dass die unter prekären Bedingungen tätigen Arbeiter derweil jedoch neue Ansatzpunkte finden: große Online- und Offline-Massenaktionen, unterschiedlichste Besetzungen (Occupations), vielleicht sogar einen neuen Typus von Wahlpolitik.« (vergleiche Perlin)

Ich halte es für wichtig, neue Formen der Wahlpolitik ebenso wenig zu diskreditieren wie Aktionen auf der Straße. Vergessen Sie nicht den großen Sieg von 2012, als es gelang, den *Stop Online Piracy Act* (SOPA) vor dem Repräsentantenhaus der Vereinigten Staaten zu Fall zu bringen. [24] Die

Die Zukunft der Crowdworker

Trebor Scholz

25
http://precariousworkers
brigade.tumblr.com/Toolbox

26
http://dismagazine.com/
discussion/21416/tools-for-
collective-action-precarity-
the-peoples-tribunal/

413

Arbeitspolitik muss sich der Netzpolitik anschließen. Während wir damit beschäftigt sind, Open Data, Netzneutralität und die Verwendung von Open-Source-Software fordern, werden Millionen von Menschen in den Ghettos von Amazon.com und Co. übervorteilt.

Auch die aktivistischen Strategien von ACTUP in den 1980er-Jahren können als Inspiration dienen. Damals drangen Aktivisten in die Presseabteilung einer Firma für HIV-Medikamente ein und verschickten von dort Presseerklärungen, die verkündeten, dass die Firma die mörderisch hohen Preise der Medikamente drastisch senken würde. Wie könnten solche konkreten Widerstandsmaßnahmen (*Direct Action*) im Bereich der *Digital Labor* aussehen? Die *Precarious Workers Brigade*, ein in Großbritannien ansässiges Kollektiv, setzt sich zum Beispiel dafür ein, prekäre Arbeitsstätten in der Stadt ausfindig zu machen und mit entsprechenden Sprühschablonen kenntlich zu machen. Ihr Motto ist: »Drucke, Schneide, Finde, Sprühe!« Es ist ein interessanter und vielleicht sogar spaßiger Ansatz für Widerstand. Es gilt, sich darauf zu besinnen, dass die scheinbar mysteriös versteckten Online-Arbeitsplätze eine Verankerung in der physischen Welt haben, vielleicht sogar in Ihrer Stadt. Das Hauptquartier von Amazon befindet sich übrigens in der 2nd Avenue 1516 in Seattle. Viel Spaß.

Die *Precarious Workers Brigade* schlägt auch vor, sogenannte »People's Tribunals on Precarity«,[25] als »Volkstribunale über die Prekarisierung« abzuhalten, um so Probleme zur Sprache zu bringen, kollektiv zuzuhören und Gegenmaßnahmen und Urteile zu besprechen. Die Brigade rät dazu, die Tribunale unmittelbar im Arbeitsumfeld abzuhalten, genau dort, wo die »systemische Ungerechtigkeit bis zur Unaufspürbarkeit normalisiert wurde und sich jeglicher Arbeitsschutzregeln und Gesetze entzieht.«[26]

27
http://turkopticon.ucsd.edu/

28
Unternehmen, die Praktika anbieten, kommen der Verantwortung, die sie für die Studierenden eigentlich haben, oftmals nicht nach beziehungsweise werden für ihr Fehlverhalten nicht zur Verantwortung gezogen. Websites wie http://internshipratings.com und http://unfairinternships.wordpress.com geben Praktikanten die Möglichkeit, Bewertungen von absolvierten Praktika für andere, die auf der Suche nach Praktikantenstellen sind, zu hinterlassen.

414

Technologische Design-Interventionen

Zuletzt möchte ich noch eine kleines, aber stetig wachsendes Ökosystem technologischer Design-Interventionen ansprechen, das auf die Aufmerksamkeit der Presse abzielt und versucht, die Arbeiter zusammen zu bringen.

Da ist zum Beispiel die Browser-Erweiterung *Turkopticon*[27] (siehe S. 131 in diesem Buch), ein Werkzeug zur Unterstützung und Verknüpfung der Arbeiter auf *Mechanical Turk*, das inzwischen bereits 7.000 Nutzer hat. Das Projekt ist ein wenig augenzwinkernd nach Jeremy Benthams Panoptikon benannt und ermöglicht den Arbeitern, Arbeitgeber zu bewerten und diejenigen zu identifizieren, die immer wieder nicht bezahlen oder zu wenig bezahlen oder nicht auf Rückfragen antworten, wenn sie Arbeit zurückweisen. Wenn genügend Arbeiter *Turkopticon* nutzen würden, müssten sich die Arbeitgeber auf *Mechanical Turk* vielleicht tatsächlich um ihren Ruf bei der Arbeiterschaft sorgen. *Turkopticon* ist eine Reaktion darauf, dass Arbeiter auf der Plattform praktisch keine Handhabe haben, wenn von ihnen erledigte Arbeit zurückgewiesen wird.[28] Es ist in der Tat sogar so, dass Amazon in den Nutzungsbedingungen für *Mechanical Turk* explizit billigt, dass Auftraggeber geleistete Arbeit zwar formal zurückweisen, sie dann aber trotzdem nutzen, ohne sich dafür erklären zu müssen.

»Viele Arbeiter auf *Mechanical Turk* sind ausdrücklich nicht interessiert an Gewerkschaften, obwohl Arbeiter-Foren wir *Turker Nation* durchaus Kollektivmaßnahmen wie Boykotte schlechter Arbeitgeber durchführen«, so Lilly Irani, Mitgründern von *Turkopticon*. Und sie erklärt weiter: »Das Wort ›Gewerkschaft‹ selbst ist vielleicht inzwischen politisch zu stark

29
(Brandon)

30
Natürlich gibt es auch
hierfür eine App, bzw. eine
Webseite: http://
Labourleaks.org

aufgeladen. ... So wie sich die Art der Arbeit verändert, müssen sich auch die Formen der Arbeiterorganisation ändern.«[29]

Anstelle eines Fazits

Wie schon gesagt: ich bin nicht in der Lage, den Entwurf für die Zukunft der Gewerkschaften zu skizzieren, aber vielleicht können andere ja auf den hier vorgestellten Ansätzen aufbauen.

Ich rufe potenzielle *Whistleblower* dazu auf, die genauen Abläufe und Funktionsweisen von ausbeuterischen und gefährlichen Arbeitsplätzen öffentlich zu machen. Lassen Sie uns Wikileaks und Anonymus zum Vorbild nehmen, um für bessere Arbeitsbedingungen und ein besseres Leben für alle zu kämpfen.[30]

Versuchen wir das, was uns auf der Arbeit peinigt, umzukehren. Im Kontext der *Sharing Economy* gibt es beispielsweise sehr viel Gerede über brachliegende Ressourcen – es werden gerade Firmen auf unseren Schultern errichtet, denen wir unsere Ressourcen, unsere Internet-Bandbreite und unsere Gästezimmer zur Verfügung stellen. Lassen Sie uns diese Logik umkehren und uns deren Werkzeuge für unsere Zwecke aneignen. Lassen Sie uns aufeinander aufpassen, indem wir unsere Koalitionen crowdsourcen – und *deren* Räumlichkeiten, Parkplätze, Bohrmaschinen und Autos nutzen, und indem wir unsere digitalen Werkzeuge auf Kosten von *deren* Bandbreite laufen lassen. Lassen Sie es uns doch einmal so herum versuchen.

Lassen wir uns von den Arbeitern in Griechenland inspirieren, die Genossenschaften, *Fab Labs* und *Hacker Spaces*, die mit Gewerkschaften zusammenarbeiten. Und klar, lassen Sie uns die Gewerkschaften »upgraden«,

31
Die Software Napster diente
zum Tauschen von Musik auf
Peer-to-Peer-Basis (P2P);
Gewerkschaftsmitglieder
werden in den USA auch
»Teamster« genannt

416

let's napsterize the Teamsters:[31] P2P, Tor, Liquid Feedback, #activism …
aber *Social-Media*-Werkzeuge werden uns nicht retten.

Finanzieren wir unsere Aktionen durch Crowdfunding. Und nutzen wir, wo
wir schon dabei sind, doch auch gleich noch *Gamification* zur Organisation von Arbeitern. Wir können denjenigen Abzeichen anheften, die
sich mit anderen Arbeitern nicht nur über Arbeit austauschen. Lassen Sie
uns *Turker Nation*, *Turkopticon*, *CloudMeBaby* und die *Freelancers Union* in
unsere Arme schließen. Es wäre jedenfalls im Kampf gegen die problematischen Bedingungen der versteckten digitalen Arbeitskämpfe nicht
zielführend, einem donquichottischen Gewerkschaftsbild nachzuhängen
und alle anderen Formen der Organisation außen vor zu lassen.

Wir dürfen uns nicht in Kritteleien, Verschleierungen oder Melancholie verlieren. Lassen Sie uns nicht so sehr auf den Erfolg einzelner Aktionen
schauen, sondern vielmehr darauf achten, dass sich uns mehr und mehr
Menschen anschließen. Unmittelbarer Erfolg ist nicht das alleinige Ziel.
Was wir brauchen, sind langfristige Strategien für die – digitale – Arbeiterbewegung.

Die *Wobblies* haben einst Gesang und Poesie genutzt, sie haben *Die Internationale* populär gemacht. Wird also *4 Chan's B-board* zu einem Quell
von Memes im Sinne der Arbeiterbewegung? Lassen Sie uns nichts als
unveränderlich hinnehmen. Und um es ganz deutlich zu sagen: Ohne
Zorn, Konflikt und Protest gibt es auch keine neuen Formen von Solidarität und gegenseitiger Hilfe.

**Die Zukunft
der Crowdworker**

Trebor Scholz

Bibliografie

1 Berardi, Franco »Bifo.«
The Soul at Work: From
Alienation to Autonomy
(Semiotex. Übersetzung
Francesca Cadel und
Giuseppina Mecchia.
Semiotext(e), 2009. Print.
Brandon, Russell. »Union
2.0: How a Browser Plug-in
Is Organizing Amazon's
Micro-Laborers.«
The Verge. N. p., n. d.
Web. 28.6.2013

2 Cowen, Tyler. Average Is
Over: Powering America
Beyond the Age of the
Great Stagnation. New York,
New York: Dutton Adult,
2013. Print.
Cowie, Jeffrey. »The
Future of Fair Labor –
NYTimes.com.« N. p., n. d.
Web. 1.6.2014.
Eidelson, Josh. »Walmart
Workers Launch First-Ever
›Prolonged Strikes‹ Today |
The Nation.« N. p., n. d.
Web. 4.6.2014.
Felstiner, Alek. »Working
the Crowd: Employment
and Labor Law in the
Crowdsourcing Industry.«
SSRN eLibrary (2011): n.
pag. SSRN. Web. 14.6.2012

3 Graeber, David.
»The Commoner: David
Graeber – The Sadness
of Post-Workerism.«
Web. 27.5.2014

4 Huws, Ursula, and Colin
Leys. The Making of a
Cybertariat: Virtual Work
in a Real World. Monthly
Review Press, 2003. Print

5 Levin, Dan. »Plying Social
Media, Chinese Workers
Grow Bolder in Exerting
Clout.« The New York Times
2.3.2014. NYTimes.com.
Web. 4.6.2014

6 Malone, Thomas W. The
Future of Work: How the
New Order of Business Will
Shape Your Organization,
Your Management Style
and Your Life. Boston,
Mass: Harvard Business
Review Press, 2004. Print.
McEnery, Thornton.
»Freelancers Union Retools
for Obamacare« Crain's
New York Business. N. p.,
n. d. Web. 1.6.2014

7 Mosco, Vincent, and
Catherine McKercher.
The Laboring of
Communication: Will
Knowledge Workers of the
World Unite? Lexington
Books, 2009. Print

8 Perlin, Ross. »The Graduate
with a Precarious Future.«
New Left Project.
Web. 17.5.2013

9 Roberts, Sam. »Poverty
Rate Is Up in New York City,
and Income Gap Is Wide,
Census Data Show.« The
New York Times 19.9.2013.
NYTimes.com.
Web. 1.6.2014

10 Ross, Andrew. Creditocracy:
And the Case for Debt
Refusal. 1st edition.
OR Books, 2014. Print

11 Rossiter, Ned. Organized
Networks: Media Theory,
Creative Labour, New
Institutions. NAi Publishers,
2006. Print

12 Turner, Fred. From
Counterculture to
Cyberculture: Stewart
Brand, the Whole Earth
Network, and the Rise of
Digital Utopianism.
University Of Chicago
Press, 2008. Print

13 Wertheimer, Alan.
»Exploitation.«
The Stanford Encyclopedia
of Philosophy. Ed. Edward
N. Zalta. Herbst 2008.
N. p., 2008. Stanford
Encyclopedia of Philosophy.
Web. 13.5.2012

Epilog

»Indem er (Edward Snowden, Anmerkung der Herausgeberin) es gewagt hat, die atemberaubenden Überwachungsmöglichkeiten der NSA und deren noch frappierendere Zielsetzungen ans Tageslicht zu bringen, hat er deutlich gemacht, dass wir uns an einem historischen Scheideweg befinden. Wird das digitale Zeitalter die Befreiung des Individuums und die politischen Freiheiten bringen, die das Internet in einzigartiger Weise realisieren kann? Oder wird es ein System omnipräsenter Überwachung und Kontrolle etablieren, die sich nicht einmal die schlimmsten Tyrannen der Vergangenheit hätten träumen lassen? Im Augenblick stehen uns beide Wege offen. Unser Handeln wird darüber bestimmen, wo wir am Ende landen.«

Aus: Glen Greenwald. Die globale Überwachung. Der Fall Snowden, die amerikanischen Geheimdienste und die Folgen.

»The Rights of Humans in a Digital Age: We must all have the right to anonymity. Not every human activity can be measured. The ceaseless pursuit of data to quantify the value of any endeavor is catastrophic to true understanding. The barrier between public and private must remain unbreachable. We must all have the right to disappear.«

Aus: Dave Eggers. The Circle.

»Komm! ins Offene, Freund!«

Aus: Friedrich Hölderlin. Der Gang aufs Land.

»Geld ist besser als Armut, wenn auch nur aus finanziellen Gründen.«

Woody Allen

Impressum

420

Bibliografische Information Der Deutschen Nationalbibliothek
Die Deutsche Nationalbibliothek verzeichnet diese Publikation in der
Deutschen Nationalbibliografie; detaillierte bibliografische Daten sind
im Internet über http://dnb.d-nb.de abrufbar.

© 2015 by Bund-Verlag GmbH, Frankfurt am Main

Redaktion: Christiane Benner, Vanessa Barth, Dr. Thomas Klebe,
Irene Nießen, Florian Alexander Schmidt
Lektorat: Irene Nießen
Übersetzung der US-amerikanischen Beiträge: Florian Alexander Schmidt
Herstellung: Birgit Fieber
Design und Satz: anschlaege.de, Berlin
Illustrationen: Till Christ, Berlin
Haikus: Arbeiter und Arbeiterinnen auf Mechanical Turk, die anonym
bleiben möchten.
Druck: MediaPrint, Paderborn
Printed in Germany 2015
ISBN 978-3-7663-6395-4

www.bund-verlag.de